现代化学专著系列·典藏版　37

稀土离子的光谱学

——光谱性质和光谱理论

张思远　著

科学出版社

北　京

内 容 简 介

本书详尽地阐述了稀土离子的光谱性质及相关的理论和计算方法，是一本系统论述稀土离子光谱学的专著. 书中从自由稀土离子的光谱项、能级理论和计算方法入手，论述了晶体环境对光谱行为和能级的影响，以及晶体环境对它们影响的规律性. 其中不仅包括 $4f^N$ 组态内能级间跃迁的光谱现象，也包括了 $4f^{N-1}n'l'$ 组态能级的理论和计算方法，以及 $4f^N$ 组态和 $4f^{N-1}n'l'$ 组态能级间的光谱行为. 书中所包含的基本概念和光谱现象、理论分析和公式推导、基本光谱数据和基本规律等几个部分，为科学研究和实际应用工作者提供了有用的基础知识和科学数据.

本书可供在化学、物理和材料科学领域中从事稀土光学性质研究的科研工作者，高等学校教师和研究生使用和参考.

图书在版编目（CIP）数据

现代化学专著系列：典藏版 / 江明，李静海，沈家骢，等编著. —北京：科学出版社，2017.1

ISBN 978-7-03-051504-9

Ⅰ.①现… Ⅱ.①江… ②李… ③沈… Ⅲ. ①化学 Ⅳ.①O6

中国版本图书馆 CIP 数据核字 (2017) 第 013428 号

责任编辑：杨 震 周 强 / 责任校对：刘亚琦
责任印制：张 伟 / 封面设计：铭轩堂

科 学 出 版 社 出版

北京东黄城根北街 16 号
邮政编码：100717
http://www.sciencep.com

北京厚诚则铭印刷科技有限公司印刷

科学出版社发行 各地新华书店经销
*
2017 年 1 月第 一 版 开本：720×1000 B5
2017 年 1 月第一次印刷 印张：19 1/4
字数：374 000

定价：7980.00 元（全 45 册）

前　言

我国是个稀土资源丰富的国家, 新中国成立后, 稀土科学和稀土材料的发展日新月异, 研究稀土的科技队伍空前壮大. 20 世纪 60 年代, 稀土激光和发光材料的兴起推动了稀土光谱学的研究工作, 国外是从 20 世纪 50 年代开始稀土离子的光谱研究, 我国大约是从 60 年代末到 70 年代初开始这个领域的研究工作. 作者从 1972 年开始一直从事稀土激光材料和稀土光谱学方面的研究, 1979~1981 年曾到法国国家科学研究中心 (CNRS) 的稀土实验室进修, 进一步了解了稀土光谱领域的国内外状况和水平. 1991 年作者与毕宪章教授曾经总结了当时这一领域国内外的研究结果, 并在吉林科学技术出版社出版了《稀土光谱理论》一书, 但由于当时信息量和出版条件的限制, 该书系统性、全面性和深入性都显得不足. 近十几年来随着科学技术的不断发展, 新的科学现象和领域不断出现, 无论是稀土光谱理论还是稀土材料方面的研究都有了新的长足进展. 特别是同步辐射加速器和高能粒子对撞机在光谱学领域里的应用, 使人们对于稀土离子高激发组态 $4f^{N-1}nl'$ 的能级研究具有了研究手段, 稀土离子高激发态能级和光谱的研究使得稀土离子光谱的实验和理论更加丰富.

稀土元素和高科技材料的关系是十分密切的, 比如激光晶体、高效荧光材料、永磁材料和高温超导材料等都含有稀土元素, 可以产生激光的稀土离子多达 14 种, 包括 Ce、Pr、Nd、Eu、Gd、Tb、Dy、Ho、Er、Tm、Yb 等三价离子, Sm、Dy、Tm 等二价离子. 作为激光晶体的基质多达 200 余种, 实行激光输出的波长范围为 0.168~5.15 μm, 共有 600 多个波长. 因此, 稀土的光学性质和材料研究已经成为各国科学研究的重要课题. 为了提高研究水平, 发展科学技术和开发我国资源, 把我国由一个稀土大国变成一个稀土强国, 作者针对稀土元素重要的光学性质, 系统地编写一部稀土光谱学方面的专著是必要的, 希望本书能够反映目前稀土光谱学领域的主要内容和最新研究成果, 但是, 由于作者水平有限, 书中难免存在不妥或错误之处, 欢迎大家批评指正.

最后感谢我的同事和研究生们在这一领域中所做出的贡献, 感谢科学出版社和稀土资源利用国家重点实验室对本书出版的大力支持.

作　者

2007 年 11 月于中国科学院长春应用化学研究所

目　　录

第 1 章 绪 言

1.1 稀土光谱的发现和研究过程

稀土离子的光谱发现至今已经一个世纪, 在 1906 年, Becquerel研究矿石的光谱时就发现一种含稀土和过渡元素的矿石中有一种特别尖锐的光谱线, 这种光谱线和气体化学元素的吸收和发射线相似. 由于稀土只是矿物中的一种杂质, 加上人们对光谱的不理解和疑惑, 没有引起科学家们的充分注意, 影响了对稀土光谱的及时研究. 客观上讲, 由于当时工业水平较低, 光谱技术也较简单粗糙, 并且光谱理论尚未发展起来, 因此, 很长时间里稀土的光谱学没有得到快速发展. 1913 年Bohr的原子理论, 1926 年的量子力学和 1929 年 Bethe 的晶体场理论以及 Condon-Shortley 的原子光谱理论出现后 [1], 人们才有可能利用这些基础理论深入地研究稀土元素的这种新鲜的光谱现象. 后来人们已经可以利用化学方法合成已知组分的人造晶体, 开展了广泛的光谱研究工作, 通过各国科学家的努力终于确认在晶体中稀土离子的这种锐线型的吸收光谱是来自稀土离子 $4f$ 壳层内的禁戒跃迁.

第二次世界大战以后, 稀土光谱的研究重新受到重视, 人们利用在战争中发展起来的微波技术和顺磁共振技术, 可以详细研究稀土离子的基态能级在磁场中产生的 Zeeman 分量, 利用光谱仪器研究较高能级的信息. 再加上 Slater 原子结构理论和 Racah 复杂光谱理论的出现 [2,4], 20 世纪 50 年代后稀土离子的光谱理论和光谱学才得以全面发展起来. 当时, 英国、法国、美国、瑞士和荷兰研究较多, 美国的 Hopkins 大学专门成立了稀土光谱研究室, 此后, 国际上先后出版了几部涉及稀土光谱内容的专著 [3,5~10], 如 Judd 1963 年出版的 *Operator Techniques in Atomic Spectroscopy*; Wybourne 1965 年出版的 *Spectroscopic Properties of Rare Earths*; Dieke 1968 年出版的 *Spectra and Energy Levels of Rare Earth Ions in Crystals*; Kaminskii 1975 年出版的 *Laser Crystals*; Reisfeld 和 Jϕgensen 1977 年出版的 *Laser and Excited States of Rare Earths*; Hüfner 1978 年出版的 *Optical Spectra of Transparent Rare Earth Compounds*. 这些书的内容都集中地反映了稀土离子光谱和能级方面的内容, 每本书各有侧重, 有的侧重实验方法和实验结果, 有的侧重理论计算方法, 主要内容是反映 $4f^N$ 组态的光谱行为.

近十几年来随着科学技术的不断发展, 特别是同步辐射加速器, 高能粒子对撞机和激光技术在光谱学领域里的应用, 人们对于稀土离子高激发组态 $4f^N n'l'$ 的能级和精细光谱行为具有了研究手段, 新的科学现象和领域不断出现, 比如, 高激发态能级的光谱、多光子吸收过程、非线性光谱现象等, 无论在稀土光谱理论还是稀土材料方面的研究都有了长足进展. 稀土离子高激发态能级和光谱的研究结果使得稀土离子光谱的实验和理论更加丰富.

　　我国是个稀土资源丰富的国家, 研究稀土激光材料和发光材料及它们的光谱性质大约是从 20 世纪 70 年代开始. 中国科学院和一些部委的研究所、有色金属研究院、包头稀土研究院以及许多高等院校都有人陆续从事稀土光谱性质和稀土光学材料的研究工作, 在基础理论研究、稀土激光晶体、稀土发光和显示材料等方面都做出了贡献.

1.2　稀土光谱的特征

　　在晶体中稀土离子的发光光谱分为两类, 一类是锐线型光谱, 一类是较宽的带状光谱. 锐线型光谱是来自 $4f^N$ 组态内的能级间的跃迁, 也称 f-f 跃迁, 较宽的带状光谱主要是来自 $4f^N$ 组态和 $4f^{N-1}5d$ 组态能级间的跃迁. 稀土离子的电荷迁移带的光谱行为也是属于宽带, 本书后续章节还要专门介绍. 对于 f-f 跃迁光谱, 由于稀土离子光谱是 $4f$ 电子轨道能级间的跃迁行为, 而 $4f$ 电子的主量子数 $n = 4$, 轨道角动量 $l = 3$, 量子数较大, 形成的能级数量多, 能级之间的跃迁多, 可以形成从紫外光到红外光各种波段的光谱, 并且由于稀土离子的光谱属于类原子的窄带光谱, 因此, 光色纯正, 是发光材料的理想激活离子. 现在 $40\,000$ cm^{-1} 以下的光谱能级已经从实验上测出并被归属了相应的光谱项名称, 这就是大家所熟悉的 Dieke-Crosswhite 能级图. 经过半个世纪的研究工作, 在很多基质中, 各个稀土离子的光谱已经被广泛研究, 为了直观地介绍给大家稀土离子的光谱特征, 下面将稀土五磷酸盐中三价稀土的光谱进行展示[12], 详见图 1.1～图 1.22. 图中除了 CeP$_5$O$_{14}$ 晶体的光谱是 f-d 跃迁外, 其他的光谱都是 f-f 跃迁.

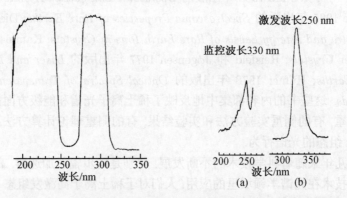

图 1.1　CeP$_5$O$_{14}$ 晶体在室温下的吸收光谱、激发光谱 (a) 和荧光光谱 (b)

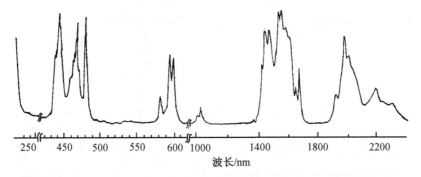

图 1.2 PrP_5O_{14} 晶体在室温下的吸收光谱

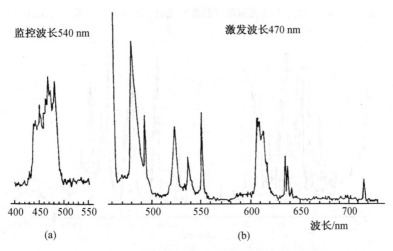

图 1.3 PrP_5O_{14} 晶体在室温下的激发光谱 (a) 和荧光光谱 (b)

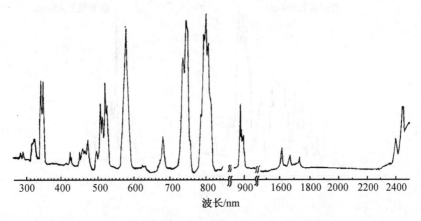

图 1.4 NdP_5O_{14} 晶体在室温下的吸收光谱

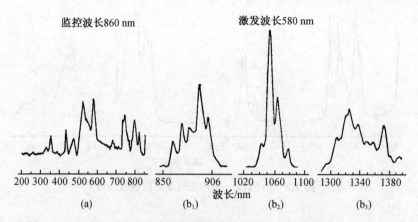

图 1.5 NdP_5O_{14} 晶体在室温下的激发光谱 (a) 和荧光光谱 (b_1, b_2, b_3)

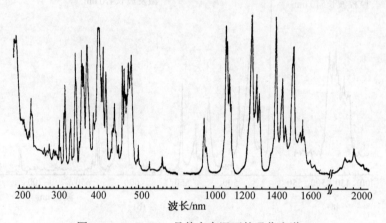

图 1.6 SmP_5O_{14} 晶体在室温下的吸收光谱

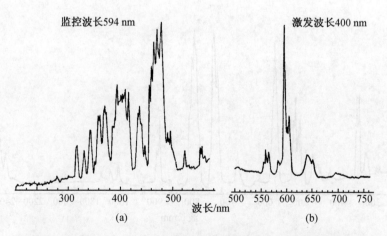

图 1.7 SmP_5O_{14} 晶体在室温下的激发光谱 (a) 和荧光光谱 (b)

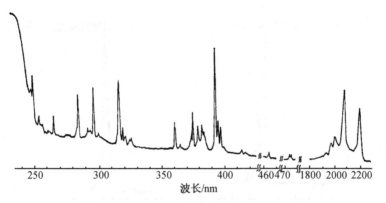

图 1.8 EuP$_5$O$_{14}$ 晶体在室温下的吸收光谱

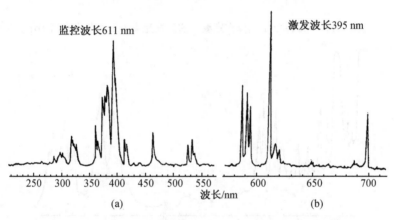

图 1.9 EuP$_5$O$_{14}$ 晶体在室温下的激发光谱 (a) 和荧光光谱 (b)

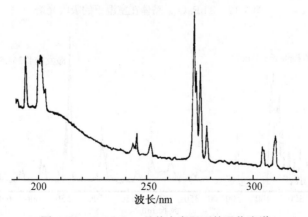

图 1.10 GdP$_5$O$_{14}$ 晶体在室温下的吸收光谱

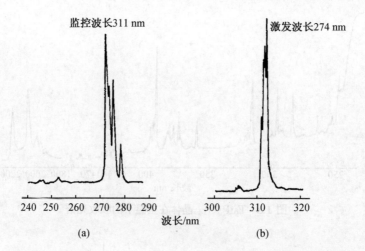

图 1.11 GdP$_5$O$_{14}$ 晶体在室温下的激发光谱 (a) 和荧光光谱 (b)

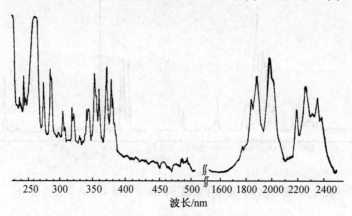

图 1.12 TbP$_5$O$_{14}$ 晶体在室温下的吸收光谱

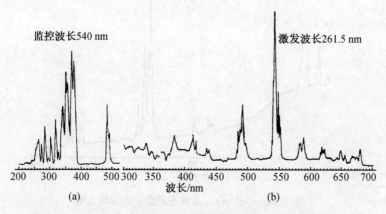

图 1.13 TbP$_5$O$_{14}$ 晶体在室温下的激发光谱 (a) 和荧光光谱 (b)

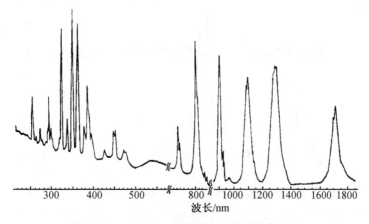

图 1.14　DyP_5O_{14} 晶体在室温下的吸收光谱

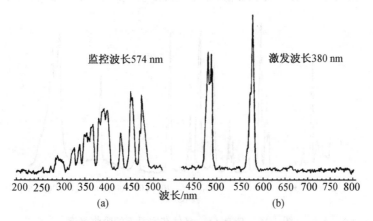

图 1.15　DyP_5O_{14} 晶体在室温下的激发光谱 (a) 和荧光光谱 (b)

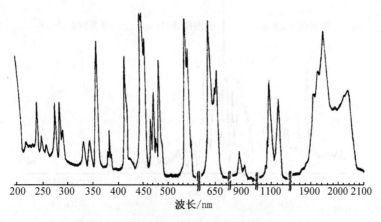

图 1.16　HoP_5O_{14} 晶体在室温下的吸收光谱

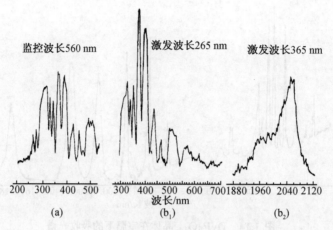

图 1.17   HoP$_5$O$_{14}$ 晶体在室温下的激发光谱 (a) 和荧光光谱 (b$_1$, b$_2$)

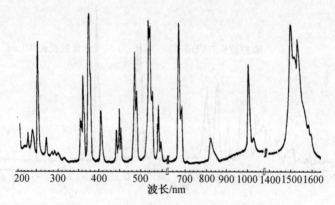

图 1.18   ErP$_5$O$_{14}$ 晶体在室温下的吸收光谱

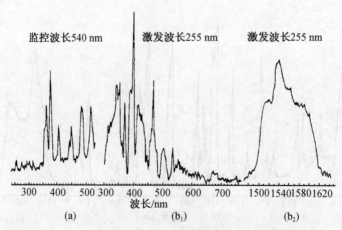

图 1.19   ErP$_5$O$_{14}$ 晶体在室温下的激发光谱 (a) 和荧光光谱 (b$_1$, b$_2$)

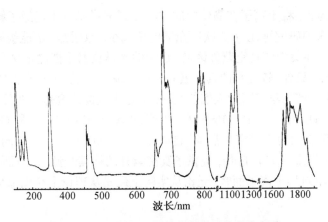

图 1.20 TmP_5O_{14} 晶体在室温下的吸收光谱

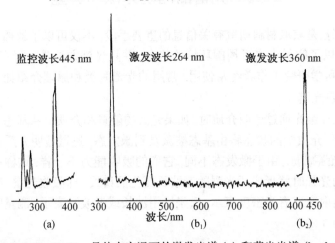

图 1.21 TmP_5O_{14} 晶体在室温下的激发光谱 (a) 和荧光光谱 (b₁, b₂)

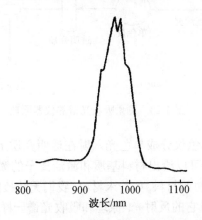

图 1.22 YbP_5O_{14} 晶体在室温下的吸收光谱

到目前为止, 稀土离子在晶体中的 f-f 跃迁光谱基本上已经了解. 对于 $4f$-$5d$ 跃迁宽带光谱的研究远比 f-f 跃迁光谱的研究少, 原因是 $5d$ 能级较高, $4f$-$5d$ 跃迁宽带光谱主要集中在真空紫外区域, 通常的光谱仪器不能测量这个区域, 需要特殊的光谱仪器, 另外, 较理想的真空紫外光源也缺乏, 限制了对它们的深入研究. 因此, 虽然这类光谱也早已引起人们的关注, 但是也只能研究那些在可见光区域有光谱的离子, 比如, Eu^{2+}, Ce^{3+}, Pr^{3+} 和 Tb^{3+} 等离子, 其中 Eu^{2+} 和 Ce^{3+} 研究较多, 其他的离子和光谱内容研究非常少. 自从 20 世纪 90 年代后, 由于同步辐射加速器和高能粒子对撞机的广泛应用, 提供了真空紫外的连续光源, 这方面的工作逐渐地发展起来 [11]. 对稀土离子而言, 无论从实验上还是从理论上来说都是新的领域.

1.3 光谱的测定方法和类型

光谱测量是获取材料研究有关信息的重要手段, 不仅可以了解稀土离子本身的状态, 也可以了解稀土离子周围环境的状态, 并且光谱方法具有极高的灵敏度, 因此, 被广大科学研究工作者经常使用. 常用的光谱种类和原理介绍如下:

(1) 吸收光谱

当一束连续光通过透明介质时, 如果光波的能量和介质中从基态到激发态的能量间隔相等, 介质中的状态将由基态被激发到激发态, 透过透明介质的光将因这样的吸收而光强减弱. 由于激发态不同, 它们的吸收能力不一样, 这样在记录透过透明介质后的光强时就形成了光强随着波长变化的谱线, 即吸收光谱. 吸收光谱图的纵坐标用透射率或者光密度表示, 横坐标用波长或者波数表示. 测量吸收光谱的仪器原理见图 1.23.

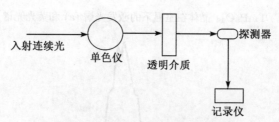

图 1.23   测量吸收光谱的仪器原理

入射连续光经过单色仪分成单色光入射在透明介质上, 透射光被探测器探测, 记录仪记录. 吸收光谱可以给出材料基质和激活离子的激发态能级的位置和它们的分布情况. 对于不透明的材料, 如粉末材料, 我们无法接收到它的透射光, 得不到吸收光谱, 但是, 可测量它的反射光, 原理和吸收光谱一样, 被吸收的光反射弱, 这样得到的光谱称为反射光谱.

(2) 荧光光谱

一束特定波长的单色光将激活离子从基态激发到某一个激发态能级, 从这个激发态向低于它的各个能级跃迁发光, 可以得到它到下面各个能级以及下面各能级到更低能级的发光谱图, 即得到荧光光谱. 谱图的纵坐标表示光强, 横坐标以波长或者波数为单位. 仪器测量原理如图 1.24 所示.

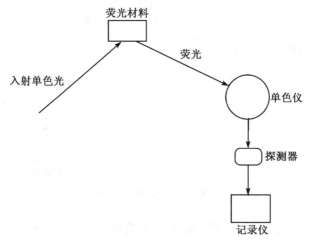

图 1.24 仪器测量原理

材料所发荧光经单色仪分光后, 由探测器收集并记录下各个波长的发光强度, 它能够反映这个能级到下面各个能级的跃迁概率*、荧光强度以及荧光分支比等信息, 提供该材料的最佳发射波长. 同时, 可以求得下面各个能级的位置, 包括稀土离子的能级在晶体场中的劈裂情况等.

(3) 激发光谱

监控一个特殊的荧光发射波长, 改变激发波长, 得到一个在不同波长激发下的荧光强度变化图, 即激发光谱. 纵坐标表示荧光强度, 横坐标表示波长. 仪器测量方法如图 1.25 所示.

激发光谱可以提供荧光能级以上各个能级的位置, 反映出各个能级向荧光能级的能量传递能力, 找出该荧光获得最高效率的最佳激发波长.

(4) 选择激发光谱

在复杂的晶体中, 通常有几个稀土离子可以取代的阳离子格位, 稀土离子的发光变得复杂并且难以分析. 在激光器出现以后, 利用激光功率高、单色性好的特点, 发展起来一种新的光谱测量方法, 称为选择激发光谱. 一般同一种稀土离子掺杂到

---

* 根据全国科学技术名词审定委员会公布的概率的解释, 本书将跃迁几率、传递几率等名词, 统一改用跃迁概率、传递概率等, 只是名称变换, 物理意义不变.

同一晶体的不同格位时, 不同格位稀土离子的能级间会产生微小的差别, 可以利用可调谐激光器, 调到一个合适的激发波长使某个格位的离子被激发, 另一些离子暂不激发, 得到一个格位的光谱后再按照同样的操作, 更换到其他格位进行光谱性质研究. 这样的复杂光谱将被各个格位的光谱解析.

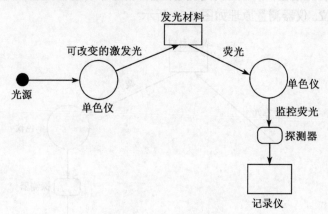

图 1.25   仪器测量方法

以 Eu^{3+}: SrY_2O_4 为例 [13], 晶体中 Y 有两个格位 Y_1 和 Y_2, Sr 有一个格位, Eu^{3+} 离子可以掺杂于三个格位之中, 因此, 一般的光谱仪器测出的光谱是比较复杂的 (图 1.26), 如果选择合适的波长作激发光谱, 利用罗丹明 6G 可调谐染料激光器, 可以找到三种格位 Eu^{3+} 离子的 $^5D_0$ 能级的位置. 它们是: λ_1=578.49 nm, λ_2=580.63 nm, λ_3=581.86 nm. 经过分析知道它们分别是 Sr, Y_1 和 Y_2 的格位, 利用这三个能级位置分别作为激发波长, 得到三种格位的荧光光谱 (图 1.27). 可以看到, 三种格位的荧光光谱是不同的, 总的荧光光谱应该是三种光谱的叠加.

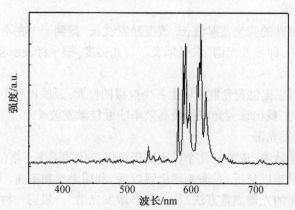

图 1.26 Eu^{3+}: SrY_2O_4 晶体的荧光光谱 (λ_{ex}=270 nm)

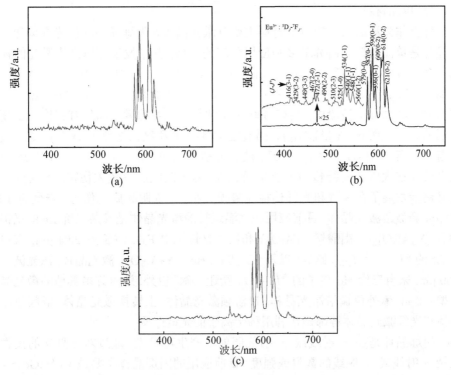

图 1.27 在 $\lambda_1 = 578.49$ nm(a), $\lambda_2 = 580.63$ nm (b), $\lambda_3 = 581.86$ nm (c) 激发下的 Eu^{3+}：SrY_2O_4 晶体的荧光光谱

1.4 稀土光谱材料的应用[14]

稀土光学性质是稀土元素的最重要性质, 人们找到了各种不同形态的材料和它们的各种应用, 这些材料主要分以下几类: 粉末材料、单晶材料、玻璃材料和陶瓷材料.

(1) 粉末材料

粉末材料是稀土材料最广泛的形式, 材料种类也多, 大家所熟悉的稀土三基色灯用荧光粉, 是利用某些基质中 Eu^{3+} 离子 611 nm 的红光, Tb^{3+} 离子 540 nm 的绿光和 Eu^{2+} 离子 450 nm 的蓝光来实现的, 如发射红光的 Eu^{3+}：Y_2O_3, 发射绿光的 $(Ce,Tb)MgAl_{11}O_{19}$, 发射蓝光的 Eu^{2+}：$BaMgAl_{10}O_{17}$. 此外, 还有 X 射线增感屏的荧光材料 (Eu^{2+}：$BaFCl$), 长余辉荧光材料 [(Eu^{2+}, Dy^{3+})：$SrAl_2O_4$], 上转换荧光材料 [(Yb^{3+}, Er^{3+})：LaF_3 或 $BaYF_5$] 以及还在继续研制的等离子平面显示材料等都是利用稀土离子在不同基质材料中的发光特性实现的.

(2) 单晶材料

稀土作为激活离子的单晶材料主要有激光晶体、闪烁晶体和旋光晶体等. 激光晶体是单晶材料中研究最多和应用最广的一种, 其中发现可以产生激光的稀土离子多达 14 种, 包括 Ce、Pr、Nd、Eu、Gd、Tb、Dy、Ho、Er、Tm、Yb 等三价离子, Sm、Dy、Tm 等二价离子. 作为激光晶体的基质有 200 余种, 激光波长在 $0.168\sim5.15$ μm 波段内, 共有 600 多个波长. 主要的激光晶体有三价 Nd 离子激活的钇铝石榴石 ($Y_3Al_5O_{12}$)、铝酸钇 ($YAlO_3$) 和氟化钇锂 ($LiYF_4$), 激光波长来自 Nd 离子 $^4F_{3/2} - ^4I_{11/2}$ 跃迁, 波长分别是 1.064 μm、1.079 μm 和 1.047 μm. 这个波长在大气和光纤传播中能量损失大, 对人眼眼底有较大伤害, 不安全. 因此又逐步发展了在大气和光纤传播能量损失小, 对人眼眼底无伤害, 安全的 $1.5\sim3.0$ μm 新波段激光晶体, 目前应用在室温运转的激光晶体是掺杂三价 Er 的钇铝石榴石 ($Y_3Al_5O_{12}$)、铝酸钇 ($YAlO_3$) 和氟化钇锂 ($LiYF_4$), 波长为 2.94 μm, 来自三价 Er 的 $^4I_{11/2} - ^4I_{13/2}$ 跃迁; 以及 (Cr, Tm, Ho): $Y_3Al_5O_{12}$ 激光晶体, 激光波长是 2.09 μm, 来自三价 Ho 离子的 $^5I_7 - ^5I_8$ 跃迁. 除此以外, 还有许多其他的激光晶体类型, 比如, 紫外可调谐激光晶体, 自倍频激光晶体, 上转换激光晶体, 低阈值激光晶体和光纤激光晶体等都是在利用稀土离子的光谱性质.

闪烁晶体是在 γ 射线或 X 射线照射下产生可见光, 通过对可见光的接收来记录 γ 射线或 X 射线的数目或强度. 目前应用的闪烁晶体主要是 $Ce^{3+}:Gd_2SiO_5$, $Ce^{3+}:Lu_2SiO_5$ 和 CeF_3 等, 利用了 Ce^{3+} 离子发光寿命短的特性. 其他的材料也正在研究中.

旋光晶体目前主要是 $Tb_3Gd_5O_{12}$ 晶体, 它可以使偏振光的方向产生旋转, 作为光隔离器材料, 在大功率的激光放大体系中有重要的应用.

(3) 玻璃材料和陶瓷材料

氧化镧加入到玻璃中可以提高玻璃的折射率和稳定性, 降低色散, 改善光学性质. 利用稀土离子的光谱性质可以做成感光性玻璃, 防辐射玻璃. 利用稀土离子的顺磁性制成法拉第旋光玻璃. 另外, 稀土离子的光学性质同样可以在玻璃中实现, 由于玻璃可以制备成较大体积材料, 形成大体积的激光工作基质材料, 在一些大功率的激光器获得应用.

稀土透明陶瓷目前是一个很热门的研究课题, 由于它的制备比单晶容易, 在某些性质上可以利用它代替晶体材料. 此外, 其他的陶瓷材料也被广泛使用, 如稀土光电子器件陶瓷, 高温超导陶瓷材料, 耐高温陶瓷材料以及瓷釉和陶瓷颜料等.

参 考 文 献

[1] Condon E U, Shortley G H. The Theory of Atomic Spectra. Cambridge: Cambridge University Press, 1935

[2] Slater J C. Quantum Theory of Atomic Structure. New York: McGraw-Hill, Inc.,1960

[3] Judd B R. Operator Techniques in Atomic Spectroscopy. New York: McGraw-Hill, Inc., 1963

[4] Racah G. Phys.Rev., 1942, 62: 438

[5] Wybourne B G. Spectroscopic Properties of Rare Earths. New York, London, Sydney: John-Wiley & Sons, Inc., 1965

[6] Dieke G H. Spectra and Energy Levels of Rare Earths in Crystals. New York: John-Wiley & Sons, Inc., 1968

[7] Reisfeld R, Jørgensen C K. Laser and Excited State of Rare Earths. New York: Springer-Verlag, 1977

[8] Hüfner S. Optical Spectra of Transparent Rare Earth Compounds. New York, San Francisco, London: Academic Press, 1978

[9] Kaminskii A A. Laser Crystals. Heidelberg, Berlin, New York: Springer-Verlag, 1981

[10] Cowan R D. The Theory of Atomic Structure and Spectra. Berkeley, Los Angeles, London: University of California Press, 1981

[11] Krupa J C. Queffelec M J. Alloys. Comps., 1997, 250: 287

[12] 王庆元, 武士学, 白云起, 张思远. 发光与显示, 1984, 5: 46

[13] Fu Z L, Zhou S H, Yu Y N, Zhang S Y. J.Phys.Chem. B, 2005, 109: 14 396

[14] 三岛良绩. 稀土. 包头: 中国稀土学会稀土编辑部, 1991

第 2 章　量子力学和数学基础

在稀土光谱理论的分析和计算中需要一些量子力学知识和特殊的数学运算, 它们主要是角动量理论和张量运算. 本书侧重介绍基本概念、基本定义和应用方法. 如果读者对这方面的知识感兴趣, 需要深入钻研有关知识, 可以查阅有关文献 [1~9].

2.1　角动量算符

在量子力学中, 角动量算符的定义是, 如果一个矢量算符

$$\boldsymbol{j} = j_x \boldsymbol{x} + j_y \boldsymbol{y} + j_z \boldsymbol{z} \tag{2.1}$$

它的三个分量 j_x, j_y, j_z 若满足下面对易关系:

$$[j_x, j_y] = i j_z$$
$$[j_y, j_z] = i j_x \tag{2.2}$$
$$[j_z, j_x] = i j_y$$

则称矢量算符 $\boldsymbol{j}$ 为角动量算符. 式 (2.1) 中的 $\boldsymbol{x}, \boldsymbol{y}, \boldsymbol{z}$ 为直角坐标系中沿着三个坐标轴的单位矢量; 为了简化运算, 式 (2.2) 中是以 $\hbar$ 为单位.

大家知道, 角动量是一个可以观测的物理量, 上面定义的角动量算符应该是厄米算符 (Hermitian operator), 它的三个分量还要满足下列关系:

$$j_x^+ = j_x$$
$$j_y^+ = j_y \tag{2.3}$$
$$j_z^+ = j_z$$

理论和实践都已经证明, 无论是单个粒子的轨道角动量算符、自旋角动量算符、总角动量算符, 还是多个粒子的这类角动量算符之和, 都满足式 (2.1)~ 式 (2.3).

由于角动量算符的三个不同方向的分量互不对易, 所以, 角动量分量一般不能同时得出确定值, 只能分别考虑各个分量的本征态. 如果我们定义

$$j^2 = j_x^2 + j_y^2 + j_z^2 \tag{2.4}$$

为角动量平方算符, 利用式 (2.1) 和式 (2.4), 容易证明

$$[j^2, j_x] = 0$$

$$[j^2, j_y] = 0 \tag{2.5}$$

$$[j^2, j_z] = 0$$

式 (2.5) 表明, 角动量平方算符 j^2 和三个分量 j_x, j_y, j_z 都是对易的, 这样, 我们就可以研究 j^2 算符和 j 算符一个分量的共同本征态, 通常选定 z 分量的角动量算符 j_z. 由于 j^2 和 j_z 是对易的, 根据量子力学理论我们知道, 它们应该有共同的本征态完备集, 若用 μ 和 μ_z 分别表示这两个算符的本征值, 它们的共同本征态记为 $|\gamma\mu\mu_z\rangle$, 则它们的本征方程是

$$j^2 |\gamma\mu\mu_z\rangle = \mu |\gamma\mu\mu_z\rangle \tag{2.6a}$$

$$j_z |\gamma\mu\mu_z\rangle = \mu_z |\gamma\mu\mu_z\rangle \tag{2.6b}$$

式中, γ 表示状态中其他的量子数, 它可以详细地区分具有相同本征值的不同本征态之间的差别.

为了理论上的需要, 我们还要引入两个新的算符, 它们是 j_+ 和 j_- 算符. j_+ 称升算符, j_- 称降算符, 它们的定义如式 (2.7).

$$\begin{aligned} j_+ &= j_x + ij_y \\ j_- &= j_x - ij_y \end{aligned} \tag{2.7}$$

算符 $j_\pm$ 和 j_x, j_y 不同, j_+ 和 j_- 算符不和一个物理上的可观察量相对应, 因此, 不需要具有厄米性, 实际上它们之间是相互共轭的, 满足下面关系

$$\begin{aligned} j_+^* &= j_- \\ j_-^* &= j_+ \end{aligned} \tag{2.8}$$

根据式 (2.2) 和式 (2.7), 可以求得 j_+ 和 j_- 算符所满足的对易关系

$$[j_z, j_\pm] = \pm j_\pm$$

$$[j^2, j_\pm] = 0 \tag{2.9}$$

以及

$$\begin{aligned} j_- j_+ &= j^2 - j_z^2 - j_z \\ j_+ j_- &= j^2 - j_z^2 + j_z \end{aligned} \tag{2.10}$$

若将 j_+ 算符作用到式 (2.6a) 的左面, 利用式 (2.9) 中 j^2 算符和 j_+ 算符的对易关系, 可以得出

$$j_+ j^2 |\gamma\mu\mu_z\rangle = j^2 j_+ |\gamma\mu\mu_z\rangle = \mu j_+ |\gamma\mu\mu_z\rangle \tag{2.11a}$$

若将 j_+ 算符作用到式 (2.6b) 的左面, 利用式 (2.9) 中 j_+ 算符和 j_z 算符的对易关系, 可以得出

$$j_+ j_z |\gamma\mu\mu_z\rangle = (j_z j_+ - [j_z, j_+]) |\gamma\mu\mu_z\rangle = j_z j_+ |\gamma\mu\mu_z\rangle - j_+ |\gamma\mu\mu_z\rangle$$

再将 j_+ 算符作用到式 (2.6b) 的右面, 可以得出

$$\mu_z j_+ |\gamma\mu\mu_z\rangle$$

利用方程两边的等式关系可以得出

$$j_z j_+ |\gamma\mu\mu_z\rangle = (\mu_z + 1) j_+ |\gamma\mu\mu_z\rangle \tag{2.11b}$$

从上面的推导可以发现, 用 j_+ 算符作用到 $|\gamma\mu\mu_z\rangle$ 上后给出了新的本征态, 对于 j^2 算符来说具有相同的本征值, 但是, 对于 j_z 算符来说这个新的本征态的本征值是 μ_z+1. 若用 j_+ 算符连续作用到 $|\gamma\mu\mu_z\rangle$ 本征态上, 就可以得到一个本征值为 μ_z, μ_z+1, μ_z+2, $\mu_z+3, \cdots$ 等的本征函数集合, 对于这个集合中的本征函数, j^2 算符的本征值都是 μ. 正是由于这个性质, 我们才称 j_+ 算符为升算符. 采用相同的方法, 我们可以得出 j_- 算符的结果.

$$j^2 j_- |\gamma\mu\mu_z\rangle = \mu j_- |\gamma\mu\mu_z\rangle \tag{2.12a}$$

$$j_z j_- |\gamma\mu\mu_z\rangle = (\mu_z - 1) j_- |\gamma\mu\mu_z\rangle \tag{2.12b}$$

$j_- |\gamma\mu\mu_z\rangle$ 也是一个新的本征函数, 对于 j^2 算符的本征值是 μ, 对于 j_z 算符来说这个新的本征态的本征值是 $\mu_z - 1$, 因此, j_- 算符又被称为降算符. 有的文献上也称它们为位移算符或者阶梯算符.

现在我们讨论如何确定本征值 μ 和本征值 μ_z 的具体值. 首先要指出本征值 μ_z 取值的上、下边界, 假设它的最大值用 j 标志, 这样由式 (2.11b) 可以得到

$$j_+ |\gamma\mu j\rangle = 0 \tag{2.13}$$

因为本征值 μ_z 的最大值是 j, $j_+ |\gamma\mu j\rangle$ 的本征值是 $j+1$, 与我们的假设相矛盾. 若用 j_- 算符作用到式 (2.13) 上, 同样得到

$$j_- j_+ |\gamma\mu j\rangle = 0$$

利用式 (2.10), 进一步得到

$$(\mu - j^2 - j) |\gamma\mu j\rangle = 0 \tag{2.14}$$

由于波函数在任何一点都不为零, 则有

$$\mu = j(j+1) \tag{2.15}$$

类似上面的讨论, 若假设 $(j-r)$ 是 j_z 算符的最小本征值, 则有

$$j_- |\gamma\mu j - r\rangle = 0$$

和

$$j_+ j_- |\gamma\mu j - r\rangle = 0$$

类似于前面的讨论, 利用式 (2.10), 我们可得

$$\mu - (j-r)^2 + (j-r) = 0$$

将式 (2.15) 中本征值 μ 的结果代入得到

$$r^2 - r(2j-1) - 2j = 0$$

解这个一元二次方程, 只得到一个正根, $r = 2j$, 这样, j_z 算符的最小本征值是 $-j$, 这就意味着在 j^2 算符的本征值是 $\mu = j(j+1)$ 的本征函数中, 存在着 j_z 算符的本征值从最大值 j 到最小值 $-j$, 间隔相差 1 的 $2j+1$ 个本征函数 $|\gamma\mu m\rangle$, 相对应的本征值是

$$m = j, j-1, j-2, \cdots, -j+2, -j+1, -j$$

从这个讨论中我们可以清楚地知道, 当 $m < j$ 时, 只要本征函数 $|\gamma\mu m\rangle$ 不为零, 则 $j_+ |\gamma\mu m\rangle$ 就不等于零; 当 $m > -j$ 时, 只要本征函数 $|\gamma\mu m\rangle$ 不为零, 则 $j_- |\gamma\mu m\rangle$ 就不等于零. 由此可见, 从任何一个可能的本征值 m 出发, 借助 j_+ 算符作用, 使本征值逐渐增大, 最终必然会达到本征值 j; 同样, 借助 j_- 算符作用, 使本征值逐渐减小, 最终必然会达到本征值 $-j$. 这就表明只有与 j 相差一个整数的 m 值才是可能的取值, 即

$$j - m = \text{正整数或零}$$

当 m 取最小值时, 则上式给出的 j 值必须满足的条件为

$$2j = \text{正整数或零}$$

即

$$j = 1/2, 3/2, 5/2, \cdots, \text{半奇数}$$

$$j = 0, 1, 2, 3, \cdots, \text{零及正整数}$$

综上所述, 得到如下结论: j^2 算符的本征值是

$$\mu = j(j+1)$$

j 的取值被限定为 $0, 1/2, 1, 3/2, 2, 5/2, 3, \cdots$, 在一个给定的 j 值的 $(2j+1)$ 个本征态中, j_z 算符的本征值 m 的取值被限定为

$$-j, -j+1, \cdots, j-1, j$$

为了表述一致, 通常把 j^2 算符和 j_z 算符的共同本征态的形式表示为 $|\gamma j m\rangle$, 这些本征态的性质为

$$j^2 |\gamma j m\rangle = j(j+1) |\gamma j m\rangle$$
$$(j = 0, 1/2, 1, 3/2, 2, \cdots)$$

$$\tag{2.16a}$$

$$j_z |\gamma j m\rangle = m |\gamma j m\rangle$$
$$(m = -j, -j+1, \cdots j-1, j)$$

$$\tag{2.16b}$$

这些本征函数形成一个完备的正交集合, 任何一个单电子态的函数可以用这些本征函数展开, 并且形成它们的线性组合.

现在我们继续讨论 j_+ 和 j_- 算符的性质, 按照式 (2.11) 我们知道 $|jm\rangle$ 是 j^2 算符和 j_z 算符的共同本征态, 其本征值分别为 $j(j+1)$ 和 $m+1$, 这个态函数不是归一的, 因此, 用 α_{jm} 来表示这个态函数的归一化因子, 于是可以写成式 (2.17).

$$j_+ |jm\rangle = \alpha_{jm} |jm+1\rangle \tag{2.17}$$

这个方程的复共轭形式, 利用式 (2.8) 关系可以得到

$$(j_+ |jm\rangle)^* = \langle jm| j_+^* = \langle jm| j_- = \alpha_{jm}^* \langle jm+1| \tag{2.18}$$

将式 (2.17) 和式 (2.18) 两边相乘并积分, 得到标量积为

$$\langle jm| j_- j_+ |jm\rangle = |\alpha_{jm}|^2 \langle jm+1 \mid jm+1\rangle$$

利用式 (2.10) 和式 (2.16), 可以得出

$$[j(j+1) - m(m+1)] \langle jm \mid jm\rangle = |\alpha_{jm}|^2 \langle jm+1 \mid jm+1\rangle$$

由于 $|jm\rangle$ 和 $|jm+1\rangle$ 都是正交的, 可以得到

$$|\alpha_{jm}|^2 = j(j+1) - m(m+1)$$

这个方程还不能确定 α_{jm} 的相因子, 实际上它的取值仍然有任意性, 为了方便通常采用 Condon-Shortley 的取法, 令它为 $+1$, 于是得到

$$j_+ |jm\rangle = [j(j+1) - m(m+1)]^{1/2} |jm+1\rangle \tag{2.19a}$$

类似地

$$j_- |jm\rangle = [j(j+1) - m(m-1)]^{1/2} |jm-1\rangle \tag{2.19b}$$

概括起来, 可以把 j_+, j_- 和 j_z 算符的非零矩阵元表示为

$$\langle jm \pm 1| j_\pm |jm\rangle = [j(j+1) - m(m \pm 1)]^{1/2} \tag{2.20a}$$

或

$$\langle jm \pm 1| j_\pm |jm\rangle = [(j \mp m)(j \pm m + 1)]^{1/2} \tag{2.20b}$$

$$\langle jm| j_z |jm\rangle = m \tag{2.21}$$

利用式 (2.7) 也可以从上面的结果中求出 j_x 和 j_y 算符的非零矩阵元的表达式, 读者可以试作, 此处不再讨论.

上面所说的结果和性质, 对于任何角动量算符都是适用的, 自旋角动量算符 S_x, S_y, S_z 同样满足这些关系, 单电子波函数的自旋部分可写成两个旋量, 自旋向上的用 α 表示, 自旋向下的用 β 表示, 每个旋量都是 S^2 和 S_z 算符的共同本征态, S^2 算符的本征值是 $1/2(1/2+1)=3/4$, S_z 算符的本征值是 $1/2$ 和 $-1/2$.

$$S^2\alpha = \frac{3}{4}\alpha, \quad S_z\alpha = \frac{1}{2}\alpha; \quad S^2\beta = \frac{3}{4}\beta, \quad S_z\beta = -\frac{1}{2}\beta$$

2.2 球张量算符

我们已经讨论了角动量算符作用到量子态上的效应, 现在引入一个 k 阶的不可约张量算符 t^k, 它具有 $2k+1$ 个分量 $t_q^k(q = -k, -k+1, \cdots, k-1, k)$, 当被角动量算符作用时, 满足角动量算符作用到量子态上的相同关系, 并且, 与角动量算符有相同的对易关系, 即

$$[j_z, t_q^k] = q t_q^k \tag{2.22a}$$

$$[j_\pm, t_q^k] = [k(k+1) - q(q \pm 1)]^{1/2} t_{q\pm}^k \tag{2.22b}$$

或者

$$[j_\pm, t_q^k] = [(k \mp 1)(k \pm q + 1)]^{1/2} t_{q\pm}^k \tag{2.23}$$

满足上面性质的算符称为球张量算符. 在原子体系的理论研究中, 它们可以像角动量算符的本征态的性质一样形成一个算符集合. 按照上面的定义, 角动量算符就是一个一阶的球张量算符,

$$t_1^1 = -\frac{1}{\sqrt{2}}j_+ = -\frac{1}{\sqrt{2}}(j_x + ij_y)$$

$$t_0^1 = j_z \tag{2.24}$$

$$t_{-1}^1 = \frac{1}{\sqrt{2}}j_- = \frac{1}{\sqrt{2}}(j_x - ij_y)$$

应该指出的是, 球张量算符不仅可以用对易关系定义, 也可以用空间转动定义. 假设 $2k+1$ 个分量 $t_q^k(q = -k, -k+1, \cdots, k-1, k)$ 算符, 在空间转动 $R(\alpha, \beta, \gamma)$ 时, 按照三维旋转群 $SO(3)$ 的不可约表示 $D^k(\alpha, \beta, \gamma)$ 变换, 即满足

$$R(\omega)t_q^k R(\omega)^+ = \sum_{q'} t_{q'}^k D_{q'q}^k(\omega) \tag{2.25}$$

则这个算符集为球张量算符. t_q^k 称为球张量算符的 q 分量. 实际上, 球张量算符的两种定义是等价的, 从其中一种定义可以推出另一种定义. 在后面我们会发现, 在量子力学中, 常用到的许多算符都是三维旋转群 $SO(3)$ 的不可约张量算符.

2.3   角动量的耦合

假设我们给出本征函数 $|\gamma j_1 m_1\rangle$ 是角动量算符 J_1^2 和 J_{1z} 的本征函数, $|\gamma j_2 m_2\rangle$ 是角动量算符 J_2^2 和 J_{2z}, 两个本征函数的乘积函数 $|j_1 j_2 m_1 m_2\rangle = |j_1 m_1\rangle |j_2 m_2\rangle$ 是 J_1^2, J_{1z}, J_2^2 和 J_{2z} 四个算符的共同本征函数, 它们的耦合函数 $|j_1 j_2 j m\rangle$ 则是 J_1^2, J_2^2, $J^2 = (J_1 + J_2)^2$ 和 $J_z = J_{1z} + J_{2z}$ 四个算符的共同本征函数. 耦合函数可以表示为乘积函数 (未耦合函数) 的线性组合,

$$|j_1 j_2 j m\rangle = \sum_{m_1, m_2} \langle j_1 m_1, j_2 m_2 \mid jm \rangle |j_1 m_1, j_2 m_2\rangle \tag{2.26}$$

或者

$$|j_1 m_1, j_2 m_2\rangle = \sum_{j, m} \langle jm \mid j_1 m_1, j_2 m_2 \rangle |jm\rangle \tag{2.27}$$

式中, $\langle j_1 m_1, j_2 m_2 \mid jm \rangle$ 称为矢量耦合系数, 也称 Clebsch-Gordan 系数或者 Wigner 系数. 它是一个标准的标量积, 其相因子依赖于状态, 具有一定的任意性. 通常指定 $m = \pm j$ 时, 矢量耦合系数 $\langle j_1 m_1, j_2 m_2 \mid j \pm j \rangle$ 的相因子是 1, 即

$$|(j_1 j_2)j, \pm j\rangle = |j_1, \pm j_1\rangle |j_2, \pm j_2\rangle \tag{2.28}$$

为了表示方便, Wigner 引入了一种更加对称的表达形式, 称为 $3 - j$ 符号, 定义如式 (2.29).

$$\begin{pmatrix} j_1 & j_2 & j_3 \\ m_1 & m_2 & m_3 \end{pmatrix} = (-1)^{j_1 - j_2 - m_3}(2j+1)^{-1/2} \langle j_1 m_1, j_2 m_2 \mid j_3 - m_3 \rangle \tag{2.29}$$

$3 - j$ 符号值的非零条件为

(1) $m_1 + m_2 + m_3 = 0$

(2) 三个角动量满足三角条件, 即

$$|j_1 - j_2| \leqslant j_3 \leqslant j_1 + j_2$$

3−j 符号的性质如下:

3−j 符号中的各个列之间进行偶次置换, 3−j 符号的值不变

$$\begin{pmatrix} j_1 & j_2 & j_3 \\ m_1 & m_2 & m_3 \end{pmatrix} = \begin{pmatrix} j_2 & j_3 & j_1 \\ m_2 & m_3 & m_1 \end{pmatrix} = \begin{pmatrix} j_3 & j_1 & j_2 \\ m_3 & m_1 & m_2 \end{pmatrix}$$

$$(2.30)$$

3−j 符号中的各个列之间进行奇次置换, 3−j 符号增加一个相因子

$$\begin{pmatrix} j_2 & j_1 & j_3 \\ m_2 & m_1 & m_3 \end{pmatrix} = (-1)^{j_1+j_2+j_3} \begin{pmatrix} j_1 & j_2 & j_3 \\ m_1 & m_2 & m_3 \end{pmatrix} \qquad (2.31)$$

另外

$$\begin{pmatrix} j_1 & j_2 & j_3 \\ -m_1 & -m_2 & -m_3 \end{pmatrix} = (-1)^{j_1+j_2+j_3} \begin{pmatrix} j_1 & j_2 & j_3 \\ m_1 & m_2 & m_3 \end{pmatrix}$$

3−j 符号由于从 Clebsch-Gordan 系数中移出了 $(-1)^{j_1-j_2-m_3}(2j+1)^{-1/2}$ 因子, 消除了反对称的影响, 符号中的三个角动量具有同等地位, 对称性大大提高, 在理论研究中使用起来更为方便.

利用角动量本征态的正交性, 也可以推导出 3−j 符号的一些关系, 如

$$\sum_{j_3,m_3} (2j_3+1) \begin{pmatrix} j_1 & j_2 & j_3 \\ m_1 & m_2 & m_3 \end{pmatrix} \begin{pmatrix} j_1 & j_2 & j_3 \\ m_1' & m_2' & m_3 \end{pmatrix} = \delta(m_1 m_1')\delta(m_2 m_2')$$

$$(2.32)$$

$$\sum_{m_1,m_2} \begin{pmatrix} j_1 & j_2 & j_3 \\ m_1 & m_2 & m_3 \end{pmatrix} \begin{pmatrix} j_1 & j_2 & j_3' \\ m_1 & m_2 & m_3' \end{pmatrix} = (2j_3+1)^{-1}\delta(j_3 j_3')\delta(m_3 m_3')$$

$$(2.33)$$

以上两个关系通常也称为 3−j 符号的正交性.

2.4 球谐张量算符的耦合

球谐张量算符的耦合和角动量本征态的耦合有类似的形式, 仿照角动量本征态的耦合, 定义一个耦合张量算符 X^k, 它的分量为 X_q^k, 可以写成

$$X_q^k = \left\{ t^{k_1}(1)u^{k_2}(2) \right\}_q^k = \sum t_{q_1}^{k_1}(1)u_{q_2}^{k_2}(2) \langle k_1 q_1, k_2 q_2 \mid kq \rangle \qquad (2.34)$$

式中, t^{k_1} 和 u^{k_2} 作用于体系的不同部分, 例如, 部分 (1) 可以表示单电子的自旋部分, 部分 (2) 表示电子的轨道部分; 对于双电子的体系, t^{k_1} 可以表示作用在第一个电子的坐标, u^{k_2} 表示作用在第二个电子的坐标. 在原子物理和量子力学中存在着很多这类相互作用的形式, 如, 自旋和轨道相互作用或者电子之间的库仑作用.

在式 (2.34) 中, t^{k_1} 和 u^{k_2} 的旋转变换方式和角动量的本征函数 $|k_1q_1\rangle$ 和 $|k_2q_2\rangle$ 的旋转变换方式相同, 这样, 算符 X_q^k 的旋转变换方式应该和角动量的本征函数 $|kq\rangle$ 的变换方式相同.

作为张量耦合的例子, 我们可以讨论两个电子之间的库仑相互作用 (图 2.1), 图中 r_1 和 r_2 分别是两个电子的位置坐标, 它们之间的夹角用 ω 表示, 为了将库仑相互作用 $(1/r_{12})$ 变换为张量形式, 我们首先用经典物理的结果, 将 $1/r_{12}$ 用 Legendre 函数展开

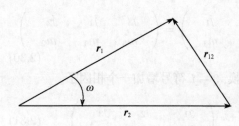

图 2.1　两个电子之间的库仑相互作用

$$\frac{1}{r_{12}} = \sum \frac{r_<^k}{r_>^{k+1}} P_k(\cos\omega) \tag{2.35}$$

式中, $r_<$ 和 $r_>$ 分别表示两个电子的径向距离 r_1 和 r_2 中比较小和比较大的值, 再利用球谐函数的加和定理将 Legendre 函数展开为球谐函数

$$P_k(\cos\omega) = \frac{4\pi}{2k+1} \sum_q Y_q^k(\theta_1,\phi_1) Y_q^{k*}(\theta_2,\phi_2) \tag{2.36}$$

在式 (2.36) 中, 每个球谐函数分别依赖每个电子的位置坐标, 若我们定义一个张量 C^k, 它的分量可以表示为

$$C_q^k(\theta,\phi) = \sqrt{\frac{4\pi}{2k+1}} Y_q^k(\theta,\phi) \tag{2.37}$$

则 Legendre 函数可展开为张量形式

$$\begin{aligned}
P_k(\cos\omega) &= \sum_q C_q^k(\theta_1,\phi_1) C_q^{k*}(\theta_2,\phi_2) \\
&= \sum_q (-1)^q C_q^k(\theta_1,\phi_1) C_{-q}^k(\theta_2,\phi_2) \\
&= C^k(\theta_1,\phi_1) \cdot C^k(\theta_2,\phi_2)
\end{aligned} \tag{2.38}$$

所以

$$\frac{1}{r_{12}} = \sum_k \frac{r_<^k}{r_>^{k+1}} C^k(\theta_1, \phi_1) \cdot C^k(\theta_2, \phi_2) \tag{2.39}$$

这个表达式就是两个电子之间的库仑相互作用的张量形式.

2.5 Wigner-Eckart 定理

到现在为止, 我们主要讨论了角动量本征态和球谐张量算符, 强调了它们在变换性质上的相似性, 即角动量本征态和球谐张量算符以相同的方式受到旋转作用的影响, 它们的变换都是按照旋转群的不可约表示进行. 现在若考虑角动量本征态和球谐张量算符同时旋转的情况, 旋转将把张量算符的矩阵元分为两部分, 其中一部分是和磁量子数无关的, 即物理学中的 Wigner-Eckart 定理, 下面我们将证明它.

假设用一个张量算符 t_q^k 作用在角动量本征态 $|\gamma j m\rangle$ 上, 得到 $t_q^k |\gamma j m\rangle$, 若对它进行一个 ω 旋转, 它将变为

$$R(\omega) t_q^k |\gamma j m\rangle = R(\omega) t_q^k R(\omega)^{-1} R(\omega) |\gamma j m\rangle = \sum_{q',m'} D_{q'q}^k D_{m'm}^j t_{q'}^k |\gamma j m'\rangle \tag{2.40}$$

式中, $R(\omega)$ 是旋转操作算符; D^k 和 D^j 是旋转矩阵. 式 (2.40) 表示 $t_q^k |\gamma j m\rangle$ 函数按照旋转矩阵 D^k 和 D^j 的直积矩阵变换. 在角动量理论中, 乘积函数 $|\gamma_1 k q\rangle |\gamma_2 j m\rangle$ 也以相同的方式变换, 类似于式 (2.26), 也可以形成一个按着 D^j 变换的线性组合,

$$\phi(\beta J M) = \sum t_q^k |\gamma j m\rangle \langle k q, j m \mid J M\rangle \tag{2.41}$$

这样, $\phi(\beta J M)$ 实际上遵从角动量本征态 $|J M\rangle$ 的变换性质, 可以写成一般形式

$$\phi(\beta J M) = \sum_{\gamma''} C(\gamma'' J) |\gamma'' J M\rangle \tag{2.42}$$

将式 (2.41) 反变换

$$t_q^k |\gamma j m\rangle = \sum_{J M} \phi(\beta J M) \langle J M \mid k q, j m\rangle \tag{2.43}$$

将式 (2.42) 代入式 (2.43) 得

$$t_q^k |\gamma j m\rangle = \sum_{\gamma'', J M} C(\gamma'' J) |\gamma'' J M\rangle \langle J M \mid k q, j m\rangle \tag{2.44}$$

利用 $\langle \gamma' j' m' |$ 右乘, 并利用正交性, 可以得到

$$\langle \gamma' j' m' | t_q^k |\gamma j m\rangle = C(\gamma' j') \langle j' m' \mid k q, j m\rangle \tag{2.45}$$

这个结果表明, 矩阵元可以分成一个矢量耦合系数和一个与磁量子数无关的因子两部分, 这就是 Wigner-Eckart 定理的物理意义. 它可以进一步表示为 $3-j$ 符号的形式

$$\langle\gamma jm|\,t_q^k\,|\gamma'j'm'\rangle = (-1)^{j-m}\begin{pmatrix} j & k & j' \\ -m & q & m' \end{pmatrix}[(-1)^{k-j'+j}(2j+1)^{1/2}C(\gamma j)] \quad (2.46)$$

式中的方括号中的结果可以表示为 $\langle\gamma j\,\|t^k\|\,\gamma'j'\rangle$ 形式, 称为约化矩阵元, 这样, Wigner-Eckart 定理的矩阵元表达式的一般形式为式 (2.47).

$$\langle\gamma jm|\,t_q^k\,|\gamma'j'm'\rangle = (-1)^{j-m}\begin{pmatrix} j & k & j' \\ -m & q & m' \end{pmatrix}\langle\gamma j\,\|t^k\|\,\gamma'j'\rangle \quad (2.47)$$

式中, 约化矩阵元与 m,m',q 无关, 这些量子数完全包含在 $3-j$ 符号中. Wigner-Eckart 定理在实际应用中是很有用的, 比如, 角动量 L 和 S 耦合成 J 时, 它们的分量满足

$$\langle(LS)JM|\,L_q\,|(LS)JM\rangle = \alpha_L\,\langle(LS)JM|\,J_q\,|(LS)JM\rangle \quad (2.48\text{a})$$

$$\langle(LS)JM|\,S_q\,|(LS)JM\rangle = \alpha_S\,\langle(LS)JM|\,J_q\,|(LS)JM\rangle \quad (2.48\text{b})$$

其中

$$\alpha_L = \frac{\langle(LS)J\,\|L\|\,(LS)J\rangle}{\langle(LS)J\,\|J\|\,(LS)J\rangle} \quad (2.49\text{a})$$

$$\alpha_S = \frac{\langle(LS)J\,\|S\|\,(LS)J\rangle}{\langle(LS)J\,\|J\|\,(LS)J\rangle} \quad (2.49\text{b})$$

并且

$$\alpha_L + \alpha_S = 1 \quad (2.50)$$

这个结果很有用, 在原子物理中它是构成等价算符的基础, 可以引出很多计算方法和结果.

2.6 　C^k 张量的约化矩阵元

利用球谐函数我们已经给出了 C^k 张量的定义, 它在原子物理学中是一个非常重要的物理量, 为了说明它的约化矩阵元的计算方法和得到一些有用的公式, 本节将对 C^k 张量进行较为详细的研究. Wigner-Eckart 定理的直接结果可以给出

$$\langle lm|\,C_q^k\,|l'm'\rangle = \left(\frac{4\pi}{2k+1}\right)^{1/2}\int Y_m^l(\Omega)^* Y_q^k(\Omega) Y_{m'}^{l'}(\Omega)\,\mathrm{d}\Omega$$

$$= (-1)^{l-m}\begin{pmatrix} l & k & l' \\ -m & q & m' \end{pmatrix}\langle l\,\|C^k\|\,l'\rangle \qquad (2.51)$$

式中, Ω 表示角度坐标 θ 和 ϕ, 先考虑两个函数的耦合

$$Y_q^k(\Omega)Y_{m'}^{l'}(\Omega) = \sum_{l,m} a_{lm} Y_m^l(\Omega)$$

利用球谐函数的正交性, 求出耦合系数, 并利用式 (2.51) 将系数的具体的表达式代入上式后得到

$$Y_q^k(\Omega)Y_{m'}^{l'}(\Omega) = \left(\frac{2k+1}{4\pi}\right)^{1/2} \sum_{l,m} (-1)^{l-m} \begin{pmatrix} l & k & l' \\ -m & q & m' \end{pmatrix} \langle l \, \| C^k \| \, l' \rangle Y_m^l(\Omega) \tag{2.52}$$

再利用 $3-j$ 符号的正交性质, 将式 (2.52) 写成

$$\sum_{q,m'} \begin{pmatrix} l'' & k & l' \\ -m'' & q & m' \end{pmatrix} Y_q^k(\Omega)Y_{m'}^{l'}(\Omega) = \left(\frac{2k+1}{4\pi}\right)^{1/2} \frac{(-1)^{l''-m''}}{2l''+1} \langle l'' \, \| C^k \| \, l' \rangle Y_{m'}^{l''}(\Omega) \tag{2.53}$$

式 (2.53) 对于任何角度坐标 θ 和 ϕ 都是有效的, 可以令 $\theta{=}0$, 已经知道

$$Y_m^l(0,\phi) = \left(\frac{2k+1}{4\pi}\right)^{1/2} \delta(m,0) \tag{2.54}$$

将式 (2.54) 的结果代入式 (2.53) 中, 得

$$\begin{pmatrix} l'' & k & l' \\ 0 & 0 & 0 \end{pmatrix} \frac{[(2k+1)(2l'+1)]^{1/2}}{4\pi} = (-1)^{l''} \frac{1}{4\pi} \left[\frac{2k+1}{2l''+1}\right]^{1/2} \langle l'' \, \| C^k \| \, l' \rangle$$

于是得到约化矩阵元的结果

$$\langle l \, \| C^k \| \, l' \rangle = (-1)^l [(2l+1)(2l'+1)]^{1/2} \begin{pmatrix} l & k & l' \\ 0 & 0 & 0 \end{pmatrix} \tag{2.55}$$

根据 $3-j$ 符号的非零条件知道, 角动量 l, k, l' 必须满足三角关系, 并且 $l+k+l'$ 的和必须是偶数. 应用 Wigner-Eckart 定理, 可以得出 C^k 张量矩阵元的完整表达式

$$\langle lm | \, C_q^k \, | l'm' \rangle = (-1)^m [(2l+1)(2l'+1)]^{1/2} \begin{pmatrix} l & k & l' \\ -m & q & m' \end{pmatrix} \begin{pmatrix} l & k & l' \\ 0 & 0 & 0 \end{pmatrix} \tag{2.56}$$

利用式 (2.56), 很方便求出一些常用的结果

$$\langle l \, \| C^0 \| \, l' \rangle = \delta(l,l')(2l+1)^{1/2} \tag{2.57}$$

$$\langle l \, \| C_q^k \| \, 0 \rangle = (-1)^l \langle 0 \, \| C_q^k \| \, l \rangle = \delta(l,k) \tag{2.58}$$

$$\langle l \, \| l \| \, l \rangle = [l(l+1)(2l+1)]^{1/2} \tag{2.59}$$

$$\langle s \, \| s \| \, s \rangle = [s(s+1)(2s+1)]^{1/2} \tag{2.60}$$

2.7　6–j 符号和 9–j 符号

$3-j$ 符号表达了两个角动量耦合时的耦合系数, 解决了单电子的 s、l 耦合问题, 在多电子体系的物理问题中, 这种简单耦合形式显然是不够的, 可能会出现三个或者多个角动量的耦合问题, 这时, 无论在耦合方式和耦合系数的计算上都是相当复杂的. 为了表述不同耦合方式之间的关系, 需要引入一些新的数学符号来完成这个任务, 这样的符号通常称为 $n-j$ 符号, 本节只介绍比较常用的 $6-j$ 符号和 $9-j$ 符号.

首先, 介绍 $6-j$ 符号, 当三个角动量 j_1, j_2, j_3 耦合时, 最简单的方法是先把两个角动量耦合起来, 得出一些耦合角动量, 然后这些耦合角动量再和第三个角动量耦合, 最后得到一系列三个角动量的耦合结果. 实际上三个角动量 j_1, j_2, j_3 耦合过程有三种.

第一种: 用 j_1 和 j_2 首先耦合成 j_{12}, 然后再和 j_3 耦合成 j, 即

$$j_1 + j_2 = j_{12}, j_{12} + j_3 = j$$

耦合后的本征函数记为 $|(j_1, j_2)j_{12}, j_3 j m\rangle$, 在给定 j_1 和 j_2 的情况下, j_{12} 的取值为

$$j_{12} = j_1 + j_2, j_1 + j_2 - 1, \cdots, |j_1 - j_2| + 1, |j_1 - j_2|$$

在 j_{12} 和 j_3 给定的情况下, j 的取值为

$$j = j_{12} + j_3, j_{12} + j_3 - 1, \cdots, |j_{12} - j_3| + 1, |j_{12} - j_3|$$

第二种: 用 j_2 和 j_3 首先耦合成 j_{23}, 然后再和 j_1 耦合成 j, 即

$$j_2 + j_3 = j_{23}, j_{23} + j_1 = j$$

耦合后的本征函数记为 $|(j_2, j_3)j_{23}, j_1 j m\rangle$, 在给定 j_2 和 j_3 的情况下, j_{23} 的取值为

$$j_{23} = j_2 + j_3, j_2 + j_3 - 1, \cdots, |j_2 - j_3| + 1, |j_2 - j_3|$$

在 j_{23} 和 j_1 给定的情况下, j 的取值为

$$j = j_{23} + j_1, j_{23} + j_1 - 1, \cdots, |j_{23} - j_1| + 1, |j_{23} - j_1|$$

第三种: 用 j_1 和 j_3 首先耦合成 j_{13}, 然后再和 j_2 耦合成 j, 即

$$j_1 + j_3 = j_{13}, j_{13} + j_2 = j$$

耦合后的本征函数记为 $|(j_1,j_3)j_{13},j_2jm\rangle$, 在给定 j_1 和 j_3 的情况下, j_{13} 的取值为

$$j_{13} = j_1 + j_3, j_1 + j_3 - 1, \cdots, |j_1 - j_3| + 1, |j_1 - j_3|$$

在 j_{13} 和 j_2 给定的情况下, j 的取值为

$$j = j_{13} + j_2, j_{13} + j_2 - 1, \cdots, |j_{13} - j_2| + 1, |j_{13} - j_2|$$

对于这三种耦合方式, 无论哪种方式的本征态都是正交和完备的, 各种耦合方式的本征态之间存在着一定的变换关系, 如, 第一种和第二种耦合方式的本征态之间的变换关系为

$$|j_1,(j_2,j_3)j_{23}jm\rangle = \sum_{j_{12}} \langle(j_1,j_2)j_{12},j_3jm \mid j_1,(j_2,j_3)j_{23}jm\rangle |(j_1,j_2)j_{12},j_3jm\rangle$$

上式的变换系数与 m 无关, Wigner 首先把这个变换系数表达为

$$\langle(j_1,j_2)j_{12},j_3jm \mid j_1,(j_2,j_3)j_{23}jm\rangle$$

$$= (-1)^{j_1+j_2+j_3+j}[(2j_{12}+1)(2j_{23}+1)]^{1/2} \begin{Bmatrix} j_1 & j_{12} & j_2 \\ j_3 & j_{23} & j \end{Bmatrix} \qquad (2.61)$$

式中, {} 形式的数学符号称为 $6-j$ 符号. 它只有满足以下四种关系才有不为零的值 (图 2.2).

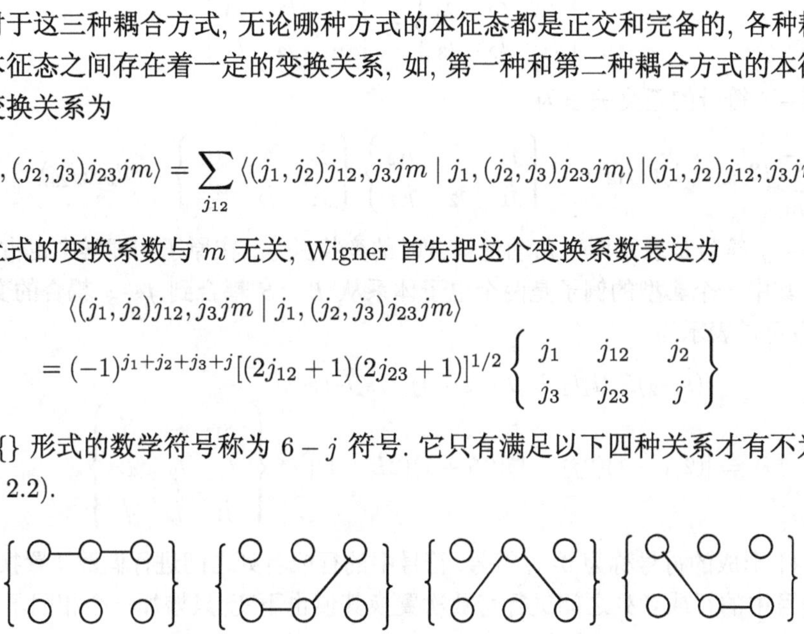

图 2.2

符号中第一行中的三个角动量构成矢量耦合的三角关系, 第一行中的每一个角动量和第二行中不相邻的两个角动量构成另外三个三角关系.

$6-j$ 符号的具体表达式为

$$\begin{Bmatrix} j_1 & j_2 & j_3 \\ l_1 & l_2 & l_3 \end{Bmatrix} = \Delta(j_1j_2j_3)\Delta(j_1l_2l_3)\Delta(l_1j_2l_3)\Delta(l_1l_2j_3)$$

$$\times \sum_z \frac{(-1)^z(z+1)!}{[(z-j_1-j_2-j_3)!(z-j_1-l_2-l_3)!(z-l_1-j_2-l_3)!(z-l_1-l_2-j_3)!}$$

$$\times \frac{1}{(j_1+j_2+l_1+l_2-z)!(j_2+j_3+l_2+l_3-z)!(j_3+j_1+l_3+l_1-z)!]}$$

$$\qquad (2.62)$$

式中

$$\Delta(abc) = \left[\frac{(a+b-c)!(a-b+c)!(b+c-a)!}{(a+b+c+1)!}\right]^{1/2} \qquad (2.63)$$

$6 - j$ 符号具有如下性质:

符号中任意两列交换位置其值不变.

$$\begin{Bmatrix} j_1 & j_2 & j_3 \\ l_1 & l_2 & l_3 \end{Bmatrix} = \begin{Bmatrix} j_2 & j_1 & j_3 \\ l_2 & l_1 & l_3 \end{Bmatrix} \tag{2.64}$$

符号中任意两列的第一行元素和第二行元素同时交换其值不变.

$$\begin{Bmatrix} j_1 & j_2 & j_3 \\ l_1 & l_2 & l_3 \end{Bmatrix} = \begin{Bmatrix} l_1 & l_2 & j_3 \\ j_1 & j_2 & l_3 \end{Bmatrix} \tag{2.65}$$

$6 - j$ 符号的正交关系为

$$\sum_{j_{12}} (2j_{23} + 1)(2j_{12} + 1) \begin{Bmatrix} j_3 & j & j_{12} \\ j_1 & j_2 & j_{23} \end{Bmatrix} \begin{Bmatrix} j_3 & j & j_{12} \\ j_1 & j_2 & j'_{23} \end{Bmatrix} = \delta(j_{23} j'_{23}) \tag{2.66}$$

$9 - j$ 符号是表示四个角动量耦合时的变换关系, 在原子物理学中也占有重要地位, 其中一个典型的例子是两个电子体系从 $L - S$ 耦合到 $j - j$ 耦合的变换, 变换系数可以表示为

$$\langle (s_1 s_2) S, (l_1 l_2) L, J \mid (s_1 l_1) j_1, (s_2 l_2) j_2, J \rangle$$
$$= [(2j_1 + 1)(2j_2 + 1)(2S + 1)(2L + 1)]^{1/2} \begin{Bmatrix} s_1 & s_2 & S \\ l_1 & l_2 & L \\ j_1 & j_2 & J \end{Bmatrix} \tag{2.67}$$

式中, {} 形成的符号称为 $9 - j$ 符号, 符号中的行或者列之间进行偶数次置换其值不变, 符号中的行或者列之间进行奇数次置换其值也不变, 只增加一个相因子 $(-1)^K$, K 是符号中的 9 个角动量之和.

$9 - j$ 符号同样存在着正交和求和规则, 因为比较复杂, 本节不再列出 [2~4].

2.8　张量乘积的矩阵元

假设一个乘积张量的分量为

$$X_Q^K = \{ T^{k_1} U^{k_2} \}_Q^K$$

T^{k_1} 和 U^{k_2} 分别表示作用在体系的部分 1 和部分 2 上张量算符, 它们可以是自旋和轨道部分, 也可以是两个电子体系的不同电子. 根据 Wigner-Eckart 定理, 乘积张量的分量的矩阵元为

$$\langle \gamma j_1 j_2 J M_J | X_Q^K | \gamma' j'_1 j'_2 J' M'_J \rangle$$
$$= (-1)^{J - M_J} \begin{pmatrix} J & K & J' \\ -M_J & Q & M'_J \end{pmatrix} \langle \gamma j_1 j_2 J \| X^K \| \gamma' j'_1 j'_2 J' \rangle \tag{2.68}$$

式 (2.68) 中的约化矩阵元通过进一步推导可以表示为

$$\langle \gamma j_1 j_2 J \| X^K \| \gamma' j_1' j_2' J' \rangle$$

$$= \sum_{\gamma''} \langle \gamma j_1 \| T^{k_1} \| \gamma'' j_1' \rangle \langle \gamma'' j_2 \| U^{k_2} \| \gamma' j_2' \rangle$$

$$\times [(2J+1)(2J'+1)(2K+1)]^{1/2} \left\{ \begin{array}{ccc} j_1 & j_1' & k_1 \\ j_2 & j_2' & k_2 \\ J & J' & K \end{array} \right\} \tag{2.69}$$

这个公式非常重要, 因为在某些特殊情况下可以得到物理学中的重要公式.

当 $K=0$, $k_1 = k_2 = k$ 时

$$\langle \gamma j_1 j_2 J M_J | T^k \cdot U^k | \gamma' j_1' j_2' J' M_J' \rangle$$

$$= (-1)^{k+J-M_J}(2k+1)^{-1} \left(\begin{array}{ccc} J & 0 & J' \\ -M_J & 0 & M_J' \end{array} \right) \langle \gamma j_1 j_2 J \| \{T^k U^k\}^0 \| \gamma' j_1' j_2' J' \rangle$$

$$= (-1)^{j_1'+j_2+J} \delta(J, J') \delta(M_J, M_J') \left\{ \begin{array}{ccc} j_1' & j_2' & J \\ j_2 & j_1 & k \end{array} \right\}$$

$$\times \sum_{\gamma''} \langle \gamma j_1 \| T^k \| \gamma'' j_1' \rangle \langle \gamma'' j_2 \| U^k \| \gamma' j_2' \rangle \tag{2.70}$$

当 $k_2 = 0$ 时

$$\langle \gamma j_1 j_2 J \| T^k \| \gamma' j_1' j_2' J' \rangle$$

$$= \delta(j_2 j_2')(-1)^{j_1+j_2+J'+k}[(2J+1)(2J'+1)]^{1/2}$$

$$\times \left\{ \begin{array}{ccc} J & k & J' \\ j_1' & j_2 & j_1 \end{array} \right\} \langle \gamma j_1 \| T^k \| \gamma' j_1' \rangle \tag{2.71}$$

当 $k_1 = 0$ 时

$$\langle \gamma j_1 j_2 J \| U^k \| \gamma' j_1' j_2' J' \rangle$$

$$= \delta(j_1 j_1')(-1)^{j_1'+j_2'+J+k}[(2J+1)(2J'+1)]^{1/2}$$

$$\times \left\{ \begin{array}{ccc} J & k & J' \\ j_2' & j_1 & j_2 \end{array} \right\} \langle \gamma j_2 \| U^k \| \gamma' j_2' \rangle \tag{2.72}$$

参 考 文 献

[1] Condon E U, Shortley G H. The Theory of Atomic Spectra. Cambridge: Cambridge University Press, 1935

[2] Judd B R. Operator Techniques in Atomic Spectroscopy. New York: McGraw-Hill, Inc., 1963

[3] Edmonds A R. Angular Momentum in Quantum Mechanics. New Jersey: Princeton University Press, 1957

[4] Wigner E P. Group Theory and Its Application to Quantum Mechanics of Atomic Spectra. New York: Academic Press, 1931

[5] Racah G. Phys.Rev., 1942, 62: 438

[6] Eckart C. Rev.Mod.Phys., 1930, 2: 305

[7] Rotenberg M, Bevins R, Metropolis M, Wooten J K. The 3−j and 6−j Symbols. Cambridge: MIT Press, 1959

[8] Wybourne B G. Spectroscopic Properties of Rare Earths. New York, London, Sydney: John-Wiley & Sons, Inc., 1965

[9] Cowan R D. The Theory of Atomic Structure and Spectra. Berkeley, Los Angeles, London: University of California Press, 1981

第 3 章　稀土自由离子的光谱项和能级

晶体中的稀土离子, 由于 $5s^2$ 和 $5p^6$ 外壳层的屏蔽作用, 晶体场对 f 电子的作用很小, 只产生很弱的能量微扰, 因此, 它们的能级和光谱行为和自由离子的情况非常相似. 晶体场作用所引起的 Stark 能级劈裂只在几百个波数的范围之内, 所以, 为了清楚地了解稀土离子在晶体中的能级和光谱行为, 首先要对稀土自由离子的基本情况进行深入的了解. 本章将阐述它们的基本知识和相关理论.

3.1　稀土元素和离子的电子组态

稀土元素是化学性质非常相似的一组元素, 在元素周期表中是从 57 号元素的镧到 71 号元素镥结束, 共 15 个元素, 即镧 (La)、铈 (Ce)、镨 (Pr)、钕 (Nd)、钷 (Pm)、钐 (Sm)、铕 (Eu)、钆 (Gd)、铽 (Tb)、镝 (Dy)、钬 (Ho)、铒 (Er)、铥 (Tm)、镱 (Yb)、镥 (Lu), 它们的电子结构特点是都含有 $4f$ 电子壳层, 各个元素之间的主要差别只是 $4f$ 电子的数目不同. 元素的电子结构形式一般可以写成 $1s^2 2s^2 2p^6 3s^2 3p^6 3d^{10} 4s^2 4p^6 4d^{10} 5s^2 5p^6 4f^N$ (或 $4f^{N-1} 5d) 6s^2$, 其中 La、Ce、Gd、Lu 为 $4f^{N-1} 5d 6s^2$, 其他元素均为 $4f^N 6s^2$. 这些元素失去电子后可以形成各种离子状态, 各类离子状态的电子组态和基态情况见表 3.1. 稀土元素变成离子状态需要通过注入一定的能量使电子电离, 这种能量称为电离能, 二价离子和三价离子的电离能已经被测定和计算, 结果列于表 3.2 和表 3.3[1]. 表中 SD 表示 $4f^{N-1} 5d$ 组态的基态和 $4f^N$ 组态基态的能量差, ΔE 表示 $4f^{N-1} 6s$ 组态的基态和 $4f^{N-1} 5d$ 组态的基态之间的能量差, δ 表示 $4f^{N-1} 6s$ 组态的最低能级和它的亲态 $4f^{N-1}$ 组态的基态之间的能量差, ΔT 是 $4f^{N-1} 6s$ 组态和 $4f^{N-1} 7s$ 组态的能量差, T 是 $4f^{N-1} 6s$ 组态的电离能. 则离子的电离能 $E_{\text{ion}} = SD + \Delta E + \delta + T$.

在形成原子状态时, 电子的填充次序是先 $5s^2 5p^6$ 壳层, 然后填充 $4f^N$ 壳层, 在离子状态时, $4f^N$ 壳层将收缩到 $5s^2 5p^6$ 壳层内, $4f^N$ 壳层的电子将受到 $5s^2 5p^6$ 壳层的屏蔽, 因此, 在晶体中的稀土离子只受到周围晶体场的微弱作用, 使得它们的光谱性质具有类原子光谱的性质. $4f^N$ 壳层的电子对原子核的电荷屏蔽是不完全的, 随着原子序的增加, 原子核的有效电荷增加, 加强了对离子外层电子的引力, 导致离子半径的缩小, 出现了镧系离子的半径收缩现象.

表 3.1　镧系元素和离子的电子组态及它们的基态

原子序	元素	R 组态	基态	R$^+$ 组态	基态	R^{2+} 组态	基态	R^{3+} 组态	基态
58	Ce	$4f5d6s^2$	$^1G_4$	$4f5d6s$	$^2G_{7/2}$	$4f^2$	$^3H_4$	$4f$	$^2F_{5/2}$
59	Pr	$4f^36s^2$	$^4I_{9/2}$	$4f^36s$	$^5I_4$	$4f^3$	$^4I_{9/2}$	$4f^2$	$^3H_4$
60	Nd	$4f^46s^2$	$^5I_4$	$4f^46s$	$^6I_{7/2}$	$4f^4$	$^5I_4$	$4f^3$	$^4I_{9/2}$
61	Pm	$4f^56s^2$	$^6H_{5/2}$	$4f^56s$	$^7H_2$	$4f^5$	$^6H_{15/2}$	$4f^4$	$^5I_4$
62	Sm	$4f^66s^2$	$^7F_0$	$4f^66s$	$^8F_{1/2}$	$4f^6$	$^7F_0$	$4f^5$	$^6H_{15/2}$
63	Eu	$4f^76s^2$	$^8S_{7/2}$	$4f^76s$	$^9S_4$	$4f^7$	$^8S_{7/2}$	$4f^6$	$^7F_0$
64	Gd	$4f^75d6s^2$	$^9D_2$	$4f^75d6s$	$^{10}D_{5/2}$	$4f^75d$	$^9D_2$	$4f^7$	$^8S_{7/2}$
65	Tb	$4f^96s^2$	$^6H_{15/2}$	$4f^96s$	$^7H_8$	$4f^9$	$^6H_{15/2}$	$4f^8$	$^7F_6$
66	Dy	$4f^{10}6s^2$	$^5I_8$	$4f^{10}6s$	$^6I_{17/2}$	$4f^{10}$	$^5I_8$	$4f^9$	$^6H_{15/2}$
67	Ho	$4f^{11}6s^2$	$^4I_{15/2}$	$4f^{11}6s$	$^5I_8$	$4f^{11}$	$^4I_{15/2}$	$4f^{10}$	$^5I_8$
68	Er	$4f^{12}6s^2$	$^3H_6$	$4f^{12}6s$	$^4H_{13/2}$	$4f^{12}$	$^3H_6$	$4f^{11}$	$^4I_{15/2}$
69	Tm	$4f^{13}6s^2$	$^2F_{7/2}$	$4f^{13}6s$	$^3F_4$	$4f^{13}$	$^2F_{7/2}$	$4f^{12}$	$^3H_6$
70	Yb	$4f^{14}6s^2$	$^1S_0$	$4f^{14}6s$	$^2S_{1/2}$	$4f^{14}$	$^1S_0$	$4f^{13}$	$^2F_{7/2}$
71	Lu	$4f^{14}5d6s^2$	$^2D_{3/2}$	$4f^{14}6s^2$	$^1S_0$	$4f^{14}6s$	$^2S_{1/2}$	$4f^{14}$	$^1S_0$

注: R 表示稀土元素, R$^+$、R^{2+} 和 R^{3+} 分别表示稀土元素的一价、二价和三价离子.

表 3.2　二价稀土离子的电离能/cm^{-1}

离子	SD		ΔE	δ	ΔT	T	电离能
	$4f^{N-1}5d - 4f^N$	$4f^{N-1}6s - 4f^{N-1}5d$			$4f^{N-1}6s - 4f^{N-1}7s$	$4f^{N-1}6s$	
La^{2+}			13 591	0	68 754	141 084	154 675
Ce^{2+}	3277		15 960	—	70 249	143 523	162 903
Pr^{2+}	12 847		15 553	—	71 601	145 716	174 407
Nd^{2+}	16 000		14 300	465	73 000	147 800	178 600
Pm^{2+}	16 400		13 000	620	74 400	150 000	180 000
Sm^{2+}	24 500		11 700	775	75 700	152 000	189 000
Eu^{2+}	33 900		10 400	790	77 000	154 100	199 200
Gd^{2+}	−2381		9195	1085	78 300	156 100	166 400
Tb^{2+}	8972		8704	930	79 600	158 100	176 700
Dy^{2+}	16 900		6200	775	80 800	159 900	183 800
Ho^{2+}	18 100		3700	620	82 000	161 800	184 200
Er^{2+}	16 976		2340	465	83 200	163 600	183 400
Tm^{2+}	22 897		2405	310	84 400	165 400	191 000
Yb^{2+}	33 386		1270	155	85 496	167 100	201 900
Lu^{2+}	—		−5709	0	86 680	169 049	169 049

表 3.3 三价稀土离子的电离能 /cm^{-1}

离子	SD		δ	ΔT	T	电离能
	$4f^{N-1}5d-4f^N$	$4f^{N-1}6s-4f^{N-1}5d$		$4f^{N-1}6s-4f^{N-1}7s$	$4f^{N-1}6s$	
Ce^{3+}	49 737	36 856	0	96 900	209 866	296 470
Pr^{3+}	61 171	39 088	205	99 238	213 900	314 400
Nd^{3+}	70 100	38 800	410	100 900	216 600	325 900
Pm^{3+}	73 300	37 700	615	102 800	219 800	331 400
Sm^{3+}	73 700	36 500	820	104 600	222 700	333 700
Eu^{3+}	81 800	35 400	1025	106 500	225 800	344 000
Gd^{3+}	91 200	34 200	1061	108 200	228 500	355 000
Tb^{3+}	54 900	33 200	1435	110 000	231 400	320 900
Dy^{3+}	66 300	32 800	1230	111 700	234 200	334 500
Ho^{3+}	74 200	30 500	1025	113 400	236 900	342 600
Er^{3+}	75 400	28 194	820	115 100	239 600	344 000
Tm^{3+}	74 300	27 000	615	116 800	242 400	344 300
Yb^{3+}	80 200	27 300	410	118 400	244 900	352 800
Lu^{3+}	90 433	26 365	205	120 238	247 500	364 500

3.2 稀土离子的光谱项和能级数目

稀土离子在晶体中一般呈现三价, 是一种最稳定的状态, 在可见和红外光谱区域所观测到的发光主要是来自 $4f^N$ 组态内能级间的跃迁, 为线状光谱, $4f^N$ 组态到 $4f^{N-1}5d$ 组态的跃迁的光谱处于紫外和真空紫外区, 呈现带状. $4f^N$ 壳层的轨道角动量 $l = 3$, 在同一壳层内, 等价电子数目多, 因此, 形成的光谱项的数目相当大. 确定光谱项的方法一般有两种. 通常方法是通过角动量耦合, 每个 f 电子的轨道角动量 $l = 3$, 自旋角动量 $s=1/2$, N 个电子的轨道角动量耦合与 N 个电子的自旋角动量耦合后, 得到一系列的总轨道角动量和总自旋角动量的状态, 利用 Pauli 原理选出那些符合条件的光谱项. 这种方法上手容易但相当麻烦, 特别是在 N 和 l 都较大时, 容易出错. 另外一种方法是群论方法, 利用 Racah 群链 $U_7 \supset R_7 \supset G_2 \supset R_3$ 及其分支规则, 可以比较清楚地确定出 $4f^N$ 组态的全部光谱项. U_7 是七维酉群, R_7 是七维旋转群, 它的不可约表示用 $W(w_1w_2w_3)$, G_2 群是 R_7 群的一个子群, 它的不可约表示用 $U(u_1u_2)$, R_3 是三维旋转群, 它用量子数 LS 表示. 在光谱项中, 通常表达为 ^{2S+1}L, $2S + 1$ 表示光谱项的多重性, 角动量 L 表示为相应的英文字母, 具体对应关系如下 [2]

S	P	D	F	G	H	I	K	L	M	N	$\cdots$
0	1	2	3	4	5	6	7	8	9	10	$\cdots$

则光谱项可表示为 $^4I, {}^6K, {}^3H, \cdots$. 在自由离子中, 可以发生自旋角动量和轨道角动量间的耦合, 产生总角动量 J, 这样, 能级将产生分裂, 分裂后能级的谱项称为光谱支项, 通常表示为 $^{2S+1}L_J$, 如 $^3F_5, {}^4I_{9/2}$ 等. $4f^N$ 组态的光谱项利用 Racah 群链 $U_7 \supset R_7 \supset G_2 \supset R_3$ 已经全部得到, 见表 3.4[3,6], 从表中结果可以见到各个光谱项的归属是很清楚的, 但是, 也可以看到仍然有些光谱项分不开, 这需要进一步研究.

表 3.4　$4f^N$ 组态的光谱项

N(电子数)	$W(R_7$ 群表示)	$U(G_2$ 群表示)	SL(光谱项)
1	(100)	(10)	^2F
2	(110)	(10)	^3F
		(11)	^3PH
	(200)	(20)	^1DGI
	(000)	(00)	^1S
3	(111)	(00)	^4S
		(10)	^4F
		(20)	^4DGI
	(210)	(11)	^2PH
		(20)	^2DGI
		(21)	^2DFGHKL
	(100)	(10)	^2F
4	(111)	(00)	^5S
		(10)	^5F
		(20)	^5DGI
	(211)	(10)	^3F
		(11)	^3PH
		(20)	^3DGI
		(21)	^3DFGHKL
		(30)	$^3PFGHIKM$
	(110)	(10)	^3F
		(11)	^3PH
	(220)	(20)	^1DGI
		(21)	^1DFGHKL
		(22)	$^1SDGHILN$
	(200)	(20)	^1DGI
	(000)	(00)	^1S
5	(110)	(10)	^6F
		(11)	^6PH
	(211)	(10)	^4F
		(11)	^4PH
		(20)	^4DGI

续表

N(电子数)	$W(R_7$ 群表示)	$U(G_2$ 群表示)	SL(光谱项)
	(211)	(21)	^4DFGHKL
		(30)	$^4PFGHIKM$
	(111)	(00)	^4S
		(10)	^4F
		(20)	^4DGI
	(221)	(10)	^2F
		(11)	^2PH
		(20)	^2DGI
		(21)	^2DFGHKL
5		(30)	$^2PFGHIKM$
		(31)	$^2PDFFGHHIKKLMNO$
	(210)	(11)	^2PH
		(20)	^2DGI
		(21)	^2DFGHKL
	(100)	(10)	^2F
	(100)	(10)	^7F
	(210)	(11)	^5PH
		(20)	^5DGI
		(21)	^5DFGHKL
	(111)	(00)	^5S
		(10)	^5F
		(20)	^5DGI
	(221)	(10)	^3F
		(11)	^3PH
		(20)	^3DGI
		(21)	^3DFGHKL
		(30)	$^3PFGHIKM$
6		(31)	$^3PDFFGHHIIKKLMNO$
	(211)	(10)	^3F
		(11)	^3PH
		(20)	^3DGI
		(21)	^3DFGHKL
		(30)	$^3PFGHIKM$
	(110)	(10)	^3F
		(11)	^3PH
	(222)	(00)	^1S
		(10)	^1F
		(20)	^1DGI
		(30)	$^1PFGHIKM$
		(40)	$^1SDGGHIIKLLMNO$
	(220)	(20)	^1DGI

续表

N(电子数)	$W(R_7$ 群表示)	$U(G_2$ 群表示)	SL(光谱项)
6	(220)	(21)	^1DFGHKL
		(22)	$^1SDGHILN$
	(200)	(20)	^1DGI
	(000)	(00)	^1S
7	(000)	(00)	^8S
	(200)	(20)	^6DGI
	(110)	(10)	^6F
		(11)	^6PH
	(220)	(20)	^4DGI
		(21)	^4DFGHKL
		(22)	$^4SDGHILN$
	(211)	(10)	^4F
		(11)	^4PH
		(20)	^4DGI
		(21)	^4DFGHLN
		(30)	$^4PFGHIKM$
	(111)	(00)	^4S
		(10)	^4F
		(20)	^4DGI
	(222)	(00)	^2S
		(10)	^2F
		(20)	^2DGI
		(30)	$^2PFGHIKM$
		(40)	$^2SDFGGHIIKLLMNQ$
	(221)	(10)	^2F
		(11)	^2PH
		(20)	^2DGI
		(21)	^2DFGHKL
		(30)	$^2PFGHIKM$
		(31)	$^2PDFFGHHIIKKLMNO$
	(210)	(11)	^2PH
		(20)	^2DGI
		(21)	^2DFGHKL
	(100)	(10)	^2F

根据光谱学和量子力学的知识, 可以很容易地计算出各个稀土离子的各种组态的 $^{2S+1}L_J$ 能级的数目, 其中包括: $4f^N$ 组态、$4f^{N-1}5d$ 组态、$4f^{N-1}6s$ 组态和 $4f^{N-1}6p$ 组态, 这些结果列在表 3.5 中 [24].

表 3.5   稀土离子各个组态的光谱支项数

R^{2+}	R^{3+}	N	$4f^N$	$4f^{N-1}5d$	$4f^{N-1}6s$	$4f^{N-1}6p$	总数
	La	0	1				1
La	Ce	1	2	2	1	2	7
Ce	Pr	2	13	20	4	12	49
Pr	Nd	3	41	107	24	69	241
Nd	Pm	4	107	386	82	242	817
Pm	Sm	5	198	977	208	611	1994
Sm	Eu	6	295	1878	396	1168	3737
Eu	Gd	7	327	2725	576	1095	4723
Gd	Tb	8	295	3006	654	1928	5883
Tb	Dy	9	198	2725	576	1095	4594
Dy	Ho	10	107	1878	396	1168	3549
Ho	Er	11	41	977	208	611	1837
Er	Tm	12	13	386	82	242	723
Tm	Yb	13	2	107	24	69	202
Yb	Lu	14	1	20	4	12	37

稀土离子各个组态的最低能级重心的位置的计算结果示于图 3.1[23]. 实际上, 由于每个组态的能级都有很大的跨越范围, 因此, 各个组态的能级间有很大重叠. 通过一个例子, 我们来讨论二价和三价稀土离子的 $4f^N$ 组态和 $4f^{N-1}5d$ 组态的情况, 对于这两个组态的能级交叉情况示于图 3.2 和图 3.3[22,23]. 从图中结果可以发现, 对于二价稀土离子, $4f$-$5d$ 的跃迁是允许跃迁, 少数离子的发光是在可见区域, 大多数的离子的发光是在红外区域. 对于三价稀土离子, 大多数离子的 $4f$-$5d$ 的跃迁光谱是处在紫外和真空紫外区域, 只有个别离子在 $200\sim300$ nm 左右观测到 $4f$-$5d$ 的吸收, 在稍长的波长区域观测到 $5d$-$4f$ 的发射.

在图 3.2 和图 3.3 中, 空心长方形表示 $4f^N$ 组态的能级区域, 黑色长方形表示 $4f^{N-1}5d$ 组态能级区域, 各个带中的小圆圈表示该组态的能级重心.

各个稀土离子的 $4f^N$ 组态的光谱项数目, 前面已经给出, 光谱支项的数目可以通过总的自旋角动量和总轨道角动量耦合方法求得, 各个稀土离子 $4f^N$ 组态的能级数目可以通过排列组合的运算求出. 对于 $4f^N$ 组态的详细情况现在已经十分清楚, 其结果列在表 3.6 中, 可以看到能级数目非常多, 特别是电子数 $N = 5, 6, 7$(或 $14 - N = 7, 8, 9$) 的稀土离子, 能级数目达到几千个, 这样多的能级之间发生量子跃迁, 就可以得到各种波长的发射光, 这正是稀土离子一个独特性质, 也是光谱学领域中稀土离子占有极其重要地位的原因.

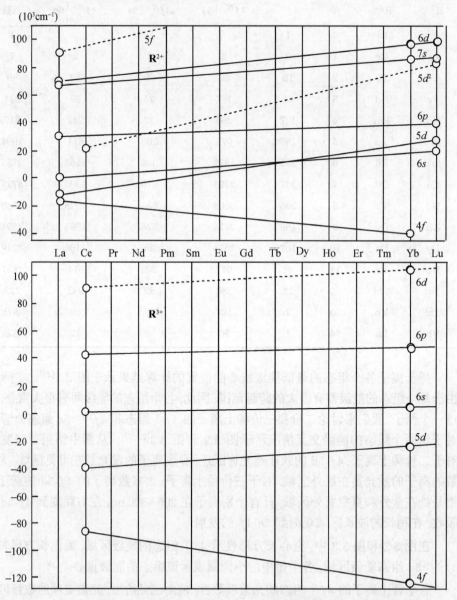

图 3.1　二价 (R^{2+})、三价 (R^{3+}) 稀土离子各组态最低能级重心的位置示意图

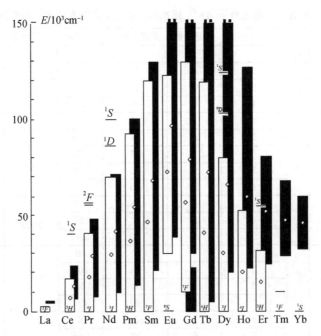

图 3.2 二价稀土离子的 $4f^N$ 组态和 $4f^{N-1}5d$ 组态能级重叠示意图

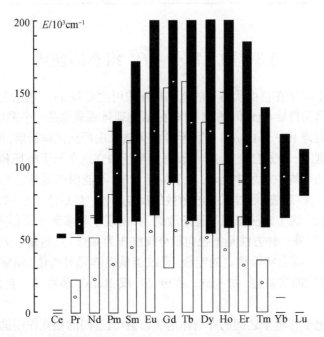

图 3.3 三价稀土离子的 $4f^N$ 组态和 $4f^{N-1}5d$ 组态能级重叠示意图

表 3.6　稀土离子 $4f^N$ 组态的光谱项、光谱支项和能级数目

R^{2+}	R^{3+}	N	多重项类型	光谱项数	光谱支项数	能级数	总能级数	基态
	La(Lu)	0						
La	Ce(Yb)	1	2	1	2	14	14	$^2F_{5/2}(^2F_{5/2})$
Ce	Pr(Tm)	2	3	3	9	63	91	$^3H_4(^3H_6)$
			1	4	4	28		
Pr	Nd(Er)	3	4	5	17	140	364	$^4I_{9/2}(^4I_{15/2})$
			2	12	24	224		
Nd	Pm(Ho)	4	5	5	21	175	1001	$^5I_4(^5I_8)$
			3	2	66	630		
			1	20	20	196		
Pm	Sm(Dy)	5	6	3	15	126	2002	$^6H_{5/2}(^6H_{15/2})$
			4	24	91	896		
			2	46	92	980		
Sm	Eu(Tb)	6	7	1	7	49	3003	$^7F_0(^7F_6)$
			5	16	74	700		
			3	56	168	1764		
			1	46	46	490		
Eu	Gd	7	8	1	1	8	3432	$^8S_{7/2}$
			6	6	32	288		
			4	39	152	1568		
			2	72	142	1568		

3.3　稀土离子 $4f^N$ 组态的能级

三价稀土离子在自由状态下的基本相互作用主要是 $4f^N$ 组态内电子与电子之间的库仑作用和自旋-轨道间的相互作用, 从物理体系来说是一个多电子问题. 多电子体系的薛定谔 (Schrödinger) 方程至今尚无法求出严格的解析解, 因此, 通常采用近似方法处理. 一种是自洽方法, 假设每个电子独立地在原子核场和其他电子的球形场所组成的平均中心场中运动, 由于位能 $U(r)$ 不能明确地确定表达式, 所以, 采用 Hartree-Fock 方法, 通过试探波函数的反复自洽, 最后求出近似波函数和能量, 以及相关参数. 这个方法已经被逐渐改进, 并出现了很多新的近似方法, 得出结果也更加理想. 另外一种方法是把径向积分统统作为参数, 只用量子力学方法精确地确定角度部分, 结合实验测定的能级, 通过能量矩阵元对角化, 调整参数和拟合过程, 最后确定径向参数值, 如 Slater 积分 F^k 或 Racah 参数 E^i, 自旋-轨道耦合参数 ζ 等等.

只包含电子与电子之间的库仑作用和自旋-轨道间的相互作用的数学模型在计算中发现和实验结果符合不够好, 很早就有人指出, 某些问题的计算值和实验值相

差大于 500 cm^{-1}, 因此, 在一些情况下, 较大的误差限制了计算结果对数据分析的可用性, 必须改进物理模型. 后来, 人们进一步考虑了更多的物理作用, 如组态相互作用、二体和三体作用、磁性关联效应和相对论效应等. 计算结果表明, 误差大大减小, 应用范围得以扩展. 本节将考虑各种主要相互作用的数学表达形式和处理方法 [6,10,11,24,25].

3.3.1 中心场作用

多电子体系的中心场 Hamilton 量的数学表达式为

$$H_0 = \sum_i^N \left[-\frac{\hbar^2}{2m}\nabla_i^2 + U(r_i) \right] \tag{3.1}$$

式中, 求和是对 $4f^N$ 组态中的 N 个电子求和, 它的波函数是 Slater 行列式形式, 行列式中的元素为

$$\psi_{nlm_lm_s}(r) = \frac{1}{r}R_{nl}(r)Y_{lm_l}\chi_{m_s} \tag{3.2}$$

式中, n 是主量子数; l 是电子的轨道角动量量子数; m_l 和 m_s 分别是轨道角动量和电子的自旋角动量的磁量子数; $Y_{lm_l}(\theta,\phi)$ 是球谐函数; χ_{m_s} 是自旋波函数. 此时能级是简并的, 它的简并度是一个组合数

$$\binom{4l+2}{N} = \frac{(4l+2)!}{N!(4l+2-N)!} \tag{3.3}$$

式中, l 是 $4f$ 电子的轨道角动量量子数, $l=3$; N 是组态中 $4f$ 电子的数目.

3.3.2 电子与电子之间的库仑作用

电子与电子之间的库仑作用 Hamilton 量的数学表达式为

$$H_e = \sum_{i>j} \frac{e^2}{r_{ij}} \tag{3.4}$$

算符 H_e 与算符 L^2, S^2, J 和 M 是对易的, 所以, 本征态 $|4f^N\alpha SLJM\rangle$ 的矩阵元 $\langle 4f^N\alpha SLJM| H_e |4f^N\alpha'S'L'J'M'\rangle$ 对于角动量 S 和 L 来说是对角的, 并且与 J、M 无关, 为了计算这个矩阵元, 首先将它用 Legendre 多项式展开

$$\frac{e^2}{r_{ij}} = e^2 \sum \frac{r_<^k}{r_>^{k+1}} P_k(\cos\omega_{ij}) \tag{3.5}$$

用球谐函数的叠加定理, 将 Legendre 多项式展开为球谐函数

$$
\begin{aligned}
&P_k(\cos \omega_{ij}) \\
&= \frac{4\pi}{2k+1} \sum_q Y_{kq}^*(\theta_i, \phi_i) Y_{kq}(\theta_j, \phi_j) \\
&= \sum (-1)^q (C_{-q}^k)_i (C_q^k)_j \\
&= (C_i^k \cdot C_j^k)
\end{aligned}
\tag{3.6}
$$

对于两个电子的情况, 利用式 (3.5) 和式 (3.6), 我们可以得到

$$
\begin{aligned}
&\langle 4f^N \alpha SLJM| H_e |4f^N \alpha' S'L'J'M' \rangle \\
&= \delta(MM')\delta(JJ')\delta(LL')\delta(SS')(-1)^L \\
&\times \sum_k F^k \left\{ \begin{matrix} l & l & k \\ l & l & L \end{matrix} \right\} \langle l \|C^k\| l \rangle^2
\end{aligned}
\tag{3.7}
$$

其中, F^k 是 Slater 积分

$$
F^k = e^2 \int \frac{r_<^k}{r_>^{k+1}} R_{4f}(r_1) R_{4f}(r_2) \mathrm{d}r_1 \mathrm{d}r_2
\tag{3.8}
$$

对于 N 个电子的情况, 体系状态的能量通常可以写为 Slater 积分的线性组合,

$$
E = \sum_{k=0}^{6} f^k F^k = \sum_{k=0}^{6} f_k F_k
\tag{3.9}
$$

式中, k 为偶数, $k = 0, 2, 4, 6$; f^k 和 f_k 分别是 Slater 积分 F^k 和 F_k 的系数, 它们可以从波函数的角度部分得到. F^k 的值太大, 在表示能级时不够整齐和方便, 通常改为 F_k 来表示, 两者有如下关系

$$
\frac{F^k}{F_k} = D_k
\tag{3.10}
$$

D_k 为 Condon-Shortley 因子, 对于 $4f$ 电子, 它们的结果是

$$
D_0 = 1, D_2 = 225, D_4 = 1089, D_6 = 184\,041/25
$$

Racah 给出了另一种参量表达形式

$$
E = \sum_{i=0}^{3} e_i E^i
\tag{3.11}
$$

式中, $i=0, 1, 2, 3$; E^i 是 Racah 参数, Slater 积分 F^k 或 F_k 与 Racah 参数 E^i 之间存在着一定的关系.

e_i 和 f_k 的关系是

$$e_0 = \frac{1}{2}N(N-1)$$
$$e_1 = \frac{9f_0}{7} + \frac{f_2}{42} + \frac{f_4}{77} + \frac{f_6}{462}$$
$$e_2 = \frac{143f_2}{42} - \frac{130f_4}{77} + \frac{35f_6}{462}$$
$$e_3 = \frac{11f_2}{42} + \frac{4f_4}{77} - \frac{7f_6}{462}$$

$$(3.12)$$

E^i 与 F_k 之间的关系是

$$E^0 = F^0 - \frac{2}{45}F^2 - \frac{1}{33}F^4 - \frac{50}{1287}F^6$$
$$E^1 = \frac{14}{405}F^2 + \frac{7}{297}F^4 + \frac{350}{11\,583}F^6$$
$$E^2 = \frac{1}{2025}F^2 - \frac{1}{3267}F^4 + \frac{175}{1\,656\,369}F^6$$
$$E^3 = \frac{1}{135}F^2 + \frac{2}{1089}F^4 - \frac{175}{42\,471}F^6$$

$$(3.13)$$

或者

$$E^0 = F_0 - 10F_2 - 33F_4 - 286F_6$$
$$E^1 = \frac{1}{9}(70F_2 + 231F_4 + 2002F_6)$$
$$E^2 = \frac{1}{9}(F_2 - 3F_4 + 7F_6)$$
$$E^3 = \frac{1}{3}(5F_2 + 6F_4 - 91F_6)$$

$$(3.14)$$

从式 (3.13) 和式 (3.14) 两个表达式, 可以发现用 F_k 表示比用 F^k 表示的结果要显得整齐、简化和方便.

它们的相反表达式是

$$F_0 = \frac{1}{7}(7E^0 + 9E^1)$$
$$F_2 = \frac{1}{42}(E^1 + 143E^2 + 11E^3)$$
$$F_4 = \frac{1}{77}(E^1 - 130E^2 + 4E^3)$$
$$F_6 = \frac{1}{462}(E^1 + 35E^2 - 7E^3)$$

$$(3.15)$$

　　在实际计算中, 有时对结果的精度要求不是很高, 可以用类氢原子的波函数或者 Slater 波函数代替体系的波函数, 利用它们不同 k 值时的 Slater 积分参数间的比值简化体系的参数 [4,6].

$$
\frac{F_4}{F_2} = 0.138\ 05
$$
$$
\frac{F_6}{F_2} = 0.015\ 11 \tag{3.16}
$$

利用这个比例关系 Racah 参数和 Slater 积分间的关系变得更为简单.

$$
E^0 = F_0 - 18.87F_2
$$
$$
E^1 = 14.681F_2
$$
$$
E^2 = 0.076\ 85F_2
$$
$$
E^3 = 1.4845F_2 \tag{3.17}
$$

　　这个结果使计算更为简单, 在比较性质的趋势研究中会更加方便, 当然, 相应的误差比较大些, 但不影响性质趋势规律的研究. 现在关于 $4f^N$ 组态各种稀土离子的各个谱项的电子与电子之间的库仑作用的结果已经被 Nielson 和 Koster 用 Racah 参数的形式进行了计算, 并制成系统表格, 使用时可以查找 [5]. 表中只给出电子数 $N < 7$ 的情况, 对于 $N > 7$ 的情况, 可以利用 $4f^N$ 组态和 $4f^{14-N}$ 组态间的共轭关系求得.

3.3.3　电子的自旋-轨道相互作用

　　稀土离子的自旋-轨道相互作用是比较强的, 它的 Hamilton 算符可以用式 (3.18) 表示

$$
H_{\mathrm{so}} = \sum_i \xi(r_i)(\vec{s}_i \cdot \vec{l}_i) \tag{3.18}
$$

式中, r_i 表示第 i 电子的坐标; $\vec{s}_i$ 和 $\vec{l}_i$ 分别是第 i 电子的自旋角动量和轨道角动量算符; $\xi(r_i)$ 是自旋-轨道耦合参数, 它与中心场的位能部分有关.

$$
\xi(r_i) = \frac{\hbar^2}{2m^2c^2 r_i} \frac{\mathrm{d}U(r_i)}{\mathrm{d}r_i} \tag{3.19}
$$

　　自旋-轨道相互作用的 Hamilton 算符 H_{so} 和 J^2, M 是对易的, 但是与 L^2, S^2 算符不是对易的, 所以, 在自旋-轨道相互作用的 Hamilton 算符的矩阵中, 对于 J 算符是对角的, 和 M 无关. 而对于 L, S 算符不是对角的, 这样, 矩阵元的表达式可

以表示为

$$\langle 4f^N\alpha SLJM| H_{\mathrm{so}} |4f^N\alpha'S'L'J'M'\rangle$$

$$= \langle 4f^N\alpha SLJM| \sum_i \xi(r_i)(\vec{s}_i \cdot \vec{l}_i) |4f^N\alpha'S'L'J'M'\rangle$$

$$=\delta(MM')\delta(JJ')\varsigma_{4f}(-1)^{J+L+S'} \begin{Bmatrix} L & L' & 1 \\ S' & S & J \end{Bmatrix} \left\langle 4f^N\alpha SL \left\| \sum_i (\vec{s}_i \cdot \vec{l}_i) \right\| 4f^N\alpha'S'L' \right\rangle \tag{3.20}$$

其中

$$\varsigma_{4f} = \int R_{4f}^2(r)\xi(r)\mathrm{d}r \tag{3.21}$$

$$\left\langle 4f^N\alpha SL \left\| \sum_i (\vec{s}_i \cdot \vec{l}_i) \right\| 4f^N\alpha'S'L' \right\rangle \tag{3.22}$$

$$= [l(l+1)(2l+1)]^{1/2} \langle 4f^N\alpha SL \|V^{11}\| 4f^N\alpha'S'L'\rangle$$

V^{11} 是 Racah 双张量算符, 因此, 矩阵元表达式的一般形式为

$$\langle 4f^N\alpha SLJM| H_{\mathrm{so}} |4f^N\alpha'S'L'J'M'\rangle$$

$$= \delta(MM')\delta(JJ')\varsigma_{4f}(-1)^{J+L+S'}\sqrt{84}$$

$$\times \begin{Bmatrix} L & L' & 1 \\ S' & S & J \end{Bmatrix} \langle 4f^N\alpha SL \|V^{11}\| 4f^N\alpha'S'L'\rangle \tag{3.23}$$

式中, V^{11} 双张量算符的不同状态下的矩阵元的值已经被计算, 可查 Nielson 和 Koster 出版的专著 [5]. 但是要注意, 数表给出的结果是纯单一状态的结果, 而在实际问题中, 体系的状态常常使用中间耦合态, 因此, 具体计算时要慎重.

在考虑上述相互作用的情况下, 计算结果和实验结果之间还有大约 100 cm^{-1} 左右的误差, 为了解决这个矛盾, 还要进一步考虑其他的相互作用, 其中主要的相互作用还有组态、相互作用等.

3.3.4 组态相互作用

稀土离子可以形成多种组态形式, 这些组态之间可以相互作用, 对 $4f^N$ 组态的能级产生微弱影响, 使得它们的能级产生移动, 因此, 为了改进计算精度, 人们对这种相互作用也进行计算. 组态相互作用实质上也是静电库仑作用, 其中最重要的一部分组态相互作用可以归结三个二体作用的积分, 用 α, β, γ 三个参数表示, 它的数学表达式可以写成

$$H_{ci} = \alpha L(L+1) + \beta G(G_2) + \gamma G(R_7) \tag{3.24}$$

式中, L 是状态的角动量; $G(G_2)$ 和 $G(R_7)$ 分别是 Racah 群链中 G_2 群和 R_7 群的 Casimir 算符的本征值, 对于 G_2 群和 R_7 群不同的不可约表示, Casimir 算符的本征值的结果已经被计算 (见表 3.7)[6]. $4f^N$ 组态的状态都可以按照 Racah 群链关系进行状态分类, 对于每个状态的 G_2 群和 R_7 群的不可约表示是已知的, α, β, γ 三个参数作为拟合参数, 因此, 能级计算中考虑这部分是不困难的, 在很多计算中, 考虑电子与电子之间的库仑作用, 电子的自旋-轨道相互作用以及这部分组态相互作用已经得到了满意的结果.

表 3.7　　G_2 群和 R_7 群的 Casimir 算符的本征值

$W = (w_1, w_2, w_3)$	$5G(R_7)$	$U = (u_1, u_2)$	$12G(G_2)$
$(0, 0, 0)$	0	$(0,0)$	0
$(1, 0, 0)$	3	$(1,0)$	6
$(1, 1, 0)$	5	$(1,1)$	12
$(1, 1, 1)$	6	$(2,0)$	14
$(2, 0, 0)$	7	$(2,1)$	21
$(2, 1, 0)$	9	$(2,2)$	30
$(2, 2, 0)$	12	$(3,0)$	24
$(2, 1, 1)$	10	$(3,1)$	32
$(2, 2, 1)$	13	$(4,0)$	36
$(2, 2, 2)$	15		

另一部分组态相互作用可以表示成三体相互作用, 通常用 $T^k(k = 2, 3, 4, 6, 7, 8)$ 六个参数表示, 若假设 t_k 是相对应于某组态三体张量算符 (它依赖于具体组态), 这部分相互作用的 Hamilton 量可以表示为

$$H'_{ci} = \sum_k T^k t_k \tag{3.25}$$

对于一个给定的组态, 可以先求出 t_k 张量算符, T^k 作为拟合参数.

3.3.5　其他相互作用

在多个电子的体系中, 还有一些相互作用介绍如下.

静电相互作用和自旋-轨道相互作用之间的关联和耦合, 可以用式 (3.26) 表达

$$H_{eso} = \sum_k P^k p_k \tag{3.26}$$

式中, P^k 是拟合参数, $k = 2, 4, 6$; p_k 是一个双张量算符. 不同轨道的电子之间的相

互作用, 包括轨道-轨道相互作用, 自旋-自旋间的相互作用, 自旋和其他轨道间的相互作用等, 通常用式 (3.27) 表示

$$H_R = \sum_k M^k m_k \tag{3.27}$$

式中, M^k 是径向积分, 作为拟合参数, $k=0, 2, 4$; m_k 是角度部分的张量算符. 径向积分 M^k 的具体表达式为

$$M^k = \left(\frac{e\hbar}{2mc}\right)^2 \int_0^\infty dr R_{4f}^2(r) \int_r^\infty dr' R_{4f}^2(r') \frac{r^k}{r'^{k+3}} \tag{3.28}$$

以上我们讨论了稀土自由离子中所存在的各种相互作用, 用拟合方法计算时, 包含了 19 个需要拟合的径向积分: Slater 积分 F^k 或 $F_k(k=2, 4, 6)$ 与 Racah 参数 $E^i(i=1, 2, 3)$, ζ_{4f}, α, β, γ, T^k $(k=2, 3, 4, 6, 7, 8)$, P^k $(k=2, 4, 6)$, M^k $(k=0, 2, 4)$. 显然, 计算是十分复杂的, 工作量很大. 目前, 经过多年的研究和高性能计算机的出现, 为该类工作提供了理论和技术基础, 有很多稀土离子借助于晶体中的精确的光谱测定计算出这些参数, 发现这些相互作用的大小次序是

$$H_e > H_{so} > H_{ci} > H'_{ci} > H_{eso} \geqslant H_R$$

在稀土离子的能级计算时, 我们不一定在任何情况下都需要计算 19 个参数, 可以根据所研究的内容需要, 只计算主要的参数, 如只考虑 $E^i(i = 1, 2, 3)$, ζ_{4f}, α, β, γ, 就能够得出满意的结果.

由于在自由稀土离子状态, $4f^N$ 组态内各个能级间的量子跃迁是宇称禁戒的, 不能通过光谱求得能级, 得不到上面所说的各个参数. 但是, 稀土离子在凝聚态中, 由于晶体场中奇次晶体场项的作用, 解除了宇称禁戒条件, 能够得到大量的 $4f^N$ 组态内各个能级间跃迁所产生的光谱, 确定出稀土离子的大量能级. 这样的能级位置不仅反映出自由离子的各种相互作用, 同时, 也包含了晶体场对稀土离子的作用. 为了求得上面的参数, 首先要排除晶体场作用, 然而, 在实际计算中, 由于实验能级的测量和计算方法和程序的差别, 即使是在同样的晶体中, 不同人给出的参数结果也会出现一些差别. 若利用同一稀土离子在不同晶体中的能级去拟合参数, 尽管计算方法相同也会出现差别, 个别情况可能相差几百个波数, 反映出参数对基质的依赖性. 用目前的方法要得到与基质无关的参数还是相当困难的, 因此, 借助于文献结果讨论相关的科研问题时要十分慎重.

为了说明上面所讨论的参数的数量级, 我们给出三价稀土离子在水溶液中的参数结果 (见表 3.8)[9], 它们包括 Slater 参数 F_k, 自旋-轨道耦合参数 ζ_{4f}, 和组态相互作用参数 α, β, γ. 以及三价稀土离子在 $LaCl_3$ 晶体中包含较多的参数结果 (见表 3.9)[10], 其中还包含晶体场参数 B_{kq}. 关于晶体场参数以后还要专门讨论.

表 3.8　三价稀土离子在水溶液中的能级参数/cm^{-1}

R^{3+}	F_2	F_4	F_6	ζ_{4f}	α	β	γ
Pr	305	46.2	4.43	740.7	21.26	-799.94	1342.9
Nd	321	46.2	4.69	884.6	0.56	-117.15	1321.3
Pm	338	49.3	4.62	1000.8	10.99	-244.88	789.7
Sm	364	56.7	5.42	1157.3	22.25	-742.55	769.6
Eu	369	56.2	5.64	1326.0	25.34	-580.3	1155.7
Gd	384	91.8	5.77	1450.0	22.55	-103.7	997
Tb	401	60.8	6.01	1709.5	20.13	-370.2	1255.9
Dy	407	60.5	6.27	1932.0	37.0	-1139.1	2395.3
Ho	419	65.0	6.76	2141.3	23.64	-807.2	1278.4
Er	440	66.8	7.30	2380.7	18.35	-509.3	649.7
Tm	461	70.7	7.80	2628.7	14.68	-631.8	—

表 3.9　三价稀土离子在 LaCl$_3$ 晶体中的能级参数/cm^{-1}

	Pr	Nd	Pm	Sm	Eu	Gd	Tb	Dy	Ho	Er
F_2	304	319	337	347	375	379	405	412	424	436
F_4	45.9	47.9	49.9	52.2	55.4	55.5	59.1	60.3	61.7	64.0
F_6	4.45	4.82	5.27	5.45	5.65	6.09	5.83	6.19	6.35	6.67
α	22.9	22.1	21.0	21.6	16.8	19	17.5	17.2	17.2	15.9
β	-674	-650	-645	-724	-640	-643	-630	-622	-621	-632
γ	1520	1586	1425	1700	1750	1644	1880	1881	2092	2017
T_2	—	377	302	291	370	315	340	311	300	300
T_3	—	40	45	13	40	44	40	116	37	48
T_4	—	63	34	34	40	40	40	12	98	18
T_6	—	-292	-315	-193	-330	-300	-330	-474	-316	-342
T_7	—	358	554	288	380	325	330	413	440	214
T_8	—	354	400	330	370	360	380	315	372	449
ζ_{4f}	744	880	1022	1168	1331	1513	1707	1920	2137	2370
M^0	1.76	1.97	2.1	2.4	2.38	2.82	3.00	2.8	3.0	4.5
P^2	275	255	319	341	245	495	590	591	523	667
B_{20}	54	82	72	93	95	108	143	97	108	108
B_{40}	-43	-42	-49	-34	-36	-34	-36	-41	-35	-34
B_{60}	-42	-45	-42	-39	-50	-43	-29	-29	-28	-26
B_{66}	444	438	426	446	499	450	286	272	279	268

　　从表中结果分析可以发现, Slater 参数 F_k, 自旋-轨道耦合参数 ζ_{4f}, 随着 $4f$ 电子数目的增加而增大. 我们以水溶液中稀土离子的 Slater 参数 F_2, 自旋-轨道耦合参数 ζ_{4f}, 和原子序 Z 的关系分别作了数学拟合得到一些规律. Slater 参数 F_2 和原子序的关系见图 3.4.

　　图中的小圆圈是实验值, 直线是数学拟合结果, 它可以近似地表示为

$$F_2 = 14.7(Z - 38) \tag{3.29}$$

　　有的文献对上面结果给出另外一种表达式 [9], $F_2 = 12.82(Z - \sigma)$, $\sigma = 34$, 这个结果似乎不如式 (3.29) 精确.

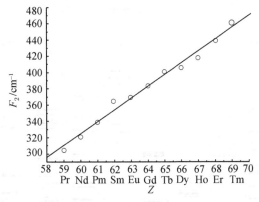

图 3.4 稀土离子的 Slater 参数 F_2 与原子序的关系

自旋-轨道耦合参数 ζ_{4f} 和原子序的关系见图 3.5.

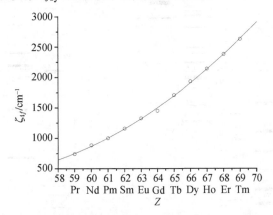

图 3.5 稀土离子的自旋-轨道耦合参数 ζ_{4f} 与原子序的关系

图中的小圆圈是实验值, 直线是数学拟合结果, 它可以近似地表示为

$$\zeta_{4f} = 21087.3 - 801Z + 7.73Z^2 \tag{3.30}$$

这个表达式也有人给出另外形式 [9], 对于从 Pr 到 Gd 的表达式为: $\zeta_{4f} = 142Z - 7648$, 从 Gd 到 Tm 的表达式为: $\zeta_{4f} = 231.142Z - 13\,330.3$, 采用两个直线表达形式.

  稀土离子在各种化合物中的能级已经被广泛测定和分析, 美国 Johns Hopkins 大学的科学家 Dieke 和 Crosswhite 首先分析和收集了各个稀土离子在 $LaCl_3$ 晶体中的光谱, 给出了各个稀土离子在 $40\,000$ cm^{-1} 以下的系统而完整的能级分布图 (图 3.6)[22], 这个能级图是非常有用的, 可以用它来分析稀土化合物的光谱, 确定能级位置, 判断光谱产生的能级来源等等, 并且它显示了整个稀土离子能级的全貌, 因此, 现在该图被广泛应用.

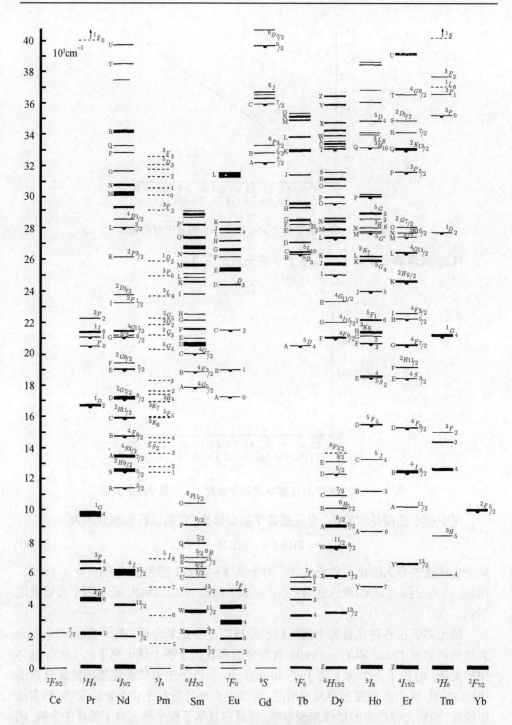

图 3.6　观测的三价稀土离子的能级图

3.4 中间耦合波函数

在稀土离子的各种相互作用中主要是电子-电子之间的库仑作用和自旋-轨道相互作用, 在计算能级时要选取适当的波函数, 若把自旋-轨道相互作用看作是对电子-电子之间的库仑作用的微扰, 利用微扰论方法计算时通常会引起较大的偏差. 如果把电子-电子之间的库仑作用和自旋-轨道相互作用合起来考虑, 采用 Russell-Sauders 耦合, 其波函数应当是这种形式 $|\alpha SLJM\rangle$, 这时波函数将是 Hamilton 量 $H = H_\mathrm{e} + H_\mathrm{so}$ 的本征态. 这种本征态包括了具有相同量子数 J, 不同 L 和 S 的各种状态, 也就是说, 它是具有相同量子数 J, 不同 L 和 S 的各种状态的线性组合, 我们称这种波函数为中间耦合波函数. 对于一个特定的组态, 在给定 Slater 参数 F_k, 自旋-轨道耦合参数 ζ_{4f} 后, 对于每个量子数 J, 按照组成它的不同的 L 和 S 的各种状态写出能量矩阵, 利用数学方法将矩阵对角化求出中间耦合波函数. 也可以根据实验光谱测得的能级, 通过拟合方法得到参数和中间耦合波函数. 在计算中可以发现, 由于 Slater 参数 F_k, 自旋-轨道耦合参数 ζ_{4f} 常常是依赖于基质的, 因此, 在不同的基质中得出的中间耦合波函数会有些差别. 我们已经知道, 在物理量的计算中, 计算结果对于波函数的微小差别是不敏感的, 所以, 波函数的微小差别不会对计算结果产生明显影响. 为了让读者了解和应用中间耦合波函数, 书中把已经得到并且常用的, 各个稀土离子较低能级的中间耦合波函数的具体结果列出来, 供大家使用, 结果中只包括系数大于 0.05 的组分, 如果需要更详细的结果可查阅有关文献 [24].

Pr^{3+} 离子 [12]

$$|^3P_0\rangle = 0.996\,|(110)(11)^3P_0\rangle + 0.0879\,|(000)(00)^1S_0\rangle$$
$$|^3P_1\rangle = |(110)(11)^3P_1\rangle$$
$$|^3P_2\rangle = 0.9592\,|(110)(11)^3P_2\rangle + 0.2812\,|(200)(20)^1D_2\rangle$$
$$|^3F_2\rangle = 0.989\,|(110)(10)^3F_2\rangle + 0.1475\,|(200)(20)^1D_2\rangle$$
$$|^3F_3\rangle = |(110)(10)^3F_3\rangle$$
$$|^3F_4\rangle = 0.8544\,|(110)(10)^3F_4\rangle + 0.1035\,|(110)(11)^3H_4\rangle - 0.5092\,|(200)(20)^1G_4\rangle$$
$$|^3H_4\rangle = 0.9878\,|(110)(11)^3H_4\rangle + 0.1534\,|(200)(20)^1G_4\rangle$$
$$|^3H_5\rangle = |(110)(11)^3H_5\rangle$$
$$|^3H_6\rangle = -0.9985\,|(110)(11)^3H_6\rangle + 0.0541\,|(200)(20)^1I_6\rangle$$
$$|^1S_0\rangle = -0.9962\,|(200)(20)^1S_0\rangle + 0.0876\,|(110)(11)^3P_0\rangle$$
$$|^1D_2\rangle = -0.9483\,|(200)(20)^1D_2\rangle + 0.2823\,|(110)(11)^3P_2\rangle + 0.1452\,|(110)(10)^3F_2\rangle$$
$$|^1G_4\rangle = 0.8469\,|(200)(20)^1G_4\rangle + 0.5188\,|(110)(10)^3F_4\rangle - 0.1167\,|(110)(10)^3F_4\rangle$$
$$|^1I_6\rangle = 0.9956\,|(200)(20)^1I_6\rangle - 0.0931\,|(110)(11)^3H_6\rangle$$

Nd^{3+} 离子 [13]

$$|^4I_{9/2}\rangle = 0.985\,|(111)(20)^4I_{9/2}\rangle + 0.152\,|(210)(21)^2H_{9/2}\rangle + 0.33\,|(111)(20)^4G_{9/2}\rangle$$
$$+0.0753\,|(111)(10)^4F_{9/2}\rangle$$
$$|^4I_{11/2}\rangle = 0.995\,|(111)(20)^4I_{11/2}\rangle + 0.17\,|(210)(20)^2I_{11/2}\rangle + 0.099\,|(210)(21)^2H_{11/2}\rangle$$
$$|^4I_{13/2}\rangle = 0.998\,|(111)(20)^4I_{13/2}\rangle - 0.066\,|(210)(21)^2K_{13/2}\rangle$$
$$|^4I_{15/2}\rangle = 0.993\,|(111)(20)^4I_{15/2}\rangle - 0.116\,|(210)(21)^2K_{15/2}\rangle$$
$$|^4F_{3/2}\rangle = 0.943\,|(111)(10)^4F_{3/2}\rangle + 0.245\,|(111)(00)^4S_{3/2}\rangle - 0.193\,|(210)(20^2D_{3/2}\rangle$$
$$-0.126\,|(210)(11)^2P_{3/2}\rangle$$

Sm^{3+} 离子 [14]

$$|^6H_{5/2}\rangle = -0.9769\,|(110)(11)^6H_{5/2}\rangle + 0.1574\,|(211)(30)^4G_{5/2}\rangle$$
$$+0.1296\,|(111)(20)^4G_{5/2}\rangle$$
$$|^6H_{7/2}\rangle = -0.9845\,|(110)(11)^6H_{7/2}\rangle + 0.1282\,|(211)(30)^4G_{7/2}\rangle$$
$$+0.1032\,|(111)(20)^4G_{7/2}\rangle$$
$$|^6H_{9/2}\rangle = -0.9892\,|(110)(11)^6H_{9/2}\rangle + 0.0932\,|(211)(30)^4G_{9/2}\rangle$$
$$+0.0742\,|(111)(20)^4G_{9/2}\rangle$$
$$|^6H_{11/2}\rangle = -0.9898\,|(110)(11)^6H_{11/2}\rangle + 0.0514\,|(211)(30)^4G_{11/2}\rangle$$
$$-0.0526\,|(211)(30)^4H_{11/2}\rangle - 0.0914\,|(211)(30)^4I_{11/2}\rangle$$
$$-0.0502\,|(111)(20)^4I_{11/2}\rangle$$
$$|^6H_{13/2}\rangle = -0.9853\,|(110)(11)^6H_{13/2}\rangle - 0.1384\,|(211)(30)^4I_{13/2}\rangle$$
$$-0.065\,|(111)(20)^4I_{13/2}\rangle$$
$$|^6H_{15/2}\rangle = -0.9758\,|(110)(11)^6H_{15/2}\rangle - 0.1947\,|(211)(30)^4I_{15/2}\rangle$$
$$-0.0905\,|(111)(20)^4I_{13/2}\rangle$$
$$|^6F_{1/2}\rangle = 0.9835\,|(110)(10)^6F_{1/2}\rangle + 0.1129\,|(211)(20)^4D_{1/2}\rangle$$
$$-0.1113\,|(211)(21)^4D_{1/2}\rangle + 0.0817\,|(111)(20)^4D_{1/2}\rangle$$
$$|^6F_{3/2}\rangle = 0.975\,|(110)(10)^6F_{3/2}\rangle + 0.1094\,|(211)(20)^4D_{3/2}\rangle$$
$$-0.1008\,|(211)(21)^4D_{3/2}\rangle + 0.0742\,|(111)(20)^4D_{1/2}\rangle$$
$$-0.1216\,|(211)(21)^4F_{3/2}\rangle + 0.0657\,|(211)(10)^4F_{3/2}\rangle$$
$$|^6F_{5/2}\rangle = 0.9677\,|(110)(10)^6F_{5/2}\rangle + 0.096\,|(211)(20)^4D_{5/2}\rangle$$
$$-0.0886\,|(211)(21)^4D_{5/2}\rangle + 0.0632\,|(111)(20)^4D_{5/2}\rangle$$
$$-0.1633\,|(211)(21)^4F_{5/2}\rangle - 0.053\,|(211)(30)^4F_{5/2}\rangle$$
$$+0.0913\,|(111)(10)^4F_{5/2}\rangle$$
$$|^6F_{7/2}\rangle = 0.9418\,|(110)(10)^6F_{7/2}\rangle - 0.1506\,|(211)(21)^4F_{7/2}\rangle$$
$$+0.0725\,|(111)(10)^4F_{7/2}\rangle + 0.1262\,|(211)(11)^4H_{7/2}\rangle$$
$$+0.1428\,|(211)(30)^4H_{7/2}\rangle$$

$$\left|{}^6F_{9/2}\right\rangle = 0.9804\left|(110)(10){}^6F_{9/2}\right\rangle - 0.1506\left|(211)(21){}^4F_{9/2}\right\rangle$$
$$+ 0.078\left|(211)(10){}^4F_{9/2}\right\rangle - 0.0524\left|(211)(20){}^4G_{9/2}\right\rangle$$
$$+ 0.0768\left|(211)(21){}^4G_{9/2}\right\rangle - 0.0534\left|(111)(20){}^4G_{9/2}\right\rangle$$
$$\left|{}^6F_{11/2}\right\rangle = 0.9859\left|(110)(10){}^6F_{11/2}\right\rangle - 0.105\left|(211)(20){}^4G_{11/2}\right\rangle$$
$$+ 0.1095\left|(211)(21){}^4G_{11/2}\right\rangle - 0.063\left|(111)(20){}^4G_{11/2}\right\rangle$$
$$\left|{}^4G_{5/2}\right\rangle = -0.54\left|(111)(20){}^4G_{5/2}\right\rangle + 0.33\left|(211)(20){}^4G_{5/2}\right\rangle + 0.62\left|(211)(21){}^4G_{5/2}\right\rangle$$
$$+ 0.21\left|(211)(21){}^4F_{5/2}\right\rangle - 0.15\left|(221)(21){}^2F_{5/2}\right\rangle - 0.13\left|(221)(30){}^2F_{5/2}\right\rangle$$
$$- 0.12\left|(221)(31){}^2F_{5/2}\right\rangle + 0.11\left|(221)(31){}^2F'_{5/2}\right\rangle + 0.15\left|(110)(11){}^6H_{5/2}\right\rangle$$
$$+ 0.13\left|(211)(20){}^4D_{5/2}\right\rangle + 0.16\left|(110)(11){}^6P_{5/2}\right\rangle$$

Eu^{3+} 离子 [15]

$$\left|{}^7F_0\right\rangle = 0.968\left|(100)(10){}^7F_0\right\rangle + 0.1659\left|(210)(21){}^5D_0\right\rangle - 0.1815\left|(111)(20){}^5D_0\right\rangle$$
$$\left|{}^7F_1\right\rangle = 0.9742\left|(100)(10){}^7F_1\right\rangle + 0.1472\left|(210)(21){}^5D_1\right\rangle - 0.1645\left|(111)(20){}^5D_1\right\rangle$$
$$\left|{}^7F_2\right\rangle = 0.9819\left|(100)(10){}^7F_2\right\rangle + 0.1611\left|(210)(21){}^5D_2\right\rangle - 0.1353\left|(111)(20){}^5D_2\right\rangle$$
$$\left|{}^7F_3\right\rangle = 0.9859\left|(100)(10){}^7F_3\right\rangle + 0.0863\left|(210)(21){}^5D_3\right\rangle - 0.0953\left|(111)(20){}^5D_3\right\rangle$$
$$+ 0.0659\left|(210)(21){}^5F_3\right\rangle$$
$$\left|{}^7F_4\right\rangle = 0.9897\left|(100)(10){}^7F_4\right\rangle + 0.0591\left|(111)(20){}^5G_4\right\rangle - 0.0594\left|(111)(20){}^5D_4\right\rangle$$
$$+ 0.075\left|(210)(21){}^5F_4\right\rangle$$
$$\left|{}^7F_5\right\rangle = 0.988\left|(100)(10){}^7F_5\right\rangle - 0.0847\left|(210)(21){}^5G_5\right\rangle + 0.0886\left|(111)(20){}^5G_5\right\rangle$$
$$+ 0.0723\left|(210)(21){}^5F_5\right\rangle$$
$$\left|{}^7F_6\right\rangle = 0.9825\left|(100)(10){}^7F_6\right\rangle - 0.1201\left|(210)(21){}^5G_6\right\rangle + 0.1228\left|(111)(20){}^5G_6\right\rangle$$
$$\left|{}^5D_0\right\rangle = -0.2381\left|(100)(10){}^7F_0\right\rangle - 0.1969\left|(111)(20){}^5D_0\right\rangle + 0.6893\left|(210)(21){}^5D_0\right\rangle$$
$$- 0.539\left|(210)(20){}^5D_0\right\rangle$$

Gd^{3+} 离子 [16]

$$\left|{}^8S_{7/2}\right\rangle = 0.9866\left|(000)(00){}^8S_{7/2}\right\rangle + 0.1618\left|(110)(11){}^6P_{7/2}\right\rangle$$
$$\left|{}^6P_{7/2}\right\rangle = 0.8514\left|(110)(11){}^6P_{7/2}\right\rangle - 0.1503\left|(000)(00){}^8S_{7/2}\right\rangle$$
$$- 0.4033\left|(200)(20){}^6D_{7/2}\right\rangle + 0.0713\left|(110)(10){}^6F_{7/2}\right\rangle$$
$$+ 0.1799\left|(111)(20){}^4D_{7/2}\right\rangle + 0.1936\left|(220)(22){}^4D_{7/2}\right\rangle$$
$$\left|{}^6P_{5/2}\right\rangle = 0.8911\left|(110)(11){}^6P_{5/2}\right\rangle - 0.4176\left|(200)(20){}^6D_{5/2}\right\rangle$$
$$+ 0.0638\left|(110)(10){}^6F_{5/2}\right\rangle + 0.1002\left|(111)(20){}^4D_{5/2}\right\rangle$$
$$+ 0.1088\left|(220)(22){}^4D_{5/2}\right\rangle$$
$$\left|{}^6P_{3/2}\right\rangle = 0.9341\left|(110)(11){}^6P_{3/2}\right\rangle - 0.3231\left|(200)(20){}^6D_{3/2}\right\rangle$$
$$- 0.1088\left|(220)(20){}^4S_{3/2}\right\rangle$$
$$\left|{}^6I_{17/2}\right\rangle = 0.98\left|(200)(20){}^6I_{17/2}\right\rangle - 0.1448\left|(211)(21){}^4K_{17/2}\right\rangle$$

$$-0.1312\left|(211)(30)^4K_{17/2}\right\rangle$$

$$\left|^6I_{15/2}\right\rangle=-0.9862\left|(200)(20)^6I_{15/2}\right\rangle+0.1033\left|(211)(21)^4K_{15/2}\right\rangle$$
$$+0.0952\left|(211)(30)^4K_{15/2}\right\rangle+0.0602\left|(110)(11)^6H_{15/2}\right\rangle$$

$$\left|^6I_{13/2}\right\rangle=-0.9855\left|(200)(20)^6I_{13/2}\right\rangle+0.0695\left|(110)(11)^6H_{13/2}\right\rangle$$
$$-0.0769\left|(211)(21)^4H_{13/2}\right\rangle-0.0613\left|(211)(30)^4H_{13/2}\right\rangle$$

$$\left|^6I_{11/2}\right\rangle=-0.9811\left|(200)(20)^6I_{11/2}\right\rangle-0.1197\left|(211)(21)^4H_{11/2}\right\rangle$$
$$-0.0996\left|(211)(30)^4H_{11/2}\right\rangle+0.0685\left|(110)(11)^6H_{11/2}\right\rangle$$

$$\left|^6D_{9/2}\right\rangle=0.9604\left|(200)(20)^6D_{9/2}\right\rangle-0.1938\left|(110)(10)^6F_{9/2}\right\rangle$$
$$+0.066\left|(200)(20)^6G_{9/2}\right\rangle+0.1742\left|(211)(30)^4F_{9/2}\right\rangle$$

$$\left|^6D_{7/2}\right\rangle=-0.8696\left|(200)(20)^6D_{7/2}\right\rangle-0.394\left|(110)(11)^6P_{7/2}\right\rangle$$
$$+0.1974\left|(110)(10)^6F_{7/2}\right\rangle+0.1142\left|(211)(21)^4D_{7/2}\right\rangle$$
$$+0.0559\left|(000)(00)^8S_{7/2}\right\rangle$$

$$\left|^6D_{5/2}\right\rangle=0.8755\left|(200)(20)^6D_{5/2}\right\rangle+0.4208\left|(110)(11)^6P_{5/2}\right\rangle$$
$$-0.1708\left|(110)(10)^6F_{5/2}\right\rangle-0.1175\left|(211)(21)^4D_{5/2}\right\rangle$$

$$\left|^6D_{3/2}\right\rangle=0.9287\left|(200)(20)^6D_{3/2}\right\rangle+0.3237\left|(110)(11)^6P_{3/2}\right\rangle$$
$$-0.1262\left|(110)(10)^6F_{3/2}\right\rangle$$

$$\left|^6D_{1/2}\right\rangle=0.9929\left|(200)(20)^6D_{1/2}\right\rangle-0.0681\left|(110)(10)^6F_{1/2}\right\rangle$$
$$-0.0752\left|(211)(11)^4P_{1/2}\right\rangle$$

Tb^{3+} 离子 [15]

$$\left|^7F_0\right\rangle=0.9726\left|(100)(10)^7F_0\right\rangle-0.1366\left|(210)(21)^5D_0\right\rangle+0.18\left|(111)(20)^5D_0\right\rangle$$
$$\left|^7F_1\right\rangle=0.9728\left|(100)(10)^7F_1\right\rangle-0.1416\left|(210)(21)^5D_1\right\rangle+0.1661\left|(111)(20)^5D_1\right\rangle$$
$$\left|^7F_2\right\rangle=0.9732\left|(100)(10)^7F_2\right\rangle-0.1343\left|(210)(21)^5D_2\right\rangle+0.1603\left|(111)(20)^5D_2\right\rangle$$
$$\left|^7F_3\right\rangle=0.9754\left|(100)(10)^7F_3\right\rangle-0.1221\left|(210)(21)^5D_3\right\rangle-0.1368\left|(111)(20)^5D_3\right\rangle$$
$$-0.0908\left|(210)(21)^5F_3\right\rangle-0.0521\left|(111)(10)^5F_3\right\rangle$$
$$\left|^7F_4\right\rangle=0.977\left|(100)(10)^7F_4\right\rangle+0.0613\left|(210)(21)^5G_4\right\rangle-0.0637\left|(111)(20)^5G_4\right\rangle$$
$$-0.1048\left|(210)(21)^5D_4\right\rangle+0.106\left|(111)(20)^5D_4\right\rangle-0.0959\left|(210)(21)^5F_4\right\rangle$$
$$-0.0576\left|(111)(10)^5F_4\right\rangle$$
$$\left|^7F_5\right\rangle=0.9848\left|(100)(10)^7F_5\right\rangle+0.0948\left|(210)(21)^5G_5\right\rangle-0.0978\left|(111)(20)^5G_5\right\rangle$$
$$-0.077\left|(210)(21)^5F_5\right\rangle$$
$$\left|^7F_6\right\rangle=0.9786\left|(100)(10)^7F_6\right\rangle+0.0617\left|(210)(20)^5G_6\right\rangle+0.1329\left|(210)(21)^5G_6\right\rangle$$
$$-0.1401\left|(111)(20)^5G_6\right\rangle$$
$$\left|^5D_4\right\rangle=0.1591\left|(100)(10)^7F_4\right\rangle-0.0638\left|(210)(20)^5G_4\right\rangle-0.2183\left|(210)(20)^5D_4\right\rangle$$
$$+0.7388\left|(210)(21)^5D_4\right\rangle-0.5696\left|(111)(20)^5D_4\right\rangle+0.0727\left|(210)(21)^5F_4\right\rangle$$
$$-0.0621\left|(111)(10)^5F_4\right\rangle$$

Dy^{3+} 离子 [14]

$$|^6H_{5/2}\rangle = 0.9567 \left|(110)(11)^6H_{5/2}\right\rangle + 0.2201 \left|(211)(30)^4G_{5/2}\right\rangle$$
$$+0.1673 \left|(111)(20)^4G_{5/2}\right\rangle$$

$$|^6H_{7/2}\rangle = 0.9591 \left|(110)(11)^6H_{7/2}\right\rangle + 0.2029 \left|(211)(30)^4G_{5/2}\right\rangle$$
$$+0.1541 \left|(111)(20)^4G_{5/2}\right\rangle$$

$$|^6H_{9/2}\rangle = 0.9617 \left|(110)(11)^6H_{9/2}\right\rangle + 0.0543 \left|(211)(20)^4G_{9/2}\right\rangle$$
$$+0.1744 \left|(211)(30)^4G_{9/2}\right\rangle + 0.1354 \left|(111)(20)^5G_{9/2}\right\rangle$$
$$-0.068 \left|(211)(11)^4H_{9/2}\right\rangle - 0.0847 \left|(211)(30)^4H_{9/2}\right\rangle$$

$$|^6H_{11/2}\rangle = 0.9594 \left|(110)(11)^6H_{11/2}\right\rangle + 0.1404 \left|(110)(10)^6F_{11/2}\right\rangle$$
$$+0.1272 \left|(211)(30)^4G_{11/2}\right\rangle - 0.1056 \left|(211)(30)^4I_{11/2}\right\rangle$$

$$|^6H_{13/2}\rangle = 0.9797 \left|(110)(11)^6H_{13/2}\right\rangle - 0.164 \left|(211)(30)^4I_{13/2}\right\rangle$$

$$|^6H_{15/2}\rangle = 0.9657 \left|(110)(11)^6H_{15/2}\right\rangle - 0.2271 \left|(211)(30)^4I_{15/2}\right\rangle$$
$$-0.1153 \left|(211)(20)^4I_{15/2}\right\rangle$$

$$|^6F_{1/2}\rangle = -0.947 \left|(110)(10)^6F_{1/2}\right\rangle + 0.2098 \left|(211)(20)^4D_{1/2}\right\rangle$$
$$-0.1979 \left|(211)(21)^4D_{1/2}\right\rangle + 0.1232 \left|(111)(20)^4D_{1/2}\right\rangle$$

$$|^6F_{3/2}\rangle = -0.9445 \left|(110)(10)^6F_{3/2}\right\rangle + 0.1921 \left|(211)(20)^4D_{3/2}\right\rangle$$
$$-0.1808 \left|(211)(21)^4D_{3/2}\right\rangle + 0.1157 \left|(111)(20)^4D_{3/2}\right\rangle$$

$$|^6F_{5/2}\rangle = -0.9557 \left|(110)(10)^6F_{5/2}\right\rangle + 0.14 \left|(211)(20)^4D_{5/2}\right\rangle$$
$$-0.1386 \left|(211)(21)^4D_{5/2}\right\rangle + 0.0914 \left|(211)(30)^4D_{5/2}\right\rangle$$
$$-0.1531 \left|(211)(21)^4F_{5/2}\right\rangle + 0.0928 \left|(211)(10)^4F_{5/2}\right\rangle$$

$$|^6F_{7/2}\rangle = -0.9498 \left|(110)(10)^6F_{7/2}\right\rangle - 0.2154 \left|(211)(21)^4F_{7/2}\right\rangle$$
$$+0.1365 \left|(211)(10)^4F_{7/2}\right\rangle$$

$$|^6F_{9/2}\rangle = -0.928 \left|(110)(10)^6F_{9/2}\right\rangle - 0.2792 \left|(211)(21)^4F_{9/2}\right\rangle$$
$$-0.0944 \left|(211)(30)^4F_{9/2}\right\rangle + 0.1561 \left|(211)(10)^4F_{9/2}\right\rangle$$
$$-0.1104 \left|(211)(20)^4G_{9/2}\right\rangle + 0.0842 \left|(211)(30)^4G_{9/2}\right\rangle$$

$$|^6F_{11/2}\rangle = -0.965 \left|(110)(10)^6F_{11/2}\right\rangle - 0.111 \left|(211)(20)^4G_{11/2}\right\rangle$$
$$+0.1463 \left|(211)(30)^4G_{11/2}\right\rangle + 0.1588 \left|(110)(11)^6H_{11/2}\right\rangle$$

Ho^{3+} 离子 [17]

$$|^5I_8\rangle = 0.967 \left|(111)(20)^5I_8\right\rangle$$
$$|^5I_7\rangle = 0.965 \left|(111)(20)^5I_7\right\rangle$$
$$|^5I_6\rangle = -0.976 \left|(111)(20)^5I_6\right\rangle$$
$$|^5I_5\rangle = -0.952 \left|(111)(20)^5I_5\right\rangle$$
$$|^5I_4\rangle = 0.948 \left|(111)(20)^5I_4\right\rangle$$
$$|^5S_2\rangle = 0.841 \left|(111)(00)^5S_2\right\rangle + 0.377 \left|(211)(11)^3P_2\right\rangle$$

$$|^5F_5\rangle = 0.896\,|(111)(10)^5F_5\rangle - 0.315\,|(211)(21)^3G_5\rangle$$

$$|^5F_4\rangle = 0.959\,|(111)(10)^5F_4\rangle$$

$$|^5F_3\rangle = 0.951\,|(111)(10)^5F_3\rangle$$

$$|^5F_2\rangle = -0.383\,|(111)(00)^5S_2\rangle + 0.794\,|(111)(10)^5F_2\rangle$$
$$+0.301\,|(211)(21)^3D_2\rangle$$

$$|^5F_1\rangle = -0.892\,|(111)(10)^5F_1\rangle - 0.384\,|(211)(21)^3D_1\rangle$$

Er^{3+} 离子 [18]

$$|^4I_{15/2}\rangle = 0.9852\,|(111)(20)^4I_{15/2}\rangle - 0.1708\,|(210)(21)^2K_{15/2}\rangle$$

$$|^4I_{13/2}\rangle = -0.9955\,|(111)(20)^4I_{13/2}\rangle + 0.0896\,|(210)(21)^2K_{13/2}\rangle$$

$$|^4I_{11/2}\rangle = 0.9125\,|(111)(20)^4I_{11/2}\rangle + 0.1094\,|(111)(20)^4G_{11/2}\rangle$$
$$+0.0631\,|(210)(20)^2I_{11/2}\rangle + 0.374\,|(210)(21)^2H_{11/2}\rangle$$
$$-0.1073\,|(210)(11)^2H_{11/2}\rangle$$

$$|^4I_{9/2}\rangle = -0.7322\,|(111)(20)^4I_{9/2}\rangle + 0.2765\,|(210)(20)^2G_{9/2}\rangle$$
$$-0.2204\,|(210)(21)^2G_{9/2}\rangle + 0.1953\,|(210)(11)^2H_{9/2}\rangle$$
$$-0.4125\,|(210)(21)^2H_{9/2}\rangle + 0.3611\,|(111)(10)^4F_{9/2}\rangle$$

$$|^4S_{3/2}\rangle = 0.8371\,|(111)(00)^4S_{3/2}\rangle - 0.4196\,|(210)(11)^2P_{3/2}\rangle$$
$$-0.2666\,|(210)(20)^2D_{3/2}\rangle + 0.2237\,|(111)(10)^4F_{3/2}\rangle$$

Tm^{3+} 离子 [12]

$$|^3P_0\rangle = 0.9718\,|(110)(11)^3P_0\rangle - 0.2354\,|(000)(00)^1S_0\rangle$$

$$|^3P_1\rangle = |(110)(11)^3P_1\rangle$$

$$|^3P_2\rangle = 0.7693\,|(110)(11)^3P_2\rangle - 0.1984\,|(110)(10)^3F_2\rangle$$

$$|^3F_2\rangle = 0.8769\,|(110)(10)^3F_2\rangle - 0.1374\,|(110)(11)^3P_2\rangle - 0.4606\,|(200)(20)^1D_2\rangle$$

$$|^3F_3\rangle = |(110)(10)^3F_3\rangle$$

$$|^3F_4\rangle = 0.5282\,|(110)(10)^3F_4\rangle + 0.7713\,|(110)(11)^3H_4\rangle - 0.3549\,|(200)(20)^1G_4\rangle$$

$$|^3H_4\rangle = 0.787\,|(110)(10)^3F_4\rangle - 0.2883\,|(110)(11)^3H_4\rangle$$

$$|^3H_5\rangle = |(110)(11)^3H_5\rangle$$

$$|^3H_6\rangle = 0.9956\,|(110)(11)^3H_6\rangle + 0.0963\,|(200)(20)^1I_6\rangle$$

$$|^1S_0\rangle = 0.9718\,|(000)(00)^1S_0\rangle + 0.2354\,|(110)(11)^3P_0\rangle$$

$$|^1D_2\rangle = 0.623\,|(110)(11)^3P_2\rangle + 0.4378\,|(110)(10)^3F_2\rangle + 0.6473\,|(200)(20)^1D_2\rangle$$

$$|^1G_4\rangle = -0.3182\,|(110)(10)^3F_4\rangle + 0.5674\,|(110)(11)^3H_4\rangle + 0.7594\,|(200)(20)^1G_4\rangle$$

$$|^1I_6\rangle = 0.9956\,|(200)(20)^1I_6\rangle - 0.0931\,|(110)(11)^3H_6\rangle$$

3.5　能级参数的理论计算方法

前面我们重点讨论了径向积分作为参数, 利用光谱实验测定的能级, 通过拟合方法求出能级参数, 用这些参数再计算其他未知能级. 因为我们不计算径向参数, 所以, 不需要知道径向波函数的具体形式. 但有时 (或者在没有实验结果时) 我们也需要通过理论方法直接计算径向参数, 为此, 首先要给出径向波函数的形式. 目前确定径向波函数的方法有两种: 一是选取带有经验参数的类氢原子的径向波函数形式; 二是采用 Hartree 或 Hartree-Fock 方法的径向波函数, 它也包含待定参数. 这两种方法的实质都是通过自洽场方法, 并且和实验结果比较后确定待定参数, 给出波函数的形式和径向积分结果. 这节我们扼要介绍 Hartree 方法. Hartree 方法假设, 在中心场作用下, 每个电子的波函数可以表示为式 (3.31)

$$\psi_{nl} = R_{nl}(r)Y_{lm}(\theta, \phi) \tag{3.31}$$

自旋波函数被忽略, 体系总的波函数是各个电子波函数的简单乘积, Pauli 原理需要另外处理. 为了克服这个困难, 又发展了 Hartree-Fock 方法, 在这个方法中体系的波函数包括轨道和自旋两部分, 每个电子的波函数可以写成式 (3.32)

$$\phi_i = \psi_i(r_i)\chi_i(m_s) \tag{3.32}$$

式中, $\chi_i(m_i)$ 是 Pauli 自旋波函数; m_s 是自旋量子数的投影量子数或者称磁量子数, 选择这个波函数的要求是使体系能量最低, 并且满足式 (3.33)

$$
\begin{aligned}
&\left\{ -\frac{\hbar^2}{2m}\nabla_i^2 - \frac{Ze^2}{r_1} + e^2 \sum_j \int \frac{|\phi_j(r_2)|^2}{|r_1 - r_2|}\mathrm{d}r_2 \right\} \phi_i(r_1) \\
&- e^2 \sum_j \left\{ \int \frac{\phi_j^*(r_2)\phi_i(r_2)}{|r_1 - r_2|}\mathrm{d}r_2 \right\} \phi_j(r_1) = \varepsilon_i \phi_i(r_1)
\end{aligned}
\tag{3.33}
$$

方程中的第三项是其他电子产生的平均场, 最后一项是交换位能, 属于离域性, 该项在 Hartree 方程中不存在. Freeman 和 Watson 利用 Hartree-Fock 方法计算出若干稀土离子的径向轨道波函数 [19], Sovers 完成了剩余稀土离子径向轨道波函数 [20], 其波函数的形式为

$$P_{4f}(r) = \sum_{i=1}^{4} C_i r^4 \mathrm{e}^{-Z_i r} \tag{3.34}$$

式中, C_i, Z_i 是参数, $i = 1, 2, 3, 4$, 各个稀土离子的参数结果列于表 3.10, 波函数的归一化条件为

$$\int_0^\infty P_{4f}^2(r)\mathrm{d}r = 1 \tag{3.35}$$

利用这个波函数可以通过公式计算 Slater 积分

$$F^k(ij) = \int_0^\infty \int_0^\infty \frac{r_<^k}{r_>^{k+1}} [P_i(r_1)P_j(r_2)]^2 \mathrm{d}r_1 \mathrm{d}r_2 \tag{3.36}$$

利用这种波函数对三价稀土离子计算得到的 Slater 积分列于表 3.11, 并且也可以计算自旋-轨道耦合参数, 其公式为

$$\zeta_{4f} = \hbar^2 \int P_i^2(r)\xi_i(r)\mathrm{d}r = \frac{\hbar^2}{2m^2c^2} \int_0^\infty P_i^2(r)\left(\frac{\mathrm{d}U}{r\mathrm{d}r}\right)\mathrm{d}r \tag{3.37}$$

若假设中心场作用的位能为库仑作用形式, 并取为 $-e^2 Z_{\mathrm{eff}}/r$ 形式, 则可得到

$$\varsigma_{4f} = \frac{\hbar^2 e^2}{2m^2c^2} Z_{\mathrm{eff}} \langle r^{-3} \rangle_{4f} \tag{3.38}$$

式中, Z_{eff} 是有效核电荷. 同样, 我们也可以利用这些波函数计算径向积分, 目前得到的结果列于表 3.11[19].

表 3.10　三价稀土离子 $4f^N$ 的 Hartree-Fock 波函数

离子	N	C_1	C_2	C_3	C_4	Z_1	Z_2	Z_3	Z_4
Ce	1	752.34	103.114	16.9079	0.443 299	0.815	5.585	3.723	2.034
Pr	2	902.18	129.677	20.0061	0.527 930	10.271	5.828	3.885	2.125
Nd	3	1068.89	159.822	23.5767	0.645 797	10.727	6.071	4.047	2.216
Pm	4	1251.81	194.289	27.6555	0.798 327	11.183	6.314	4.209	2.307
Sm	5	1453.86	233.105	32.1353	1.012 00	11.639	6.557	4.371	2.398
Eu	6	1676.72	278.194	37.3965	1.230 48	12.095	6.800	4.533	2.498
Gd	7	1923.82	329.667	43.2748	1.504 74	12.554	7.046	4.697	2.578
Tb	8	2188.66	385.383	49.2579	1.898 21	13.007	7.286	4.857	2.671
Dy	9	2480.40	448.837	55.9670	2.352 47	13.463	7.529	5.019	2.762
Ho	10	2797.67	520.930	63.5658	2.842 72	13.919	7.772	5.181	2.853
Er	11	3141.61	601.335	71.8456	3.419 11	14.375	8.015	5.343	2.944
Tm	12	3513.46	690.919	80.9179	4.079 72	14.831	8.258	5.505	3.035
Yb	13	3914.44	790.999	90.9984	4.806 41	15.287	8.501	5.666	3.126

表 3.11　三价稀土离子能级参数的 Hartree-Fock 方法计算值(原子单位)

	Ce	Pr	Nd	Sm	Eu	Gd	Dy	Er	Tm	Yb
F^2	0.453	0.447	0.498	0.532	0.516	0.565	0.589	0.616		0.642
F^4	0.284	0.300	0.314	0.335	0.324	0.356	0.371	0.387		0.404
F^6	0.205	0.216	0.226	0.242	0.233	0.257	0.267	0.279		0.291
ζ/cm^{-1}	830	980	1130	1480		2310	2830			3400
$\langle r^{-3} \rangle$	4.72	5.37	6.03	7.36	7.53	8.84	10.34	12.01		13.83
$\langle r^2 \rangle$	1.200	1.086	1.001	0.883	0.938	0.785	0.726	0.666	0.640	0.613
$\langle r^4 \rangle$	3.455	2.822	2.401	1.897	2.273	1.515	1.322	1.126	1.03	0.960
$\langle r^6 \rangle$	21.226	15.726	12.396	8.755	11.670	6.281	5.102	3.978	3.45	3.104

注: 能量的一个原子单位等于 $4.304\times10^{-11}\mathrm{erg}=219\ 474.84\ \mathrm{cm}^{-1}$.

后来继续改进计算, 提出了包含相对论效应的计算方法等, Freeman 和 Desclaux 用 Dirac-Fock 方法对稀土的径向参数进行了仔细的计算, 发现考虑了相对论效应后 $4f$ 电子的电荷密度更加膨胀, 计算的径向积分值比未考虑相对论效应时的值要小, 和光谱拟合的参数结果更加接近. 特别是对于重稀土离子和锕系元素, 相对论效应是不能忽略的. 他们计算了 Slater 积分和径向积分 $\langle r^n \rangle$, 计算中对单电子首先进行自旋-轨道耦合, 这样出现了两个状态的 j 值, 用 $4f^*$ 表示 $j=5/2$ 的状态, $4f$ 表示 $j = 7/2$ 的状态, 用这两个状态分别计算了二价和三价稀土离子的 Slater 积分和径向积分 $\langle r^n \rangle$, 并且求出了它们的平均值. 这些结果分别列在表 3.12~表 3.15[21].

从表中结果的分析可以发现, 二价稀土离子的 Slater 积分要比三价稀土离子的 Slater 积分约小 10%左右. 但二价稀土离子径向积分要比三价稀土离子大很多, 并且径向积分随着稀土离子原子序的增加而减小, 反映出锕系离子的半径收缩效应.

表 3.12　二价稀土离子的 Slater 积分的计算值(原子单位)

	$F^0(f^*,f^*)$	$F^2(f^*,f^*)$	$F^4(f^*,f^*)$	$F^0(f,f)$	$F^2(f,f)$	$F^4(f,f)$	$F^6(f,f)$
Nd	0.914 62	0.424 56	0.264 37	0.904 80	0.419 56	0.261 18	0.187 28
Sm	0.994 28	0.463 56	0.289 08	0.982 06	0.457 26	0.285 03	0.204 49
Eu	1.0313	0.481 47	0.300 39	1.0177	0.474 42	0.295 85	0.212 29
Gd	1.0670	0.498 64	0.311 21	1.0520	0.490 78	0.306 14	0.219 70
Tb	1.1017	0.515 22	0.321 64	1.0850	0.506 47	0.315 99	0.226 79
Dy	1.1355	0.631 32	0.331 76	1.1171	0.521 61	0.325 48	0.233 62
Ho	1.1686	0.547 02	0.341 62	1.1483	0.536 27	0.334 65	0.240 21
Er	1.2011	0.562 40	0.351 26	1.1788	0.550 51	0.343 55	0.246 60
Tm	1.2331	0.577 50	0.360 72	1.2087	0.564 38	0.352 20	0.252 82
Yb	1.2647	0.592 37	0.370 03	1.23 80	0.577 92	0.360 64	0.258 87

表 3.13　三价稀土离子的 Slater 积分的计算值(原子单位)

	$F^0(f^*,f^*)$	$F^2(f^*,f^*)$	$F^4(f^*,f^*)$	$F^0(f,f)$	$F^2(f,f)$	$F^4(f,f)$	$F^6(f,f)$
Ce	0.909 00	0.431 58	0.270 62	0.902 74	0.428 61	0.268 75	0.193 25
Nd	0.987 45	0.469 77	0.294 77	0.979 48	0.465 90	0.292 32	0.210 26
Sm	1.0592	0.504 20	0.316 45	1.0492	0.499 27	0.313 31	0.225 37
Eu	1.0934	0.520 48	0.326 68	1.0823	0.514 96	0.323 15	0.232 44
Gd	1.1268	0.536 30	0.336 59	1.1145	0.530 12	0.332 64	0.239 27
Tb	1.1595	0.551 72	0.346 25	1.1459	0.544 84	0.341 84	0.245 88
Dy	1.1916	0.566 82	0.355 70	1.1766	0.559 18	0.350 79	0.252 30
Ho	1.2232	0.581 64	0.364 97	1.2067	0.573 18	0.359 52	0.258 56
Er	1.2544	0.596 23	0.374 08	1.2363	0.586 88	0.368 04	0.264 70
Tm	1.2852	0.610 61	0.383 05	1.2654	0.600 30	0.376 39	0.270 66
Yb	1.3157	0.624 82	0.391 91	1.2940	0.613 48	0.384 58	0.276 53

表 3.14　二价稀土离子的径向积分 $\langle r^n \rangle$ 的计算值(原子单位)

	$\langle r^{-3} \rangle$			$\langle r^2 \rangle$			$\langle r^4 \rangle$			$\langle r^6 \rangle$		
	f^*	f	$\underline{f}$	f^*	f	$\underline{f}$	f^*	f	$\underline{f}$	f^*	f	$\underline{f}$
Nd	5.127	4.973	5.039	1.373	1.407	1.392	5.177	5.470	5.344	43.23	47.12	45.45
Sm	6.420	6.204	6.297	1.160	1.194	1.179	3.716	3.969	3.861	26.86	29.84	28.56
Eu	7.105	6.853	6.961	1.078	1.113	1.098	3.230	3.471	3.368	22.03	24.74	23.58
Gd	7.818	7.526	7.651	1.008	1.043	1.028	2.842	3.075	2.975	18.41	20.93	19.85
Tb	8.564	8.255	8.370	0.947	0.983	0.968	2.525	2.753	2.655	15.63	17.99	16.98
Dy	9.342	8.952	9.119	0.893	0.928	0.913	2.263	2.487	2.391	13.44	15.69	14.73
Ho	10.15	9.708	9.897	0.845	0.882	0.866	2.042	2.264	2.169	11.68	13.85	12.92
Er	11.00	10.49	10.71	0.802	0.840	0.824	1.853	2.074	1.979	10.24	12.35	11.45
Tm	11.89	11.31	11.56	0.762	0.802	0.785	1.691	1.913	1.819	9.055	11.13	10.24
Yb	12.81	12.15	12.43	0.727	0.767	0.750	1.549	1.773	1.677	8.062	10.11	9.232

表 3.15　三价稀土离子的径向积分 $\langle r^n \rangle$ 的计算值(原子单位)

	$\langle r^{-3} \rangle$			$\langle r^2 \rangle$			$\langle r^4 \rangle$			$\langle r^6 \rangle$		
	f^*	f	$\underline{f}$	f^*	f	$\underline{f}$	f^*	f	$\underline{f}$	f^*	f	$\underline{f}$
Ce	4.523	4.417	4.462	1.298	1.317	1.309	3.898	4.012	3.964	22.74	23.75	23.31
Nd	5.713	5.562	5.627	1.103	1.122	1.114	2.852	2.954	2.910	14.57	15.38	15.03
Sm	7.005	6.796	6.886	0.9632	0.9827	0.9743	2.205	2.301	2.260	10.16	10.85	10.55
Eu	7.694	7.451	7.555	0.9061	0.9260	0.9175	1.967	2.060	2.020	8.666	9.318	9.039
Gd	8.415	8.133	8.254	0.8554	0.8758	0.8671	1.767	1.860	1.820	7.476	8.097	7.831
Tb	9.168	8.844	8.983	0.8100	0.8310	0.8220	1.598	1.690	1.651	6.511	7.107	6.852
Dy	9.954	9.583	9.742	0.7691	0.7907	0.7814	1.453	1.544	1.505	5.718	6.295	6.048
Ho	1078	10.35	10.53	0.7319	0.7542	0.7446	1.327	1.418	1.379	5.058	5.619	5.379
Er	11.63	11.15	11.36	0.6980	0.7210	0.7111	1.218	1.309	1.270	4.502	5.502	4.816
Tm	12.93	11.98	12.22	0.6668	0.6906	0.6804	1.121	1.213	1.174	4.031	4.571	4.340
Yb	13.47	12.85	13.12	0.6382	0.6627	0.6522	1.036	1.128	1.089	3.627	4.161	3.932

为了直观起见, 我们只将径向积分 $\langle r^2 \rangle$ 的值与稀土离子的原子序作图 (图 3.7), 可以发现无论是二价稀土离子, 还是三价稀土离子都有明显的半径收缩行为.

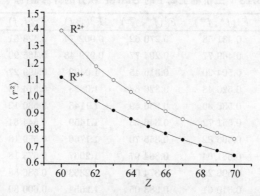

图 3.7　径向积分 $\langle r^2 \rangle$ 随着稀土离子原子序的变化图

参 考 文 献

[1] Sugar J, Reader J. J.Chem.Phys., 1973, 59: 2083

[2] Herezberg G. Atomic Spectra and Atomic Structure. New York: Dover Publications, Inc., 1944

[3] Judd B R. Operator Techniques in Atomic Spectroscopy. New York: McGraw-Hill, Inc., 1963

[4] 张思远. 发光与显示, 1982, 3: 12

[5] Nielson C W, Koster G F. Spectroscopic Coefficients for the p^n, d^n and f^n Configuration. Cambrigde, Massachusetts: MIT Press, 1963

[6] Wybourne B G. Spectroscopic Properties of Rare Earths. New York: John-Wiley & Sons, Inc., 1965

[7] Judd B R. Phys. Rev., 1966, 141: 91

[8] Judd B R, Crosswhite H M, Crosswhite H. Phys. Rev., 1968, 169: 130

[9] Carnall W T, Fields P R, Rajnak K. J. Chem. Phys., 1968, 49: 4412. ibid, 1968, 49: 4443. 1968, 49: 4447. 1968, 49: 4450

[10] Hüfner S. Optical Spectra of Transparent Rare Earth Compounds. New York: Academic Press, 1978

[11] Cowan R D. The Theory of Atomic Structure and Spectra. Berkeley: University of California Press, 1981

[12] Pappalardo R. J.Lumin., 1976, 14: 159

[13] 张思远, 任金生. 化学学报, 1987, 45: 59

[14] Wybourne B G. J.Chem.Phys., 1962, 36: 2301

[15] Ofelt G S. J.Chem.Phys., 1963, 38: 2171

[16] Wybourne B G. Phys.Rev., 1966, 148: 317

[17] Rajnak K, Krupke W F. J.Chem.Phys., 1967, 46: 3532

[18] Weber M J. Phys.Rev., 1967, 157: 263

[19] Freeman A J, Watson R E. Phys.Rev., 1962, 127: 2058

[20] Sovers O J. J.Phys.Chem.Solids, 1967, 28: 1073

[21] Freeman A J, Desclaux J D. J.Magn.Magn.Mat., 1979, 12: 11

[22] Dieke G H, Crosswhite H M. Appl.Optic., 1963, 2: 675

[23] Dieke G H. Spectra and Energy Levels of Rare Earths in Crystals. New York: John-Wiley & Sons, Inc., 1968

[24] 张思远, 毕宪章. 稀土光谱理论. 吉林: 吉林科学技术出版社, 1991

[25] 夏上达. 群论与光谱. 北京: 科学出版社, 1994

第 4 章　稀土离子的晶体场理论

晶体场理论是 1929 年由 Bethe 提出的, 到现在已经有很多年历史, 但是这个理论在物理学领域仍然被广泛应用, 成为研究和讨论一些问题的基本理论之一. 这个理论最初是用于 d 族过渡元素的研究, 基本思想是认为开壳层离子的能级在晶体中受到周围环境的作用, 使得自由离子的能级因为受到晶体环境的静电作用而产生能级劈裂, 或者称为 Stark 劈裂. 劈裂后的能级数目与离子在晶体中所处的局部对称性的点群相关, 能级与点群的不可约表示相联系. VanVeleck 早在 20 世纪 30 年代就用这个理论处理了晶体的磁性问题并获得了成功. 稀土离子的晶体场理论发展较晚, 一是由于当时难以获得纯度较高的稀土材料, 另外, 实验用的仪器精度和技术还不够先进, 因为稀土离子的 $4f$ 电子受到 $5s^2 5p^6$ 满壳层的屏蔽, 晶体场效应较小. 直到 1952 年, Elliot 和 Stevens 首先利用电子顺磁共振测定稀土离子的基态能级和晶体的磁化率, 从而开展了稀土材料的晶体场参数计算工作. 1955 年 Judd 才开始利用光谱数据进行稀土离子的晶体场理论研究. 随着光谱测量技术的提高, 人们对各种晶体中能级的测定和大量光谱数据的积累, 利用光谱数据开展稀土晶体场理论的研究工作在世界各地发展起来. 目前已经系统地计算了各种稀土离子在各种基质晶体中的 Stark 能级和晶体场参数以及晶体场作用引起的晶体场效应等. 同时, 为了改善计算精度, 根据不同研究对象还提出了各种物理模型和晶体场作用机理, 如静电点电荷模型、角重叠模型、叠加模型和络合物模型等等.

晶体场作用主要指晶体中的稀土离子受到周围环境的作用, 这种作用不仅可以造成稀土自由离子能级的劈裂, 也可以产生很多其他的物理效应, 比如, 解除宇称禁戒条件, 产生 f-f 跃迁、J 混效应、电子云扩大效应以及能级位移等, 实际上这种作用的物理过程是相当复杂的, 至今尚未完全弄清楚, 这也是利用从头算方法计算的结果和实验结果相差较大的原因之一, 因此, 在计算中大都使用参数拟合方法, 就是根据稀土的局部晶体场的对称性, 精确计算角度部分, 以径向部分作为参数, 参照光谱测量的能级进行数学拟合. 这种方法简单、直观, 拟合的参数值隐含了各种物理作用所造成的影响, 因此, 容易得到与实验值相一致的结果, 本章以点电荷模型作为基础来介绍晶体场的有关理论.

4.1　晶体场理论

在点电荷模型中, 稀土离子受到周围其他点阵离子的静电作用, 若假设第 j 个

点阵离子的电荷为 $-Z_j e$, 则晶体场作用的 Hamilton 量为

$$H_{\mathrm{cr}} = \sum_{i,j} \frac{Z_j e^2}{\left| \vec{r}_i - \vec{R}_j \right|} \tag{4.1}$$

式中, $\vec{r}_i$ 和 $\vec{R}_j$ 分别代表稀土离子的第 i 个电子和第 j 个配体的坐标矢量, 晶体场作用的 Hamilton 量可以用球谐函数展开

$$\begin{aligned} H_{\mathrm{cr}} &= \frac{4\pi}{2k+1} \sum_{i,j} \sum_{k,q} \frac{Z_j e^2 r_i^k}{R_j^{k+1}} Y_{kq}^*(\Theta_j, \Phi_j) Y_{kq}(\theta_i, \phi_i) \\ &= \sum_{i,j} \sum_{k,q} \frac{Z_j e^2 r_i^k}{R_j^{k+1}} C_q^{k*}(\Theta_j, \Phi_j) C_q^k(\theta_i, \phi_i) \\ &= \sum_{k,q} B_{kq} C_q^k \end{aligned} \tag{4.2}$$

其中

$$\begin{aligned} B_{kq} &= \sum_j \frac{Z_j e^2 \langle r^k \rangle}{R_j^{k+1}} C_{kq}^*(\Theta_j, \Phi_j) = A_{kq} \langle r^k \rangle \\ A_{kq} &= \sum_j \frac{Z_j e^2}{R_j^{k+1}} C_{kq}^*(\Theta_j, \Phi_j) \end{aligned} \tag{4.3}$$

$$C_q^k = \sum_i C_q^k(\theta_i, \phi_i) \tag{4.4}$$

$$C_q^k(\theta_i, \phi_i) = \left(\frac{4\pi}{2k+1} \right)^{1/2} Y_{kq}(\theta_i, \phi_i) \tag{4.5}$$

$$C_q^{k*}(\Theta_j, \Phi_j) = \left(\frac{4\pi}{2k+1} \right) \frac{1}{2} Y_{kq}^*(\Theta_j, \Phi_j) \tag{4.6}$$

式中, Y_{kq} 为球谐函数; C_{kq} 为球谐张量; $\langle r^k \rangle$ 为径向积分; θ_i, ϕ_i 为第 i 个电子的角坐标, Θ_j, Φ_j 为第 j 配体的角坐标. B_{kq} 和 A_{kq} 都可以称为晶体场参数, 很显然 A_{kq} 只与配体有关, 径向积分 $\langle r^k \rangle$ 是一个与径向波函数相关的值, 它与配体无关, 因此, 也可以认为 B_{kq} 是一个和配体相关的量. 由于晶体场的存在破坏了自由离子体系的球对称性, 角动量算符 L^2 和 L 与 Hamilton 算符 H 不再对易, 但是, 自旋角动量算符 S^2 和 S 与 H 仍然是对易的, 因为晶体场 Hamilton 算符与自旋无关.

对于晶体场作用的处理, 要根据各个体系的具体情况考虑. 首先要研究清楚体系中所包含的各种相互作用的数量级以及它们之间的相互关系, 然后, 提出相互作用大小顺序, 可以找到合理方案使计算大大简化. 一般处理晶体场问题的计算方案有三种, 这三种方案是根据电子-电子之间的库仑作用 H_{e}, 自旋-轨道相互作用 H_{so} 和晶体场相互作用 H_{cr} 三者之间的大小次序确定.

(1) 弱场方案, 若体系中各种相互作用之间的关系为 $H_e > H_{so} > H_{cr}$, 则可把晶体场相互作用看作是对自由离子状态的一种微扰, 这种方案适用于镧系元素;

(2) 中间场方案, 若体系中各种相互作用之间的关系为 $H_e > H_{cr} > H_{so}$, 则晶体场作用先将 ^{2S+1}L 谱项能级劈裂, 然后再发生自旋-轨道耦合, 一般这个方案适用 $3d$ 过渡元素;

(3) 强场方案, 若体系中各种相互作用之间的关系为 $H_{cr} > H_e > H_{so}$, 则中心场能级首先被晶体场作用劈裂, 然后再发生电子-电子之间的库仑作用和自旋-轨道相互作用, 这种方案适用于 $4d$ 和 $5d$ 过渡元素.

在稀土离子中自旋-轨道相互作用比较强, 远远大于晶体场作用, 适合于采用弱场方案, 其本征函数可以用 $|4f^N \alpha SLJM\rangle$ 的本征矢表示, 晶体场 Hamilton 算符的矩阵元为

$$
\begin{aligned}
&\langle 4f^N \alpha SLJM | H_{cr} | 4f^N \alpha' S'L'J'M'\rangle \\
&= \sum_{k,q} B_{kq} \langle 4f^N \alpha SLJM | C_q^k | 4f^N \alpha' S'L'J'M'\rangle \\
&= \sum_{k,q} B_{kq} (-1)^{J-M}
\begin{pmatrix}
J & k & J' \\
-M & q & M'
\end{pmatrix}
\langle 4f^N \alpha SLJ || C^k || 4f^N \alpha' S'L'J'\rangle
\end{aligned}
\tag{4.7}
$$

$$
\begin{aligned}
&\langle 4f^N \alpha SLJ || C^k || 4f^N \alpha' S'L'J'\rangle \\
&= \langle 4f^N \alpha SLJ || U^k || 4f^N \alpha' S'L'J'\rangle \langle f || C^k || f\rangle
\end{aligned}
\tag{4.8}
$$

$$
\begin{aligned}
&\langle 4f^N \alpha SLJ || U^k || 4f^N \alpha' S'L'J'\rangle \\
&= (-1)^{S+L'+J+k} [(2J+1)(2J'+1)]^{1/2} \\
&\quad \times
\begin{Bmatrix}
J & J' & k \\
L' & L & S
\end{Bmatrix}
\langle 4f^N \alpha SL || U^k || 4f^N \alpha' S'L'\rangle
\end{aligned}
\tag{4.9}
$$

式中, U^k 是多电子体系的单位张量算符, 约化矩阵元 $\langle 4f^N \alpha SL || U^k || 4f^N \alpha' S'L'\rangle$ 已经被 Nielson 和 Koster 计算并且出版了专门数表 [1], $3-j$ 和 $6-j$ 符号的具体数值可查 Rotenberg 等出版的数表或者利用计算公式编成计算程序 [2], 这样晶体场 Hamilton 算符的矩阵元就变成为晶体场参数 B_{kq} 的线性组合, 可以通过实验光谱能级, 进行数学拟合求出晶体场参数 B_{kq}, 并且可以利用它们进一步研究其他的有关性质.

在点电荷模型中, 晶体场理论计算还有另一种方法, 就是直接利用点群的不可约表示来表征体系的波函数, 这样做的目的是使体系的状态分类更加清楚, 使得晶体场计算中的物理意义更加明确, 一般采用群链关系来分类体系的状态 [3,9]

$$
U_7 \supset R_7 \supset G_2 \supset R_3 \supset G_a \supset G_\Gamma \supset G_\gamma
$$

其中, $U_7 \supset R_7 \supset G_2 \supset R_3$ 是 Racah 群链, 在第 2 章已经讲过, 后面 $G_a \supset G_\Gamma \supset G_\gamma$ 群链是点群群链, a, Γ 和 γ 分别是 G_a, G_Γ 和 G_γ 点群的不可约表示, 体系的本征函数为 $|4f\alpha SLJa\Gamma\gamma\rangle$, 点群群链的选取可以利用各个点群对称性间的相容和分解关系, 各个点群对称性间的关系示于图 4.1[7].

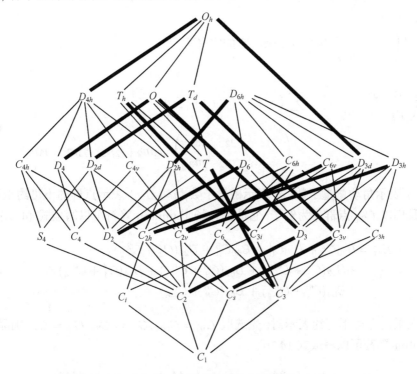

图 4.1 点群的分解和相容关系

晶体场的 Hamilton 算符可以表示为

$$H_{\mathrm{cr}} = \sum_{k,b} D(kb) U_{\gamma_0}^{kb\Gamma_0} \tag{4.10}$$

其中

$$D(kb) = (-1)^l (2l+1) \begin{pmatrix} l & k & l \\ 0 & 0 & 0 \end{pmatrix} \langle r^k \rangle A_{kb} \tag{4.11}$$

$$A_{kb} = \sum_q \langle kb\Gamma_0 | kq \rangle A_{kq} \tag{4.12}$$

在这种表示中, $D(kb)$ 是晶体场参数, 晶体场 Hamilton 量是用体系的单位张量展开, 它的矩阵元是

$$\langle 4f^N \alpha SLJa\Gamma\gamma | H_{\mathrm{cr}} | 4f^N \alpha' S'L'J'a'\Gamma'\gamma' \rangle$$
$$= \delta(SS')\delta(\Gamma\Gamma')\delta(\gamma\gamma')(-1)^{S+l-J'} [(2J+1)(2J'+1)]^{1/2}$$

$$\times \sum_{k,b} D(kb) \left\{ \begin{matrix} L' & k & L \\ J & S & J' \end{matrix} \right\} \langle 4f^N \alpha SL \| U^k \| 4f^N \alpha' S' L' \rangle$$

$$\times f \begin{pmatrix} J & J' & k \\ a\Gamma & a'\Gamma' & b\Gamma_0 \end{pmatrix} \tag{4.13}$$

式中, $f \begin{pmatrix} \cdot & \cdot & \cdot \\ \cdot & \cdot & \cdot \end{pmatrix}$ 称为 f 系数, 它的定义为 [3]

$$f \begin{pmatrix} j_1 & j_2 & j_3 \\ \mu_1 & \mu_2 & \mu_3 \end{pmatrix} = \sum (-1)^{j_1 - m_1} \langle j_1 \mu_1 \mid j_1 m_1 \rangle$$

$$\times \begin{pmatrix} j_1 & j_2 & j_3 \\ -m_1 & m_2 & m_3 \end{pmatrix} \langle j_2 m_2 \mid j_2 \mu_2 \rangle \langle j_3 m_3 \mid j_3 \mu_3 \rangle \tag{4.14}$$

式中, j 表示角动量量子数; m 表示磁量子数; $\mu = (a\Gamma\gamma)$ 表示点群的不可约表示.

我们以 C_{2v} 点群作为例子, 它的晶体场 Hamilton 算符可以写成式 (4.15).

$$\begin{aligned} H_{cr} = {} & B_{20}C_0^2 + B_{40}C_0^4 + B_{60}C_0^6 + B_{22}(C_2^2 + C_{-2}^2) \\ & + B_{42}(C_2^4 + C_{-2}^4) + B_{62}(C_2^6 + C_{-2}^6) + B_{44}(C_4^4 + C_{-4}^4) \\ & + B_{64}(C_4^6 + C_{-4}^6) + B_{66}(C_6^6 + C_{-6}^6) \end{aligned} \tag{4.15}$$

在采用点群不可约表示时, 先选取 $G_a = C_{\infty v}, G_\Gamma = C_{2v}, G_\gamma = C_s$, 则晶体场 Hamilton 算符可以写成式 (4.16).

$$\begin{aligned} H_{cr} = {} & D(2A_1)U_{A'}^{2A_1 A_1} + D(4A_1)U_{A'}^{4A_1 A_1} + D(6A_1)U_{A'}^{6A_1 A_1} \\ & + D(2E_2)U_{A'}^{2E_2 A_1} + D(4E_2)U_{A'}^{4E_2 A_1} + D(6E_2)U_{A'}^{6E_2 A_1} \\ & + D(4E_4)U_{A'}^{4E_4 A_1} + D(6E_4)U_{A'}^{6E_4 A_1} + D(6E_6)U_{A'}^{6E_6 A_1} \end{aligned} \tag{4.16}$$

两种方法的本征函数之间有式 (4.17) 的变换关系

$$|4f^N \alpha SLJa\Gamma\gamma\rangle = \sum_M \langle 4f^N \alpha SLJM \mid 4f^N \alpha SLJa\Gamma\gamma \rangle |4f^N \alpha SLJM\rangle \tag{4.17}$$

利用 $R_3 \supset C_{\infty v} \supset C_{2v} \supset C_s$ 群链和群不可约表示间的相容关系, 很容易求出在 C_{2v} 点群对称性下, 波函数之间的变换关系是

$$|JA_1 A_1 A'\rangle = |J0\rangle \qquad \lambda = 0, 2, 4, \cdots$$

$$|JA_2 A_2 A''\rangle = |J0\rangle \qquad \lambda = 1, 3, 5, \cdots$$

$$|JE_\lambda A_1 A'\rangle = \frac{1}{\sqrt{2}}(|J\lambda\rangle + (-1)^J |J-\lambda\rangle)$$

$$\lambda = 2, 4, 6, \cdots$$

$$|JE_\lambda A_2 A''\rangle = \frac{1}{\sqrt{2}}(|J\lambda\rangle - (-1)^J |J-\lambda\rangle)$$

$$|JE_\lambda B_1 A'\rangle = \frac{1}{\sqrt{2}}(|J\lambda\rangle - (-1)^J |J-\lambda\rangle)$$

$$\lambda = 1, 3, 5, \cdots \qquad (4.18)$$

$$|JE_\lambda B_2 A''\rangle = \frac{1}{\sqrt{2}}(|J\lambda\rangle + (-1)^J |J-\lambda\rangle)$$

利用式 (4.11) 和式 (4.12), 得到两种方法中晶体场参数之间的关系

$$D(2A_1) = -2\sqrt{\frac{7}{15}}B_{20}, \quad D(4A_1) = \sqrt{\frac{14}{11}}B_{40}$$

$$D(6A_1) = -10\sqrt{\frac{7}{429}}B_{60}, \quad D(2E_2) = -\sqrt{\frac{14}{15}}B_{22}$$

$$D(4E_2) = 2\sqrt{\frac{7}{11}}B_{42}, \quad D(6E_2) = -10\sqrt{\frac{14}{429}}B_{62} \qquad (4.19)$$

$$D(4E_4) = 2\sqrt{\frac{7}{11}}B_{44}, \quad D(6E_4) = -10\sqrt{\frac{14}{429}}B_{64}$$

$$D(6E_6) = -10\sqrt{\frac{14}{429}}B_{66}$$

对于其他对称性的情况, 采用相同的方法亦可计算, 本节不再赘述.

4.2   晶体场参数与对称性

稀土离子在晶体中需要计算的晶体场参数的个数取决于稀土离子的局部对称性和使用的物理模型. 如果使用的物理模型复杂, 局部对称性又低, 则晶体场参数的数目就多, 例如, 在关联晶体场模型中, 最低对称性的晶体场参数可以达到 600 多个, 若模型简单, 对称性又高, 3 或 4 个参数就可以了, 比如, 静电模型、叠加模型、重叠模型. 因此, 稀土离子的晶体场参数的数目与对称性的关系要结合具体模型来讨论. 下面我们仍然以点电荷静电模型为例来讨论这个问题, 对于能级劈裂而言, 晶体场 Hamilton 量的偶次项才有贡献, 即, $k = 2, 4, 6$ 的项, 在晶体 32 种点群对称性下, 稀土离子的晶体场参数的分布和数目列在表 4.1 中, 从表中结果可以发现, 在点电荷静电模型下, 对于最低对称群 C_1 和 C_i 群, 稀土离子有 27 个晶体场参数, 高对称性的点群只有 4 个晶体场参数. 若完整地计算稀土离子的能级应包括自由离子的能级参数和晶体场参数, 需要拟合的参数数量很多, 问题变得相当复杂,

表 4.1 各个点群的偶次晶体场参数 B_{kq} 分布

晶系	点群	B_{20} R	B_{20} I	B_{21} R	B_{21} I	B_{22} R	B_{22} I	B_{40} R	B_{40} I	B_{41} R	B_{41} I	B_{42} R	B_{42} I	B_{43} R	B_{43} I	B_{44} R	B_{44} I	B_{60} R	B_{60} I	B_{61} R	B_{61} I	B_{62} R	B_{62} I	B_{63} R	B_{63} I	B_{64} R	B_{64} I	B_{65} R	B_{65} I	B_{66} R	B_{66} I
三斜	C_1	+		+	+	+	+	+		+	+	+	+	+	+	+	+	+		+	+	+	+	+	+	+	+	+	+	+	+
	C_i	+		+	+	+	+	+		+	+	+	+	+	+	+	+	+		+	+	+	+	+	+	+	+	+	+	+	+
单斜	C_s	+				+	+	+				+	+			+	+	+				+	+			+	+			+	+
	C_2	+				+	+	+				+	+			+	+	+				+	+			+	+			+	+
	C_{2h}	+				+	+	+				+	+			+	+	+				+	+			+	+			+	+
正交	C_{2v}	+				+		+				+				+		+				+				+				+	
	D_2	+				+		+				+				+		+				+				+				+	
	D_{2h}	+				+		+				+				+		+				+				+				+	
四角	C_4	+						+								+	+	+								+	+				
	C_{4v}	+						+								+		+								+					
	S_4	+						+								+	+	+								+	+				
	D_{2d}	+						+								+		+								+					
	D_4	+						+								+		+								+					
	C_{4h}	+						+								+	+	+								+	+				
	D_{4h}	+						+								+		+								+					

续表

晶系	点群	B_{20}		B_{21}		B_{22}		B_{40}		B_{41}		B_{42}		B_{43}		B_{44}		B_{60}		B_{61}		B_{62}		B_{63}		B_{64}		B_{65}		B_{66}	
		R	I	R	I	R	I	R	I	R	I	R	I	R	I	R	I	R	I	R	I	R	I	R	I	R	I	R	I	R	I
三角	C_3	+						+						+	+			+						+	+					+	+
	C_{3v}	+						+						+				+						+						+	
	D_3	+						+						+				+						+						+	
	D_{3d}	+						+						+				+						+						+	
	S_6	+						+						+	+			+						+	+					+	+
六角	C_6	+						+										+												+	+
	C_{6v}	+						+										+												+	
	D_6	+						+										+												+	
	C_{3h}	+						+										+												+	+
	D_{3h}	+						+										+												+	
	C_{6h}	+						+										+												+	+
	D_{6h}	+						+										+												+	
立方	T							+								+		+								+					
	T_d							+								+		+								+					
	T_h							+								+		+								+					
	O							+								+		+								+					
	O_h							+								+		+								+					

注：R 表示实参数，I 表示虚参数．

即使使用高速计算机也还是相当麻烦和困难, 因此, 在实际计算中往往根据问题的需要选择一些重要的参数计算和拟合.

晶体场和稀土离子相互作用的物理因素是相当复杂的, 人们虽然进行了长期的研究, 但是, 到底都有些什么物理作用还不完全清楚, 科学家们也为试图弄清这个问题做了很多探索, 以 $PrCl_3$ 晶体为例, 考虑了 10 种物理因素, 利用理论方法计算每种因素引起的晶体场参数, 研究各种物理因素的作用. $PrCl_3$ 晶体中 Pr 离子的点群对称性是 D_{3h}, 晶体场参数有 4 个, 各种物理因素引起的晶体场参数的计算值列在表 4.2, 从表中的结果我们可以发现任何一种物理因素的理论计算值都与实验的拟合值相差很大, 若将多种因素的结果都加和起来与实验值比较, 可以看出基本还是符合的, 这个结果显示出了晶体场作用的复杂性.

表 4.2　$PrCl_3$ 晶体中各种物理因素对晶体场参数的贡献 (单位: cm^{-1})

物理因素	B_{20}	B_{40}	B_{60}	B_{66}
配位体的点电荷作用	158	−17	−2.7	33
其余点阵点电荷作用	639	8	−0.9	24
偶极极化作用	469	3	−0.3	5
四极极化作用	−705	−14	1.0	−5
电荷穿透效应	−39	17	6.8	−82
电荷重叠效应	13	−27	−27	326
共价效应	7	−14	−13.1	160
配位体和稀土的电荷交换	−105	8	0.6	−7
配位体间的电荷交换	−57	−3	−0.5	6
三角作用	2	−5	−5.1	76
总的理论值	381	−44	−41.2	536
实验值	47	−40.6	−39.6	405

4.3　旋转群表示在点群中的分解

稀土自由离子的状态可以由状态的量子数完全确定, 其本征波函数用 $|4f^N \alpha SLJM\rangle$ 表示, 在光谱学中, 它的能级由光谱支项表征, 即 $^{2S+1}L_J$, 这些光谱支项能级具有 $2J+1$ 重简并度, 在晶体中, 由于点群对称性比三维旋转群的对称性降低了, 能级的简并度将被解除或者部分解除, 能级产生劈裂 (图 4.2). 从群论角度来说就是旋转群的表示, 在点群中, 应该按照点群的不可约表示分解, 分解方法是利用点群不可约表示的特征标来约化旋转群表示的特征标. 这种分解过程和能级的分解过程是完全一致的, 因为在晶体中点群的不可约表示, 实际上就是完全能够确定状态的量子数, 它与三维旋转群中的角动量量子数的性质是一样的, 可以表征晶体中稀土离子的状态和能级.

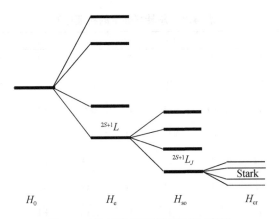

图 4.2　稀土离子的能级劈裂示意图

旋转群表示在各种对称操作下的特征标可以通过式 (4.20) 计算

$$\chi[D_J^{\pm}(R_\theta)] = \frac{\sin\left(J + \dfrac{1}{2}\right)\theta}{\sin\left(\dfrac{\theta}{2}\right)} \tag{4.20}$$

式中, $\pm$ 表示在反演操作下的宇称情况, $+$ 表示偶宇称; $-$ 表示奇宇称; R_θ 表示沿着旋转轴旋转 θ 角. 按照稀土离子的能级情况, 为了应用方便, 对于整数 J, 取 $J = 0 \sim 8$; 对于半整数 J, 取 $J = 1/2 \sim 17/2$, 在各种对称操作下, 各类 J 的旋转群表示的特征标列于表 4.3. 实际上任何 J 的旋转群表示的特征标都可以利用式 (4.20) 计算. 旋转群表示的特征标得到以后, 利用点群不可约表示的特征标 (见附录 V) 去分解旋转群表示的特征标, 得到的该旋转群表示中所包含的点群不可约表示的数目, 就是该 J 能级在该点群中分解的 Stark 能级数目.

为了应用方便, 我们将各个 J 的旋转群表示在 32 个点群中的具体分解情况展示如下

(1) $C_1(1)$

$D_J^{\pm}$	$(2J+1)\Gamma_1$
$D_J^{\pm}$	$(J+1/2)(\overline{\Gamma_2 + \Gamma_2})$

(2) $C_i(\overline{1})$

D_J^+	$(2J+1)\Gamma_1^+$	D_J^-	$(2J+1)\Gamma_1^-$
D_J^+	$(J+1/2)(\overline{\Gamma_2^+ + \Gamma_2^+})$	D_J^-	$(J+1/2)(\overline{\Gamma_2^- + \Gamma_2^-})$

表 4.3　旋转群表示的特征标表

	E	C_6	C_4	C_3	C_2	I	S_3	S_4	S_6	σ
$D_0^{\pm}$	1	1	1	1	1	± 1	± 1	± 1	± 1	± 1
$D_1^{\pm}$	3	2	1	0	-1	± 3	± 2	± 1	0	∓ 1
$D_2^{\pm}$	5	1	-1	-1	1	± 5	± 1	∓ 1	∓ 1	± 1
$D_3^{\pm}$	7	-1	-1	1	-1	± 7	∓ 1	∓ 1	± 1	∓ 1
$D_4^{\pm}$	9	-2	1	0	1	± 9	∓ 2	± 1	0	± 1
$D_5^{\pm}$	11	-1	1	-1	-1	± 11	∓ 1	± 1	∓ 1	∓ 1
$D_6^{\pm}$	13	1	-1	1	1	± 13	± 1	∓ 1	± 1	± 1
$D_7^{\pm}$	15	2	-1	0	-1	± 15	± 2	∓ 1	0	∓ 1
$D_8^{\pm}$	17	1	1	-1	1	± 17	± 1	± 1	∓ 1	± 1
$D_{1/2}^{\pm}$	2	$\sqrt{3}$	$\sqrt{2}$	1	0	± 2	$\pm\sqrt{3}$	$\pm\sqrt{2}$	± 1	0
$D_{3/2}^{\pm}$	4	$\sqrt{3}$	0	-1	0	± 4	$\pm\sqrt{3}$	0	∓ 1	0
$D_{5/2}^{\pm}$	6	0	$-\sqrt{2}$	0	0	± 6	0	$\mp\sqrt{2}$	0	0
$D_{7/2}^{\pm}$	8	$-\sqrt{3}$	0	1	0	± 8	$\mp\sqrt{3}$	0	± 1	0
$D_{9/2}^{\pm}$	10	$-\sqrt{3}$	$\sqrt{2}$	-1	0	± 10	$\mp\sqrt{3}$	$\pm\sqrt{2}$	∓ 1	0
$D_{11/2}^{\pm}$	12	0	0	0	0	± 12	0	0	0	0
$D_{13/2}^{\pm}$	14	$\sqrt{3}$	$-\sqrt{2}$	1	0	± 14	$\pm\sqrt{3}$	$\mp\sqrt{2}$	± 1	0
$D_{15/2}^{\pm}$	16	$\sqrt{3}$	0	-1	0	± 16	$\pm\sqrt{3}$	0	∓ 1	0
$D_{17/2}^{\pm}$	18	0	$\sqrt{2}$	0	0	± 18	0	$\pm\sqrt{2}$	0	0

(3) $C_2(2)$

$D_0^{\pm}$	Γ_1
$D_1^{\pm}$	$\Gamma_1 + 2\Gamma_2$
$D_2^{\pm}$	$3\Gamma_1 + 2\Gamma_2$
$D_3^{\pm}$	$3\Gamma_1 + 4\Gamma_2$
$D_4^{\pm}$	$5\Gamma_1 + 4\Gamma_2$
$D_5^{\pm}$	$5\Gamma_1 + 6\Gamma_2$
$D_6^{\pm}$	$7\Gamma_1 + 6\Gamma_2$
$D_7^{\pm}$	$7\Gamma_1 + 8\Gamma_2$
$D_8^{\pm}$	$9\Gamma_1 + 8\Gamma_2$
$D_J^{\pm}$	$(J + 1/2)(\Gamma_3 + \Gamma_4)$

(4) $C_s(m)$

D_0^+	Γ_1	D_0^-	Γ_2
D_1^+	$\Gamma_1+2\Gamma_2$	D_1^-	$2\Gamma_1+\Gamma_2$
D_2^+	$3\Gamma_1+2\Gamma_2$	D_2^-	$2\Gamma_1+3\Gamma_2$
D_3^+	$3\Gamma_1+4\Gamma_2$	D_3^-	$4\Gamma_1+3\Gamma_2$
D_4^+	$5\Gamma_1+4\Gamma_2$	D_4^-	$4\Gamma_1+5\Gamma_2$
D_5^+	$5\Gamma_1+6\Gamma_2$	D_5^-	$6\Gamma_1+5\Gamma_2$
D_6^+	$7\Gamma_1+6\Gamma_2$	D_6^-	$6\Gamma_1+7\Gamma_2$
D_7^+	$7\Gamma_1+8\Gamma_2$	D_7^-	$8\Gamma_1+7\Gamma_2$
D_8^+	$9\Gamma_1+8\Gamma_2$	D_8^-	$8\Gamma_1+9\Gamma_2$
$D_J^\pm$	$(J+1/2)(\Gamma_3+\Gamma_4)$		

(5) $C_{2h}(2/m)$

这个群可以看作是 $C_2(2)$ 群和 $C_i(\bar{1})$ 群的直乘, $C_{2h}=C_2\times C_i$, 可以通过两个群的不可约表示之间的相容关系得到旋转群在这个点群中的分解.

C_{2h}	Γ_1^+	Γ_2^+	Γ_1^-	Γ_2^-	Γ_3^+	Γ_4^+	Γ_3^-	Γ_4^-
C_2	Γ_1	Γ_2	Γ_1	Γ_2	Γ_3	Γ_4	Γ_3	Γ_4

(6) $D_2(222)$

$D_0^\pm$	Γ_1
$D_1^\pm$	$\Gamma_2+\Gamma_3+\Gamma_4$
$D_2^\pm$	$2\Gamma_1+\Gamma_2+\Gamma_3+\Gamma_4$
$D_3^\pm$	$\Gamma_1+2\Gamma_2+2\Gamma_3+2\Gamma_4$
$D_4^\pm$	$3\Gamma_1+2\Gamma_2+2\Gamma_3+2\Gamma_4$
$D_5^\pm$	$2\Gamma_1+3\Gamma_2+3\Gamma_3+3\Gamma_4$
$D_6^\pm$	$4\Gamma_1+3\Gamma_2+3\Gamma_3+3\Gamma_4$
$D_7^\pm$	$3\Gamma_1+4\Gamma_2+4\Gamma_3+4\Gamma_4$
$D_8^\pm$	$5\Gamma_1+4\Gamma_2+4\Gamma_3+4\Gamma_4$
$D_J^\pm$	$(J+1/2)\Gamma_5$

(7) $C_{2v}(mm)$

D_0^+	Γ_1	D_0^-	Γ_3
D_1^+	$\Gamma_2+\Gamma_3+\Gamma_4$	D_1^-	$\Gamma_1+\Gamma_2+\Gamma_4$
D_2^+	$2\Gamma_1+\Gamma_2+\Gamma_3+\Gamma_4$	D_2^-	$\Gamma_1+\Gamma_2+2\Gamma_3+\Gamma_4$
D_3^+	$\Gamma_1+2\Gamma_2+2\Gamma_3+2\Gamma_4$	D_3^-	$2\Gamma_1+2\Gamma_2+\Gamma_3+2\Gamma_4$
D_4^+	$3\Gamma_1+2\Gamma_2+2\Gamma_3+2\Gamma_4$	D_4^-	$2\Gamma_1+2\Gamma_2+3\Gamma_3+2\Gamma_4$
D_5^+	$2\Gamma_1+3\Gamma_2+3\Gamma_3+3\Gamma_4$	D_5^-	$3\Gamma_1+3\Gamma_2+2\Gamma_3+3\Gamma_4$
D_6^+	$4\Gamma_1+3\Gamma_2+3\Gamma_3+3\Gamma_4$	D_6^-	$3\Gamma_1+3\Gamma_2+4\Gamma_3+3\Gamma_4$
D_7^+	$3\Gamma_1+4\Gamma_2+4\Gamma_3+4\Gamma_4$	D_7^-	$4\Gamma_1+4\Gamma_2+3\Gamma_3+4\Gamma_4$
D_8^+	$5\Gamma_1+4\Gamma_2+4\Gamma_3+4\Gamma_4$	D_8^-	$4\Gamma_1+4\Gamma_2+5\Gamma_3+4\Gamma_4$
D_J^+	$(J+1/2)\Gamma_5$	D_J^-	$(J+1/2)\Gamma_5$

(8) $D_{2h}(mmm)$

这个群是 D_2 群和 C_i 群的直乘, $D_{2h} = D_2 \times C_i$, 它同样可以看作是 D_2 群和 C_s 群的直乘, 也可认为是 C_{2v} 群和 C_i 群或者 C_s 群的直乘, 通过两个群的不可约表示之间的相容关系得到旋转群在这个点群中的分解. 下面只给出 D_{2h} 和 C_{2v} 群的相容关系.

D_{2h}	Γ_1^+	Γ_2^+	Γ_3^+	Γ_4^+	Γ_1^-	Γ_2^-	Γ_3^-	Γ_4^-	Γ_5^+	Γ_5^-
C_{2v}	Γ_1	Γ_2	Γ_3	Γ_4	Γ_3	Γ_4	Γ_1	Γ_2	Γ_5	Γ_5

(9) $C_4(4)$

$D_0^\pm$	Γ_1
$D_1^\pm$	$\Gamma_1 + (\overline{\Gamma_3 + \Gamma_4})$
$D_2^\pm$	$\Gamma_1 + 2\Gamma_2 + (\overline{\Gamma_3 + \Gamma_4})$
$D_3^\pm$	$\Gamma_1 + 2\Gamma_2 + 2(\overline{\Gamma_3 + \Gamma_4})$
$D_4^\pm$	$3\Gamma_1 + 2\Gamma_2 + 2(\overline{\Gamma_3 + \Gamma_4})$
$D_5^\pm$	$3\Gamma_1 + 2\Gamma_2 + 3(\overline{\Gamma_3 + \Gamma_4})$
$D_6^\pm$	$3\Gamma_1 + 4\Gamma_2 + 3(\overline{\Gamma_3 + \Gamma_4})$
$D_7^\pm$	$3\Gamma_1 + 4\Gamma_2 + 4(\overline{\Gamma_3 + \Gamma_4})$
$D_8^\pm$	$5\Gamma_1 + 4\Gamma_2 + 4(\overline{\Gamma_3 + \Gamma_4})$
$D_{1/2}^\pm$	$(\overline{\Gamma_5 + \Gamma_6})$
$D_{3/2}^\pm$	$(\overline{\Gamma_5 + \Gamma_6}) + (\overline{\Gamma_7 + \Gamma_8})$
$D_{5/2}^\pm$	$(\overline{\Gamma_5 + \Gamma_6}) + 2(\overline{\Gamma_7 + \Gamma_8})$
$D_{7/2}^\pm$	$2(\overline{\Gamma_5 + \Gamma_6}) + 2(\overline{\Gamma_7 + \Gamma_8})$
$D_{9/2}^\pm$	$3(\overline{\Gamma_5 + \Gamma_6}) + 2(\overline{\Gamma_7 + \Gamma_8})$
$D_{11/2}^\pm$	$3(\overline{\Gamma_5 + \Gamma_6}) + 3(\overline{\Gamma_7 + \Gamma_8})$
$D_{13/2}^\pm$	$3(\overline{\Gamma_5 + \Gamma_6}) + 4(\overline{\Gamma_7 + \Gamma_8})$
$D_{15/2}^\pm$	$4(\overline{\Gamma_5 + \Gamma_6}) + 4(\overline{\Gamma_7 + \Gamma_8})$
$D_{17/2}^\pm$	$5(\overline{\Gamma_5 + \Gamma_6}) + 4(\overline{\Gamma_7 + \Gamma_8})$

(10) $S_4(\overline{4})$

D_0^+	Γ_1	D_0^-	Γ_2
D_1^+	$\Gamma_1 + (\overline{\Gamma_3 + \Gamma_4})$	D_1^-	$\Gamma_2 + (\overline{\Gamma_3 + \Gamma_4})$
D_2^+	$\Gamma_1 + 2\Gamma_2 + (\overline{\Gamma_3 + \Gamma_4})$	D_2^-	$2\Gamma_1 + \Gamma_2 + (\overline{\Gamma_3 + \Gamma_4})$
D_3^+	$\Gamma_1 + 2\Gamma_2 + 2(\overline{\Gamma_3 + \Gamma_4})$	D_3^-	$2\Gamma_1 + \Gamma_2 + 2(\overline{\Gamma_3 + \Gamma_4})$
D_4^+	$3\Gamma_1 + 2\Gamma_2 + 2(\overline{\Gamma_3 + \Gamma_4})$	D_4^-	$2\Gamma_1 + 3\Gamma_2 + 2(\overline{\Gamma_3 + \Gamma_4})$
D_5^+	$3\Gamma_1 + 2\Gamma_2 + 3(\overline{\Gamma_3 + \Gamma_4})$	D_5^-	$2\Gamma_1 + 3\Gamma_2 + 3(\overline{\Gamma_3 + \Gamma_4})$
D_6^+	$3\Gamma_1 + 4\Gamma_2 + 3(\overline{\Gamma_3 + \Gamma_4})$	D_6^-	$4\Gamma_1 + 3\Gamma_2 + 3(\overline{\Gamma_3 + \Gamma_4})$
D_7^+	$3\Gamma_1 + 4\Gamma_2 + 4(\overline{\Gamma_3 + \Gamma_4})$	D_7^-	$4\Gamma_1 + 3\Gamma_2 + 4(\overline{\Gamma_3 + \Gamma_4})$
D_8^+	$5\Gamma_1 + 4\Gamma_2 + 4(\overline{\Gamma_3 + \Gamma_4})$	D_8^-	$4\Gamma_1 + 5\Gamma_2 + 4(\overline{\Gamma_3 + \Gamma_4})$
$D_{1/2}^+$	$(\overline{\Gamma_5 + \Gamma_6})$	$D_{1/2}^-$	$(\overline{\Gamma_7 + \Gamma_8})$
$D_{3/2}^+$	$(\overline{\Gamma_5 + \Gamma_6}) + (\overline{\Gamma_7 + \Gamma_8})$	$D_{3/2}^-$	$(\overline{\Gamma_5 + \Gamma_6}) + (\overline{\Gamma_7 + \Gamma_8})$
$D_{5/2}^+$	$(\overline{\Gamma_5 + \Gamma_6}) + 2(\overline{\Gamma_7 + \Gamma_8})$	$D_{5/2}^-$	$2(\overline{\Gamma_5 + \Gamma_6}) + (\overline{\Gamma_7 + \Gamma_8})$
$D_{7/2}^+$	$2(\overline{\Gamma_5 + \Gamma_6}) + 2(\overline{\Gamma_7 + \Gamma_8})$	$D_{7/2}^-$	$2(\overline{\Gamma_5 + \Gamma_6}) + 2(\overline{\Gamma_7 + \Gamma_8})$
$D_{9/2}^+$	$3(\overline{\Gamma_5 + \Gamma_6}) + 2(\overline{\Gamma_7 + \Gamma_8})$	$D_{9/2}^-$	$2(\overline{\Gamma_5 + \Gamma_6}) + 3(\overline{\Gamma_7 + \Gamma_8})$
$D_{11/2}^+$	$3(\overline{\Gamma_5 + \Gamma_6}) + 3(\overline{\Gamma_7 + \Gamma_8})$	$D_{11/2}^-$	$3(\overline{\Gamma_5 + \Gamma_6}) + 3(\overline{\Gamma_7 + \Gamma_8})$
$D_{13/2}^+$	$3(\overline{\Gamma_5 + \Gamma_6}) + 4(\overline{\Gamma_7 + \Gamma_8})$	$D_{13/2}^-$	$4(\overline{\Gamma_5 + \Gamma_6}) + 3(\overline{\Gamma_7 + \Gamma_8})$
$D_{15/2}^+$	$4(\overline{\Gamma_5 + \Gamma_6}) + 4(\overline{\Gamma_7 + \Gamma_8})$	$D_{15/2}^-$	$4(\overline{\Gamma_5 + \Gamma_6}) + 4(\overline{\Gamma_7 + \Gamma_8})$
$D_{17/2}^+$	$5(\overline{\Gamma_5 + \Gamma_6}) + 4(\overline{\Gamma_7 + \Gamma_8})$	$D_{17/2}^-$	$4(\overline{\Gamma_5 + \Gamma_6}) + 5(\overline{\Gamma_7 + \Gamma_8})$

(11) $C_{4h}(4/m)$

这个群是 C_4 群和 C_i 群的直乘, $C_{4h} = C_4 \times C_i$, 它同样可以看作是 C_4 群和 C_s 群的直乘, 也可认为是 S_4 群和 C_i 群或者 C_s 群的直乘, 通过两个群的不可约表示之间的相容关系得到旋转群在这个点群中的分解. 下面只给出 C_{4h} 和 C_4 群的相容关系

C_{4h}	Γ_1^+	Γ_2^+	Γ_3^+	Γ_4^+	Γ_1^-	Γ_2^-	Γ_3^-	Γ_4^-	Γ_5^+	Γ_6^+	Γ_7^+	Γ_8^+	Γ_5^-	Γ_6^-	Γ_7^-	Γ_8^-
C_4	Γ_1	Γ_2	Γ_3	Γ_4	Γ_1	Γ_2	Γ_3	Γ_4	Γ_5	Γ_6	Γ_7	Γ_8	Γ_5	Γ_6	Γ_7	Γ_8

(12) $D_4(422)$

$D_0^\pm$	Γ_1
$D_1^\pm$	$\Gamma_2 + \Gamma_5$
$D_2^\pm$	$\Gamma_1 + \Gamma_3 + \Gamma_4 + \Gamma_5$
$D_3^\pm$	$\Gamma_2 + \Gamma_3 + \Gamma_4 + 2\Gamma_5$
$D_4^\pm$	$2\Gamma_1 + \Gamma_2 + \Gamma_3 + \Gamma_4 + 2\Gamma_5$
$D_5^\pm$	$\Gamma_1 + 2\Gamma_2 + \Gamma_3 + \Gamma_4 + 3\Gamma_5$
$D_6^\pm$	$2\Gamma_1 + \Gamma_2 + 2\Gamma_3 + 2\Gamma_4 + 3\Gamma_5$
$D_7^\pm$	$\Gamma_1 + 2\Gamma_2 + 2\Gamma_3 + 2\Gamma_4 + 4\Gamma_5$
$D_8^\pm$	$3\Gamma_1 + 2\Gamma_2 + 2\Gamma_3 + 2\Gamma_4 + 4\Gamma_5$
$D_{1/2}^\pm$	Γ_6
$D_{3/2}^\pm$	$\Gamma_6 + \Gamma_7$
$D_{5/2}^\pm$	$\Gamma_6 + 2\Gamma_7$
$D_{7/2}^\pm$	$2\Gamma_6 + 2\Gamma_7$
$D_{9/2}^\pm$	$3\Gamma_6 + 2\Gamma_7$
$D_{11/2}^\pm$	$3\Gamma_6 + 3\Gamma_7$
$D_{13/2}^\pm$	$3\Gamma_6 + 4\Gamma_7$
$D_{15/2}^\pm$	$4\Gamma_6 + 4\Gamma_7$
$D_{17/2}^\pm$	$5\Gamma_6 + 4\Gamma_7$

(13) $C_{4v}(4mm)$

D_0^+	Γ_1	D_0^-	Γ_2
D_1^+	$\Gamma_2 + \Gamma_5$	D_1^-	$\Gamma_1 + \Gamma_5$
D_2^+	$\Gamma_1 + \Gamma_3 + \Gamma_4 + \Gamma_5$	D_2^-	$\Gamma_2 + \Gamma_3 + \Gamma_4 + \Gamma_5$
D_3^+	$\Gamma_2 + \Gamma_3 + \Gamma_4 + 2\Gamma_5$	D_3^-	$\Gamma_1 + \Gamma_3 + \Gamma_4 + 2\Gamma_5$
D_4^+	$2\Gamma_1 + \Gamma_2 + \Gamma_3 + \Gamma_4 + 2\Gamma_5$	D_4^-	$\Gamma_1 + 2\Gamma_2 + \Gamma_3 + \Gamma_4 + 2\Gamma_5$
D_5^+	$\Gamma_1 + 2\Gamma_2 + \Gamma_3 + \Gamma_4 + 3\Gamma_5$	D_5^-	$2\Gamma_1 + \Gamma_2 + \Gamma_3 + \Gamma_4 + 3\Gamma_5$
D_6^+	$2\Gamma_1 + \Gamma_2 + 2\Gamma_3 + 2\Gamma_4 + 3\Gamma_5$	D_6^-	$\Gamma_1 + 2\Gamma_2 + 2\Gamma_3 + 2\Gamma_4 + 3\Gamma_5$
D_7^+	$\Gamma_1 + 2\Gamma_2 + 2\Gamma_3 + 2\Gamma_4 + 4\Gamma_5$	D_7^-	$2\Gamma_1 + \Gamma_2 + 2\Gamma_3 + 2\Gamma_4 + 4\Gamma_5$
D_8^+	$3\Gamma_1 + 2\Gamma_2 + 2\Gamma_3 + 2\Gamma_4 + 4\Gamma_5$	D_8^-	$2\Gamma_1 + 3\Gamma_2 + 2\Gamma_3 + 2\Gamma_4 + 4\Gamma_5$
$D_{1/2}^\pm$	Γ_6		
$D_{3/2}^\pm$	$\Gamma_6 + \Gamma_7$		
$D_{5/2}^\pm$	$\Gamma_6 + 2\Gamma_7$		
$D_{7/2}^\pm$	$2\Gamma_6 + 2\Gamma_7$		
$D_{9/2}^\pm$	$3\Gamma_6 + 2\Gamma_7$		
$D_{11/2}^\pm$	$3\Gamma_6 + 3\Gamma_7$		
$D_{13/2}^\pm$	$3\Gamma_6 + 4\Gamma_7$		
$D_{15/2}^\pm$	$4\Gamma_6 + 4\Gamma_7$		
$D_{17/2}^\pm$	$5\Gamma_6 + 4\Gamma_7$		

(14) $D_{2d}(\overline{4}2m)$

D_0^+	Γ_1	D_0^-	Γ_3
D_1^+	$\Gamma_2 + \Gamma_5$	D_1^-	$\Gamma_4 + \Gamma_5$
D_2^+	$\Gamma_1 + \Gamma_3 + \Gamma_4 + \Gamma_5$	D_2^-	$\Gamma_1 + \Gamma_2 + \Gamma_3 + \Gamma_5$
D_3^+	$\Gamma_2 + \Gamma_3 + \Gamma_4 + 2\Gamma_5$	D_3^-	$\Gamma_1 + \Gamma_2 + \Gamma_4 + 2\Gamma_5$
D_4^+	$2\Gamma_1 + \Gamma_2 + \Gamma_3 + \Gamma_4 + 2\Gamma_5$	D_4^-	$\Gamma_1 + \Gamma_2 + 2\Gamma_3 + \Gamma_4 + 2\Gamma_5$
D_5^+	$\Gamma_1 + 2\Gamma_2 + \Gamma_3 + \Gamma_4 + 3\Gamma_5$	D_5^-	$\Gamma_1 + \Gamma_2 + \Gamma_3 + 2\Gamma_4 + 3\Gamma_5$
D_6^+	$2\Gamma_1 + \Gamma_2 + 2\Gamma_3 + 2\Gamma_4 + 3\Gamma_5$	D_6^-	$2\Gamma_1 + 2\Gamma_2 + 2\Gamma_3 + \Gamma_4 + 3\Gamma_5$
D_7^+	$\Gamma_1 + 2\Gamma_2 + 2\Gamma_3 + 2\Gamma_4 + 4\Gamma_5$	D_7^-	$2\Gamma_1 + 2\Gamma_2 + \Gamma_3 + 2\Gamma_4 + 4\Gamma_5$
D_8^+	$3\Gamma_1 + 2\Gamma_2 + 2\Gamma_3 + 2\Gamma_4 + 4\Gamma_5$	D_8^-	$2\Gamma_1 + 2\Gamma_2 + 3\Gamma_3 + 2\Gamma_4 + 4\Gamma_5$
$D_{1/2}^+$	Γ_6	$D_{1/2}^-$	Γ_7
$D_{3/2}^+$	$\Gamma_6 + \Gamma_7$	$D_{3/2}^-$	$\Gamma_6 + \Gamma_7$
$D_{5/2}^+$	$\Gamma_6 + 2\Gamma_7$	$D_{5/2}^-$	$2\Gamma_6 + \Gamma_7$
$D_{7/2}^+$	$2\Gamma_6 + 2\Gamma_7$	$D_{7/2}^-$	$2\Gamma_6 + 2\Gamma_7$
$D_{9/2}^+$	$3\Gamma_6 + 2\Gamma_7$	$D_{9/2}^-$	$2\Gamma_6 + 3\Gamma_7$
$D_{11/2}^+$	$3\Gamma_6 + 3\Gamma_7$	$D_{11/2}^-$	$3\Gamma_6 + 3\Gamma_7$
$D_{13/2}^+$	$3\Gamma_6 + 4\Gamma_7$	$D_{13/2}^-$	$4\Gamma_6 + 3\Gamma_7$
$D_{15/2}^+$	$4\Gamma_6 + 4\Gamma_7$	$D_{15/2}^-$	$4\Gamma_6 + 4\Gamma_7$
$D_{17/2}^+$	$5\Gamma_6 + 4\Gamma_7$	$D_{17/2}^-$	$4\Gamma_6 + 5\Gamma_7$

(15) $D_{4h}(4/mmm)$

这个群是 D_4 群和 C_i 群的直乘, $D_{4h} = D_4 \times C_i$, 它同样可以看作是 D_4 群和 C_s 群的直乘, 也可认为是 C_{4v} 群和 C_i 群或者 C_s 群的直乘, 或者 D_{2d} 群和 C_i 群或者 C_s 群的直乘. 通过两个群的不可约表示之间的相容关系得到旋转群在这个点群中的分解. 下面只给出 D_{4h} 和 D_4 群的相容关系.

D_{4h}	Γ_1^+	Γ_2^+	Γ_3^+	Γ_4^+	Γ_5^+	Γ_1^-	Γ_2^-	Γ_3^-	Γ_4^-	Γ_5^-	Γ_6^+	Γ_7^+	Γ_6^-	Γ_7^-
D_4	Γ_1	Γ_2	Γ_3	Γ_4	Γ_5	Γ_1	Γ_2	Γ_3	Γ_4	Γ_5	Γ_6	Γ_7	Γ_6	Γ_7

(16) $C_3(3)$

$D_0^{\pm}$	Γ_1
$D_1^{\pm}$	$\Gamma_1 + (\overline{\Gamma_2 + \Gamma_3})$
$D_2^{\pm}$	$\Gamma_1 + 2(\overline{\Gamma_2 + \Gamma_3})$
$D_3^{\pm}$	$3\Gamma_1 + 2(\overline{\Gamma_2 + \Gamma_3})$
$D_4^{\pm}$	$3\Gamma_1 + 3(\overline{\Gamma_2 + \Gamma_3})$
$D_5^{\pm}$	$3\Gamma_1 + 4(\overline{\Gamma_2 + \Gamma_3})$
$D_6^{\pm}$	$5\Gamma_1 + 4(\overline{\Gamma_2 + \Gamma_3})$
$D_7^{\pm}$	$5\Gamma_1 + 5(\overline{\Gamma_2 + \Gamma_3})$
$D_8^{\pm}$	$5\Gamma_1 + 6(\overline{\Gamma_2 + \Gamma_3})$
$D_{1/2}^{\pm}$	$(\overline{\Gamma_4 + \Gamma_5})$
$D_{3/2}^{\pm}$	$(\overline{\Gamma_4 + \Gamma_5}) + 2\Gamma_6$
$D_{5/2}^{\pm}$	$2(\overline{\Gamma_4 + \Gamma_5}) + 2\Gamma_6$
$D_{7/2}^{\pm}$	$3(\overline{\Gamma_4 + \Gamma_5}) + 2\Gamma_6$
$D_{9/2}^{\pm}$	$3(\overline{\Gamma_4 + \Gamma_5}) + 4\Gamma_6$
$D_{11/2}^{\pm}$	$4(\overline{\Gamma_4 + \Gamma_5}) + 4\Gamma_6$
$D_{13/2}^{\pm}$	$5(\overline{\Gamma_4 + \Gamma_5}) + 4\Gamma_6$
$D_{15/2}^{\pm}$	$5(\overline{\Gamma_4 + \Gamma_5}) + 6\Gamma_6$
$D_{17/2}^{\pm}$	$6(\overline{\Gamma_4 + \Gamma_5}) + 6\Gamma_6$

(17) $C_{3i}(\overline{3})$

这个群是 C_3 群和 C_i 群的直乘, $C_{3i} = C_3 \times C_i$, 可以通过两个群的不可约表示之间的相容关系得到旋转群在这个点群中的分解. 下面给出 C_{3i} 和 C_3 群的相容关系.

C_{3i}	Γ_1^+	Γ_2^+	Γ_3^+	Γ_1^-	Γ_2^-	Γ_3^-	Γ_4^+	Γ_5^+	Γ_6^+	Γ_4^-	Γ_5^-	Γ_6^-
C_3	Γ_1	Γ_2	Γ_3	Γ_1	Γ_2	Γ_3	Γ_4	Γ_5	Γ_6	Γ_4	Γ_5	Γ_6

(18) $D_3(32)$

$D_0^{\pm}$	Γ_1
$D_1^{\pm}$	$\Gamma_2 + \Gamma_3$
$D_2^{\pm}$	$\Gamma_1 + 2\Gamma_3$
$D_3^{\pm}$	$\Gamma_1 + 2\Gamma_2 + 2\Gamma_3$
$D_4^{\pm}$	$2\Gamma_1 + \Gamma_2 + 3\Gamma_3$
$D_5^{\pm}$	$\Gamma_1 + 2\Gamma_2 + 4\Gamma_3$
$D_6^{\pm}$	$3\Gamma_1 + 2\Gamma_2 + 4\Gamma_3$
$D_7^{\pm}$	$2\Gamma_1 + 3\Gamma_2 + 5\Gamma_3$
$D_8^{\pm}$	$3\Gamma_1 + 2\Gamma_2 + 6\Gamma_3$

$D_{1/2}^{\pm}$	Γ_4
$D_{3/2}^{\pm}$	$\Gamma_4 + (\overline{\Gamma_5 + \Gamma_6})$
$D_{5/2}^{\pm}$	$2\Gamma_4 + (\overline{\Gamma_5 + \Gamma_6})$
$D_{7/2}^{\pm}$	$3\Gamma_4 + (\overline{\Gamma_5 + \Gamma_6})$
$D_{9/2}^{\pm}$	$3\Gamma_4 + 2(\overline{\Gamma_5 + \Gamma_6})$
$D_{11/2}^{\pm}$	$4\Gamma_4 + 2(\overline{\Gamma_5 + \Gamma_6})$
$D_{13/2}^{\pm}$	$5\Gamma_4 + 2(\overline{\Gamma_5 + \Gamma_6})$
$D_{15/2}^{\pm}$	$5\Gamma_4 + 3(\overline{\Gamma_5 + \Gamma_6})$
$D_{17/2}^{\pm}$	$6\Gamma_4 + 3(\overline{\Gamma_5 + \Gamma_6})$

(19) $C_{3v}(3m)$

D_0^+	Γ_1	D_0^-	Γ_2
D_1^+	$\Gamma_2 + \Gamma_3$	D_1^-	$\Gamma_1 + \Gamma_3$
D_2^+	$\Gamma_1 + 2\Gamma_3$	D_2^-	$\Gamma_2 + 2\Gamma_3$
D_3^+	$\Gamma_1 + 2\Gamma_2 + 2\Gamma_3$	D_3^-	$2\Gamma_1 + \Gamma_2 + 2\Gamma_3$
D_4^+	$2\Gamma_1 + \Gamma_2 + 3\Gamma_3$	D_4^-	$\Gamma_1 + 2\Gamma_2 + 3\Gamma_3$
D_5^+	$\Gamma_1 + 2\Gamma_2 + 4\Gamma_3$	D_5^-	$2\Gamma_1 + \Gamma_2 + 4\Gamma_3$
D_6^+	$3\Gamma_1 + 2\Gamma_2 + 4\Gamma_3$	D_6^-	$2\Gamma_1 + 3\Gamma_2 + 4\Gamma_3$
D_7^+	$2\Gamma_1 + 3\Gamma_2 + 5\Gamma_3$	D_7^-	$3\Gamma_1 + 2\Gamma_2 + 5\Gamma_3$
D_8^+	$3\Gamma_1 + 2\Gamma_2 + 6\Gamma_3$	D_8^-	$2\Gamma_1 + 3\Gamma_2 + 6\Gamma_3$

$D_{1/2}^{\pm}$	Γ_4
$D_{3/2}^{\pm}$	$\Gamma_4 + (\overline{\Gamma_5 + \Gamma_6})$
$D_{5/2}^{\pm}$	$2\Gamma_4 + (\overline{\Gamma_5 + \Gamma_6})$
$D_{7/2}^{\pm}$	$3\Gamma_4 + (\overline{\Gamma_5 + \Gamma_6})$
$D_{9/2}^{\pm}$	$3\Gamma_4 + 2(\overline{\Gamma_5 + \Gamma_6})$
$D_{11/2}^{\pm}$	$4\Gamma_4 + 2(\overline{\Gamma_5 + \Gamma_6})$
$D_{13/2}^{\pm}$	$5\Gamma_4 + 2(\overline{\Gamma_5 + \Gamma_6})$
$D_{15/2}^{\pm}$	$5\Gamma_4 + 3(\overline{\Gamma_5 + \Gamma_6})$
$D_{17/2}^{\pm}$	$6\Gamma_4 + 3(\overline{\Gamma_5 + \Gamma_6})$

(20) $D_{3d}(\overline{3}m)$

这个群是 D_3 群和 C_i 群的直乘, $D_{3d} = D_3 \times C_i$, 它同样可以看作是 C_{3v} 群和 C_i 群的直乘, 通过两个群的不可约表示之间的相容关系得到旋转群在这个点群中的分解. 下面只给出 D_{3d} 和 D_3 群的相容关系.

D_{3d}	Γ_1^+	Γ_2^+	Γ_3^+	Γ_1^-	Γ_2^-	Γ_3^-	Γ_4^+	Γ_5^+	Γ_6^+	Γ_4^-	Γ_5^-	Γ_6^-
D_3	Γ_1	Γ_2	Γ_3	Γ_1	Γ_2	Γ_3	Γ_4	Γ_5	Γ_6	Γ_4	Γ_5	Γ_6

(21) $C_6(6)$

$D_0^\pm$	Γ_1
$D_1^\pm$	$\Gamma_1 + (\overline{\Gamma_5 + \Gamma_6})$
$D_2^\pm$	$\Gamma_1 + (\overline{\Gamma_2 + \Gamma_3}) + (\overline{\Gamma_5 + \Gamma_6})$
$D_3^\pm$	$\Gamma_1 + (\overline{\Gamma_2 + \Gamma_3}) + 2\Gamma_4 + (\overline{\Gamma_5 + \Gamma_6})$
$D_4^\pm$	$\Gamma_1 + 2(\overline{\Gamma_2 + \Gamma_3}) + 2\Gamma_4 + (\overline{\Gamma_5 + \Gamma_6})$
$D_5^\pm$	$\Gamma_1 + 2(\overline{\Gamma_2 + \Gamma_3}) + 2\Gamma_4 + 2(\overline{\Gamma_5 + \Gamma_6})$
$D_6^\pm$	$3\Gamma_1 + 2(\overline{\Gamma_2 + \Gamma_3}) + 2\Gamma_4 + 2(\overline{\Gamma_5 + \Gamma_6})$
$D_7^\pm$	$3\Gamma_1 + 2(\overline{\Gamma_2 + \Gamma_3}) + 4\Gamma_4 + 2(\overline{\Gamma_5 + \Gamma_6})$
$D_8^\pm$	$3\Gamma_1 + 3(\overline{\Gamma_2 + \Gamma_3}) + 4\Gamma_4 + 2(\overline{\Gamma_5 + \Gamma_6})$
$D_{1/2}^\pm$	$(\overline{\Gamma_7 + \Gamma_8})$
$D_{3/2}^\pm$	$(\overline{\Gamma_7 + \Gamma_8}) + (\overline{\Gamma_{11} + \Gamma_{12}})$
$D_{5/2}^\pm$	$(\overline{\Gamma_7 + \Gamma_8}) + (\overline{\Gamma_9 + \Gamma_{10}}) + (\overline{\Gamma_{11} + \Gamma_{12}})$
$D_{7/2}^\pm$	$(\overline{\Gamma_7 + \Gamma_8}) + 2(\overline{\Gamma_9 + \Gamma_{10}}) + (\overline{\Gamma_{11} + \Gamma_{12}})$
$D_{9/2}^\pm$	$(\overline{\Gamma_7 + \Gamma_8}) + 2(\overline{\Gamma_9 + \Gamma_{10}}) + 2(\overline{\Gamma_{11} + \Gamma_{12}})$
$D_{11/2}^\pm$	$2(\overline{\Gamma_7 + \Gamma_8}) + 2(\overline{\Gamma_9 + \Gamma_{10}}) + 2(\overline{\Gamma_{11} + \Gamma_{12}})$
$D_{13/2}^\pm$	$3(\overline{\Gamma_7 + \Gamma_8}) + 2(\overline{\Gamma_9 + \Gamma_{10}}) + 2(\overline{\Gamma_{11} + \Gamma_{12}})$
$D_{15/2}^\pm$	$3(\overline{\Gamma_7 + \Gamma_8}) + 2(\overline{\Gamma_9 + \Gamma_{10}}) + 3(\overline{\Gamma_{11} + \Gamma_{12}})$
$D_{17/2}^\pm$	$3(\overline{\Gamma_7 + \Gamma_8}) + 3(\overline{\Gamma_9 + \Gamma_{10}}) + 3(\overline{\Gamma_{11} + \Gamma_{12}})$

(22) $C_{3h}(\overline{6})$

D_0^+	Γ_1	D_0^-	Γ_4
D_1^+	$\Gamma_1 + (\overline{\Gamma_5 + \Gamma_6})$	D_1^-	$(\overline{\Gamma_5 + \Gamma_6}) + \Gamma_4$
D_2^+	$\Gamma_1 + (\overline{\Gamma_2 + \Gamma_3}) + (\overline{\Gamma_5 + \Gamma_6})$	D_2^-	$(\overline{\Gamma_5 + \Gamma_6}) + \Gamma_4 + (\overline{\Gamma_5 + \Gamma_6})$
D_3^+	$\Gamma_1 + (\overline{\Gamma_2 + \Gamma_3}) + 2\Gamma_4 + (\overline{\Gamma_5 + \Gamma_6})$	D_3^-	$2\Gamma_1 + (\overline{\Gamma_5 + \Gamma_6}) + \Gamma_4 + (\overline{\Gamma_5 + \Gamma_6})$
D_4^+	$\Gamma_1 + 2(\overline{\Gamma_2 + \Gamma_3}) + 2\Gamma_4 + (\overline{\Gamma_5 + \Gamma_6})$	D_4^-	$2\Gamma_1 + (\overline{\Gamma_5 + \Gamma_6}) + \Gamma_4 + 2(\overline{\Gamma_5 + \Gamma_6})$
D_5^+	$\Gamma_1 + 2(\overline{\Gamma_2 + \Gamma_3}) + 2\Gamma_4 + 2(\overline{\Gamma_5 + \Gamma_6})$	D_5^-	$2\Gamma_1 + 2(\overline{\Gamma_5 + \Gamma_6}) + \Gamma_4 + 2(\overline{\Gamma_5 + \Gamma_6})$
D_6^+	$3\Gamma_1 + 2(\overline{\Gamma_2 + \Gamma_3}) + 2\Gamma_4 + 2(\overline{\Gamma_5 + \Gamma_6})$	D_6^-	$2\Gamma_1 + 2(\overline{\Gamma_5 + \Gamma_6}) + 3\Gamma_4 + 2(\overline{\Gamma_5 + \Gamma_6})$
D_7^+	$3\Gamma_1 + 2(\overline{\Gamma_2 + \Gamma_3}) + 4\Gamma_4 + 2(\overline{\Gamma_5 + \Gamma_6})$	D_7^-	$4\Gamma_1 + 2(\overline{\Gamma_5 + \Gamma_6}) + 3\Gamma_4 + 2(\overline{\Gamma_5 + \Gamma_6})$
D_8^+	$3\Gamma_1 + 3(\overline{\Gamma_2 + \Gamma_3}) + 4\Gamma_4 + 2(\overline{\Gamma_5 + \Gamma_6})$	D_8^-	$4\Gamma_1 + 2(\overline{\Gamma_5 + \Gamma_6}) + 3\Gamma_4 + 3(\overline{\Gamma_5 + \Gamma_6})$
$D_{1/2}^+$	$(\overline{\Gamma_7 + \Gamma_8})$	$D_{1/2}^-$	$(\overline{\Gamma_9 + \Gamma_{10}})$
$D_{3/2}^+$	$(\overline{\Gamma_7 + \Gamma_8}) + (\overline{\Gamma_{11} + \Gamma_{12}})$	$D_{3/2}^-$	$(\overline{\Gamma_9 + \Gamma_{10}}) + (\overline{\Gamma_{11} + \Gamma_{12}})$
$D_{5/2}^+$	$(\overline{\Gamma_7 + \Gamma_8}) + (\overline{\Gamma_9 + \Gamma_{10}}) + (\overline{\Gamma_{11} + \Gamma_{12}})$	$D_{5/2}^-$	$(\overline{\Gamma_7 + \Gamma_8}) + (\overline{\Gamma_9 + \Gamma_{10}}) + (\overline{\Gamma_{11} + \Gamma_{12}})$
$D_{7/2}^+$	$(\overline{\Gamma_7 + \Gamma_8}) + 2(\overline{\Gamma_9 + \Gamma_{10}}) + (\overline{\Gamma_{11} + \Gamma_{12}})$	$D_{7/2}^-$	$2(\overline{\Gamma_7 + \Gamma_8}) + (\overline{\Gamma_9 + \Gamma_{10}}) + (\overline{\Gamma_{11} + \Gamma_{12}})$
$D_{9/2}^+$	$(\overline{\Gamma_7 + \Gamma_8}) + 2(\overline{\Gamma_9 + \Gamma_{10}}) + 2(\overline{\Gamma_{11} + \Gamma_{12}})$	$D_{9/2}^-$	$2(\overline{\Gamma_7 + \Gamma_8}) + (\overline{\Gamma_9 + \Gamma_{10}}) + 2(\overline{\Gamma_{11} + \Gamma_{12}})$
$D_{11/2}^+$	$2(\overline{\Gamma_7 + \Gamma_8}) + 2(\overline{\Gamma_9 + \Gamma_{10}}) + 2(\overline{\Gamma_{11} + \Gamma_{12}})$	$D_{11/2}^-$	$2(\overline{\Gamma_7 + \Gamma_8}) + 2(\overline{\Gamma_9 + \Gamma_{10}}) + 2(\overline{\Gamma_{11} + \Gamma_{12}})$
$D_{13/2}^+$	$3(\overline{\Gamma_7 + \Gamma_8}) + 2(\overline{\Gamma_9 + \Gamma_{10}}) + 2(\overline{\Gamma_{11} + \Gamma_{12}})$	$D_{13/2}^-$	$2(\overline{\Gamma_7 + \Gamma_8}) + 3(\overline{\Gamma_9 + \Gamma_{10}}) + 2(\overline{\Gamma_{11} + \Gamma_{12}})$
$D_{15/2}^+$	$3(\overline{\Gamma_7 + \Gamma_8}) + 2(\overline{\Gamma_9 + \Gamma_{10}}) + 3(\overline{\Gamma_{11} + \Gamma_{12}})$	$D_{15/2}^-$	$2(\overline{\Gamma_7 + \Gamma_8}) + 3(\overline{\Gamma_9 + \Gamma_{10}}) + 3(\overline{\Gamma_{11} + \Gamma_{12}})$
$D_{17/2}^+$	$3(\overline{\Gamma_7 + \Gamma_8}) + 3(\overline{\Gamma_9 + \Gamma_{10}}) + 3(\overline{\Gamma_{11} + \Gamma_{12}})$	$D_{17/2}^-$	$3(\overline{\Gamma_7 + \Gamma_8}) + 3(\overline{\Gamma_9 + \Gamma_{10}}) + 3(\overline{\Gamma_{11} + \Gamma_{12}})$

(23) $C_{6h}(6/m)$

这个群是 C_6 群和 C_i 群的直乘, $C_{6h} = C_6 \times C_i$, 它同样可以看作是 C_6 群和 C_s 群的直乘, 也可以认为是 C_{3h} 群和 C_i 群或者 C_2 群的直乘, 或者 C_{3i} 群和 C_i 群或者 C_2 群的直乘. 可以通过两个群的不可约表示之间的相容关系得到旋转群在这个点群中的分解. 下面只给出 C_{6h} 和 C_6 群的相容关系.

C_{6h}	$\Gamma_1^\pm$	$\Gamma_2^\pm$	$\Gamma_3^\pm$	$\Gamma_4^\pm$	$\Gamma_5^\pm$	$\Gamma_6^\pm$	$\Gamma_7^\pm$	$\Gamma_8^\pm$	$\Gamma_9^\pm$	$\Gamma_{10}^\pm$	$\Gamma_{11}^\pm$	$\Gamma_{12}^\pm$
C_6	Γ_1	Γ_2	Γ_3	Γ_4	Γ_5	Γ_6	Γ_7	Γ_8	Γ_9	Γ_{10}	Γ_{11}	Γ_{12}

(24) $D_6(622)$

$D_0^\pm$	Γ_1
$D_1^\pm$	$\Gamma_2 + \Gamma_5$
$D_2^\pm$	$\Gamma_1 + \Gamma_5 + \Gamma_6$
$D_3^\pm$	$\Gamma_2 + \Gamma_3 + \Gamma_4 + \Gamma_5 + \Gamma_6$
$D_4^\pm$	$\Gamma_1 + \Gamma_3 + \Gamma_4 + \Gamma_5 + 2\Gamma_6$
$D_5^\pm$	$\Gamma_2 + \Gamma_3 + \Gamma_4 + 2\Gamma_5 + 2\Gamma_6$
$D_6^\pm$	$2\Gamma_1 + \Gamma_2 + \Gamma_3 + \Gamma_4 + 2\Gamma_5 + 2\Gamma_6$
$D_7^\pm$	$\Gamma_1 + 2\Gamma_2 + \Gamma_3 + \Gamma_4 + 3\Gamma_5 + 2\Gamma_6$
$D_8^\pm$	$2\Gamma_1 + \Gamma_2 + \Gamma_3 + \Gamma_4 + 3\Gamma_5 + 3\Gamma_6$
$D_{1/2}^\pm$	Γ_7
$D_{3/2}^\pm$	$\Gamma_7 + \Gamma_9$
$D_{5/2}^\pm$	$\Gamma_7 + \Gamma_8 + \Gamma_9$
$D_{7/2}^\pm$	$\Gamma_7 + 2\Gamma_8 + \Gamma_9$
$D_{9/2}^\pm$	$\Gamma_7 + 2\Gamma_8 + 2\Gamma_9$
$D_{11/2}^\pm$	$2\Gamma_7 + 2\Gamma_8 + 2\Gamma_9$
$D_{13/2}^\pm$	$3\Gamma_7 + 2\Gamma_8 + 2\Gamma_9$
$D_{15/2}^\pm$	$3\Gamma_7 + 2\Gamma_8 + 3\Gamma_9$
$D_{17/2}^\pm$	$3\Gamma_7 + 3\Gamma_8 + 3\Gamma_9$

(25) $C_{6v}(6mm)$

D_0^+	Γ_1	D_0^-	Γ_2
D_1^+	$\Gamma_2 + \Gamma_5$	D_1^-	$\Gamma_1 + \Gamma_5$
D_2^+	$\Gamma_1 + \Gamma_5 + \Gamma_6$	D_2^-	$\Gamma_2 + \Gamma_5 + \Gamma_6$
D_3^+	$\Gamma_2 + \Gamma_3 + \Gamma_4 + \Gamma_5 + \Gamma_6$	D_3^-	$\Gamma_1 + \Gamma_3 + \Gamma_4 + \Gamma_5 + \Gamma_6$
D_4^+	$\Gamma_1 + \Gamma_3 + \Gamma_4 + \Gamma_5 + 2\Gamma_6$	D_4^-	$\Gamma_2 + \Gamma_3 + \Gamma_4 + \Gamma_5 + 2\Gamma_6$
D_5^+	$\Gamma_2 + \Gamma_3 + \Gamma_4 + 2\Gamma_5 + 2\Gamma_6$	D_5^-	$\Gamma_1 + \Gamma_3 + \Gamma_4 + 2\Gamma_5 + 2\Gamma_6$
D_6^+	$2\Gamma_1 + \Gamma_2 + \Gamma_3 + \Gamma_4 + 2\Gamma_5 + 2\Gamma_6$	D_6^-	$\Gamma_1 + 2\Gamma_2 + \Gamma_3 + \Gamma_4 + 2\Gamma_5 + 2\Gamma_6$
D_7^+	$\Gamma_1 + 2\Gamma_2 + \Gamma_3 + \Gamma_4 + 3\Gamma_5 + 2\Gamma_6$	D_7^-	$2\Gamma_1 + \Gamma_2 + \Gamma_3 + \Gamma_4 + 3\Gamma_5 + 2\Gamma_6$
D_8^+	$2\Gamma_1 + \Gamma_2 + \Gamma_3 + \Gamma_4 + 3\Gamma_5 + 3\Gamma_6$	D_8^-	$\Gamma_1 + 2\Gamma_2 + \Gamma_3 + \Gamma_4 + 3\Gamma_5 + 3\Gamma_6$
$D_{1/2}^\pm$	Γ_7		
$D_{3/2}^\pm$	$\Gamma_7 + \Gamma_9$		
$D_{5/2}^\pm$	$\Gamma_7 + \Gamma_8 + \Gamma_9$		
$D_{7/2}^\pm$	$\Gamma_7 + 2\Gamma_8 + \Gamma_9$		
$D_{9/2}^\pm$	$\Gamma_7 + 2\Gamma_8 + 2\Gamma_9$		
$D_{11/2}^\pm$	$2\Gamma_7 + 2\Gamma_8 + 2\Gamma_9$		
$D_{13/2}^\pm$	$3\Gamma_7 + 2\Gamma_8 + 2\Gamma_9$		
$D_{15/2}^\pm$	$3\Gamma_7 + 2\Gamma_8 + 3\Gamma_9$		
$D_{17/2}^\pm$	$3\Gamma_7 + 3\Gamma_8 + 3\Gamma_9$		

(26) $D_{3h}(\overline{6}m2)$

D_0^+	Γ_1	D_0^-	Γ_3
D_1^+	$\Gamma_2 + \Gamma_5$	D_1^-	$\Gamma_4 + \Gamma_6$
D_2^+	$\Gamma_1 + \Gamma_5 + \Gamma_6$	D_2^-	$\Gamma_3 + \Gamma_5 + \Gamma_6$
D_3^+	$\Gamma_2 + \Gamma_3 + \Gamma_4 + \Gamma_5 + \Gamma_6$	D_3^-	$\Gamma_1 + \Gamma_2 + \Gamma_4 + \Gamma_5 + \Gamma_6$
D_4^+	$\Gamma_1 + \Gamma_3 + \Gamma_4 + \Gamma_5 + 2\Gamma_6$	D_4^-	$\Gamma_1 + \Gamma_2 + \Gamma_3 + 2\Gamma_5 + \Gamma_6$
D_5^+	$\Gamma_2 + \Gamma_3 + \Gamma_4 + 2\Gamma_5 + 2\Gamma_6$	D_5^-	$\Gamma_1 + \Gamma_2 + \Gamma_4 + 2\Gamma_5 + 2\Gamma_6$
D_6^+	$2\Gamma_1 + \Gamma_2 + \Gamma_3 + \Gamma_4 + 2\Gamma_5 + 2\Gamma_6$	D_6^-	$\Gamma_1 + \Gamma_2 + 2\Gamma_3 + \Gamma_4 + 2\Gamma_5 + 2\Gamma_6$
D_7^+	$\Gamma_1 + 2\Gamma_2 + \Gamma_3 + \Gamma_4 + 3\Gamma_5 + 2\Gamma_6$	D_7^-	$\Gamma_1 + \Gamma_2 + \Gamma_3 + 2\Gamma_4 + 2\Gamma_5 + 3\Gamma_6$
D_8^+	$2\Gamma_1 + \Gamma_2 + \Gamma_3 + \Gamma_4 + 3\Gamma_5 + 3\Gamma_6$	D_8^-	$\Gamma_1 + \Gamma_2 + 2\Gamma_3 + \Gamma_4 + 3\Gamma_5 + 3\Gamma_6$
$D_{1/2}^+$	Γ_7	$D_{1/2}^-$	Γ_8
$D_{3/2}^+$	$\Gamma_7 + \Gamma_9$	$D_{3/2}^-$	$\Gamma_8 + \Gamma_9$
$D_{5/2}^+$	$\Gamma_7 + \Gamma_8 + \Gamma_9$	$D_{5/2}^-$	$\Gamma_7 + \Gamma_8 + \Gamma_9$
$D_{7/2}^+$	$\Gamma_7 + 2\Gamma_8 + \Gamma_9$	$D_{7/2}^-$	$2\Gamma_7 + \Gamma_8 + \Gamma_9$
$D_{9/2}^+$	$\Gamma_7 + 2\Gamma_8 + 2\Gamma_9$	$D_{9/2}^-$	$2\Gamma_7 + \Gamma_8 + 2\Gamma_9$
$D_{11/2}^+$	$2\Gamma_7 + 2\Gamma_8 + 2\Gamma_9$	$D_{11/2}^-$	$2\Gamma_7 + 2\Gamma_8 + 2\Gamma_9$
$D_{13/2}^+$	$3\Gamma_7 + 2\Gamma_8 + 2\Gamma_9$	$D_{13/2}^-$	$2\Gamma_7 + 3\Gamma_8 + 2\Gamma_9$
$D_{15/2}^+$	$3\Gamma_7 + 2\Gamma_8 + 3\Gamma_9$	$D_{15/2}^-$	$2\Gamma_7 + 3\Gamma_8 + 3\Gamma_9$
$D_{17/2}^+$	$3\Gamma_7 + 3\Gamma_8 + 3\Gamma_9$	$D_{17/2}^-$	$3\Gamma_7 + 3\Gamma_8 + 3\Gamma_9$

(27) $D_{6h}(6/mmm)$

这个群是 D_6 群和 C_i 群的直乘, $D_{6h} = D_6 \times C_i$, 它同样可以看作是 D_6 群和 C_s 群的直乘, 也可认为是 C_{6v} 群和 C_i 群或者 C_s 群的直乘, 或者 D_{3h} 群和 C_i 群或者 C_2 群的直乘. 通过两个群的不可约表示之间的相容关系得到旋转群在这个点群中的分解. 下面只给出 D_{6h} 和 D_6 群的相容关系.

D_{6h}	$\Gamma_1^\pm$	$\Gamma_2^\pm$	$\Gamma_3^\pm$	$\Gamma_4^\pm$	$\Gamma_5^\pm$	$\Gamma_6^\pm$	$\Gamma_7^\pm$	$\Gamma_8^\pm$	$\Gamma_9^\pm$
D_6	Γ_1	Γ_2	Γ_3	Γ_4	Γ_5	Γ_6	Γ_7	Γ_8	Γ_9

(28) $T(23)$

$D_0^{\pm}$	Γ_1
$D_1^{\pm}$	Γ_4
$D_2^{\pm}$	$(\overline{\Gamma_2 + \Gamma_3}) + \Gamma_4$
$D_3^{\pm}$	$\Gamma_1 + 2\Gamma_4$
$D_4^{\pm}$	$\Gamma_1 + (\overline{\Gamma_2 + \Gamma_3}) + 2\Gamma_4$
$D_5^{\pm}$	$(\overline{\Gamma_2 + \Gamma_3}) + 3\Gamma_4$
$D_6^{\pm}$	$2\Gamma_1 + (\overline{\Gamma_2 + \Gamma_3}) + 3\Gamma_4$
$D_7^{\pm}$	$\Gamma_1 + (\overline{\Gamma_2 + \Gamma_3}) + 4\Gamma_4$
$D_8^{\pm}$	$\Gamma_1 + 2(\overline{\Gamma_2 + \Gamma_3}) + 4\Gamma_4$
$D_{1/2}^{\pm}$	Γ_5
$D_{3/2}^{\pm}$	$(\overline{\Gamma_6 + \Gamma_7})$
$D_{5/2}^{\pm}$	$\Gamma_5 + (\overline{\Gamma_6 + \Gamma_7})$
$D_{7/2}^{\pm}$	$2\Gamma_5 + (\overline{\Gamma_6 + \Gamma_7})$
$D_{9/2}^{\pm}$	$\Gamma_5 + 2(\overline{\Gamma_6 + \Gamma_7})$
$D_{11/2}^{\pm}$	$2\Gamma_5 + 2(\overline{\Gamma_6 + \Gamma_7})$
$D_{13/2}^{\pm}$	$3\Gamma_5 + 2(\overline{\Gamma_6 + \Gamma_7})$
$D_{15/2}^{\pm}$	$2\Gamma_5 + 3(\overline{\Gamma_6 + \Gamma_7})$
$D_{17/2}^{\pm}$	$3\Gamma_5 + 3(\overline{\Gamma_6 + \Gamma_7})$

(29) $T_h(m\overline{3})$

这个群是 T 群和 C_i 群的直乘, $T_h = T \times C_i$, 可以通过两个群的不可约表示之间的相容关系得到旋转群在这个点群中的分解. 下面只给出 T_h 和 T 群的相容关系.

T_h	$\Gamma_1^{\pm}$	$\Gamma_2^{\pm}$	$\Gamma_3^{\pm}$	$\Gamma_4^{\pm}$	$\Gamma_5^{\pm}$	$\Gamma_6^{\pm}$	$\Gamma_7^{\pm}$
T	Γ_1	Γ_2	Γ_3	Γ_4	Γ_5	Γ_6	Γ_7

(30) $O(432)$

$D_0^{\pm}$	Γ_1
$D_1^{\pm}$	Γ_4
$D_2^{\pm}$	$\Gamma_3 + \Gamma_5$
$D_3^{\pm}$	$\Gamma_2 + \Gamma_4 + \Gamma_5$
$D_4^{\pm}$	$\Gamma_1 + \Gamma_3 + \Gamma_4 + \Gamma_5$
$D_5^{\pm}$	$\Gamma_3 + 2\Gamma_4 + \Gamma_5$
$D_6^{\pm}$	$\Gamma_1 + \Gamma_2 + \Gamma_3 + \Gamma_4 + 2\Gamma_5$
$D_7^{\pm}$	$\Gamma_2 + \Gamma_3 + 2\Gamma_4 + 2\Gamma_5$
$D_8^{\pm}$	$\Gamma_1 + 2\Gamma_3 + 2\Gamma_4 + 2\Gamma_5$

$D^{\pm}_{1/2}$	Γ_6
$D^{\pm}_{3/2}$	Γ_8
$D^{\pm}_{5/2}$	$\Gamma_7 + \Gamma_8$
$D^{\pm}_{7/2}$	$\Gamma_6 + \Gamma_7 + \Gamma_8$
$D^{\pm}_{9/2}$	$\Gamma_6 + 2\Gamma_8$
$D^{\pm}_{11/2}$	$\Gamma_6 + \Gamma_7 + 2\Gamma_8$
$D^{\pm}_{13/2}$	$\Gamma_6 + 2\Gamma_7 + 2\Gamma_8$
$D^{\pm}_{15/2}$	$\Gamma_6 + \Gamma_7 + 3\Gamma_8$
$D^{\pm}_{17/2}$	$2\Gamma_6 + \Gamma_7 + 3\Gamma_8$

(31) $T_d(\overline{4}3m)$

D^{+}_0	Γ_1	D^{-}_0	Γ_2
D^{+}_1	Γ_4	D^{-}_1	Γ_5
D^{+}_2	$\Gamma_3 + \Gamma_5$	D^{-}_2	$\Gamma_3 + \Gamma_4$
D^{+}_3	$\Gamma_2 + \Gamma_4 + \Gamma_5$	D^{-}_3	$\Gamma_1 + \Gamma_4 + \Gamma_5$
D^{+}_4	$\Gamma_1 + \Gamma_3 + \Gamma_4 + \Gamma_5$	D^{-}_4	$\Gamma_2 + \Gamma_3 + \Gamma_4 + \Gamma_5$
D^{+}_5	$\Gamma_3 + 2\Gamma_4 + \Gamma_5$	D^{-}_5	$\Gamma_3 + \Gamma_4 + 2\Gamma_5$
D^{+}_6	$\Gamma_1 + \Gamma_2 + \Gamma_3 + \Gamma_4 + 2\Gamma_5$	D^{-}_6	$\Gamma_1 + \Gamma_2 + \Gamma_3 + 2\Gamma_4 + \Gamma_5$
D^{+}_7	$\Gamma_2 + \Gamma_3 + 2\Gamma_4 + 2\Gamma_5$	D^{-}_7	$\Gamma_1 + \Gamma_3 + 2\Gamma_4 + 2\Gamma_5$
D^{+}_8	$\Gamma_1 + 2\Gamma_3 + 2\Gamma_4 + 2\Gamma_5$	D^{-}_8	$\Gamma_2 + 2\Gamma_3 + 2\Gamma_4 + 2\Gamma_5$
$D^{+}_{1/2}$	Γ_6	$D^{-}_{1/2}$	Γ_7
$D^{+}_{3/2}$	Γ_8	$D^{-}_{3/2}$	Γ_8
$D^{+}_{5/2}$	$\Gamma_7 + \Gamma_8$	$D^{-}_{5/2}$	$\Gamma_6 + \Gamma_8$
$D^{+}_{7/2}$	$\Gamma_6 + \Gamma_7 + \Gamma_8$	$D^{-}_{7/2}$	$\Gamma_6 + \Gamma_7 + \Gamma_8$
$D^{+}_{9/2}$	$\Gamma_6 + 2\Gamma_8$	$D^{-}_{9/2}$	$\Gamma_7 + 2\Gamma_8$
$D^{+}_{11/2}$	$\Gamma_6 + \Gamma_7 + 2\Gamma_8$	$D^{-}_{11/2}$	$\Gamma_6 + \Gamma_7 + 2\Gamma_8$
$D^{+}_{13/2}$	$\Gamma_6 + 2\Gamma_7 + 2\Gamma_8$	$D^{-}_{13/2}$	$2\Gamma_6 + \Gamma_7 + 2\Gamma_8$
$D^{+}_{15/2}$	$\Gamma_6 + \Gamma_7 + 3\Gamma_8$	$D^{-}_{15/2}$	$\Gamma_6 + \Gamma_7 + 3\Gamma_8$
$D^{+}_{17/2}$	$2\Gamma_6 + \Gamma_7 + 3\Gamma_8$	$D^{-}_{17/2}$	$\Gamma_6 + 2\Gamma_7 + 3\Gamma_8$

(32) $O_h(m\bar{3}m)$

这个群是 O 群和 C_i 群的直乘, $O_h = O \times C_i$, 它同样可以看作是 T_d 群和 C_i 群的直乘, 通过两个群的不可约表示之间的相容关系得到旋转群在这个点群中的分解. 下面只给出 O_h 和 O 群的相容关系.

O_h	$\Gamma_1^\pm$	$\Gamma_2^\pm$	$\Gamma_3^\pm$	$\Gamma_4^\pm$	$\Gamma_5^\pm$	$\Gamma_6^\pm$	$\Gamma_7^\pm$	$\Gamma_8^\pm$
O	Γ_1	Γ_2	Γ_3	Γ_4	Γ_5	Γ_6	Γ_7	Γ_8

利用这些分解表可以求出自由稀土离子的能级在各种点群中能级的分解情况. 但是要注意, 由于 Kramers 效应, 在奇数个电子的稀土离子中, 能级是双重简并的, 相当于两个一维不可约表示对应着一个双重简并能级, 或者说一个二维不可约表示对应一个双重简并能级. 为了便于计算能级数, 我们把这样两个一维不可约表示用 $(\Gamma_i + \Gamma_j)$ 符号表示. 为了清楚起见, 我们将 J 能级在各个点群中劈裂的能级数目列于表 4.4.

表 4.4　旋转群的 J 能级在点群中能级劈裂数目

点群	J 能级劈裂的能级数目																	
	0	1	2	3	4	5	6	7	8	1/2	3/2	5/2	7/2	9/2	11/2	13/2	15/2	17/2
C_1 C_i C_s C_2 C_{2h} C_{2v} D_2 D_{2h}	1	3	5	7	9	11	13	15	17									
C_4 C_{4v} S_4 D_{2d} D_4 C_{4h} D_{4h}	1	2	4	5	7	8	10	11	13	1	2	3	4	5	6	7	8	9
C_3 C_{3v} D_3 D_{3d} S_6 C_6 C_{6v} D_6	1	2	3	5	6	7	9	10	11									

续表

点群	J 能级劈裂的能级数目																	
	0	1	2	3	4	5	6	7	8	1/2	3/2	5/2	7/2	9/2	11/2	13/2	15/2	17/2
C_{3h} D_{3h} C_{6h} D_{6h}	1	2	3	5	6	7	9	10	11									
T T_d T_h O O_h	1	1	2	3	4	4	6	6	7	1	1	2	3	3	4	5	5	6

4.4 其他晶体场模型

点电荷静电模型是最早和最常用的一种物理模型, 在实际应用中, 针对研究体系的特征, 可以利用一些更简单物理模型来处理. 另外, 有时为了把问题研究得更加精确, 需要把问题考虑得更细, 则需要更加复杂的模型, 因此, 在晶体场理论研究中, 先后提出了很多种物理模型, 比如叠加模型、角重叠模型、络合物模型、配体极化模型、自旋关联晶体场模型和相对论晶体场模型等 [5,6,8], 本书不再一一介绍. 本节只是简单地介绍两种常用的晶体场模型.

4.4.1 叠加模型 [5]

在这个模型中, 假设稀土离子受到的总的晶体场作用是每个配体单独作用的总和, 并且稀土离子和配位体的相互作用方式可以用柱形对称性描述. 在这种对称下, 点电荷静电模型中的每种 k 值的晶体场参数能用一个晶体场参数来描述, 这个参数被称为内禀参数, 它们可以表示为 $A_2(R)$、$A_4(R)$、$A_6(R)$, R 是配体到稀土离子的距离. 内禀参数和点电荷静电模型的晶体场参数有如下关系

$$B_{kq} = A_{kq}\langle r^k \rangle = \sum_i g_{kq}(i) A_k(R_i) \tag{4.21}$$

式中, $g_{kq}(i)$ 是几何坐标因子, 它依赖于配位体的角度; R_i 是第 i 个配体到稀土离子的距离, 坐标因子可以利用晶体结构得到. 在实际计算中还进一步假设只考虑最近的配位体, 在这个假设下, $k = 4$ 和 $k = 6$ 的项给出非常好的近似结果, 但 $k = 2$ 的项近似程度较差, 因此, 在这个模型中, 通常取 $k = 4$ 和 6, 忽略 $k = 2$ 的项. 为了方便起见, 常常又把内禀参数表示为两部分: 一部分是给出 $A_k(R_0)$ 参数, R_0 是最近配体的平均距离; 另一部分是给出一个幂指数 t_k. 这样, R 位置的内禀参数可以

表示成式 (4.22).

$$A_k(R) = A_k(R_0)(R_0/R)^{t_k} \tag{4.22}$$

这样, 在相同配体配位的晶体中, 晶体场参数只有 4 个, 即 $A_4(R_0)$、$A_6(R_0)$、t_4, 和 t_6. 这种模型的优点是参数少, 方便应用, 特别是在低对称性时大大地减少计算参数, 并且可以根据结构进行预先计算, 确定晶体场参数的正负号, 而不足之处是对晶体的对称性有一定要求, 使用范围不够广泛.

4.4.2 角重叠模型 [8]

角重叠模型与点电荷模型不同, 它假设稀土离子和配位离子的化学键具有弱的共价性, 这种共价行为可以作为稀土离子轨道波函数的一级微扰项, 微扰能正比于稀土离子和配位离子波函数之间重叠积分的二次方, 并且假设各配位体对中心稀土离子的作用可以加和, 这个假设表明配位体之间没有重叠. 这样 f 电子的反键能 E^* 可以写为式 (4.23).

$$E^* = e_\lambda \sum_j [F_\lambda^l(j)]^2 \tag{4.23}$$

式中, e_λ 为径向部分的积分, 作为角重叠模型中的晶体场参数, $\lambda = 0, 1, 2, 3, \cdots$, 它们分别对应于 $\sigma, \pi, \delta, \varphi$ 等化学键型; $F_\lambda^l(j)$ 是角度部分的重叠积分, 求和表示对最近邻的配体求和. 在这个模型中, 晶体场位能的矩阵元为

$$\langle nlm| H_{cr}(AOM) |nlm'\rangle = \sum_{j,m''} D_{m''m}^{l*}(\Theta_j, \Phi_j) D_{m''m'}^l(\Theta_j, \Phi_j) e_{m''}(j) \tag{4.24}$$

式中, $D_{\lambda\lambda'}^l$ 表示中心金属离子转到配位离子方向时的旋转矩阵, 角重叠模型中的晶体场算符的矩阵元应该和点电荷模型的矩阵元是等价的. 点电荷模型的矩阵元为

$$\langle nlm| H_{cr} |nlm'\rangle = (-1)^m(2l+1)\sum_{j,k} \begin{pmatrix} l & k & l \\ 0 & 0 & 0 \end{pmatrix} I_k(j) \begin{pmatrix} l & k & l \\ -m & q & m' \end{pmatrix} C_q^{k*}(\Theta_j, \Phi_j) \tag{4.25}$$

$$I_k(j) = \left\langle nl \left| \frac{-Z_j e^2 r^k}{R^{k+1}} \right| nl \right\rangle \tag{4.26}$$

比较式 (4.24) 和式 (4.25), 并经过一些数学运算, 可以得出

$$\begin{pmatrix} l & k & l \\ 0 & 0 & 0 \end{pmatrix} I_k(j) = \sum_{m''} (-1)^{m''} \frac{2k+1}{2l+1} \begin{pmatrix} l & k & l \\ -m'' & 0 & m'' \end{pmatrix} e_{m''}(j) \tag{4.27}$$

于是得到

$$
I_k(j) = \sum_{m''} a_{km''} e_{m''}(j)
$$

$$
a_{km''} = (-1)^{m''}(2k+1) \begin{pmatrix} l & k & l \\ -m'' & 0 & m'' \end{pmatrix} \Big/ (2l+1) \begin{pmatrix} l & k & l \\ 0 & 0 & 0 \end{pmatrix}
$$

(4.28)

对于 $4f$ 电子, 它们的具体关系如下

$$
I_0 = \frac{1}{7}(e_\sigma + 2e_\pi + 2e_\delta + 2e_\varphi)
$$

$$
I_2 = \frac{5}{14}(2e_\sigma + 3e_\pi - 5e_\varphi)
$$

$$
I_4 = \frac{3}{7}(3e_\sigma + e_\pi - 7e_\delta + 3e_\varphi)
$$

$$
I_6 = \frac{13}{70}(10e_\sigma - 15e_\pi + 6e_\delta - e_\varphi)
$$

(4.29)

反之

$$
e_\sigma = I_0 + \frac{4}{15}I_2 + \frac{2}{11}I_4 + \frac{100}{429}I_6
$$

$$
e_\pi = I_0 + \frac{1}{5}I_2 + \frac{1}{33}I_4 - \frac{25}{143}I_6
$$

$$
e_\delta = I_0 - \frac{7}{33}I_4 + \frac{10}{143}I_6
$$

$$
e_\varphi = I_0 - \frac{1}{3}I_2 + \frac{1}{11}I_4 - \frac{5}{429}I_6
$$

(4.30)

晶体场 Hamilton 用角重叠参数表示的一般形式如式 (4.31).

$$
H_{\mathrm{cr}}(AOM) = \sum_{k,j,m''} a_{km''} C_q^k(\varTheta_j, \varPhi_j) e_{m''}(j)
$$

(4.31)

在角重叠模型中, 晶体场参数比较少, 对于低对称性的晶体研究是很有利的, 并且在只考虑主要的 σ, π 型化学键时, 参数还可以减少. 同时, 这种模型与化学键发生了关系, 为研究晶体的化学性质提供方便. 但是这个模型和点电荷模型相比研究的还不够广泛, 有些问题需要进一步深入研究清楚.

4.5 晶体场参数计算的举例

4.5.1 点电荷静电模型

(1) NdP_5O_{14} 晶体的晶体场参数计算 [11]

NdP_5O_{14} 晶体是一种高 Nd^{3+} 浓度的化学计量比的用于微小型激光器的激光晶体, 它的特点是在高Nd^{3+} 浓度下荧光几乎不发生猝灭, 属于单斜晶系, 空间群是 $P2_1/c$, Nd^{3+} 离子的局部对称性可以近似为 C_{2v} 点群, 晶体的详细能级已经被测定. 自由离子的 Racah 参数和组态相互作用参数利用在水溶液中已经得到的结果具体为 $E^1 = 4739.3$ cm^{-1}, $E^2 = 24$ cm^{-1}, $E^3 = 485.96$ cm^{-1}, $\alpha = 0.5611$ cm^{-1}, $\beta = -117.15$ cm^{-1}, $\gamma = 1321$ cm^{-1}.

自旋-轨道相互作用参数, $\xi = 884.58$ cm^{-1}. 我们只考虑 ^4I_J 和 $^4F_{3/2}$, 它们的中间耦合波函数为

$$\left|{}^4I_{9/2}\right\rangle = 0.985\left|{}^4I\right\rangle + 0.152\left|(210)(21)^2H\right\rangle + 0.33\left|{}^4G\right\rangle$$
$$-0.026\left|(210)(11)^2G\right\rangle + 0.0753\left|{}^4F\right\rangle$$

$$\left|{}^4I_{11/2}\right\rangle = 0.995\left|{}^4I\right\rangle + 0.17\left|{}^2I\right\rangle + 0.099\left|(210)(21)^2H\right\rangle$$
$$-0.0116\left|(210)(11)^2H\right\rangle + 0.017\left|{}^4G\right\rangle$$

$$\left|{}^4I_{13/2}\right\rangle = 0.998\left|{}^4I\right\rangle + 0.017\left|{}^2I\right\rangle - 0.066\left|{}^2K\right\rangle$$

$$\left|{}^4I_{15/2}\right\rangle = 0.993\left|{}^4I\right\rangle - 0.116\left|{}^2K\right\rangle - 0.017\left|{}^2L\right\rangle$$

$$\left|{}^4F_{3/2}\right\rangle = 0.942\left|{}^4F\right\rangle + 0.013\left|(210)(21)^2D\right\rangle - 0.193\left|(210)(22)^2D\right\rangle$$
$$-0.126\left|{}^2P\right\rangle + 0.245\left|{}^4S\right\rangle$$

对于 C_{2v} 对称性, 晶体场参数有 9 个, 晶体场 Hamilton 算符具体写成如下形式

$$H_{cr} = B_{20}C_0^2 + B_{40}C_0^4 + B_{60}C_0^6 + B_{22}(C_2^2 + C_{-2}^2) + B_{42}(C_2^4 + C_{-2}^4)$$
$$+ B_{62}(C_2^6 + C_{-2}^6) + B_{44}(C_4^4 + C_{-4}^4) + B_{64}(C_4^6 + C_{-4}^6) + B_{66}(C_6^6 + C_{-6}^6)$$

利用这些波函数, 按照有关公式计算约化矩阵元 $\left\langle 4f^3\alpha SLJ\left\|U^k\right\|4f^3\alpha'S'L'J'\right\rangle$, 其结果见表 4.5.

表 4.5　约化矩阵元 $\left\langle 4f^3\alpha SLJ\|U^k\|4f^3\alpha'S'L'J'\right\rangle$ 的值

	k				k		
	2	4	6		2	4	6
$^4I_{9/2} - {}^4I_{9/2}$	0.348 98	−0.414 16	0.840 99	$^4I_{11/2} - {}^4F_{3/2}$	0	0.362 72	0.473 65
$-{}^4I_{11/2}$	0.139 28	−0.327 57	1.0794	$^4I_{13/2} - {}^4I_{13/2}$	0.4115	−0.417 65	0.484 53
$-{}^4I_{13/2}$	0.01	−0.116 62	0.675 06	$-{}^4I_{15/2}$	0.141 55	−0.341 45	1.203 02
$-{}^4I_{15/2}$	0	−0.01	0.2126	$-{}^4F_{3/2}$	0	0	−0.611 889
$-{}^4F_{3/2}$	0	−0.478 85	−0.234 31	$^4I_{15/2} - {}^4I_{15/2}$	0.482 87	−0.610 37	1.3885
$^4I_{11/2} - {}^4I_{11/2}$	0.365 62	−0.340 79	0.2635	$-{}^4F_{3/2}$	0	0	−0.020 439
$-{}^4I_{13/2}$	0.159 429	−0.360 996	1.108 86	$^4F_{3/2} - {}^4F_{3/2}$	−0.251 39	0	0
$-{}^4I_{15/2}$	0.011 506	−0.111 448	0.646 72				

通过能级计算公式列出能量矩阵, 仔细调整每个晶体场参数的值, 对角化 56×56 维的矩阵, 拟合实验能级, 得到的晶体场参数 (单位为 cm^{-1}) 为

$$B_{20} = 1121, \quad B_{40} = 934, \quad B_{60} = -32, \quad B_{22} = 230, \quad B_{42} = 1050$$
$$B_{62} = 692, \quad B_{44} = -104, \quad B_{64} = 624, \quad B_{66} = -336$$

利用这些晶体场参数的结果, 计算得到的能级结果和实验测定能级结果的比较情况列于表 4.6.

表 4.6 $\mathrm{NdP_5O_{14}}$ 晶体中$\mathrm{Nd^{3+}}$ 离子的能级

	计算值	实验值		计算值	实验值
$^4I_{9/2}$	0	0	$^4I_{13/2}$	4020.6	4032
	62.0	80		4075.3	4086
	189.4	219		4121.5	4106
	267.4	252		4144.2	4165
	303.2	314	$^4I_{15/2}$	5890.9	5872
$^4I_{11/2}$	1943.5	1955		5943.9	5912
	1981.0	1978		6010.5	6011
	2039.3	2038		6067.7	6072
	2062.5	2056		6115.8	6081
	2121.2	2092		6185.9	6210
	2136.2	2171		6277.1	6274
$^4I_{13/2}$	3904.3	3910		6299.6	6289
	3957.2	3938	$^4F_{3/2}$	11469.0	11470
	4009.1	3990		11592.0	11582

(2) $\mathrm{PrP_5O_{14}}$ 晶体的晶体场参数计算 [4]

采用点群不可约表示表征波函数的方法, 直接与晶体中$\mathrm{Pr^{3+}}$ 离子的能级对应起来, 进行能级参数计算. 体系的波函数为 $|4f^2\alpha SLJa\Gamma\gamma\rangle$, S, L 和 J 分别为自旋, 轨道和总角动量量子数, α 为 R_7 和 G_2 群的有关量子数, a, Γ 和 γ 分别是点群 G_a, G_Γ 和 G_γ 的不可约表示, 这三个点群和三维旋转群采用如下群链关系: $R_3 \supset G_a \supset G_\Gamma \supset G_\gamma$. 由于 $\mathrm{Pr^{3+}}$ 离子在晶体中的局部对称性近似为 C_{2v}, 则群链中的点群具体取为 $G_a = C_{\infty v}$, $G_\Gamma = C_{2v}$, $G_\gamma = C_s$. 按照群论的知识, C_{2v} 点群有 4 个不可约表示: A_1、A_2、B_1 和 B_2. 其本征函数和晶体场 Hamilton 的具体形式在前面的例子中已经给出. 在能级拟合中选用 16 个参数, 静电库仑作用的 Racah 参数, E^1, E^2, E^3; 组态相互作用参数, α, β, γ; 自旋-轨道相互作用参数, ζ; 和晶体场参数 $D(2A_1)$、$D(4A_1)$、$D(6A_1)$、$D(2E_2)$、$D(4E_2)$、$D(6E_2)$、$D(4E_4)$、$D(6E_4)$ 和 $D(6E_6)$. 列出能量矩阵, 在进行调整参数的情况下, 反复完成 91×91 维的矩阵对角化, 拟合实验能级, 得到最好的能级参数, 其结果列在表 4.7.

表 4.7 PrP_5O_{14} 晶体中Pr^{3+} 离子的能级参数$/cm^{-1}$

参数名称	参数值	参数名称	参数值
E^1	4792	$D(4A_1)$	993
E^2	22	$D(6A_1)$	202
E^3	468	$D(2E_2)$	597
α	21	$D(4E_2)$	-289
β	568.8	$D(6E_2)$	949
γ	-679.2	$D(4E_4)$	-1448
ζ	741.2	$D(6E_4)$	-95
$D(2A_1)$	-36	$D(6E_6)$	-637

利用这些参数得到的计算能级和实验能级比较情况列于表 4.8.

表 4.8 PrP_5O_{14} 晶体中Pr^{3+} 离子的计算能级和实验能级$/cm^{-1}$

谱项	E_{exp}	E_{cal}	不可约表示	谱项	E_{exp}	E_{cal}	不可约表示
$^3H_4$	0	0	B_2	$^3H_6$	4335	4328.1	A_1
	20	0.04	A_1		4368	4338.6	A_2
	46	91.7	A_2		4385	4387.0	B_1
	100	113.1	A_1		4409	4396.3	A_1
	140	133.4	A_2		4498	4513.8	B_2
	164	152.7	B_1		4582	4563.1	A_2
	232	248.6	B_2		—	4628.4	B_1
	250	419.2	B_1		—	4702.7	B_2
	531	501.8	A_1		—	4762.7	A_1
$^3H_5$	2049	2075.6	A_2	$^3F_2$	5056	5035.9	A_1
	—	2086.8	A_1		—	5039.7	B_2
	—	2107.8	B_1		—	5053.7	A_2
	—	2149.5	B_2		5114	5148.5	A_1
	2175	2162.0	B_1		5218	5159.2	B_1
	—	2213.3	B_2	$^3F_3$	—	6385.8	A_2
	2288	2300.8	B_2		6431	6422.9	B_1
	—	2341.0	A_2		6453	6456.7	A_1
	—	2345.9	A_1		6461	6458.7	B_1
	—	2440.8	A_2		6483	6460.2	B_2
	2644	2503.4	B_1		6501	6510.4	B_2
$^3H_6$	—	4203.1	B_2		6567	6545.2	A_2
	—	4230.7	A_2	$^3F_4$	6852	6839.8	A_1
	—	4233.4	A_1		6859	6877.8	A_2
	4326	4299.2	B_1		6865	6879.2	B_1

谱项	E_{exp}	E_{cal}	不可约表示	谱项	E_{exp}	E_{cal}	不可约表示
$^3F_4$	6874	6929.4	B_2	$^3P_1$	21 292	21 352.5	A_2
	—	6959.4	A_2		21 400	21 419.7	B_1
	7001	6980.4	A_1	$^1I_6$	—	21 234.1	A_1
	7041	7059.5	B_2		—	21 258.9	B_1
	7103	7117.7	A_1		—	21 480.8	A_2
	—	7131.9	B_1		—	21 485.1	B_2
$^1G_4$	9710	9715.1	A_1		—	21 534.2	B_1
	9748	9731.2	B_1		—	21 589.3	A_1
	9875	9738.5	A_2		—	21 623.2	B_2
	9956	9884.8	B_2		—	21 812.2	A_2
	10 000	9950.3	A_1		—	21 820.1	A_1
	10 022	9991.4	A_2		—	21 944.5	A_2
	10 039	10 039.6	B_2		—	21 961.1	B_1
	10 170	10 204.2	A_1		—	22 019.5	B_2
	—	10 237.9	B_1		—	22 039.4	A_1
$^1D_2$	16 751	16 767.8	A_1	$^3P_2$	—	22 484.7	B_2
	16 863	16 842.2	B_2		—	22 490.6	A_1
	16 889	16 943.9	B_1		—	22 625.9	B_1
	17 214	17 156.2	A_1		—	22 626.9	A_2
	17 257	17 209.4	A_2		—	22 663.1	A_1
$^3P_0$	20 804	20 745.2	A_1	$^1S_0$		49 702.1	A_1
$^3P_1$	21 168	21 271.2	B_2				

4.5.2 角重叠模型

(1) Eu^{3+} 离子在 KY_3F_{10}, YPO_4, YVO_4 晶体中的角重叠晶体场参数计算 [12]

Eu^{3+} 离子在 KY_3F_{10} 晶体中的点群对称性为 C_{4v}, 在 YPO_4 和 YVO_4 晶体中的点群对称性为 D_{2d}, 两种点群是同构的, 具有相同的晶体场 Hamilton 算符, 即

$$H_{\text{cr}} = B_{20}C_0^2 + B_{40}C_0^4 + B_{60}C_0^6 + B_{44}(C_4^4 + C_{-4}^4) + B_{64}(C_4^6 + C_{-4}^6)$$

由于

$$B_{kq} = \sum_j I_k(j) C_q^{k*}(\Theta_j, \Phi_j)$$

B_{kq} 的具体表达式可以写为

$$B_{20} = \frac{1}{2} I_2 \sum_j^{N_C} \left(\frac{R_0}{R_j}\right)^3 (3\cos^2\Theta_j - 1)$$

$$B_{40} = \frac{1}{8} I_4 \sum_j^{N_C} \left(\frac{R_0}{R_j}\right)^5 (35\cos^4\Theta_j - 30\cos^2\Theta_j + 3)$$

$$B_{60} = \frac{1}{16} I_6 \sum_j^{N_C} \left(\frac{R_0}{R_j} \right)^7 (231 \cos^6 \Theta_j - 315 \cos^4 \Theta_j + 105 \cos^2 \Theta_j - 5)$$

$$B_{44} = \left(\frac{35}{128} \right)^{1/2} I_4 \sum_j^{N_C} \left(\frac{R_0}{R_j} \right)^5 \sin^4 \Theta_j \cos 4\Phi_j$$

$$B_{64} = \frac{1}{16} \left(\frac{63}{2} \right)^{1/2} I_6 \sum_j^{N_C} \left(\frac{R_0}{R_j} \right)^7 \sin^4 \Theta_j (11 \cos^2 \Theta_j - 1) \cos \Phi_j$$

式中, 求和是对所有的配位体求和; N_C 是配位数; R_0 是配位体中最短的距离. 角重叠参数为 4 个, 分别为 $e_\sigma, e_\pi, e_\delta, e_\varphi$, 它们与 I_k 的关系前面已经给出. 对于 Eu^{3+} 离子若考虑 ^7F_J $(J = 0, 1, \cdots, 6)$, $^5D_J(J = 0, 1, 2)$ 能级, 需要解 58×58 维的矩阵, 拟合实验能级得到的角重叠模型的晶体场参数值列于表 4.9.

表 4.9 Eu^{3+} 离子在晶体中的角重叠晶体场参数/cm^{-1}

参数	KY_3F_{10}	YPO_4	YVO_4
e_σ	479	374	372
e_π	212	182	30
e_δ	20	50	24
e_φ	−113	−20	−74

利用这样的参数计算的能级结果和实验测量结果分别列于表 4.10、表 4.11 和表 4.12. 可以发现, 计算能级与实验能级的结果基本一致, 并且给出了实验上无法测量的能级位置.

(2) Eu^{3+} 离子在 $Ln_2O_2S(Ln=Lu, Y, Gd, La)$ 晶体中的角重叠晶体场参数计算 [13]

Ln_2O_2S 晶体具有 6 角对称性, 空间群为 $p\bar{3}m1(D_{3d}^3)$, 一个元胞中含有一个分子 (图 3.3), Ln 的最近邻有 7 个配位体, 其中 4 个是 O, 3 个是 S. S 的配位数是 6, O 的配位数是 4(其中 3 个是相等的键长, 另一个稍长些), 所以晶体场参数可以写成

$$B_{kq} = I_k(1) \sum_{j=1}^4 C_q^{k*}(\Theta_j, \Phi_j) + I_k(2) \sum_{j=5}^7 C_q^{k*}(\Theta_j, \Phi_j)$$

$$I_k(1) = \sum_{m'} a_{km'} e_{m'}(1)$$

$$I_k(2) = \sum_{m'} a_{km'} e_{m'}(2)$$

式中, $e_{m'}(1), e_{m'}(2)$ 分别表示配位体 O 和 S 的角重叠模型的晶体场参数, 计算方法与上面的例子相同, 通过数学方法拟合实验能级, 求得的角重叠模型的晶体场参数结果列于表 4.13. 对于$Ln_2O_2S(Ln=Lu, Y, Gd, La)$ 晶体, 利用点电荷模型已经通

表 4.10　Eu^{3+} 离子在KY$_3$F$_{10}$ 晶体中的能级/cm^{-1}

谱项	E_{exp}	E_{cal}	不可约表示	谱项	E_{exp}	E_{cal}	不可约表示
$^7F_0$	0	0.0	A_1	$^7F_5$	3739	3786.4	E
$^7F_1$	278	354.1	A_2		—	3924.5	B_1
	411	368.5	E		3929	3929.3	E
$^7F_2$	933	922	E		—	3935.5	A_2
	1030	1047.2	B_1		—	3937.9	B_2
	1148	1074.3	A_1		4014	4009.0	E
	1159	1199.2	B_2		—	4100.2	A_1
$^7F_3$	1858	1891.7	E		—	4101.3	A_2
	1895	1919.3	A_2	$^7F_6$	—	4984.3	A_2
	1903	1937.1	E		—	4985.2	A_1
	2002	2005.1	B_2		—	5023.3	E
	2012	2005.8	B_1		—	5058.9	E
$^7F_4$	2748	2742.1	A_1		—	5130.4	B_1
	2778	2794.4	A_2		—	5143.9	B_2
	2800	2794.5	A_1		—	5188.4	B_1
	2845	2857.1	E		—	5188.5	B_2
	3014	3008.2	E		—	5204.4	A_1
	—	3031.7	B_2		—	5218.6	E
	3052	3062.6	B_1				

表 4.11　Eu^{3+} 离子在 YPO$_4$ 晶体中的能级/cm^{-1}

谱项	E_{exp}	E_{cal}	不可约表示	谱项	E_{exp}	E_{cal}	不可约表示
$^7F_0$	0	0.0	A_1	$^7F_5$	3842.0	3836.9	A_2
$^7F_1$	339.4	351.3	E		3865	3874.8	E
	435.6	405.4	A_2		—	3901.0	A_1
$^7F_2$	909.6	905.0	B_2		3900	3901.4	B_2
	1020.4	1028.6	A_1		—	3956.3	A_2
	1065.2	1042.7	E		3971	3988.3	E
	1088.3	1103.1	B_1		4036	4027.5	B_1
$^7F_3$	1831.8	1858.6	B_2		4063	4034.3	E
	1880.3	1893.1	A_2	$^7F_6$	4856	4902.2	B_2
	1911.3	1898.1	E		4875	4909.5	E
	1941.1	1953.4	B_1		—	4915.3	A_1
	1960.2	1966.4	E		5031	5053.1	B_1
$^7F_4$	2751.8	2729.5	A_1		5043	5069.7	B_2
	2801.0	2830.8	E		—	5080.9	A_2
	2810.2	2874.3	B_1		5061	5082.5	E
	2847.5	2927.3	B_2		5077	5110.7	B_1
	2910.6	2934.8	A_2		5126	5132.2	E
	2996.7	3000.7	E		—	5134.9	A_1
	3126.7	3009.4	A_1				

表 4.12 Eu^{3+} 离子在 YVO_4 晶体中的能级$/cm^{-1}$

谱项	E_{exp}	E_{cal}	不可约表示	谱项	E_{exp}	E_{cal}	不可约表示
$^7F_0$	0	0.0	A_1	$^7F_5$	3750	3782.4	A_2
$^7F_1$	333.7	353.4	E		3800	3825.3	E
	375.6	371.6	A_2		3870	3859.2	A_1
$^7F_2$	936.4	927.0	B_2		3887	3889.7	B_2
	985.4	1009.6	A_1		3915	3911.2	A_2
	1038.7	1029.6	E		3928	3953.7	E
	1116.1	1094.5	B_1		3949	3987.8	B_1
$^7F_3$	1854.8	1961.6	B_2		4065	4012.0	E
	1873	1872.4	A_2	$^7F_6$	4867	4909.5	B_2
	1903	1903.3	E		4916	4959.5	E
	1904	1921.9	B_1		4947	4967.6	A_1
	1957	1957.0	E		—	5024.8	B_1
$^7F_4$	2700	2711.1	A_1	5050	5040.4	B_2
	2930	2849.6	E	—	5070.6	A_2
	2867.7	2889.4	B_1	5053	5075.2	E
	2879	2896.3	B_2	—	5103.7	B_1
	2923	2904.9	A_2	5071	5124.8	E
	2988.4	2998.5	E		5028.5	A_1
	3063	3007.7	A_1			

表 4.13 Eu^{3+} 离子在 Ln_2O_2S (Ln=Lu, Y, Gd, La) 晶体中的角重叠晶体场参数$/cm^{-1}$

	Lu_2O_2S	Y_2O_2S	Gd_2O_2S	La_2O_2S
$e_\sigma(1)$	426	400	369	328
$e_\sigma(2)$	246	278	243	261
$e_\pi(1)$	134	116	109	100
$e_\pi(2)$	196	218	171	208
$e_\delta(1)$	−22	−45	−20	−18
$e_\delta(2)$	98	124	50	106
$e_\varphi(1)$	86	51	91	118
$e_\varphi(2)$	−10	2	−2	6

表 4.14 B_{kq} 的计算结果和实验结果比较 (单位: cm^{-1})

	Lu_2O_2S		Y_2O_2S		Gd_2O_2S		La_2O_2S	
	实验值	计算值	实验值	计算值	实验值	计算值	实验值	计算值
B_{20}	114	95	101	92	91	90	106	125
B_{40}	1328	1279	1232	1173	1132	869	984	980
B_{43}	909	790	894	756	901	888	804	712
B_{60}	318	304	326	288	336	273	292	227
B_{63}	−381	−337	−353	−294	−336	−292	−316	−249
B_{66}	603	477	548	463	511	437	372	368

过拟合能级求得了晶体场参数 B_{kq}, 我们可以将它们称为实验结果. 利用角重叠晶体场参数与 B_{kq} 的关系, 也可以由得到的角重叠模型的晶体场参数计算出 B_{kq} 的值, 现将计算结果和拟合的实验结果都列于表 4.14, 两者比较可以发现符合很好, 这不仅体现了两种模型之间的联系, 同时也证实了它们之间相互变换的合理性.

以上我们给出了不同表示形式的晶体场参数的计算过程和方法, 具体模型和计算方式的选择依赖于具体研究对象, 需以方便、简单和有效为准.

4.6 其他晶体场参数的计算结果

晶体场参数的计算是一个相当复杂的事情, 直接的理论计算会产生较大的误差, 这是由于理论模型和真实的实际物理作用尚有差距所导致的, 所以很少被人利用, 而主要方法是采用数学方法拟合实验能级求得晶体场参数. 为了完成这个拟合计算, 首先要精确测定晶体中稀土离子的能级, 并且要对 Stark 能级相应的点群不可约表示进行正确确认, 然后列出 Hamilton 能量矩阵, 在仔细调整径向参数 (包括自由离子的能级参数和晶体场参数) 的情况下, 多次完成 Hamilton 能量矩阵的对角化, 在计算能级和实测能级之间的误差达到所要求的精度时, 确定出相应的参数. 在光谱的实际测量中, 获得稀土离子的各个光谱支项所分解的完整的 Stark 能级是十分困难的, 稀土离子的各个光谱支项能级重心的位置的确定将是很有限的, 这样, 就给理论计算带来了麻烦. 为了克服这个困难, 人们提出了一种方法, 就是用中间耦合波函数作为基矢, 形成 Hamilton 量 $H = H_e + H_{so} + H_{cr}$ 的能量矩阵, 自由离子的径向积分 F_k, 自旋-轨道耦合参数 ζ_{4f}, 组态相互作用参数 α, β, γ 等, 以及晶体场参数都作为能级拟合参数, 合理地调整这些参数, 完成能量矩阵对角化, 使得计算能级和实测能级之间的误差达到要求的精度, 然后, 确定出各个参数的数值. 这种方法也存在一定问题, 就是在调整时各个参数之间会产生一定的关联, 造成参数之间的互助现象, 使得参数的值会产生某些误差. 因此, 做拟合运算时, 一是能级要多并且准确, 二是拟合时参数调整要合理, 只有这样才能得到好的结果.

目前在各种晶体中已经进行了大量的稀土离子的晶体场参数计算工作, 得出了一系列晶体场参数的结果 [14,15], 为了使大家了解晶体场参数的数量级大小, 我们给出一些稀土离子在某些晶体中的晶体场参数的例子, 结果列于表 4.15 ~ 表 4.18. 从这些结果很容易发现, 在同样基质中, 各种稀土离子得到的晶体场参数是不一样的 (表 4.15 和表 4.16), 同一稀土离子在不同的基质中晶体场参数也是不同的, 这反映出稀土离子和环境相互作用的差异, 也就是说实际上晶体场参数是与稀土离子的种类和具体的晶体环境相关. 在文献中, 我们还可以发现, 即使是同样的稀土离子在相同的基质晶体中, 不同作者给出的结果也有相当的差异 (表 4.17 和表 4.18), 这是由于实验精度和计算技术造成, 因此, 在计算时要十分谨慎.

表 4.15　$Ln(C_2H_5SO_4)_3 \cdot 9H_2O$ 晶体中稀土离子的晶体场参数/cm^{-1}

Ln^{3+}	B_{20}	B_{40}	B_{60}	B_{66}
Ce	18	−336	−720	716
Pr	46	−640	−704	732
Nd	120	−552	−800	632
Sm	154	−385	−624	605
Eu	160	−505	−617	537
Gd	200	−552	−544	523
Tb	220	−598	−544	490
Dy	248	−632	−496	518
Ho	250	−630	−478	412
Er	252	−650	−496	407
Tm	260	−568	−457	456
Yb	310	−464	−416	498

表 4.16　Ln^{3+}: $LaCl_3$ 晶体中稀土离子的晶体场参数/cm^{-1}

Ln^{3+}	B_{20}	B_{40}	B_{60}	B_{66}
Ce	129	−326	−997	403
Pr	107	−342	−677	466
Nd	163	−336	−713	462
Sm	186	−270	−623	470
Eu	189	−287	−801	525
Gd	216	−272	−688	474
Tb	185	−291	−457	302
Dy	193	−328	−470	287
Ho	216	−284	−448	294
Er	216	−271	−411	272
Tm	227	−241	−424	256

表 4.17　YVO_4 晶体中某些稀土离子的晶体场参数/cm^{-1}

Ln^{3+}	B_{20}	B_{40}	B_{44}	B_{60}	B_{64}
Nd	−136	626	1024	−1170	−251
Nd	−122	632	1048	−1181	−268
Nd	−116	605	1105	−1191	−246
Eu	−109	380	704	−877	−19
Eu	−122	403	701	−962	−40
Er	−218	322	917	−702	10
Er	−206	364	926	−688	31.5
Tm	−175	337	832	−612	−50.5
Tm	−132	377	898	−521	−52.4

表 4.18　LiYF$_4$ 晶体中稀土离子Nd和Er的晶体场参数/cm^{-1}

Ln^{3+}	B_{20}	B_{40}	B_{44}	B_{60}	RB_{64}	IB_{64}
Nd	441	−906	1115	−26.5	1073	20.6
Nd	480	−973	1119	−60.6	1051	49.0
Nd	502	−964	1105	−27.4	1019	35
Nd	401	−1008	1230	30	1074	0
Er	400	−692	925	−21.3	610	149
Er	314	−625	982	−32.4	584	171
Er	190	−1184	858	−44.8	295	0
Er	380	−640	975	−36.8	599	99.8

注: 表中相同稀土离子晶体场参数的不同结果是来自不同作者.

参 考 文 献

[1] Nielson C W, Koster G F. Spectroscopic Coefficients for the p^n, d^n and f^n configuration. Cambridge, Massachusetts: MIT Press, 1963

[2] Rotenberg M, Bevins R, Metropolis M, Wooten J K. The $3-j$ and $6-j$ Symbols. Cambridge: MIT Press, 1959

[3] Kibler M R. J. Mol. Spectrosc, 1976, 62: 247

[4] 张思远, 任金生. 光学学报, 1986, 6: 828

[5] Newman D J. Theory of lanthanide crystal fields. Advance in Physics, 1971, 20: 197

[6] Newman D J. Lanthanide Crystal Field Theory in 1983: A Conceptual Analysis and Progress Report, 1983

[7] Koster G F, Dimmock J O, Wheeler R G, Statz H. Properties of the Thirty-Two Point Groups. Cambridge, Massachusetts: MIT Press, 1963

[8] Urland W. Chem. Phys., 1976, 14: 393

[9] Kibler M R. International. J. Quan. Chem., 1975, 9: 403

[10] Tofield B C, Weber H P, Damen T C, Pasteur G A. Mater.Res.Bull., 1974, 9: 435

[11] 张思远, 任金生. 化学学报, 1987, 45: 59

[12] 武志坚, 张思远. 光学学报, 1991, 11: 242

[13] Wu Z J, Zhang S Y. Chem.Phys., 1992, 164: 197

[14] Sovers O J, Yoshioka T. J.Chem.Phys., 1969, 51: 5330

[15] Morrison C A, Leavit R P. Handbook of the Physics and Chemistry of Rare Earths, Vol.5, New York: North-Holland, 1982

第 5 章　4f-4f 跃迁的光谱强度

稀土离子在固体中发光现象发现较早, 从观察到两类光谱来看, 一类是线状光谱的 $4f^N$ 组态内的能级之间跃迁, 即 4f-4f 跃迁; 另一类是带状光谱, 它是 $4f^N$ 组态内的能级和其他组态能级之间的跃迁, 比如 $4f^N$ 组态和 $4f^{N-1}5d$ 组态能级之间的跃迁, 即 4f-5d 跃迁. 对于稀土自由离子, 电偶极作用不能引起 4f-4f 跃迁, 因为 $4f^N$ 组态内的各个状态的宇称是相同的, 它们之间的电偶极跃迁的矩阵元的值为零, 因此, $4f^N$ 组态内的能级之间跃迁是宇称禁戒的. 然而, 4f-5d 跃迁是宇称允许跃迁, 因为能级之间的电偶极跃迁的矩阵元的值不为零. 那么在固体或溶液中的稀土离子为什么在可见和红外区域会产生线状光谱的 $4f^N$ 组态内的能级之间跃迁呢? 这是因为晶体场奇次项的作用所致. 晶体场奇次项可以使与 $4f^N$ 组态状态相反宇称的组态状态混入到 $4f^N$ 组态状态之中, 比如 $4f^{N-1}5d$ 或 $4f^{N-1}5g$ 组态, 这样, 在固体和溶液中的稀土离子中原来的 $4f^N$ 组态状态已经不再是一种宇称的状态, 而是两种宇称状态的混合态. 这些状态之间的电偶极跃迁矩阵元不再为零, 出现了线状光谱的 4f-4f 跃迁. 这种跃迁的机理虽然很早就已经知道, 但这个问题的理论研究是在 1962 年被 Judd 和 Ofelt 二人分别解决的. 因此, 关于 4f-4f 跃迁的光谱强度的理论又称为 J-O 理论. 后来, 科学研究者们利用这个理论计算了大量的稀土离子在固体或溶液中 4f-4f 跃迁的光谱强度参数, 推动了稀土光谱学的发展. 本章介绍 4f-4f 跃迁的光谱强度的计算理论、方法以及相应光谱参数.

5.1　电偶极矩跃迁的 Judd-Ofelt 理论[1,2]

电偶极算符可以表示为

$$P = -e \sum_i \vec{r}_i = -e \sum_i r_i (C^1)_i = -eD^1 \tag{5.1}$$

式中, $-eD^1$ 是一阶张量, 它的分量为 $-eD_q^1$, $q = 0, \pm 1$, 式中的求和表示对所有电子求和. 某一电偶极分量引起的从基态 $|A\rangle$ 到激发态 $|B\rangle$ 的跃迁的振子强度可以表示为

$$f_{\text{ed}} = \frac{8\pi^2 mc\sigma}{h} \chi_{\text{ed}} \left| \langle A | D_q^1 | B \rangle \right|^2 \tag{5.2}$$

式中, m 是电子质量; c 是光的传播速度; h 是 Planck 常量; $\chi_{\text{ed}} = (n^2 + 2)/9n$ 是折射率因子, n 是晶体的折射率. 假若 $|A\rangle$ 和 $|B\rangle$ 两个状态是宇称相同的, 则矩阵元

$\langle A| D_q^1 |B\rangle$ 等于零, 在自由离子近似中, $4f^N$ 组态的状态通常取为 Russell-Sauders 耦合态的线性组合 $|4f^N\alpha SLJ\rangle$

$$|4f^N\alpha[SL]J\rangle = \sum_{S',L'} A(S',L') |4f^N\alpha S'L'J\rangle \tag{5.3}$$

这样的状态称为中间耦合波函数, 虽然在状态的标记中仍然有 S 和 L, 但是它们已经不再是状态的好量子数, 只是作为一种区分标志, 因此, 它常常被标记为 $|4f^N\psi J\rangle$. 为了使矩阵元不为零, 必须有相反宇称的组态混入到 $4f^N$ 组态之中, 晶体场相互作用中的奇次晶体场项则可以起到这样的作用, 我们把奇次晶体场项表示为 (5.4).

$$H'_{\rm cr} = \sum_{t,p} A_{tp} D_p^t \qquad t = 奇数 \tag{5.4}$$

奇次晶体场项的作用作为一级微扰, 将处于高能量的相反宇称的状态 $|n'l'\alpha''[S''L'']J''M''\rangle$(简记为 $|\psi''\rangle$), 混入到 $4f^N$ 组态的状态, 利用微扰论方法, 进一步得到 $|A\rangle$ 和 $|B\rangle$ 状态的一级近似的波函数形式

$$\begin{aligned} |A\rangle &= |4f^N\psi JM\rangle + \sum_{\psi''} \frac{\langle\psi''| H'_{\rm cr} |4f^N\psi JM\rangle |\psi''\rangle}{E(\psi J) - E(\psi'')} \\ |B\rangle &= |4f^N\psi' J'M'\rangle + \sum_{\psi''} \frac{\langle\psi''| H'_{\rm cr} |4f^N\psi' J'M'\rangle |\psi''\rangle}{E(\psi' J') - E(\psi'')} \end{aligned} \tag{5.5}$$

从 $|A\rangle$ 到 $|B\rangle$ 跃迁的电偶极强度可写成

$$\begin{aligned} S &= e^2 \langle A| D_q^1 |B\rangle^2 \\ &= \left\{ e \sum_{\psi,t,p} A_{tp} \left[\frac{\langle 4f^N\psi JM| D_q^1 |\psi''\rangle \langle\psi''| D_p^t |4f^N\psi' J'M'\rangle}{E(\psi' J') - E(\psi'')} \right.\right. \\ &\quad \left.\left. + \frac{\langle 4f^N\psi JM| D_p^t |\psi''\rangle \langle\psi''| D_q^1 |4f^N\psi' J'M'\rangle}{E(\psi J) - E(\psi'')} \right] \right\}^2 \end{aligned} \tag{5.6}$$

式 (5.6) 中已经去掉了宇称禁戒的相关项. 为了简化上面的表达式, 将径向部分分离出来, 首先处理角度部分, 为此将张量表示为

$$\begin{aligned} D_q^1 &= \sum_i r_i C_q^1(i) \\ D_p^t &= \sum_i r_p^t C_p^t(i) \end{aligned} \tag{5.7}$$

则式 (5.6) 的前部分可以变换成式 (5.8).

$$
e \sum_{\psi'',t,p} A_{tp} \langle 4f^N \psi JM| \sum_i D_q^1(i) |\psi''\rangle \langle \psi''| \sum_i D_q^1(i) |4f^N \psi' J'M'\rangle \tag{5.8}
$$
$$
\times \langle 4f|r|nl\rangle \langle nl|r^t|4f\rangle [E(4f^N \psi'J') - E(\psi'')]^{-1}
$$

假若对于 $\alpha''S''L''J''M''$ 来说, 微扰组态的能量近似不变, 则利用数学中的闭合程序可以简化表达式.

$$
\sum_{\alpha''S''L''J''M''} \left\langle 4f^N \psi JM \left| \sum_i D_q^1(i) \right| \psi'' \right\rangle \left\langle \psi'' \left| \sum_i D_q^1(i) \right| 4f^N \psi' J'M' \right\rangle
$$
$$
= (-1)^{p+q+\lambda}(2\lambda+1) \begin{pmatrix} 1 & \lambda & t \\ q & -(p+q) & p \end{pmatrix} \times \left\langle 4f^N \psi JM \right| \tag{5.9}
$$
$$
\sum_i [(C_q^1 C_p^t)_{-(p+q)}^\lambda]_i \left| 4f^N \psi' J'M' \right\rangle
$$

利用张量性质进一步简化式 (5.9) 得到

$$
(-1)^{p+q}(-1)^{l+l'}[\lambda][l][l'] \begin{pmatrix} 1 & \lambda & t \\ q & -(p+q) & p \end{pmatrix} \begin{Bmatrix} 1 & t & \lambda \\ l & l & l' \end{Bmatrix} \tag{5.10}
$$
$$
\times \langle 4f \|C^1\| n'l'\rangle \langle n'l' \|C^t\| 4f\rangle \langle 4f^N \psi JM| U_{-(p+q)}^\lambda |4f^N \psi' J'M'\rangle
$$

式中

$$
[\lambda] = 2\lambda + 1
$$
$$
U^\lambda = \sum_i u^\lambda(i) \tag{5.11}
$$
$$
\langle nl \|u^\lambda\| n'l'\rangle = \delta(nn')\delta(ll')
$$

式中, $u^\lambda(i)$ 是单电子的单位张量算符; U^λ 是体系的单位张量算符. Judd 假定激发态的能量只与 $n'l'$ 有关, 并且它们是完全简并的, 能量差 $E(\psi'J') - E(\psi'')$ 与能量差 $E(\psi J) - E(\psi'')$ 可以用一个平均能量差 $\Delta E(\psi'')$ 来代替, 同时利用 3−j 符合的性质

$$
\begin{pmatrix} 1 & \lambda & t \\ q & -(p+q) & p \end{pmatrix} = (-1)^{1+t+\lambda} \begin{pmatrix} t & \lambda & 1 \\ p & -(p+q) & q \end{pmatrix} \tag{5.12}
$$

这样, 我们可以发现当 λ 是偶数时, 式 (5.6) 中的两项是相等的; 当 λ 是奇数时, 式 (5.6) 的结果等于零. 于是 λ 值限定为偶数, 对于 4f 电子, 即 $\lambda = 2, 4, 6$. 最

后结果得到

$$S = \left[e \sum (-1)^{p+q} A_{tp} \Xi(t,\lambda) \begin{pmatrix} 1 & \lambda & t \\ q & -(p+q) & p \end{pmatrix} \langle 4f^N \psi JM | U^\lambda_{-(p+q)} | 4f^N \psi' J' M' \rangle \right]^2 \tag{5.13}$$

其中

$$\Xi(t,\lambda) = 2 \sum (-1)^{l+l'} [l][l'] \begin{Bmatrix} 1 & \lambda & t \\ l & l' & l \end{Bmatrix} \langle 4f \| C^1 \| n'l' \rangle \langle n'l' \| C^t \| 4f \rangle$$
$$\times \langle 4f | r | n'l' \rangle \langle n'l' | r^t | 4f \rangle \Delta E(\psi'')^{-1} \tag{5.14}$$

电偶极跃迁的振子强度的表达式为

$$f_{ed} = \frac{8\pi^2 mc\sigma}{h} \chi_{ed} \left[\sum_{t,p,\lambda} (-1)^{p+q} [\lambda] A_{tp} \begin{pmatrix} 1 & \lambda & t \\ q & -(p+q) & p \end{pmatrix} \begin{pmatrix} J & \lambda & J' \\ -M & -(p+q) & M' \end{pmatrix} \Xi(t,\lambda) \right.$$
$$\left. \times \langle 4f^N \psi J \| U^\lambda \| 4f^N \psi' J' \rangle \right]^2 \tag{5.15}$$

如果对表达式中的 p, q 求和, 则 $3-j$ 符合可以消失, 变成一个因子 $(3[t][J])^{-1}$, 于是

$$f_{ed} = \sum_\lambda c\sigma T_\lambda \langle 4f^N \psi J \| U^\lambda \| 4f \psi' J' \rangle^2$$

$$T_\lambda = \frac{8\pi^2 m}{3h(2J+1)} \chi_{ed} [\lambda][t]^{-1} \sum_{t,p} |A_{tp}|^2 \Xi^2(t,\lambda) \tag{5.16}$$

式 (5.16) 就是 Judd 推导出的结果, T_λ 的单位是 s, 后来很多作者为了使这种方法能够更方便地用于晶体的各相同性的光谱, 提出了另外一种表示方法[3]: 将折射率因子提到求和之外, 使它不与参数发生关系, 因为折射率是与波长有关的, 这时

$$f_{ed} = \frac{8\pi^2 mc\sigma}{3h(2J+1)} \chi_{ed} \sum_{\lambda=2,4,6} \Omega_\lambda \langle 4f^N \psi J \| U^\lambda \| 4f^N \psi' J' \rangle^2$$

$$\Omega_\lambda = [\lambda][t]^{-1} \sum_{p,t} |A_{tp}|^2 \Xi^2(t,\lambda) \tag{5.17}$$

式中, Ω_λ 的单位是 cm^2, 称为振子强度参数, 根据 Judd-Ofelt 理论, 可以得出晶体中稀土离子电偶极跃迁的选择定则是

$$\Delta l = \pm 1, \qquad \Delta S = 0, \qquad |\Delta L| \leqslant 6$$
$$|\Delta J| \leqslant 6, \qquad 当 J 或 J' = 0 时, \quad |\Delta J| = 2,4,6$$
$$|\Delta M| = p+q$$

在实验中, 有时我们能够观测到一些不属于选择定则的跃迁, 比如在 Dy^{3+} 离子中的 $^6F_{1/2}$-$^6H_{15/2}$ 跃迁, $|\Delta J|=7$; 在 Ho^{3+} 离子中的 $^5F_1$-$^5I_8$ 跃迁, $|\Delta J|=7$; 以及 Eu^{3+} 离子中的 $^5D_0$-$^7F_0$ 跃迁是属于 $J = 0$ 到 $J' = 0$ 的跃迁等. 这些跃迁是由于晶体场的偶次项作用使状态之间发生 J 混效应而导致的. 因为在实际晶体中, 体系的状态不再是单纯的状态, 是由各种物理作用导致的复杂状态, 它应该是各种状态的线性组合.

对于稀土离子, 振子强度表达式中从基态到各个激发态的约化矩阵元已经被计算, 它们的结果列在表 5.1 到表 5.11 中[4]. 表中 E 是能级, 以 cm^{-1} 为单位. $U(\lambda) = \left\langle 4f^N \psi J \left\| U^\lambda \right\| 4f^N \psi' J' \right\rangle^2$ 表示约化矩阵元的平方. 振子强度参数 Ω_λ 可以通过吸收光谱, 经过一些变换和数学处理得到, 后面还要具体讲述.

表 5.1　Pr^{3+} 的约化矩阵元 $U(\lambda)$ 和能级

SLJ	E/cm^{-1}	$U(2)$	$U(4)$	$U(6)$
$^3H_4$	245	—	—	—
$^3H_5$	2322	0.1095	0.2017	0.6109
$^3H_6$	4496	0.0001	0.0330	0.1395
$^3F_2$	5149	0.5089	0.4032	0.1177
$^3F_3$	6540	0.0654	0.3469	0.6983
$^3F_4$	6973	0.0187	0.0500	0.4849
$^1G_4$	9885	0.0012	0.0072	0.0266
$^1D_2$	16 840	0.0026	0.0170	0.0520
$^3P_0$	20 706	0	0.1728	0
$^3P_1$	21 330	0	0.1707	0
$^1I_6$	21 500	0.0093	0.0517	0.0239
$^3P_2$	22 535	~ 0	0.0362	0.1355
$^1S_0$	46 900	0	0.0070	0

表 5.2　Nd^{3+} 的约化矩阵元 $U(\lambda)$ 和能级

SLJ	E/cm^{-1}	$U(2)$	$U(4)$	$U(6)$
$^4I_{9/2}$	130	—	—	—
$^4I_{11/2}$	2007	0.0194	0.1073	1.1652
$^4I_{13/2}$	4005	0.0001	0.0136	0.4557
$^4I_{15/2}$	6080	0	0.0001	0.0452
$^4F_{3/2}$	11 257	0	0.2293	0.0549
$^4F_{5/2}$	12 573	0.0010	0.2371	0.3970
$^2H_{9/2}$	12 738	0.0092	0.0080	0.1154
$^4F_{7/2}$	13 460	0	0.0027	0.2352
$^4S_{3/2}$	13 565	0.0010	0.0422	0.4245
$^4F_{9/2}$	14 854	0.0009	0.0092	0.0417
$^2H_{11/2}$	16 026	0.0001	0.0027	0.0104
$^4G_{5/2}$	17 167	0.8979	0.4093	0.0359
$^2G_{7/2}$	17 333	0.0757	0.1848	0.0314

续表

SLJ	E/cm^{-1}	$U(2)$	$U(4)$	$U(6)$
$^2K_{13/2}$	19 018	0.0068	0.0002	0.0312
$^4G_{7/2}$	19 103	0.055	0.1570	0.0553
$^4G_{9/2}$	19 544	0.0046	0.0608	0.0406
$^2K_{15/2}$	21 016	0	0.0052	0.0143
$^2G_{9/2}$	21 171	0.0010	0.0148	0.0139
$(^2D,^2P)_{3/2}$	21 226	0	0.0188	0.0002
$^4G_{11/2}$	21 563	~ 0	0.0053	0.0080
$^2P_{1/2}$	23 140	0	0.0367	0
$^2D_{5/2}$	23 865	~ 0	0.0002	0.0021
$(^2P,^2D)_{3/2}$	26 260	0	0.0014	0.0008
$^4D_{3/2}$	28 312	0	0.1960	0.0170
$^4D_{5/2}$	28 477	0.0001	0.0567	0.0275
$^2I_{11/2}$	28 624	0.0049	0.0146	0.0034
$^4D_{1/2}$	28 894	0	0.2584	0
$^2L_{15/2}$	29 260	0	0.0248	0.0097
$^2I_{13/2}$	29 966	0.0001	0.0013	0.0017
$^4D_{7/2}$	30 544	~ 0	0.0037	0.0080
$^2L_{17/2}$	30 747	0	0.0010	0.0012
$^2H_{9/2}$	32 567	0.0001	0.0085	~ 0
$^2D_{3/2}$	33 481	0	0.0112	0.0012
$^2H_{11/2}$	33 913	0.0001	0.0001	0.0002
$^2D_{5/2}$	34 474	0.0007	0.0006	0.0034
$^2F_{5/2}$	38 504	0.0021	0.0033	~ 0
$^2F_{7/2}$	39 926	~ 0	0.0004	0.0007
$^2G_{9/2}$	47 696	~ 0	0.0015	0.0001
$^2G_{7/2}$	48 586	0.0004	0.0024	0.0002

表 5.3　Pm^{3+} 的约化矩阵元 $U(\lambda)$ 和能级

SLJ	E/cm^{-1}	$U(2)$	$U(4)$	$U(6)$
$^5I_4$	99	—	—	—
$^5I_5$	1577	0.0246	0.1172	0.9694
$^5I_6$	3186	0.0018	0.0310	0.6893
$^5I_7$	4876	0	0.0025	0.1581
$^5I_8$	6611	0	~ 0	0.0103
$^5F_1$	12 398	0	0.1404	0
$^5F_2$	12 811	0.0026	0.1992	0.1264
$^5F_3$	13 651	~ 0	0.1041	0.4253
$^5S_2$	14 337	~ 0	0.0011	0.2295
$^5F_4$	14 562	0.0005	0.0291	0.2403
$^5F_5$	15 863	~ 0	0.0021	0.0346
$^3K_6$	15 875	0.0024	0.0025	0.0104

SLJ	E/cm^{-1}	$U(2)$	$U(4)$	$U(6)$
$^3K_7$	17 163	0	0.0020	0.0200
$^3H_4$	17 327	0.0064	0.0210	0.0240
$^5G_2$	17 875	0.7215	0.2433	0.0041
$^5G_3$	18 256	0.1444	0.2655	0.0454
$^3K_8$	18 719	0	0.0003	0.0088
$^3H_5$	19 617	0.0001	0.0057	0.0062
$^5G_4$	20 181	0.0093	0.0957	0.0787
$^3G_3$	21 102	0.0228	0.0652	0.0075
$^3G_5$	21 998	0.0003	0.0103	0.0365
$^3D_2$	22 178	0.0072	0.0025	0.0028
$^5G_6$	22 262	~ 0	0.0002	0.0008
$^3L_7$	22 372	0	0.0016	0.0099
$^3D_1$	23 321	0	0.0001	0
$^3L_8$	23 444	0	0.0019	0.0133
$^3G_4$	23 897	0.0013	0.0112	0.0044
$^3H_6$	23 995	~ 0	0.0002	0.0041
$^3L_9$	24 412	0	0	0.0019
$(^3M,\ ^1L)_8$	24 462	0	0.0045	0.0013
$^3D_3$	24 800	0.0007	0.0032	0.0095
$^3P_0$	25 066	0	~ 0	0
$(^1D,\ ^3P)_2$	25 538	~ 0	0.0002	0.0003
$^3G_5$	26 235	0.0002	0.0006	0.0007
$^3F_4$	26 643	~ 0	0.0005	0.0008
$^3P_1$	27 051	0	0.0003	0
$^3M_9$	27 804	0	0	0.0007
$^3F_2$	27 894	0.0091	0.0062	~ 0
$^3I_5$	27 916	0.0042	0.0004	0.0006
$^3F_2$	28 913	0.0048	0.0097	0.0025
$^3M_{10}$	29 359	0	0	~ 0
$^3F_3$	28 810	0.0002	0.0031	0.0013
$^3I_6$	29 078	0.0003	0.0006	0.0011
$^1L_3$	29 189	0	0.0015	0.0008
$^3I_7$	29 587	0	0.0001	0.0002
$^5D_0$	29 979	0	0.1520	0
$^5D_1$	30 471	0	0.2361	0
$^3F_3$	30 816	0.0012	0.0096	0.0046
$^5D_2$	31 266	0	0.1013	0.0214

表 5.4　　Sm^{3+} 的约化矩阵元 $U(\lambda)$ 和能级

SLJ	E/cm^{-1}	$U(2)$	$U(4)$	$U(6)$
$^6H_{5/2}$	46	—	—	—
$^6H_{7/2}$	1080	0.2062	0.1962	0.0952
$^6H_{9/2}$	2290	0.0256	0.1395	0.3267
$^6H_{11/2}$	3624	0	0.0240	0.2649
$^6H_{13/2}$	5042	0	0.0007	0.0659

续表

SLJ	E/cm^{-1}	$U(2)$	$U(4)$	$U(6)$
$^6F_{1/2}$	6397	0.1939	0	0
$^6H_{15/2}$	6508	0	0	0.0043
$^6F_{3/2}$	6641	0.1444	0.1364	0
$^6F_{5/2}$	7131	0.0332	0.2840	0
$^6F_{7/2}$	7977	0.0020	0.1429	0.4301
$^6F_{9/2}$	9136	~ 0	0.0206	0.3413
$^6F_{11/2}$	10 517	0	0.0006	0.0515
$^4G_{5/2}$	17 924	0.0002	0.0007	0
$^4F_{3/2}$	18 832	0.0003	~ 0	0
$^4G_{7/2}$	20 014	0.0004	0.0018	0.0025
$^4I_{9/2}$	20 526	0.0022	0.0005	0.0014
$^4M_{15/2}$	20 627	0	0	0.0307
$^4I_{11/2}$	21 096	0	~ 0	0.0108
$^4I_{13/2}$	21 650	0	0.0030	0.0228
$^4F_{5/2}$	22 098	0.0004	0.0002	0
$^4M_{17/2}$	22 370	0	0	0.0053
$^4G_{9/2}$	22 706	0.0001	0.0010	0.0028
$^4I_{15/2}$	22 966	0	0	0.0002
$^4M_{19/2}$	23 902	0	0	0
$(^6P, \,^4P)_{5/2}$	24 101	~ 0	0.0263	0
$^4L_{13/2}$	24 562	0	0.0081	0.0096
$^4F_{7/2}$	24 775	0.0002	0.0012	0.0003
$^6P_{3/2}$	24 999	~ 0	0.1684	0
$^4K_{11/2}$	25 177	0	0.0004	0.0027
$^4M_{21/2}$	25 224	0	0	0
$^4L_{15/2}$	25 638	0	0	0.0060
$^4G_{11/2}$	25 718	0	0.0001	0.0010
$^4D_{1/2}$	26 573	0.0001	0	0
$^4P_{7/2}$	26 660	~ 0	0.0016	0.0751
$^4L_{17/2}$	26 749	0	0	0.0002
$^4K_{13/2}$	26 967	0	0.0005	0.0011
$^4F_{9/2}$	27 207	~ 0	0.0004	~ 0
$^4D_{3/2}$	27 714	0.0001	0.0251	0
$(^4D, \,^6P)_{5/2}$	27 722	~ 0	0.0170	0
$^4H_{7/2}$	28 396	0.0013	0.0006	~ 0
$^4K_{15/2}$	28 732	0	0	~ 0
$^4H_{9/2}$	29 012	0.0001	0.0002	0.0006
$^4D_{7/2}$	29 107	~ 0	0.0005	0.0375
$(^4K, \,^4L)_{17/2}$	29 178	0	0	~ 0
$^4L_{19/2}$	29 322	0	0	0
$^4H_{11/2}$	29 381	0	0.0001	0.0005

SLJ	E/cm^{-1}	$U(2)$	$U(4)$	$U(6)$
$^4H_{13/2}$	29 827	0	~ 0	0.0002
$^4G_{7/2}$	29 980	~ 0	0.0006	0.0004
$^4G_{9/2}$	30 099	0.0001	0.0009	0.0013
$^4G_{5/2}$	30 232	0.0002	0.0002	0
$^4P_{1/2}$	31 093	~ 0	0	0
$^4G_{11/2}$	31 349	0	~ 0	0
$^2L_{15/2}$	31 408	0	0	0.0002
$^4P_{3/2}$	31 508	~ 0	0.0136	0
$^4P_{5/2}$	32 706	~ 0	0.0021	0
$^2F_{5/2}$	33 767	~ 0	0.0005	0
$^2K_{13/2}$	33 825	0	0.0002	0.0001
$^4F_{9/2}$	34 061	0	~ 0	~ 0
$^2L_{17/2}$	34 357	0	0	~ 0
$(^4I,^4F)_{9/2}$	34 591	~ 0	0.0004	0.0003
$^2N_{19/2}$	35 385	0	0	0
$^2P_{1/2}$	35 718	~ 0	0	0
$^4F_{7/2}$	35 785	~ 0	0	~ 0
$^4I_{11/2}$	36 053	0	0.0002	0.0003
$^2N_{21/2}$	36 238	0	0	0
$^4F_{5/2}$	36 520	~ 0	~ 0	0
$^4I_{15/2}$	36 586	0	0	~ 0
$^4F_{3/2}$	36 586	~ 0	0.0002	0
$^4I_{13/2}$	36 757	0	~ 0	0.0001
$^2M_{17/2}$	36 982	0	0	~ 0
$(^2H,^4I)_{9/2}$	37 487	~ 0	0.0005	0.0001
$(^2D,^2F)_{3/2}$	38 270	~ 0	0.0003	0
$^2F_{7/2}$	38 803	0	~ 0	~ 0
$^2K_{15/2}$	38 949	0	0	~ 0
$^2G_{7/2}$	39 057	0.0001	~ 0	~ 0
$^2H_{11/2}$	39 188	0	0.0002	~ 0
$^2M_{19/2}$	40 417	0	0	0
$^2D_{5/2}$	40 664	~ 0	~ 0	0
$^2I_{11/2}$	40 990	0	0.0001	~ 0
$^2K_{13/2}$	41 269	0	0.0001	~ 0
$^2D_{3/2}$	41 369	0.0005	~ 0	0
$^2G_{9/2}$	41 941	~ 0	0.0002	0.0001
$^2O_{23/2}$	42 022	0	0	0
$^2O_{21/2}$	42 406	0	0	0
$^4G_{5/2}$	42 714	0.0016	0.0010	0
$^4G_{7/2}$	42 965	0.0013	0.0025	0.0006
$^2K_{15/2}$	43 028	0	0	~ 0

续表

SLJ	E/cm^{-1}	$U(2)$	$U(4)$	$U(6)$
$(^2H, {}^4G)_{9/2}$	43 250	0.0003	0.0008	0.0015
$(^2I, {}^4H)_{11/2}$	43 414	0	0.0006	0.0006
$(^2I, {}^4H)_{13/2}$	43 504	0	0.0002	~ 0
$(^4G, {}^2H, {}^4H)_{11/2}$	43 845	0	0.0008	0.0006
$(^2G, {}^4H)_{7/2}$	44 237	0.0002	~ 0	~ 0
$^2G_{9/2}$	44 832	~ 0	~ 0	0.0002
$(^4G, {}^4H, {}^2G)_{7/2}$	45 269	~ 0	0.0006	~ 0
$^4G_{9/2}$	45 615	~ 0	0.0006	0
$^2I_{13/2}$	45 801	0	~ 0	~ 0
$^4G_{11/2}$	46 123	0	0.0001	0.0002
$^2L_{17/2}$	46 370	0	0	~ 0
$^4H_{13/2}$	46 500	0	0.0004	0.0002
$^2H_{11/2}$	46 554	0	0.0005	~ 0
$(^4P, {}^2D)_{3/2}$	46 669	0.0002	0.0010	0
$^2D_{5/2}$	47 127	~ 0	~ 0	0
$^2H_{11/2}$	47 307	0	0.0010	0.0001
$^2L_{15/2}$	47 834	0	0	~ 0
$(^2F, {}^4P, {}^2D)_{5/2}$	47 940	0	0.0003	0
$^2H_{9/2}$	48 488	0	~ 0	~ 0

表 5.5 Eu^{3+} 的约化矩阵元 $U(\lambda)$ 和能级

SLJ	E/cm^{-1}	$U(2)$	$U(4)$	$U(6)$
$^7F_0$	0	—	—	—
$^7F_1$	350	0	0	0
$^7F_2$	1018	0.1375	0	0
$^7F_3$	1880	0	0	0
$^7F_4$	2866	0	0.1402	0
$^7F_5$	3927	0	0	0
$^7F_6$	5029	0	0	0.1450
$^5D_0$	17 286	0	0	0
$^5D_1$	19 026	0	0	0
$^5D_2$	21 499	0.0008	0	0
$^5D_3$	24 389	0	0	0
$^5L_6$	25 375	0	0	0.0155
$^5G_2$	26 296	0.0006	0	0
$^5L_7$	26 469	0	0	0
$^5G_3$	26 535	0	0	0
$^5G_4$	26 672	0	0.0007	0
$^5G_5$	26 733	0	0	0
$^5G_6$	26 762	0	0	0.0038
$^5L_8$	27 435	0	0	0

续表

SLJ	E/cm^{-1}	$U(2)$	$U(4)$	$U(6)$
$^5D_4$	27 641	0	0.0011	0
$^5L_9$	28 244	0	0	0
$^5L_{10}$	28 813	0	0	0
$^5H_3$	30 863	0	0	0
$^5H_7$	31 145	0	0	0
$^5H_4$	31 281	0	0.0013	0
$^5H_5$	31 512	0	0	0
$^5H_6$	31 539	0	0	0.0056
$^3P_0$	32 862	0	0	0
$^5F_2$	33 126	0.0004	0	0
$^5F_3$	33 188	0	0	0
$^5F_1$	33 429	0	0	0
$^5F_4$	33 641	0	0.0034	0
$^5I_4$	33 862	0	0.0006	0
$^5F_5$	34 171	0	0	0
$(^5I,\ ^5H)_5$	34 366	0	0	0
$^5I_8$	34 879	0	0	0
$(^5I,\ ^5H)_6$	34 941	0	0	0.0017
$^5I_7$	35 382	0	0	0
$^5K_5$	35 235	0	0	0
$^5K_6$	37 448	0	0	0.0011
$^3P_1$	38 103	0	0	0
$^5K_7$	38 452	0	0	0
$^5G_2$	38 701	0.0004	0	0
$^5K_8$	38 991	0	0	0
$(^5K,\ ^3I)_6$	39 063	0	0	0.0005
$^5G_3$	39 243	0	0	0
$(^5D,\ ^5P)_2$	39 664	0.0008	0	0
$^5K_9$	39 867	0	0	0
$^5G_4$	39 897	0	0.0050	0
$(^5D,\ ^5P)_3$	40 041	0	0	0
$^5G_5$	40 465	0	0	0
$^5D_1$	41 113	0	0	0
$^3O_{10}$	41 329	0	0	0
$^5G_6$	41 353	0	0	0.0002
$^5H_5$	41 663	0	0	0

表 5.6　Gd^{3+} 的约化矩阵元 $U(\lambda)$ 和能级

SLJ	E/cm^{-1}	$U(2)$	$U(4)$	$U(6)$
$^8S_{7/2}$	14	—	—	—
$^6P_{7/2}$	32 224	0.0010	~ 0	~ 0

续表

SLJ	E/cm^{-1}	$U(2)$	$U(4)$	$U(6)$
$^6P_{5/2}$	32 766	0.0004	~ 0	~ 0
$^6P_{3/2}$	33 302	~ 0	~ 0	0
$^6I_{7/2}$	35 878	~ 0	~ 0	0.0041
$^6I_{9/2}$	36 231	~ 0	~ 0	0.0104
$^6I_{17/2}$	36 461	0	0	0.0214
$^6I_{11/2}$	36 526	~ 0	~ 0	0.0177
$^6I_{13/2}$	36 711	0	~ 0	0.0242
$^6I_{15/2}$	36 725	0	~ 0	0.0269
$^6D_{9/2}$	39 799	0.0057	0.0001	~ 0
$^6D_{1/2}$	40 462	0	~ 0	0
$^6D_{7/2}$	40 712	0.0044	~ 0	~ 0
$^6D_{3/2}$	40 851	0.0008	~ 0	0
$^6D_{5/2}$	40 977	0.0025	~ 0	~ 0
$(^6G, \ ^6F)_{7/2}$	49 288	0.0001	0.0040	~ 0
$^6G_{9/2}$	49 620	0.0001	0.0083	~ 0
$^6G_{11/2}$	49 667	~ 0	0.0103	~ 0
$^6G_{5/2}$	49 730	~ 0	0.0019	~ 0
$^6G_{3/2}$	50 457	~ 0	0.0005	0
$^6G_{13/2}$	51 259	0	0.0117	~ 0

表 5.7 Tb^{3+} 的约化矩阵元 $U(\lambda)$ 和能级

SLJ	E/cm^{-1}	$U(2)$	$U(4)$	$U(6)$
$^7F_6$	74	—	—	—
$^7F_5$	2112	0.5376	0.6418	0.1175
$^7F_4$	3370	0.0889	0.5159	0.2654
$^7F_3$	4344	0	0.2324	0.4126
$^7F_2$	5028	0	0.0482	0.4695
$^7F_1$	5481	0	0	0.3763
$^7F_0$	5703	0	0	0.1442
$^5D_4$	20 545	0.0010	0.0008	0.0013
$^5D_3$	26 336	0	0.0002	0.0014
$^5G_6$	26 425	0.0017	0.0045	0.0118
$^5L_{10}$	27 146	0	0.0004	0.0592
$^5G_5$	27 795	0.0012	0.0018	0.0135
$^5D_2$	28 150	0	~ 0	0.0008
$^5G_4$	28 319	0.0001	0.0003	0.0091
$^5L_9$	28 503	0	0.0021	0.0466
$^5G_3$	29 007	0	0.0001	0.0031
$^5L_8$	29 202	~ 0	0.0001	0.0235
$^5L_7$	29 406	0.0005	0.0001	0.0119
$^5L_6$	29 550	0.0001	0.0001	0.0003

SLJ	E/cm^{-1}	$U(2)$	$U(4)$	$U(6)$
$^5G_2$	29 577	0	~ 0	0.0005
$^5D_1$	30 658	0	0	0.0003
$^5D_0$	31 228	0	0	0.0001
$^5H_7$	31 557	0.0060	0.0019	0.0131
$^5H_6$	33 027	0.0027	~ 0	0.0126
$^5H_5$	33 879	0.0004	0.0002	0.0037
$^5H_4$	34 442	~ 0	0.0002	0.0004
$^5F_5$	34 927	0.0030	0.0038	0.0026
$^5H_3$	35 040	0	~ 0	~ 0
$^5I_8$	35 262	0.0004	0.0067	0.0193
$^5F_4$	35 380	0.0014	0.0014	0.0022
$^5F_3$	36 559	0	0.0001	0.0018
$^5I_7$	36 723	0.0001	0.0045	0.0113
$^5F_2$	37 188	0	~ 0	0.0012
$^5F_1$	37 575	0	0	0.0003
$^5I_4$	37 578	~ 0	0.0001	~ 0
$^5I_6$	37 714	~ 0	0.0021	0.0020
$^5I_5$	38 081	~ 0	0.0005	0.0002
$^5K_9$	39 094	0	0.0150	0.0117
$(^3P, {}^5D)_2$	39 548	0	0.0006	~ 0
$(^3I, {}^5G)_6$	40 114	0.0027	0.0010	0.0022
$^5K_8$	40 749	~ 0	0.0074	0.0043
$^5G_6$	41 082	0.0067	0.0082	0.0025
$(^5K, {}^3I)_5$	41 236	0.0007	0.0003	0.0007
$^5K_7$	41 614	~ 0	0.0012	0.0002

表 5.8 Dy^{3+} 的约化矩阵元 $U(\lambda)$ 和能级

SLJ	E/cm^{-1}	$U(2)$	$U(4)$	$U(6)$
$^6H_{15/2}$	40	—	—	—
$^6H_{13/2}$	3506	0.2457	0.4139	0.6624
$^6H_{11/2}$	5833	0.0923	0.0366	0.6410
$^6H_{9/2}$	7692	0	0.0176	0.1985
$^6F_{11/2}$	7730	0.9387	0.8292	0.2048
$^6F_{9/2}$	9087	0	0.5736	0.7213
$^6H_{7/2}$	9115	0	0.0007	0.0392
$^6H_{5/2}$	10 169	0	0	0.0026
$^6F_{7/2}$	11 025	0	0.1360	0.7146
$^6F_{5/2}$	12 432	0	0	0.3452
$^6F_{3/2}$	13 212	0	0	0.0610
$^6F_{1/2}$	13 760	0	0	0
$^4F_{9/2}$	21 144	0	0.0047	0.0295

SLJ	E/cm^{-1}	$U(2)$	$U(4)$	$U(6)$
$^4I_{15/2}$	22 293	0.0073	0.0003	0.0654
$^4G_{11/2}$	23 321	0.0004	0.0145	0.0003
$^4F_{7/2}$	25 754	0	0.0768	0.0263
$^4I_{13/2}$	25 919	0.0041	0.0013	0.0243
$^4M_{21/2}$	26 341	0	0.0102	0.0822
$^4K_{17/2}$	26 365	0.0109	0.0048	0.0935
$^4M_{19/2}$	27 219	0.0004	0.0166	0.1020
$(^4P,\ ^4D)_{3/2}$	27 254	0	0	0.0443
$^6P_{5/2}$	27 503	0	0	0.0697
$^4I_{11/2}$	28 152	0.0001	~ 0	0.0074
$^6P_{7/2}$	28 551	0	0.5222	0.0125
$(^4M,\ ^4I)_{15/2}$	29 244	0.0023	0.0005	0.0009
$(^4F,\ ^4D)_{5/2}$	29 593	0	0	0.0249
$^4I_{9/2}$	29 885	0	0.0003	0.0003
$^4G_{9/2}$	30 200	0	0.0014	0.0005
$^6P_{3/2}$	30 803	0	0	0.1095
$^4M_{17/2}$	30 892	0.0032	~ 0	0.0012
$(^4G,\ ^2F)_{7/2}$	31 560	0	0.0066	0.0002
$^4K_{15/2}$	31 795	0.0028	0.0001	0.0093
$^4D_{1/2}$	31 842	0	0	0
$(^4D,\ ^4G)_{5/2}$	31 857	0	0	0
$^4L_{19/2}$	32 187	0.0004	0.0203	0.0056
$^4H_{13/2}$	33 471	0.0099	0.0100	0.0016
$^4F_{3/2}$	33 642	0	0	0.0045
$(^4K,\ ^4L)_{13/2}$	33 776	0.0060	0.0024	~ 0
$^4D_{7/2}$	33 834	0	0.0661	0.0016
$^4H_{11/2}$	34 307	0.0029	0.0018	0.0022
$^4G_{9/2}$	34 311	0	0.0007	0.0041
$^4F_{5/2}$	34 398	0	0	0.0004
$^4G_{11/2}$	34 954	0.0016	0.0054	0.0075
$^4L_{17/2}$	35 047	0.0003	0.0088	0.0018
$(^4G,\ ^4H)_{7/2}$	35 891	0	0.0042	0.0001
$^4K_{11/2}$	36 432	0.0001	~ 0	0.0001
$(^4G,\ ^4P)_{5/2}$	36 524	0	0	0.0040
$^4G_{9/2}$	36 794	0	0.0013	0.0014
$(^4L,\ ^4K)_{13/2}$	37 103	0.0003	0.0001	0.0006
$^4L_{15/2}$	37 230	0.0001	0.0016	0.0002
$^4P_{1/2}$	37 435	0	0	0
$^4H_{7/2}$	37 807	0	~ 0	0.0002
$^4F_{3/2}$	38 031	0	0	0.0043
$(^2K,\ ^2L)_{15/2}$	38 811	0.0003	0.0001	0.0007

SLJ	E/cm^{-1}	$U(2)$	$U(4)$	$U(6)$
$(^4G, {}^4P)_{5/2}$	38 860	0	0	0.0061
$(^4P, {}^4F)_{3/2}$	39 127	0	0	0.0091
$^4F_{5/2}$	40 922	0	0	0
$(^4F, {}^2G)_{9/2}$	41 035	0	0.0015	0.0002
$^4I_{15/2}$	41 596	0.0030	0.0043	0.0001
$^2L_{17/2}$	41 848	0.0001	~ 0	0.0002
$^4F_{7/2}$	42 127	0	0.0021	0.0002
$^2P_{3/2}$	42 807	0	0	0.0005

表 5.9 Ho^{3+} 的约化矩阵元 $U(\lambda)$ 和能级

SLJ	E/cm^{-1}	$U(2)$	$U(4)$	$U(6)$
$^5I_8$	80	—	—	—
$^5I_7$	5116	0.0250	0.1344	1.5216
$^5I_6$	8614	0.0084	0.0386	0.6921
$^5I_5$	11 165	0	0.0100	0.0936
$^5I_4$	13 219	0	~ 0	0.0077
$^5F_5$	15 519	0	0.4250	0.5687
$^5S_2$	18 354	0	0	0.2268
$^5F_4$	18 612	0	0.2392	0.7071
$^5F_3$	20 673	0	0	0.3460
$^5F_2$	21 130	0	0	0.1921
$^5K_8$	21 308	0.0208	0.0334	0.1578
$^5G_6$	22 094	1.5201	0.8410	0.1411
$^5F_1$	22 375	0	0	0
$(^5G, {}^3G)_5$	23 887	0	0.5338	0.0002
$^5G_4$	25 826	0	0.0315	0.0359
$^3K_7$	26 117	0.0058	0.0046	0.0338
$(^5G, {}^3H)_5$	27 653	0	0.0790	0.1610
$^3H_6$	27 675	0.2155	0.1179	0.0028
$(^5F, {}^3F, {}^5G)_2$	28 301	0	0	0.0041
$^5G_3$	28 816	0	0	0.0133
$^3L_9$	29 020	0.0185	0.0052	0.1536
$(^3F, {}^3H, {}^3G)_4$	30 017	0	0.1260	0.0047
$^3K_6$	30 060	0.0026	0.0002	0.0026
$^5G_2$	30 813	0	0	0.0010
$^3D_3$	33 339	0	0	0.0030
$^3P_1$	33 398	0	0	0
$^3M_{10}$	34 264	0.0003	0.0696	0.0808
$^3L_8$	34 306	0.0017	0.0005	0.0108
$(^5G, {}^5D, {}^3G)_4$	34 794	0	0.3040	0.0492
$(^3F, {}^3G)_3$	35 224	0	0	0.0036

续表

SLJ	E/cm^{-1}	$U(2)$	$U(4)$	$U(6)$
$^3P_0$	36 050	0	0	0
$(^3H, {}^5D, {}^1G)_4$	36 046	0	0.2635	0.0041
$^3F_2$	36 364	0	0	0.0035
$^1L_8$	36 516	0.0002	0.0056	0.0016
$(^3H, {}^3G)_5$	36 773	0	0.0024	0.0032
$(^3P, {}^1D)_2$	37 845	0	0	~ 0
$^3L_7$	38 022	0.0020	~ 0	0.0036
$^3I_7$	38 470	0.0157	0.0003	0.0080
$^3F_4$	38 509	0	0.0084	0.0023
$^3I_5$	39 271	0	0.0008	0.0008
$^3M_9$	39 435	0.0005	0.0057	0.0029
$^3I_6$	39 830	0.0065	~ 0	0.0043
$(^3D, {}^5D, {}^3P)_1$	39 982	0	0	0
$^5D_3$	39 992	0	0	0.0293
$(^3F, {}^5D)_4$	41 532	0	0.2577	0.0144
$^5D_2$	41 922	0	0	0.0128
$^5D_0$	42 582	0	0	0
$(^3F, {}^5D)_3$	42 811	0	0	0.0079
$^5D_1$	43 036	0	0	0
$(^1D, {}^3D)_2$	45 286	0	0	0.0004
$^3M_3$	45 691	~ 0	~ 0	0.0001
$^3H_4$	45 705	0	0.0068	0.0003
$(^3H, {}^1I)_6$	45 724	0.0001	0.0118	0.0005
$^3F_3$	47 448	0	0	0.0008
$(^3H, {}^3G, {}^3I)_5$	48 102	0	0.0034	~ 0
$(^1D, {}^3F)_2$	48 736	0	0	~ 0
$^1H_5$	49 335	0	0.0016	~ 0

表 5.10 Er^{3+} 的约化矩阵元 $U(\lambda)$ 和能级

SLJ	E/cm^{-1}	$U(2)$	$U(4)$	$U(6)$
$^4I_{15/2}$	109	—	—	—
$^4I_{13/2}$	6610	0.0195	0.1173	1.4316
$^4I_{11/2}$	10 219	0.0282	0.0003	0.3953
$^4I_{9/2}$	12 378	0	0.1733	0.0099
$^4F_{9/2}$	15 245	0	0.5354	0.4618
$^4S_{3/2}$	18 462	0	0	0.2211
$^2H_{11/2}$	19 256	0.7125	0.4125	0.0925
$^4F_{7/2}$	20 422	0	0.1469	0.6266
$^4F_{5/2}$	22 074	0	0	0.2232
$^4F_{3/2}$	22 422	0	0	0.1272
$(^2G, {}^4F, {}^2H)_{9/2}$	24 505	0	0.0189	0.2256

SLJ	E/cm^{-1}	$U(2)$	$U(4)$	$U(6)$
$^4G_{11/2}$	26 496	0.9183	0.5262	0.1172
$^4G_{9/2}$	27 478	0	0.2416	0.1235
$^2K_{15/2}$	27 801	0.0219	0.0041	0.0758
$^2G_{7/2}$	27 979	0	0.0174	0.1163
$(^2P,\ ^2D,\ ^4F)_{3/2}$	31 653	0	0	0.0172
$^2K_{13/2}$	33 085	0.0032	0.0029	0.0152
$^4G_{5/2}$	33 389	0	0	0.0026
$^2P_{1/2}$	33 453	0	0	0
$^4G_{7/2}$	34 022	0	0.0334	0.0029
$^2D_{5/2}$	34 800	0	0	0.0228
$(^2H,\ ^2G)_{9/2}$	36 566	0	0.0501	0.0001
$^2D_{5/2}$	38 576	0	0	0.0267
$^4D_{7/2}$	39 158	0	0.8921	0.0291
$^2I_{11/2}$	41 009	0.0002	0.0284	0.0034
$^2L_{17/2}$	41 686	0.0047	0.0664	0.0327
$^4D_{3/2}$	42 257	0	0	0.0126
$(^2D,\ ^2P)_{3/2}$	42 966	0	0	0.0002
$^2I_{13/2}$	43 717	0.0050	0.0170	0.0050
$^4D_{1/2}$	47 040	0	0	0
$^2H_{9/2}$	47 822	0	0.0038	0.0001
$^2L_{15/2}$	47 916	0.0002	0.0026	0.0021
$(^2D,\ ^4D)_{5/2}$	49 033	0	0	0.0096
$^2H_{11/2}$	51 000	0.0001	0.0082	~ 0

表 5.11 Tm^{3+} 的约化矩阵元 $U(\lambda)$ 和能级

SLJ	E/cm^{-1}	$U(2)$	$U(4)$	$U(6)$
$^3H_6$	202	—	—	—
$^3F_4$	5811	0.5375	0.7261	0.2382
$^3H_5$	8390	0.1074	0.2314	0.6383
$^3H_4$	12 720	0.2373	0.1090	0.5947
$^3F_3$	14 510	0	0.3164	0.8411
$^3F_2$	15 116	0	~ 0	0.2581
$^1G_4$	21 374	0.0483	0.0748	0.0125
$^1D_2$	28 032	0	0.3156	0.0928
$^1I_6$	34 886	0.0106	0.0388	0.0134
$^3P_0$	35 637	0	0	0.0756
$^3P_1$	36 298	0	0	0.1239
$^3P_2$	38 193	0	0.2645	0.0223
$^1S_0$	79 592	0	0	0.0002

5.2   磁偶极矩和电四极矩跃迁

在 4f-4f 跃迁中, 磁偶极矩和电四极矩跃迁也是一种重要的跃迁方式, 它们对振子强度同样有贡献, 但是数量级比电偶极矩要小, 本节讨论它们的有关理论和方法.

(1) 磁偶极矩跃迁的振子强度表达式为

$$f_{\mathrm{md}} = \frac{h\sigma}{6mc(2J+1)} \chi_{\mathrm{md}} \left\langle 4f^N \psi J \| L+2S \| 4f^N \psi' J' \right\rangle^2 \tag{5.18}$$

约化矩阵元中 $L+2S$ 是磁偶极算符, $\chi_{\mathrm{md}} = n$ 是磁偶极跃迁的折射率因子, 它等于晶体的折射率, 约化矩阵元可以通过计算得到.

当 $J' = J-1$ 时

$$\begin{aligned}
&\left\langle 4f^N \psi J \| L+2S \| 4f^N \psi' J-1 \right\rangle \\
&= [(S+L+J+1)(S+L+1-J)(J+S-L)(J+L-S)/4J]^{1/2}
\end{aligned} \tag{5.19}$$

当 $J' = J$ 时

$$\left\langle 4f^N \psi J \| L+2S \| 4f^N \psi' J \right\rangle = g[J(J+1)(2J+1)]^{1/2} \tag{5.20}$$

其中

$$g = 1 + \left\{ \frac{J(J+1) + S(S+1) - L(L+1)}{2J(J+1)} \right\} \tag{5.21}$$

当 $J' = J+1$ 时

$$\begin{aligned}
&\left\langle 4f^N \psi J \| L+2S \| 4f^N \psi' J+1 \right\rangle \\
&= [(S+L+J+2)(S+L-J)(J+S+1-L)(J+L+1-S)/4(J+1)]^{1/2}
\end{aligned} \tag{5.22}$$

磁偶极矩跃迁的选择定则是

$$\Delta l = 0, \quad \Delta S = 0, \quad \Delta L = 0, \quad \Delta J = 0, \pm 1, \quad \Delta M = 0, \pm 1$$

(2) 电四极矩跃迁的振子强度

$$f_{\mathrm{eq}} = \frac{16\pi^4 mc\sigma^3}{45h(2J+1)} \chi_{\mathrm{eq}} [\langle r^2 \rangle \left\langle 4f \| C^2 \| 4f \right\rangle \left\langle 4f^N \psi J \| U^2 \| 4f^N \psi' J' \right\rangle]^2 \tag{5.23}$$

式中, $\chi_{\mathrm{eq}} = (n^2+2)^2/9n$, 是电四极矩的折射率因子, 它的选择定则是

$$\Delta l = 0, \quad \Delta S = 0, \quad \Delta L \leqslant 2, \quad \Delta J \leqslant 2$$

稀土离子由基态到激发态的磁偶极矩跃迁振子强度可以写成 $f_{\mathrm{md}} = \chi_{\mathrm{md}} f'$, 各稀土离子的 f' 值已经被计算出来, 结果列在表 5.12 中[4], 利用这个表和材料的折射率很容易求出磁偶极矩跃迁振子强度.

表 5.12　三价稀土离子磁偶极跃迁振子强度的 f' 的值

离子	光谱支项 $(S'L'J')$	能级位置/cm^{-1}	$f' \times 10^8$
Pr	$^3H_5$	2322	9.76
	$^3F_3$	6540	0.02
	$^3F_4$	6973	0.49
	$^1G_4$	9885	0.25
Nd	$^4I_{11/2}$	2007	14 011
	$^2H_{9/2}$	12 738	1.12
	$^4F_{9/2}$	14 854	0.20
	$^2G_{7/2}$	17 333	0.02
	$^2I_{11/2}$	29 624	0.05
Pm	$^5I_5$	1557	16.36
	$^5F_4$	14 562	0.08
	$^3H_4$	17 327	1.30
	$^5G_4$	20 181	0.26
	$^3G_4$	23 897	0.11
	$^3I_5$	27 916	0.23
	$^3H_4$	35 473	0.04
Sm	$^6H_{7/2}$	1080	17.51
	$^6F_{3/2}$	6641	0.02
	$^6F_{5/2}$	7131	0.08
	$^4G_{5/2}$	17 924	1.76
	$^4F_{3/2}$	18 832	0.03
	$^4G_{7/2}$	20 014	0.05
	$^4F_{5/2}$	22 098	0.45
	$^4H_{7/2}$	28 396	0.67
	$^4G_{5/2}$	30 232	0.03
	$^4G_{5/2}$	42 714	0.02
	$^4G_{7/2}$	42 965	0.06
	$(^2G, \, ^4H)_{7/2}$	44 237	0.04
Eu	$^7F_1$	350	17.73
	$^5D_1$	19 026	1.62
	$^5F_1$	33 429	2.16
Gd	$^6P_{7/2}$	32 224	4.13
	$^6P_{5/2}$	32 766	2.33
	$^6D_{9/2}$	39 779	0.03
	$^6D_{7/2}$	40 712	0.39
	$^6D_{5/2}$	40 977	0.20

续表

离子	光谱支项 $(S'L'J')$	能级位置$/\text{cm}^{-1}$	$f' \times 10^8$
	$^7F_5$	2112	12.11
	$^5G_6$	26 425	5.03
	$^5G_5$	27 795	0.36
	$^5L_6$	29 550	0.14
Tb	$^5H_7$	31 537	0.06
	$^5H_6$	33 027	0.46
	$^5H_5$	33 879	0.03
	$^5F_5$	34 927	1.87
	$^5G_6$	41 082	0.23
	$^6H_{13/2}$	3506	22.68
	$^4I_{15/2}$	22 293	5.95
	$^4I_{13/2}$	25 919	0.41
	$^4K_{17/2}$	26 365	0.09
	$(^4M,\ ^4I)_{15/2}$	29 244	0.69
Dy	$^4M_{17/2}$	30 892	0.03
	$^4K_{15/2}$	31 795	0.12
	$^4H_{13/2}$	33 471	0.60
	$(^4K,\ ^4L)_{13/2}$	33 776	0.37
	$(^2K,\ ^2L)_{15/2}$	38 811	0.09
	$^4I_{15/2}$	41 569	0.03
	$^5I_7$	5116	29.47
	$^3K_8$	21 308	6.39
	$^3K_7$	26 117	0.28
Ho	$^3L_9$	29 020	0.12
	$^3L_8$	34 306	0.17
	$^3L_7$	38 022	0.04
	$^3I_7$	38 470	0.36
	$^4I_{13/2}$	6610	30.82
	$^2K_{15/2}$	27 801	3.69
Er	$^2K_{13/2}$	33 085	0.11
	$^2L_{17/2}$	41 686	0.03
	$^2I_{13/2}$	43 717	0.12
Tm	$^3H_5$	8390	27.25
	$^1I_6$	34 886	1.40
Yb	$^2F_{5/2}$	10 400	17.76

5.3　振子强度参数 Ω_λ 的计算方法

　　电偶极矩振子强度的表达式中的 Ω_λ 参数称为电偶极跃迁的振子强度参数, 其表达式前面已经给出, 但是, 利用它来计算参数的具体值是困难的, 并且不准确. 通常是利用晶体或溶液的吸收光谱所确定的实验振子强度, 采用数学拟合方法求出 Ω_λ 参数, 因此, 也称它为唯象参数. 大家知道利用吸收光谱求出各个谱项的实验振子强度的公式为

$$f_{\exp} = \frac{2303mc^2}{N\pi e^2} \int \varepsilon(\sigma)\mathrm{d}\sigma = 4.318 \times 10^{-9} \int \varepsilon(\sigma)\mathrm{d}\sigma \tag{5.24}$$

式中, $\varepsilon(\sigma)$ 是摩尔消光系数, 它可以通过材料厚度、透射率和晶体中稀土离子的浓度求得. 假设入射光强度为 I_0, 经过晶体后出射光强度为 I, 则

$$I = I_0 \mathrm{e}^{-c\varepsilon\Delta x} \tag{5.25}$$

式中, c 是稀土离子的物质的量浓度; Δx 是入射光经过的光程, 或者说是晶体的厚度. 对式 (5.25) 取对数, 则

$$\lg \frac{I_0(\sigma)}{I(\sigma)} = c\varepsilon\Delta x \lg \mathrm{e}$$

$$\varepsilon(\sigma) = \frac{\lg \dfrac{I_0(\sigma)}{I(\sigma)}}{c\Delta x \lg \mathrm{e}} = \frac{2.303 \lg \dfrac{1}{T(\sigma)}}{c\Delta x} \tag{5.26}$$

式中, $T(\sigma)$ 表示能量为 σ 时的透射率. 这样, 利用吸收光谱, 稀土离子的物质的量浓度 c 和晶体的厚度 Δx 求出 $\varepsilon(\sigma)$, 然后画出 $\varepsilon(\sigma)$-σ 图, 再利用该图求出各个光谱峰的面积和它们的实验振子强度. 这种振子强度包括各种作用产生的跃迁, 我们只考虑较大的磁偶极矩跃迁, 于是

$$f_{\exp} = f_{\mathrm{ed}} + f_{\mathrm{md}} \tag{5.27}$$

f_{md} 可以利用表 5.12 中的结果和晶体的折射率求得, 然后利用式 (5.17), 对于每个光谱峰都构成一个包含 3 个 $\Omega_\lambda(\lambda = 2, 4, 6)$ 参数的方程, 对于某个稀土离子, 我们都能够得到很多这样的方程, 利用最小二乘法, 处理这样一个方程组, 得到该晶体中稀土离子电偶极矩跃迁的振子强度参数 Ω_λ. 值得注意的是在这种计算中方程的数目越多, 其结果越好, 并且合理, 得到的参数才具有普适性. 如果利用式 (3.47) 去解 Ω_λ 参数, 这样的参数没有实际意义, 不能用于体系光谱性质有关参数的计算, 比如跃迁概率, 荧光寿命, 荧光分支比等.

下面我们以 $\mathrm{DyP_5O_{14}}$ 为例说明以上方法: ① 首先精确地测量晶体的吸收光谱、晶体厚度、稀土离子物质的量浓度 (注意: 对于掺杂型晶体, 要分析进行光谱测量晶体中的稀土离子真实浓度), 利用式 (5.26) 计算出各个能量的摩尔消光系数. 作摩尔消光系数和能量的谱图, 测量各个跃迁的能量区域积分面积, 然后利用式 (5.24) 求出各个跃迁的实验振子强度; ② 利用表 5.12 计算相关能级的磁偶极矩跃迁的振子

强度; ③ 利用式 (5.17) 计算各个能级系数并结合式 (5.27) 列出含 3 个 $\Omega_\lambda(\lambda = 2, 4, 6)$ 参数方程组; ④ 利用最小二乘法解出 Ω_λ 参数, 并利用参数再计算各个能级的跃迁的振子强度与实验振子强度比较求出均方差. 我们选取 21 组能级区域, 得到的参数值是: $\Omega_2 = 1.2 \times 10^{-20}$ cm^2, $\Omega_4 = 1.91 \times 10^{-20}$ cm^2, $\Omega_6 = 2.48 \times 10^{-20}$ cm^2, 详细结果见表 5.13[6]. DyP$_5$O$_{14}$ 晶体中 Dy^{3+} 离子的发射主要是从 $^4F_{9/2}$ 能级到 ^4F_J 和 ^6H_J 能级, 计算这些跃迁的概率首先要计算 $^4F_{9/2}$ 能级到 ^4F_J 和 ^6H_J 能级的约化矩阵元, 它们可以利用中间耦合波函数和 Nielson 的数表来完成, 有关结果列于表 5.14. 这些状态之间的磁偶极矩约化矩阵元也被计算出来, 其结果列于表 5.15. 从 $^4F_{9/2}$ 能级向下能级辐射跃迁的电偶极跃迁概率和磁偶极跃迁概率也被计算出来, 结果列于表 5.16. 从表中结果可以发现, Dy^{3+} 离子的主要发射是 $^4F_{9/2}$-$^6H_{15/2}$(蓝光) 和 $^4F_{9/2}$-$^6H_{13/2}$(黄光), $^4F_{9/2}$ 能级到 ^6F_J 能级的跃迁概率主要来源于磁偶极矩跃迁, $^4F_{9/2}$ 能级到 ^6H_J 能级的跃迁概率主要来源于电偶极矩跃迁.

表 5.13　DyP$_5$O$_{14}$ 晶体中 Dy^{3+} 离子的振子强度

光谱范围/ cm^{-1}	SLJ	$P_{\exp} \times 10^6$	$P_{\mathrm{cal}} \times 10^6$
$5240 \sim 6450$	$^6H_{11/2}$	0.80	1.02
$6960 \sim 8230$	$^6H_{9/2}$ $^6F_{11/2}$	2.83	2.85
$8230 \sim 9660$	$^6F_{9/2}$ $^6H_{7/2}$	2.15	2.67
$9660 \sim 11\,360$	$^6H_{5/2}$ $^6F_{7/2}$	1.78	2.21
$11\,880 \sim 12\,800$	$^6F_{5/2}$	1.27	1.05
$12\,800 \sim 13\,400$	$^6F_{3/2}$	0.22	0.20
$20\,500 \sim 21\,500$	$^4F_{9/2}$	0.21	0.17
$21\,720 \sim 22\,740$	$^4I_{15/2}$	0.39	0.47
$23\,000 \sim 24\,000$	$^4G_{11/2}$	0.09	0.07
$24\,600 \sim 26\,800$	$^4F_{7/2}$ $^4I_{13/2}$ $^4M_{21/2}$ $^4K_{17/2}$	1.80	1.95
$26\,800 \sim 28\,040$	$^4M_{19/2}$ $(^4P, {}^4D)_{3/2}$ $^6P_{5/2}$ $^4I_{11/2}$	2.13	1.61
$28\,040 \sim 29\,130$	$^6P_{7/2}$	3.05	2.91
$29\,130 \sim 30\,260$	$(^4M, {}^4I)_{15/2}$ $(^4F,{}^4D)_{5/2}$ $^4I_{9/2}$ $^4G_{9/2}$	0.40	0.23

续表

光谱范围/ cm^{-1}	SLJ	$P_{exp} \times 10^6$	$P_{cal} \times 10^6$
30 260 ~ 32 520	$^6P_{3/2}$ $^4M_{17/2}$ $(^4G, \ ^2F)_{7/2}$ $^4K_{15/2}$ $^4D_{1/2}$ $(^4D, \ ^4G)_{5/2}$ $^4L_{19/2}$	2.16	1.15
32 520 ~ 33 620	$^4H_{13/2}$ $^4F_{3/2}$ $(^4K, \ ^4L)_{13/2}$	0.38	0.21
33 620 ~ 35 320	$^4D_{7/2}$ $^4H_{11/2}$ $^4G_{9/2}$ $^4F_{5/2}$ $^4G_{11/2}$ $^4L_{17/2}$	0.92	0.78
35 320 ~ 36 760	$(^4G, \ ^4H)_{7/2}$ $^4K_{11/2}$ $(^4G, \ ^4P)_{5/2}$ $^4G_{9/2}$	0.33	0.09
37 400 ~ 38 210	$^4H_{7/2}$ $^4F_{3/2}$	0.13	0.04
38 210 ~ 39 690	$(^2K, \ ^2L)_{15/2}$ $(^4G, \ ^4P)_{5/2}$ $(^4P, \ ^4F)_{3/2}$	0.76	0.16
39 690 ~ 41 430	$(^4F, \ ^2G)_{9/2}$	0.16	0.14
41 430 ~ 42 140	$^4I_{15/2}$	0.04	0.05
平均均方根偏差 2.06×10^{-7}			

表 5.14 $\mathbf{DyP_5O_{14}}$ 晶体中 $\mathbf{Dy^{3+}}$ 离子电偶跃迁的约化矩阵元

	$U(2)$	$U(4)$	$U(6)$
$^4F_{9/2}$ -$^6H_{5/2}$	0.0001	0.0024	0.0211
-$^6H_{7/2}$	0.0022	0.0146	0.0291
-$^6H_{9/2}$	0.0095	0.0229	0.0182
-$^6H_{11/2}$	0.0160	0.0361	0.0007
-$^6H_{13/2}$	0.0294	0.0016	0.0334
-$^6H_{15/2}$	0	0.0455	0.0703

续表

	$U(2)$	$U(4)$	$U(6)$
- $^6F_{1/2}$	0	~ 0	0
- $^6F_{3/2}$	0	0.0007	0.0011
- $^6F_{5/2}$	0.0001	0.0056	0.0001
- $^6F_{7/2}$	0.0055	0.0010	0.0001
- $^6F_{9/2}$	0.0004	0.0002	0.0006
- $^6F_{11/2}$	0.0014	0.0014	0.0022

注: $\left\langle ^4F_{9/2} \left\| U^\lambda \right\| ^6 L_J \right\rangle^2 = U(\lambda)$, $\lambda = 2, 4, 6$.

表 5.15 DyP_5O_{14} 晶体中 Dy^{3+} 离子磁偶跃迁的约化矩阵元

	$\left\langle ^4F_{9/2} \left\| L+2S \right\| ^6 L_J \right\rangle^2$
$^4F_{9/2}$-$^6H_{7/2}$	0.0874
-$^6H_{9/2}$	0.0312
-$^6H_{11/2}$	0.0894
-$^6F_{7/2}$	2.0448
-$^6F_{9/2}$	4.5171
-$^6F_{11/2}$	0.5696

表 5.16 DyP_5O_{14} 晶体中Dy^{3+} 离子的 $^4F_{9/2}$ 能级到 ^4F_J 和 ^6H_J 能级的跃迁概率

	A_{ed} / s^{-1}	A_{md} / s^{-1}	$\tau/\mu s$
$^4F_{9/2}$ -$^6H_{5/2}$	687.4	—	
- $^6H_{7/2}$	186.2	—	
- $^6H_{9/2}$	90.2	3.6	
- $^6H_{11/2}$	69.2	0.9	
- $^6H_{13/2}$	50.2	1.7	
- $^6H_{15/2}$	20.9	—	
- $^6F_{11/2}$	6.5	15.0	
- $^6F_{9/2}$	1.1	91.0	
- $^6F_{7/2}$	2.5	24.5	
- $^6F_{5/2}$	2.1	—	
- $^6F_{3/2}$	0.5	—	
- $^6F_{1/2}$	~ 0	—	
总计	1116.8	136.7	797

我们也收集了一些文献给出的稀土离子的 Ω_λ 参数, 列于表 5.17 到表 5.21 中, 可以帮助我们了解参数的特征和数量级.

表 5.17　LaF$_3$ 晶体中稀土离子的 Ω_λ 参数值/10^{-20}cm^2

Ln^{3+}	Ω_2	Ω_4	Ω_6
Pr	0.11	1.77	4.78
Nd	0.35	2.57	2.50
Pm	0.5	1.9	2.2
Sm	1.0	0.5	1.5
Eu	1.19	1.16	0.39
Gd	1.1	1.2	0.5
Tb	1.1	1.4	0.9
Dy	1.1	1.4	0.9
Ho	1.16	1.38	0.88
Er	1.07	0.28	0.63
Tm	0.52	0.59	0.22

表 5.18　Y$_2$O$_3$ 晶体中稀土离子的 Ω_λ 参数值/10^{-20}cm^2

Ln^{3+}	Ω_2	Ω_4	Ω_6
Pr	17.21	19.8	4.88
Nd	8.55	5.25	2.89
Eu	6.31	0.66	0.48
Eu	9.86	2.23	0.32
Eu	6.3	0.7	0.5
Er	4.6	1.2	0.5
Tm	4.0	1.5	0.6

表 5.19　YAlO$_3$ 晶体中稀土离子的 Ω_λ 参数值/10^{-20}cm^2

Ln^{3+}	Ω_2	Ω_4	Ω_6
Nd	1.24	4.68	5.85
Eu	2.66	6.32	0.80
Tb	3.25	7.13	2.00
Ho	1.82	2.38	1.53
Er	1.06	2.63	0.78
Tm	0.67	2.30	0.74

表 5.20　Y$_3$Al$_5$O$_{12}$ 晶体中稀土离子的 Ω_λ 参数值/10^{-20}cm^2

Ln^{3+}	Ω_2	Ω_4	Ω_6
Nd	0.2	2.7	5.0
Nd	0.37	2.29	5.97
Ho	1.2	5.29	1.48

Ln^{3+}	Ω_2	Ω_4	Ω_6
Er	0.66	0.81	0.71
Tm	0.90	0.70	0.85
Tm	0.89	1.08	0.68
Tm	0.7	1.2	0.5

表 5.21　LnP_5O_{14} 晶体中稀土离子的 Ω_λ 参数值/$10^{-20}cm^2$

Ln^{3+}	Ω_2	Ω_4	Ω_6
Pr	35.5	2.93	13.28
Nd	0.6	2.2	3.6
Sm	0.68	2.7	1.83
Gd	1.18	3.96	1.39
Tb	2.13	3.76	2.98
Dy	1.20	1.91	2.48
Ho	1.45	1.40	1.46
Er	1.88	1.34	1.13
Tm	1.50	1.51	0.92

另外, Carnall, Field 和 Rajnak 等利用公式

$$f_{ed} = \sum_\lambda \sigma T_\lambda \left\langle 4f^N \psi J \left\| U^\lambda \right\| 4f^N \psi' J' \right\rangle^2$$

求得了三价稀土离子在水溶液中的振子强度 T_λ, 详细结果列于表 5.22[4], 供大家参考.

表 5.22　三价稀土离子在水溶液中的振子强度 T_λ

	$T_2 \times 10^9/cm$	$T_4 \times 10^9/cm$	$T_6 \times 10^9/cm$
Pr	42.0±91.8	7.4±3.2	41.2±3.8
Nd	1.20±0.41	6.44±0.36	10.2±0.54
Pm	3.61±0.31	3.25±0.48	5.42±0.27
Sm	1.17±1.12	5.32±0.35	3.47±0.33
Eu	1.88	8.59	6.96±0.46
Gd	3.30±0.62	6.06±0.53	6.10±0.10
Tb	0.005±0.04	9.26±2.96	4.45±0.29
Dy	1.93±5.23	4.44±0.21	4.46±0.28
Ho	0.47±0.18	4.05±0.21	3.96±0.21
Er	2.05±0.16	2.51±0.24	2.45±0.12
Tm	1.03±0.82	2.68±0.38	2.40±0.21
Yb	—	2.13	2.13

5.4 跃迁概率和光谱参数

(1) 跃迁概率

一般情况跃迁概率和振子强度有下面关系

$$A = \frac{8\pi^2 e^2 \sigma^2 n^2}{mc} f \tag{5.28}$$

式中, A 表示跃迁概率. 在 4f-4f 跃迁中, 各种相互作用形式的跃迁概率可以表示如下电偶极跃迁概率的表达式:

$$A_{\text{ed}} = \frac{64\pi^4 e^2 \sigma^3}{3h(2J+1)} \chi'_{\text{ed}} \sum \Omega_\lambda \left\langle 4f^N \psi J \left\| U^\lambda \right\| 4f^N \psi' J' \right\rangle^2 \tag{5.29}$$

磁偶极跃迁概率的表达式:

$$A_{\text{md}} = \frac{4\pi^2 e^2 h \sigma^3}{3m^2 c^2 (2J+1)} \chi'_{\text{md}} \left\langle 4f^N \psi J \left\| L + 2S \right\| 4f^N \psi' J' \right\rangle^2 \tag{5.30}$$

电四极跃迁概率的表达式:

$$A_{\text{eq}} = \frac{128\pi^6 e^5 \sigma^5}{45h(2J+1)} \chi'_{\text{eq}} [\langle r^2 \rangle \left\langle 4f \left\| C^2 \right\| 4f \right\rangle \left\langle 4f^N \psi J \left\| U^2 \right\| 4f^N \psi' J' \right\rangle]^2 \tag{5.31}$$

式中, 折射率因子的具体表达式为

$$\chi'_{\text{ed}} = n(n^2+2)^2/9$$
$$\chi'_{\text{md}} = n^3$$
$$\chi'_{\text{eq}} = n(n^2+2)^2/9$$

假设从第 i 能级到第 j 个能级总的跃迁概率为 A_{ij}, 则有

$$A_{ij} = A_{\text{ed}}(ij) + A_{\text{md}}(ij) + A_{\text{eq}}(ij) \tag{5.32}$$

利用跃迁概率, 我们还能导出其他一些光谱参数.

(2) 能级寿命

第 i 能级的寿命应该由从该能级向下面各个能级的辐射行为确定, 是该能级总的跃迁概率的倒数

$$\tau_i = 1 \left/ \sum_k A_{ik} \right. \tag{5.33}$$

式中, k 表示第 i 能级以下可能跃迁的所有能级. 这个寿命只是辐射寿命, 还不是实验上测得的能级寿命, 因为除了辐射跃迁外还有无辐射跃迁过程, 如热弛豫过程、

交叉弛豫过程等. 假设从第 i 能级到以下各个能级的无辐射跃迁过程的概率是 W_{ik}, 则由第 i 能级到第 k 能级的跃迁概率应该是 $A_{ik} + W_{ik}$, 这样, 第 i 能级的真正寿命为

$$\tau_i^* = 1 \left/ \sum_k \left(A_{ik} + W_{ik}\right) \right. \tag{5.34}$$

这个寿命是可以和实验测得的寿命进行比较的. 但是, 值得注意的是在实验中往往测量的是第 i 能级到该能级以下某个特定能级的寿命, 它只是两个能级间的辐射寿命, 而不是第 i 能级的寿命.

(3) 发射截面

发射截面也是定量描述跃迁行为大小的一个物理量, 公式为

$$\sigma_{ij} = \frac{\lambda_{ij}^2 A_{ij}}{4\pi^2 n^2 \Delta \nu} \qquad \text{对于 Lorentz 线型} \tag{5.35}$$

$$\sigma_{ij} = \frac{\lambda_{ij}^2 A_{ij}}{4\pi n^2 \Delta \nu} \left(\frac{\ln 2}{\pi}\right)^{1/2} \qquad \text{对于 Gauss 线型} \tag{5.36}$$

(4) 荧光分支比

因一个能级向它以下的各个能级的跃迁概率不同, 而形成一种特定的分配形式, 为了表达这种分配提出了荧光分支比这个概念, 它反映了到各能级辐射的量子效率, 定义为

$$\beta_{ij} = \frac{A_{ij}}{\sum_k A_{ik}} \tag{5.37}$$

5.5　Pr^{3+} 和 Tm^{3+} 离子本征函数的组成与状态间的约化矩阵元

在计算光谱参数时经常遇到约化矩阵元的计算, 如计算电偶极跃迁概率, 大都是从高激发态到下能级的跃迁, 需要计算由上能级到下能级跃迁的约化矩阵元, 注意计算时要使用中间耦合波函数. Pr^{3+} 和 Tm^{3+} 离子是稀土元素中比较简单的离子, 状态比较少, 它们的基本数据比较完善, 本节我们介绍一些完整的结果. 首先是中间耦合波函数的构成, 然后是各个状态之间的约化矩阵元的计算结果. 中间耦合波函数的结果见表 5.23 和表 5.24[5]. 任何两个状态之间的约化矩阵元 $U(k) = \langle \alpha SLJ \| U^k \| \alpha S'L'J' \rangle$ 的结果列于表 5.25∼ 表 5.30, 利用这些结果很容易完成 Pr^{3+} 和 Tm^{3+} 离子的相关的光谱参数计算.

表 5.23 Pr³⁺ 离子的中间耦合波函数

	$^3P_0$	$^3P_1$	$^3P_2$	$^3F_2$	$^3F_3$	$^3F_4$	$^3H_4$	$^3H_5$	$^3H_6$	$^1S_0$	$^1D_2$	$^1G_4$	$^1I_6$
$^3P_0$	0.9962									0.0876			
$^3P_1$		1.0000											
$^3P_2$			0.9592	−0.0290							0.2812		
$^3F_2$			−0.0133	0.9890							0.1475		
$^3F_3$					1.0000								
$^3F_4$						0.8544	0.1035					−0.5092	
$^3H_4$						−0.0282	0.9878					0.1534	
$^3H_5$								1.0000					
$^3H_6$									−0.9985				0.0541
$^1S_0$	0.0876									−0.9962			
$^1D_2$			0.2823	0.1452							−0.9483		
$^1G_4$						0.5188	−0.1167					0.8469	
$^1I_6$									0.0541				0.9985

表 5.24 Tm³⁺ 离子的中间耦合波函数

	$^3P_0$	$^3P_1$	$^3P_2$	$^3F_2$	$^3F_3$	$^3F_4$	$^3H_4$	$^3H_5$	$^3H_6$	$^1S_0$	$^1D_2$	$^1G_4$	$^1I_6$
$^3P_0$	0.9718									−0.2354			
$^3P_1$		1.0000											
$^3P_2$			0.7693	−0.1984							−0.6070		
$^3F_2$			−0.1374	0.8769							−0.4606		
$^3F_3$					1.0000								
$^3F_4$						0.5282	0.7713					−0.3549	
$^3H_4$						0.7870	−0.2882					0.5450	
$^3H_5$								1.0000					
$^3H_6$									0.9956				0.0931
$^1S_0$	0.2354									0.9718			
$^1D_2$			0.623	0.4378							0.6473		
$^1G_4$						−0.3182	0.5674					0.7594	
$^1I_6$									−0.0931				0.9956

表 5.25 Pr^{3+} 离子的约化矩阵元 $U(2)$

	$^3P_0$	$^3P_1$	$^3P_2$	$^3F_2$	$^3F_3$	$^3F_4$	$^3H_4$	$^3H_5$	$^3H_6$	$^1S_0$	$^1D_2$	$^1G_4$	$^1I_6$
$^3P_0$	0	0	-0.4392	0.5425	0	0	0	0	0	0	-0.1157	0	0
$^3P_1$	0	0.4009	-0.6505	-0.5194	0.7559	0	0	0	0	0	0.2736	0	0
$^3P_2$	-0.4392	0.6505	-0.6256	0.1769	-0.5082	0.7234	-0.0078	0	0	-0.2520	0.0327	0.7510	0
$^3F_2$	0.5425	0.5194	0.1769	-0.2476	-0.1455	-0.0393	0.7128	0.7928	0	-0.0642	0.1145	0.0123	0
$^3F_3$	0	0.7559	-0.5082	-0.1455	-0.2500	0.1619	0.2566	-0.1919	-0.7956	0	0.1733	0.0509	0
$^3F_4$	0	0	0.7234	-0.0393	0.1619	-0.1727	0.1272	0.3310	-0.0123	0	0.7172	-0.2614	-0.2532
$^3H_4$	0	0	-0.0078	0.7128	0.2566	0.1272	0.8853	0.9588	0.3286	0	-0.0448	-0.0434	0.0899
$^3H_5$	0	0	0	0.7928	-0.1919	0.3310	0.9588	-0.3286	0	0	0	-0.1753	-0.0178
$^3H_6$	0	0	0	0	-0.7956	-0.0123	0.3286	0	1.1127	0	0	-0.4390	0.0599
$^1S_0$	0	0	-0.2520	-0.0642	0	0	0	0	0	0	0.7095	0	0
$^1D_2$	-0.1157	0.2736	0.0327	0.1145	0.1733	0.7172	-0.0448	0	0	0.7095	-0.6141	-0.6218	0
$^1G_4$	0	0	0.7510	0.0123	0.0509	-0.2614	-0.0434	-0.1753	-0.4390	0	-0.6218	0.0745	0.5166
$^1I_6$	0	0	0	0	0	-0.2532	0.0899	0.0178	0.0599	0	0	0.5166	2.2157

表 5.26 Pr^{3+} 离子的约化矩阵元 $U(4)$

	$^3P_0$	$^3P_1$	$^3P_2$	$^3F_2$	$^3F_3$	$^3F_4$	$^3H_4$	$^3H_5$	$^3H_6$	$^1S_0$	$^1D_2$	$^1G_4$	$^1I_6$
$^3P_0$	0	0	0	0	0	-0.3483	0.4140	0	0	0	0	-0.2062	0
$^3P_1$	0	0	0	0	0.4433	0.5340	-0.4150	0.5345	0	0	0	0.2459	0
$^3P_2$	0	0	0.0898	-0.5478	0.5552	-0.3420	0.1902	-0.4345	-0.7077	0	-0.2680	-0.1847	0.1603
$^3F_2$	0	0	-0.5478	-0.0837	-0.2254	-0.0521	0.6363	0.5457	-0.1292	0	-0.2853	-0.1175	0.0710
$^3F_3$	0	0.4433	0.5552	-0.2254	-0.0556	0.2711	-0.5906	0.5889	-0.5641	0	-0.1295	-0.0560	0.0306
$^3F_4$	-0.3483	0.5340	-0.3420	-0.0521	0.2711	-0.4308	0.2298	0.5806	-0.8249	0.3558	-0.0199	0.3469	-0.6893
$^3H_4$	0.4140	0.4150	0.1902	0.6363	0.5906	0.2298	-0.6789	-0.4511	0.1794	-0.0800	0.1284	0.0661	0.2114
$^3H_5$	0	0.5345	-0.4345	0.5457	0.5889	0.5806	-0.4511	-0.6057	-0.4824	0	0.0439	0.2673	-0.0261
$^3H_6$	0	0	-0.7077	-0.1292	-0.5641	-0.8249	0.1794	-0.4824	-0.8432	0	-0.2546	-0.4365	0.1147
$^1S_0$	0	0	0	0	0	0.3558	-0.0800	0	0	0	0	-0.6608	0
$^1D_2$	0	0	-0.2680	-0.2853	-0.1295	-0.0199	0.1284	-0.0439	-0.2546	0	0.5825	-0.2220	-0.3975
$^1G_4$	-0.2062	0.2459	-0.1847	-0.1175	-0.0560	0.3469	0.0661	-0.2673	-0.4365	-0.6608	-0.2220	-0.8804	1.2445
$^1I_6$	0	0	0.1603	0.0710	0.0306	-0.6893	0.2114	0.0261	0.1147	0	-0.3975	1.2445	1.2679

表 5.27　Pr^{3+} 离子的约化矩阵元 $U^{(6)}$

	$^3P_0$	$^3P_1$	$^3P_2$	$^3F_2$	$^3F_3$	$^3F_4$	$^3H_4$	$^3H_5$	$^3H_6$	$^1S_0$	$^1D_2$	$^1G_4$	$^1I_6$
$^3P_0$									0.2694				0.0517
$^3P_1$								0.2988	−0.3530				0.0191
$^3P_2$						−0.0851	−0.3706	0.3628	0.2333			0.1357	0.3749
$^3F_2$					0.2500	−0.3030	−0.3459	−0.8122	0.5514			−0.0568	0.1734
$^3F_3$				0.2500		0.1013	−0.8368		−0.9198			0.2125	0.0498
$^3F_4$			−0.0851	−0.3030	0.1013	0.0998	−0.7001	0.7265	0.7187		0.1212	−0.5333	−0.5796
$^3H_4$			−0.3706	−0.3459	0.8368	−0.7001	−0.5243	−0.7814	0.3752		−0.2220	−0.1090	0.1425
$^3H_5$		0.2988	0.3628	−0.8122		0.7265	−0.7814	−0.3485	−0.8013		0.0187	−0.5783	−0.0434
$^3H_6$	0.2694	0.3530	0.2333	0.5514	0.9198	0.7187	0.3752	−0.8013	−0.8876	−0.0174	0.0764	0.4319	0.0674
$^1S_0$									−0.0174				−0.7532
$^1D_2$						0.1212	−0.2220	0.0187	0.0764			−0.2905	−1.3111
$^1G_4$			0.1357	−0.0568	0.2125	−0.5333	−0.1090	−0.5783	0.4319		−0.2905	0.8969	0.8757
$^1I_6$	0.0517	0.0191	0.3749	0.1734	0.0498	−0.5796	0.1425	−0.0434	0.0674	−0.7532	−1.3111	0.8757	0.3529

表 5.28　Tm^{3+} 离子的约化矩阵元 $U^{(2)}$

	$^3P_0$	$^3P_1$	$^3P_2$	$^3F_2$	$^3F_3$	$^3F_4$	$^3H_4$	$^3H_5$	$^3H_6$	$^1S_0$	$^1D_2$	$^1G_4$	$^1I_6$
$^3P_0$			0.3411	−0.5993							0.1680		
$^3P_1$		−0.4009	−0.4282	0.3733	−0.7559						−0.6666		
$^3P_2$	0.3411	−0.4282	0.6696	−0.0677	0.3806	−0.5261					−0.0219	0.7754	
$^3F_2$	−0.5993	0.3733	−0.0677	0.3757	0.0619	0.5408	0.5531				−0.2523	−0.0753	
$^3F_3$		−0.7559	0.3806	0.0619	0.2500	0.2870	0.0478	−0.7928			−0.4005	0.0998	
$^3F_4$			−0.5261	0.5408	0.2870	−0.5138	0.3629	−0.1131	−0.4916		−0.3585	−0.3961	0.2531
$^3H_4$				0.5531	0.0478	0.3629	0.0938	0.3024	−0.7289		−0.7482	−0.0583	−0.2499
$^3H_5$					−0.7928	−0.1131	0.3024	−0.9588	−0.3277			0.2700	0.0306
$^3H_6$						−0.4916	−0.7289	−0.3277	−1.1190	0.5547		0.2223	−0.1028
$^1S_0$									0.5547		−0.4627	0.2130	
$^1D_2$	0.1680	−0.6666	−0.0219	−0.2523	−0.4005	−0.3585	−0.7482			−0.4627	0.4410	−0.4378	
$^1G_4$			0.7754	−0.0753	0.0998	−0.3961	−0.0583	0.2700	0.2223	0.2130	−0.4378	−0.3670	−0.4640
$^1I_6$						0.2531	−0.2499	0.0306	−0.1028			−0.4640	−2.2092

表 5.29　Tm^{3+} 离子的约化矩阵元 $U(4)$

	$^3P_0$	$^3P_1$	$^3P_2$	$^3F_2$	$^3F_3$	$^3F_4$	$^3H_4$	$^3H_5$	$^3H_6$	$^1S_0$	$^1D_2$	$^1G_4$	$^1I_6$
$^3P_0$	0	0	0	0	0	−0.1473	0.5282	0	0	0	0	−0.2138	0
$^3P_1$	0	0	0	0	−0.4432	0.6388	0.3248	−0.5345	0	0	0	0.0655	0
$^3P_2$	0	0	−0.4423	0.2110	−0.4839	0.0984	0.02931	0.4440	−0.5216	0	0.3977	−0.0312	0.3128
$^3F_2$	0	0	0.2124	−0.2067	0.2717	−0.4129	0.2425	−0.5387	−0.0049	0	0.5531	−0.2660	0.2008
$^3F_3$	0	−0.4432	0.4839	−0.2717	0.0556	0.5954	0.0177	−0.5889	−0.5624	0	0.2601	0.2655	0.0526
$^3F_4$	−0.1473	−0.6388	0.0984	−0.4129	−0.5954	0.3974	−0.3587	0.6945	−0.3357	0.2403	−0.1102	−0.0600	0.5445
$^3H_4$	0.5282	−0.3246	0.2931	0.2425	−0.0177	−0.3587	0.6452	0.3528	−0.8488	−0.2059	0.3068	0.1419	−0.7085
$^3H_5$	0	−0.5345	−0.4440	0.5387	−0.5889	−0.6945	−0.3528	0.6057	0.4811	0	−0.0329	−0.0713	−0.0450
$^3H_6$	0	0	−0.5216	−0.0049	0.5624	−0.3357	−0.8488	−0.4811	0.8309	0	−0.5544	0.2761	−0.1968
$^1S_0$	0	0	0	0	0	0.2403	−0.2959	0	0	0	0	−0.6424	0
$^1D_2$	0	0	0.3977	0.5531	−0.2601	−0.1102	0.3068	0.0329	−0.5544	0	0.0603	−0.4139	−0.2297
$^1G_4$	−0.2138	−0.0655	−0.0312	−0.2660	−0.2655	−0.0600	0.1419	0.0713	0.2761	−0.6424	−0.4139	0.9469	−1.1237
$^1I_6$	0	0	0.3128	0.2008	−0.0526	0.5445	−0.7085	0.0450	−0.1968	0	−0.2297	−1.1237	−1.2556

表 5.30　Tm^{3+} 离子的约化矩阵元 $U(6)$

	$^3P_0$	$^3P_1$	$^3P_2$	$^3F_2$	$^3F_3$	$^3F_4$	$^3H_4$	$^3H_5$	$^3H_6$	$^1S_0$	$^1D_2$	$^1G_4$	$^1I_6$
$^3P_0$	0	0	0	0	0	0	0	0	0.2752	0	0	0	0.1530
$^3P_1$	0	0	0	0	0	0	0	−0.2988	0.3520	0	0	0	−0.329
$^3P_2$	0	0	0	0	0	0.0837	0.0039	0.4340	0.1516	0	0	0.3243	0.8248
$^3F_2$	0	0	0	0	0	0.2816	0.2064	−0.7646	0.5070	0	0	0.2019	0.5892
$^3F_3$	0	0	0	0	−0.2500	−0.5321	0.4159	0	−0.9170	0	0	−0.5473	−0.0858
$^3F_4$	0	0	0.0837	0.2816	0.5321	0.7728	0.4445	−0.0914	0.7743	0	0.4761	0.6017	0.3055
$^3H_4$	0	0	0.0039	0.2064	−0.4159	0.4445	−0.5255	0.9622	0.4822	0	−0.1527	−0.2743	−0.6254
$^3H_5$	0	−0.2988	0.4340	−0.7646	0	−0.0914	0.9622	0.3485	0.7990	0	−0.1372	−0.7335	−0.0747
$^3H_6$	0.2752	0.3520	0.1516	0.5070	−0.9170	0.7743	0.4822	0.7990	0.8804	−0.0057	0.3049	−0.1143	−0.1157
$^1S_0$	0	0	0	0	0	0	0	0	−0.0057	0	0	0	−0.7372
$^1D_2$	0	0	0	0	0	0.4761	−0.1527	−0.1372	0.3049	0	0	0.0250	−0.9232
$^1G_4$	0	0	0.3243	0.2019	−0.5473	0.6017	−0.2743	−0.7335	−0.1143	0	0.0250	−0.7193	−0.7979
$^1I_6$	0.1530	0.0329	0.8248	0.5892	0.0858	0.3055	−0.6254	−0.0747	−0.1157	−0.7372	−0.9232	−0.7979	−0.3456

5.6 超 敏 跃 迁

稀土离子的 f-f 跃迁光谱由于受到 $5s^2$ 和 $5p^6$ 壳层的屏蔽作用而受环境影响很小, 因此, 其光谱为呈现线状的类原子光谱类型, 在不同的基质中各个光谱线的强度之间比例几乎不改变. 但是, 大量的光谱实验结果表明有些光谱线对环境仍然非常敏感, 其跃迁强度在不同的晶体中相差很大, 人们称这些跃迁为超敏跃迁. 总结实验结果发现了一些规律性, 比如, 在相同结构情况下, 超敏跃迁的大小和配位体的种类有关, 按照大小次序排成一个序列, S > I > Br > Cl > O > F, 又称为超敏跃迁系列. 同时发现这种跃迁的选择定则是: $\Delta S = 0$, $\Delta L \leqslant 2$, $\Delta J \leqslant 2$, 这个规则和电四极矩的选择定则相同, 并且, 按照Judd-Ofelt理论, 这种跃迁应该与 Ω_2 有关. 深入研究表明 Ω_2 参数与环境晶体场作用的线性 (一次) 项相关, 也就是说, 稀土离子在晶体中能够发生超敏跃迁除了满足选择定则的能级之外, 它的局部对称性使它受到的晶体场相互作用必然包含线性 (一次) 晶体场项. 在 32 个点群中, 具有线性 (一次) 晶体场项的点群只有 10 个: $C_1, C_s, C_2, C_3, C_4, C_6, C_{2v}, C_{3v}, C_{4v}, C_{6v}$, 其余的 22 个不具有线性 (一次) 晶体场项, 稀土离子在上述 10 个点群中才可能发生超敏跃迁现象. 例如, Eu^{3+} : Y_2O_3 晶体, Eu^{3+} 离子在晶体中有两个格位 C_2 和 S_6, Eu^{3+} 离子的 $^5D_0$-$^7F_2$ 跃迁符合超敏跃迁的选择定则, C_2 格位具有线性 (一次) 晶体场项, 我们能够观测到 $^5D_0$-$^7F_2$ 跃迁的超敏跃迁现象. S_6 格位不具有线性 (一次) 晶体场项, 虽然 $^5D_0$-$^7F_2$ 跃迁符合超敏跃迁的选择定则, 但是, 观测不到超敏跃迁现象.

超敏跃迁是一种特殊的跃迁形式, 在某些情况下, 晶体中的超敏跃迁强度可以是溶液中相应跃迁强度的 200 倍以上, 其他的非超敏跃迁强度则相差不多, 因此, 引起了研究者注意和深入研究. 比如, Dy^{3+} 离子主要有两个发射带: $^4F_{9/2}$-$^6H_{13/2}$(567 nm 黄色) 和 $^4F_{9/2}$-$^6H_{15/2}$(480 nm 蓝色). $^4F_{9/2}$-$^6H_{13/2}$ 跃迁是超敏跃迁, 在不同的基质晶体中, 发射强度有较大幅度的变化; $^4F_{9/2}$-$^6H_{15/2}$ 为一般跃迁, 其强度基本不变. 这样, 使得不同基质中这两个发光带的强度比不同. 可以通过改变基质, 调整黄光和蓝光的强度比达到一个合适比值, 实现在一种基质中获得白光的目的.

关于超敏跃迁产生的机制和原因我们已经基本上有了清晰的了解, 也得到一些定性关系, 如与配体的极化行为、配位体数目、共价性的大小、化学键的长短等, 但是, 定量计算还不能进行, 因此, 在哪些条件下可以获得最大效应还需要进一步研究.

5.7 光谱结构和对称性

在晶体中稀土自由离子的光谱支项 $^{2S+1}L_J$ 将因晶体场作用产生能级劈裂, 按照晶体的对称性分裂成 Stark 能级, 这样能级增多, 辐射跃迁发生在 Stark 能级之间, 使光谱变得更加复杂. 由于能级的分裂数目和能级之间的跃迁行为都受到晶体对称性的限制, 因此, 光谱的结构实际上和晶体结构存在着密切关系. 大家知道, 具有奇数个 $4f$ 电子的稀土离子的能级因为 Kramers 效应产生双重简并, 将会减少 Stark 能级的数目; 具有偶数个 $4f$ 电子的稀土离子的能级则因为 Jahn-Teller 效应会尽量地降低对称性, 使简并能级分解成单能级, 增加能级数目. 这样能级之间的跃迁行为将会变得更加丰富, 其特征与晶体结构之间的关系更加明显 [8,9]. 为了研究这种关系, 建立光谱结构和晶体对称性的联系, 需要选择一种合适的稀土离子, 其不仅具有偶数个 $4f$ 电子, 同时能级结构要清晰、简单. $4f^6$ 组态的 Eu^{3+} 离子 (或 Sm^{2+} 离子) 是一个理想的稀土离子, 荧光能级 $^5D_0$ 是一个单能级, 在晶体中不分裂, 下能级 ^7F_J 能级简单清晰, 按照Judd-Ofelt理论, 很容易分清楚, $^5D_0$-^7F_J 跃迁, 当 $J = 0, 2, 4, 6$ 时是电偶极跃迁, $J = 1$ 时是磁偶极跃迁, 其跃迁选择定则很清楚, 并且知道具有奇次晶体场项的点群才可以发生电偶极矩跃迁, 否则, 只有磁偶极矩才是允许跃迁. 另外, 晶体中的 Stark 能级与点群的不可约表示相对应, Stark 能级间的跃迁过程要遵从点群不可约表示的乘积及相容关系. 设初态相对应的不可约表示为 Γ_i, 末态相对应的不可约表示为 Γ_j, 电偶极矩算符相对应的不可约表示为 Γ_p, 磁偶极矩算符相对应的不可约表示为 Γ_m, 则电偶极矩允许跃迁需满足 $\Gamma_i \times \Gamma_j \supset \Gamma_p$, 磁偶极矩允许跃迁需满足 $\Gamma_i \times \Gamma_j \supset \Gamma_m$. 因此, 在晶体中两个 Stark 能级间能否发生电偶极矩跃迁, 要根据 Judd-Ofelt 理论的选择定则 (见本章第一节) 和不可约表示关系 $\Gamma_i \times \Gamma_j \supset \Gamma_p$ 来判断. 磁偶极矩跃迁则由磁偶极矩跃迁的选择定则 (见本章第二节) 和不可约表示关系 $\Gamma_i \times \Gamma_j \supset \Gamma_m$ 来判断. 为了研究清楚 $4f^6$ 组态的 Eu^{3+} 离子的 $^5D_0$-^7F_J 跃迁在 32 个点群中的荧光结构, 首先分析一些每个点群含有奇次晶体场项的情况 [7,10]:

(1) 具有反演对称中心的点群不具有奇次晶体场项, 这类点群共有 12 个, 它们包括:
$$C_i, C_{2h}, C_{4h}, C_{6h}, D_{2h}, D_{4h}, D_{6h}, D_{3d}, S_6, T_h, O, O_h$$

(2) 具有 $k = 1, 3, 5, 7$ 奇次晶体场项的点群, 这类点群共有 10 个, 它们包括:
$$C_1, C_s, C_2, C_3, C_4, C_6, C_{2v}, C_{3v}, C_{4v}, C_{6v}$$

(3) 具有 $k = 3, 5, 7$ 奇次晶体场项的点群, 这类点群共有 6 个, 它们包括:
$$D_{2d}, S_4, D_{3h}, C_{3h}, D_3, D_2$$

(4) 具有 $k = 3, 7$ 奇次晶体场项的点群, 这类点群共有 2 个, 它们包括:
$$T, T_d$$

(5) 具有 $k = 5, 7$ 奇次晶体场项的点群, 这类点群只有 1 个, 即
$$D_4$$

(6) 具有 $k = 7$ 奇次晶体场项的点群, 这类点群只有 1 个, 即
$$D_6$$

利用点群含有奇次晶体场项的情况, 以及量子数和不可约表示的选择定则, 在 32 个点群中 $4f^6$ 组态的 Eu^{3+} 离子的 $^5D_0$-^7F_J ($J = 0, 1, 2, 4, 6$) 的跃迁数目被计算出来, 结果列于表 5.31[7]. 从结果中我们可以发现, 在不同的点群中 $^5D_0$-^7F_J ($J = 0, 1, 2, 4, 6$) 的跃迁数目是有差别的, 并常常利用这个特征将 Eu^{3+} 离子作为荧光探针离子掺杂到各种化合物中, 根据它的荧光结构来判断被取代离子的结构环境. 由于荧光具有很高的灵敏度, 掺杂量可以很低, 同时, 光谱测量方法简单方便, 因此, 在化学和材料物理的研究中被广泛应用. 当然, 我们还可以看到, 对某些低对称性的点群具有相同的跃迁数目, 仍然难以区分, 进一步分辨需要晶体结构的数据支持. 但是, 这种方法在 X 射线监测不出的数量级内, 对于分析晶体合成中所包含的极少量杂相的状况是极其方便和有效的.

表 5.31 $4f^6$ 组态在 32 个点群中 $^5D_0$-^7F_J 跃迁的光谱结构

晶系	点群对称性	$^7F_J(J=0,1,2,4,6)$ 能级的数目					$^5D_0$-^7F_J 跃迁的数目				
		0	1	2	4	6	0→0	0→1	0→2	0→4	0→6
三斜	$C_1(1)$	1	3	5	9	13	1	3	5	9	13
	$C_i(\bar{1})$						0	3	0	0	0
单斜	$C_s(m)$						1	3	5	9	13
	$C_2(2)$	1	3	5	9	13	1	3	5	9	13
	$C_{2h}(2/m)$						0	3	0	0	0
正交	$C_{2v}(mm)$						1	3	4	7	10
	$D_2(222)$	1	3	5	9	13	0	3	3	6	9
	$D_{2h}(mmm)$						0	3	0	0	0
四角	$C_4(4)$						1	2	2	5	6
	$C_{4v}(4mm)$						1	2	2	4	5
	$S_4(\bar{4})$						0	2	3	4	7
	$D_{2d}(\bar{4}2m)$	1	3	4	7	10	0	2	2	3	5
	$D_4(422)$						0	2	0	3	4
	$C_{4v}(4mm)$						0	2	0	0	0
	$D_{4h}(4/mmm)$						0	2	0	0	0
三角	$C_3(3)$						1	2	3	6	9
	$C_{3v}(3m)$						1	2	3	5	7
	$D_3(32)$	1	2	3	6	9	0	2	2	4	6
	$D_{3d}(\bar{3}m)$						0	2	0	0	0
	$C_{3i}(\bar{3})(S_6)$						0	2	0	0	0
六角	$C_6(6)$						1	2	2	2	5
	$C_{6v}(6mm)$						1	2	2	2	4
	$D_6(622)$						0	2	0	0	3
	$C_{3h}(\bar{6})$	1	2	3	6	9	0	2	1	4	4
	$D_{3h}(\bar{6}m2)$						0	2	1	3	3
	$C_{6h}(6/m)$						0	2	0	0	0
	$D_{6h}(6/mmm)$						0	2	0	0	0

续表

晶系	点群对称性	$^7F_J(J=0,1,2,4,6)$ 能级的数目					$^5D_0$-^7F_J 跃迁的数目				
		0	1	2	4	6	0→0	0→1	0→2	0→4	0→6
立方	$T(23)$						0	1	1	2	3
	$T_d(\overline{4}3m)$						0	1	1	1	2
	$T_h(m\overline{3})$	1	1	2	4	6	0	1	0	0	0
	$O(432)$						0	1	0	0	0
	$O_h(m\overline{3}m)$						0	1	0	0	0

参 考 文 献

[1] Judd B R. Phys.Rev., 1962, 127: 750

[2] Ofelt G S. J. Chem. Phys., 1962, 37: 511

[3] Peacock R D. Structure and Bonding, 1975, 22: 83

[4] Carnall W T, Field P R, Rajnak K. J. Chem. Phys., 1968, 49: 4424

[5] Pappalaedo G. J. Lumin., 1976, 14: 159

[6] 王庆元, 张思远, 武士学, 白云起, 任金生. 物理学报, 1986, 35: 1532

[7] 张思远. 发光与显示, 1983, 3: 18

[8] Di Bartolo B. Optical Interactions in Solids. New York: John-Wiley & Sons, Inc., 1968

[9] Morrison C A, Leavitt R P. Handbook on the Physics and Chemistry of Rare Earths. Gschneidner K A and Eyring L (Ed.), Vol. 5, Amsterdam:Elsevier, 1982, 146

[10] 张思远, 毕宪章. 稀土光谱理论. 吉林：吉林科学技术出版社, 1991

第6章　晶体中稀土离子间的能量传递

离子间的能量传递是一个相当普遍而且非常重要的物理现象, 主要是指通过某些物理过程, 如碰撞、能量交换、光的辐射再吸收过程以及无辐射过程等, 一个离子将本身具有的能量传递给另一个离子. 稀土离子具有丰富的能级, 特别是在晶体中由于晶体场作用, 能级产生劈裂, 能级的数量大大增加, 能级更加密集, 一个稀土离子的两个能级之间的能量差与另一个离子的某两个能级的能量差相等 (或者是自身的另外两个能级的能量差相等) 的机会增多, 在多极矩的作用下, 很容易发生两组能级对之间的辐射和无辐射过程, 实现离子间的能量传递. 本章重点介绍能量传递方式、理论及相关规律.

6.1　能量传递方式

能量传递方式一般可分为两类: 辐射传递过程和无辐射传递过程. 辐射传递过程是一种离子所发出的辐射光谱的能量如果与另一种离子吸收光谱的能量相重合, 那么这种辐射光将被另一个离子所吸收, 发生离子间的能量传递, 即辐射再吸收传递过程. 这两种离子可以看成是相互独立的体系, 它们之间没有直接的相互作用, 只是要求两者的发射光谱和吸收相互重叠或部分重叠, 就是说, 一种离子发出的能量接近于另一种离子的吸收能量. 对于稀土离子, 由于在晶体中主要是 f-f 跃迁, 呈现线状谱型, 无论是发射强度还是吸收强度都相对比较弱, 因此, 辐射再吸收过程的能量传递效率比较低, 虽然在光谱中能够观察到这种能量传递行为, 但实际上应用的效果不明显. 另一种是无辐射传递过程, 它是通过体系中的多极矩作用使一种离子的某组能级对的能量无辐射地转移到另一种离子能量相等的能级对上, 在这种过程中, 敏化剂不产生辐射, 能量传递效率较高, 是能量传递的主要方式. 无辐射传递过程又可以分为三种形式[1], 即共振传递、交叉弛豫传递和声子辅助传递, 其传递形式的示意图见图 6.1.

图 6.1(a) 表示共振传递过程, 这种过程要求敏化离子 S 和激活离子 A 有相同位置和匹配的能级对, 敏化离子 S 跃迁时将能量传递给激活离子 A, 反过来, 激活离子 A 做同样的跃迁也可以传递给敏化离子 S, 两者是可逆的. 激活离子 A 的有效跃迁概率小于敏化离子 S 的传递概率, 那么, 这种过程才是有效的; 图 6.1(b) 表示交叉弛豫传递过程. 在这个过程中, 敏化离子 S 有一对和激活离子 A 匹配的能级对, 但它们的位置不同, 这两对能级对在多极矩作用下可以产生无辐射能量传递, 该过程

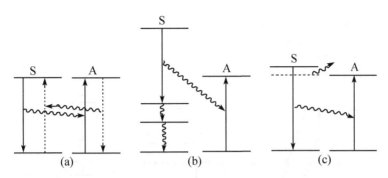

图 6.1 无辐射能量传递方式的示意图

是不可逆的, 并且是有效的; 图 6.1(c) 表示声子辅助传递过程, 敏化离子 S 有一个能级对的能量和激活离子 A 的一个能级对的能量不十分匹配, 但相差不多, 相当于体系中声子的能量, 这样, 在声子参与的电声子跃迁中通过放出或者吸收一个声子使得敏化离子 S 和激活离子 A 的能级对之间实现能量匹配, 完成共振能量转移. 多极矩相互作用一般发生在离子间的距离约为 20 Å 的情况下, 因此, 这种能量传递过程依赖于晶体中激活离子的浓度.

同样一种稀土离子在不同的晶体中猝灭浓度也不一样, 因为还有其他原因如晶体基质组成不同、吸收光谱的不同、由于稀土离子所处的环境不同而导致的 Stark 能级劈裂不同, 也会引起能级匹配程度的差异, 影响浓度的猝灭情况.

6.2 稀土离子的浓度猝灭

稀土离子本身具有很多的能级, 在这些能级中出现两两能级对能量匹配的机会很多, 因此, 离子浓度达到一定程度时就会出现浓度猝灭. 本节将介绍一些稀土离子的主要浓度猝灭的途径和方式[9~11].

(1) Sm^{3+} 的浓度猝灭

Sm^{3+} 离子的主要荧光发射来源于亚稳态能级 $^4G_{5/2}$ 到能级 ^6H_J 的跃迁, 主要猝灭过程是 $^4G_{5/2}$-$^6F_{9/2}$ 与 $^6H_{5/2}$-$^6F_{9/2}$ 能级对之间的交叉弛豫过程 (图 6.2), 激发到 $^4G_{5/2}$ 能级上的离子数由于交叉弛豫过程相当多的激发离子从 $^4G_{5/2}$ 能级转移到 $^6F_{9/2}$ 能级上, 再经过辐射和弛豫过程消耗了有用的激发态离子数减少了荧光发射.

(2) Pr^{3+} 的浓度猝灭

Pr^{3+} 离子的主要荧光发射来源于亚稳态能级 $^3P_0$ 到 ^3H_J 和 ^3F_J 能级的跃迁, 主要猝灭过程是 $^3P_0$-$^1D_2$ 与 $^3H_4$-$^3H_6$, $^1D_2$-$^1G_4$ 与 $^3H_4$-$^3F_4$ 能级对之间的交叉弛豫过程 (图 6.2).

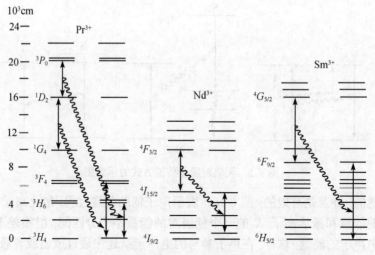

图 6.2　Sm^{3+}, Pr^{3+} 和 Nd^{3+} 离子自猝灭交叉弛豫过程示意图

(3) Nd^{3+} 的浓度猝灭

Nd^{3+} 离子的主要荧光发射来源于亚稳态能级 $^4F_{3/2}$ 到能级 ^4I_J 的跃迁, 主要猝灭过程是 $^4F_{3/2}$-$^4I_{15/2}$ 与 $^4I_{9/2}$-$^4I_{15/2}$ 能级对之间的交叉弛豫过程 (图 6.2). 在不同的基质中, 由于晶体场环境不同能级匹配情况也不同, 浓度猝灭行为也不一样, 比如在 NdP_5O_{14} 中 $^4F_{3/2}$-$^4I_{15/2}$ 与 $^4I_{9/2}$-$^4I_{15/2}$ 能级对之间的能量差为 270 cm, 而在 $Y_3Al_5O_{12}$ 中能量差为 85 cm, 显然, 在 $Y_3Al_5O_{12}$ 中比在 NdP_5O_{14} 中的浓度猝灭行为更加严重.

(4) Tb^{3+} 的浓度猝灭

Tb^{3+} 离子的主要荧光发射来源于亚稳态能级 $^5D_4$ 到能级 ^7F_J 的跃迁, 主要猝灭过程是 $^5D_3$-$^5D_4$ 与 $^7F_6$-$^7F_0$ 能级对之间的交叉弛豫过程 (图 6.3). 当晶体中离子的掺杂浓度较低时, 我们可以同时观察到 $^5D_3$ 和 $^5D_4$ 能级发射出的荧光. 随着离子浓度的增加, $^5D_3$ 能级发出的荧光逐渐消失, $^5D_4$ 能级发射出的荧光逐渐增强, 这是由于 $^5D_3$ 能级的粒子交叉弛豫过程被倒空并转移到 $^5D_4$ 能级上的缘故.

(5) Dy^{3+} 的浓度猝灭

Dy^{3+} 离子的主要荧光发射来源于亚稳态能级 $^4F_{9/2}$ 到能级 ^6F_J 和 ^6H_J 的跃迁, 主要猝灭过程是 $^4F_{9/2}$-$^6F_{3/2}$ 与 $^6H_{15/2}$-$^6H_{9/2}$ 能级对之间的交叉弛豫过程 (图 6.3).

上面 5 种稀土离子主要自猝灭过程的示意图见图 6.2 和图 6.3. 在稀土离子中, 类似这样交叉弛豫过程还有很多, 比如 Er^{3+} 离子的 $^4S_{3/2}$-$^4I_{9/2}$ 与 $^4I_{15/2}$-$^4I_{13/2}$ 能级对之间的交叉弛豫等, 这里不再一一列举. 在研究具体问题时还要仔细分析实验结果, 对荧光动力学过程作出合理的确认.

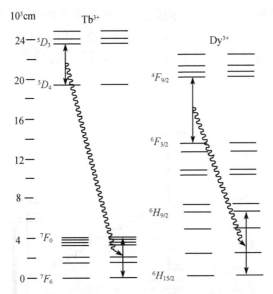

图 6.3 Tb^{3+} 和 Dy^{3+} 离子自猝灭交叉弛豫过程示意图

6.3 不同稀土离子间的能量传递

不同稀土离子之间能级对的能量匹配情况有很多, 彼此之间发生能量传递, 使得某个离子的荧光增强, 而另一个离子的荧光减弱, 并且可以改变单一离子情况下荧光发射谱的原来形状. 因此, 在稀土离子共掺杂的晶体中要特别注意离子间的能量转换关系. 本节介绍一些稀土离子间的交叉弛豫能量传递形式.

(1) Sm^{3+} 和 Yb^{3+} 离子间的能量传递

Sm^{3+} 离子的 $^4F_{5/2}$-$^4I_{15/2}$ 的跃迁能量与 Yb^{3+} 离子的 $^2F_{7/2}$-$^2F_{5/2}$ 跃迁能量相互匹配, 形成能级对之间的交叉弛豫过程 (图 6.4), 能量可以由 Sm^{3+} 离子传递到 Yb^{3+} 离子, 这种传递过程是不可逆的. 因此, 在一些晶体中 Sm^{3+} 离子可以作为 Yb^{3+} 离子的敏化剂.

(2) Nd^{3+} 和 Yb^{3+} 离子间的能量传递

Nd^{3+} 离子的 $^4F_{3/2}$-$^4I_{11/2}$, $^4I_{9/2}$ 的跃迁能量与 Yb^{3+} 离子的 $^2F_{7/2}$-$^2F_{5/2}$ 跃迁能量相互匹配, 形成能级对之间的交叉弛豫过程 (图 6.5), 能量可以由 Nd^{3+} 离子传递到 Yb^{3+} 离子.

(3) Pr^{3+} 和 Er^{3+} 离子间的能量传递

Pr^{3+} 离子的 $^1D_2$-$^1G_4$ 的跃迁能量与 Er^{3+} 离子的 $^4I_{15/2}$-$^4I_{13/2}$ 跃迁能量相互匹配, 形成能级对之间的交叉弛豫过程 (图 6.6), 能量可以由 Pr^{3+} 离子传递到 Er^{3+}

离子, 这种传递过程是不可逆的. 因此, 在一些晶体中 Pr^{3+} 离子可以作为 Er^{3+} 离子的敏化剂, 增强 Er^{3+} 离子 1.54 μm 的荧光发射. 但是, Er^{3+} 离子也可能产生部分向 Pr^{3+} 离子的反向传递, 从而损失 Er^{3+} 离子的部分荧光.

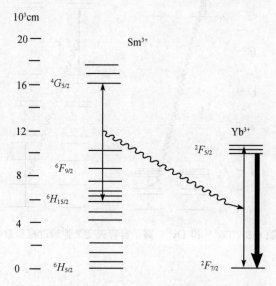

图 6.4　Sm^{3+} 和 Yb^{3+} 离子间的能量传递示意图

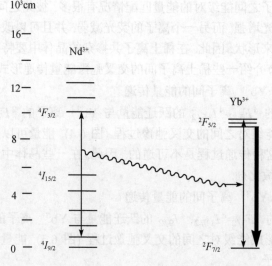

图 6.5　Nd^{3+} 和 Yb^{3+} 离子间的能量传递示意图

(4) Pr^{3+} 和 Gd^{3+} 离子间的能量传递

Gd^{3+} 离子的 ^6I_J-^6P_J 跃迁能量与 Pr^{3+} 离子的 $^3H_4$-$^3H_6$, $^3F_2$ 之间的跃迁能量

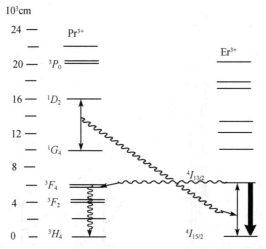

图 6.6 Pr^{3+} 和 Er^{3+} 离子间的能量传递示意图

相互匹配, 可以发生交叉弛豫过程 (图 6.7a), 导致 Gd^{3+} 离子的 ^6I_J-$^8S_{7/2}$ 跃迁的荧光猝灭, Gd^{3+} 离子的 ^6P_J-$^8S_{7/2}$ 跃迁的荧光增强, 改变了 Gd^{3+} 离子的各种跃迁强度的状态.

(5) Tb^{3+} 和 Dy^{3+}, Tm^{3+} 离子间的能量传递

Tb^{3+} 离子的 $^5D_3$-$^5D_4$ 跃迁能量与 Dy^{3+} 离子的 $^6H_{15/2}$-$^6H_{11/2}$, 以及 Tm^{3+} 离子的 $^3H_6$-$^3F_4$ 的跃迁能量相互匹配, 可以发生交叉弛豫过程 (图 6.7b). 在它们共掺杂时, 可以改变 Tb^{3+} 离子各个能级的荧光发射的强度状况. 通常情况下, 当

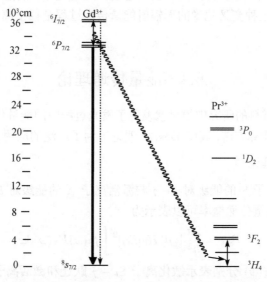

图 6.7a Pr^{3+} 和 Gd^{3+} 离子间的能量传递示意图

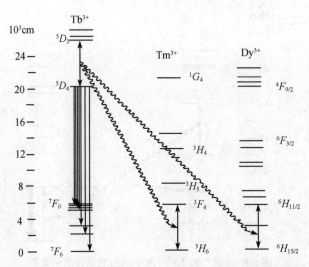

图 6.7b Tb^{3+} 和 Dy^{3+}, Tm^{3+} 离子间的能量传递示意图

Tb^{3+} 离子浓度较小时, 存在两种荧光发射带: 一个是 $^5D_3$ 能级的荧光发射带, 在 380~490 nm 区域; 另一个是 $^5D_4$ 能级的荧光发射带, 在 490~680 nm 区域. 当共掺杂时, 加入少量的 Dy^{3+} 或 Tm^{3+} 离子后, $^5D_3$ 能级的荧光发射带明显猝灭, $^5D_4$ 能级的荧光发射带明显增强. 可以改变 Tb^{3+} 离子的发光的颜色, 使 Tb^{3+} 离子发出更加纯正的绿色光.

除了以上列举的不同稀土离子之间的交叉弛豫外, 其他交叉弛豫现象还有很多, 这里不一一列举. 在实际应用中要注意观察这些过程, 根据应用情况或者利用, 或者克服. 总之, 这种交叉弛豫的无辐射能量传递过程是稀土离子的重要能量传递方式.

6.4 能量传递理论

人们在发光材料的研究中很早就发现了发光过程中的能量传递现象, 并提出了各种理论模型和计算方法, 其中 Dexter 理论得到了广泛的应用和发展.

6.4.1 Dexter 理论[2]

假设, 敏化离子 S 的能级对 $i-j$ 与激活离子 A 的能级对 $l-k$ 之间发生了交叉弛豫过程, 则能量传递概率可以表示为

$$P_{SA} = \frac{2\pi}{\hbar^2} |\langle jl| H_I |ik\rangle|^2 \int f_S(\omega) F_A(\omega) d\omega \qquad (6.1)$$

式中, $f_S(\omega)$ 和 $F_A(\omega)$ 分别表示敏化离子 S$i-j$ 跃迁和激活离子 A$l-k$ 跃迁时的归一化线形函数. H_I 是相互作用 Hamilton 算符, 即多极矩相互作用算符. 通常只

考虑电偶极矩-电偶极矩相互作用与电偶极矩-电四极矩相互作用. 具体表达式为

$$\frac{e^2}{\varepsilon R^3}\left\{r_S \cdot r_A - \frac{3(r_S \cdot R)(r_A \cdot R)}{R^2}\right\} \tag{6.2}$$

式中, 第一部分表示电偶极矩-电偶极矩相互作用算符; 第二部分表示电偶极矩-电四极矩相互作用算符. 这两种相互作用的能量传递概率的表达式为电偶极矩-电偶极矩相互作用的能量传递概率为

$$P_{SA}(dd) = \left(\frac{3\hbar^4 c^4}{4\pi}\right)\left(\frac{1}{\tau_S}\right)Q_A\left(\frac{1}{R_{SA}}\right)^6\frac{1}{n^4}\int\frac{f_S(E)F_A(E)}{E^4}dE \tag{6.3}$$

式中, R_{SA} 为敏化离子和激活离子间的距离; $\tau_S = \dfrac{1}{A_S(ij)}$ 为敏化离子 $Si-j$ 跃迁的辐射寿命; $Q_A = \displaystyle\int\sigma_A(E)dE$ 是激活离子 $Al-k$ 跃迁吸收截面的积分; $E = h\nu$ 是传递的能量.

电偶极矩-电四极矩相互作用的能量传递概率为

$$P_{SA}(dq) = \frac{135\pi\alpha\hbar^9 c^8 g_A(k)}{4n^6 R_{SA}^8 \tau_S\tau_A g_A(l)}\int\frac{f_S(E)F_A(E)}{E^8}dE \tag{6.4}$$

式中, $\alpha = 1.266$; $g_A(k)$ 表示激活离子 A 激发态 k 能级的权重, 即能级的简并度. 在实际计算中, 公式中的很多光谱参数来源于光谱的测量结果.

后来 Kushida 和 Hoshina 把交叉弛豫能量传递过程的理论应用到稀土离子 $4f^N$ 组态内能级对间的能量转移计算, 并且引入了 Judd-Ofelt 结果, 得到了一个比较方便计算 $4f^N$ 组态内能级对间的能量转移的表达式, 下面介绍这个计算方法.

6.4.2 Kushida 方法[3,4]

假设敏化离子 S 和激活离子 A 间的库仑作用可以用双中心多极矩展开, 即

$$H_{SA} = \sum_{i,j}\frac{e^2}{|r_i - r_j|} = \sum_{k_1,k_2,q_1,q_2}\frac{e^2}{R_{SA}^{k_1+k_2+1}}C_{q_1q_2}^{k_1k_2}D_{q_1}^{k_1}(S)D_{q_2}^{k_2}(A) \tag{6.5}$$

$$D_q^k = \sum_i r_i C_q^k(\theta_i,\phi_i) \tag{6.6}$$

$$C_{q_1q_2}^{k_1k_2}(\Theta,\Phi) = (-1)^{k_1}\left[\frac{(2k_1+2k_2+1)!}{(2k_1)!(2k_1)!}\right]^{1/2}\begin{pmatrix}k_1 & k_2 & k_1+k_2 \\ q_1 & q_2 & -(q_1+q_2)\end{pmatrix}C_{q_1+q_2}^{k_1+k_2}(\Theta,\Phi)^* \tag{6.6'}$$

假设敏化离子 S 的能级对 $i-j$ 与激活离子 A 的能级对 $l-k$ 之间发生交叉弛豫过程, 则能量传递概率可以表示为

$$P_{SA} = \frac{1}{(2J_i+1)(2J_l+1)}\left(\frac{2\pi}{\hbar}\right)\sum_{i,j,l,k}|\langle il|H_{SA}|jk\rangle|^2 S \tag{6.7}$$

重叠积分

$$S = \int G_{ij}(E) G_{lk}(E) \mathrm{d}E \tag{6.8}$$

其中

$$G_{ij}(E) = \frac{1}{2J_j + 1} \sum_{\sigma,\sigma'} \frac{z_\sigma}{Z_i} g_{i_\sigma j_{\sigma'}}(E)$$

$$z_\sigma = \exp(-\Delta_\sigma / kT)$$

$$Z_i = \sum_\sigma z_\sigma \tag{6.9}$$

式中, σ 表示 i 能级在晶体场中劈裂的 Stark 能级; Δ_σ 表示 σ 能级到 i 能级的最低 Stark 能级的能量间隔; $g_{i_\sigma j_{\sigma'}}(E)$ 是跃迁光谱的归一化线形函数. 引入 Judd-Ofelt 的理论结果

$$\sum_{\sigma,\sigma',q} \left\langle J_{i_\sigma} | D_q^1 | J_{j_{\sigma'}} \right\rangle^2 = \sum_\lambda \Omega_\lambda \left\langle J_i \| U^\lambda \| J_j \right\rangle^2 \tag{6.10}$$

可以得出电偶极矩-电偶极矩相互作用的能量传递概率和电偶极矩-电四极矩相互作用的能量传递概率.

电偶极矩-电偶极矩相互作用的能量传递概率为

$$P_{\mathrm{SA}}(dd) = \frac{1}{(2J_i + 1)(2J_l + 1)} \left(\frac{2}{3} \right) \left(\frac{2\pi}{\hbar} \right) \left(\frac{e^2}{R_{\mathrm{SA}}^3} \right)^2 \chi_{dd}$$

$$\times \left[\sum_\lambda \Omega_\lambda \left\langle J_i \| U^\lambda \| J_j \right\rangle^2 \sum_\lambda \Omega_\lambda \left\langle J_l \| U^\lambda \| J_k \right\rangle^2 \right] \cdot S \tag{6.11}$$

电偶极矩-电四极矩相互作用的能量传递概率为

$$P_{\mathrm{SA}}(dq) = \frac{1}{(2J_i + 1)(2J_l + 1)} \left(\frac{2\pi}{\hbar} \right) \left(\frac{e^2}{R_{\mathrm{SA}}^4} \right)^2 \chi_{dq}$$

$$\times \left[\sum_\lambda \Omega_\lambda \left\langle J_i \| U^\lambda \| J_j \right\rangle^2 \right] \left[\left\langle 4f | r_A^2 | 4f \right\rangle\!\left\langle 4f \| C^2 \| 4f \right\rangle\!\left\langle J_l \| U^2 \| J_k \right\rangle \right]^2 \cdot S$$

$$\tag{6.12}$$

电四极矩-电四极矩相互作用的能量传递概率为

$$P_{\mathrm{SA}}(dq) = \frac{1}{(2J_i + 1)(2J_l + 1)} \left(\frac{14}{5} \right) \left(\frac{2\pi}{\hbar} \right) \left(\frac{e^2}{R_{\mathrm{SA}}^5} \right)^2 \chi_{qq}$$

$$\times \left[\left\langle 4f | r_S^2 | 4f \right\rangle \left\langle 4f | r_A^2 | 4f \right\rangle \left\langle 4f \| C^2 \| 4f \right\rangle^2 \left\langle J_i \| U^2 \| J_j \right\rangle\!\left\langle J_l \| U^2 \| J_k \right\rangle \right]^2 \cdot S$$

$$\tag{6.13}$$

式中, χ_{dd}, χ_{dq}, χ_{qq} 是折射率因子, 按照 Lorentz 局域场近似

$$\chi_{dd} \simeq \chi_{dq} \simeq \chi_{qq} = \left(\frac{n^2+2}{3n}\right)^4$$

Kushida 方法和 Dexter 理论的物理思想是相同的. 对于稀土离子来说, 由于现在已经进行了大量的光谱强度研究工作, Kushida 方法用于 $4f^N$ 组态内能级对间的能量转移计算似乎比较容易操作. 如果晶体中稀土离子的振子强度参数 Ω_λ 通过光谱实验来确定, 利用这些公式就可以计算敏化离子和激活离子之间的电偶极矩-电偶极矩相互作用的能量传递概率和电偶极矩-电四极矩相互作用的能量传递概率. 电四极矩-电四极矩相互作用的能量传递概率原则上可以直接计算. 重叠积分 S 的单位是 cm, 它可以利用光谱中的谱线宽度来确定, 对于稀土离子可以近似的取 1×10^{-3}cm.

6.4.3 敏化离子荧光的衰减机制 [5]

Inokuti 和 Hirayama 研究了在能量传递过程中敏化离子荧光的衰减机制. 在晶体中若忽略敏化离子之间和激活离子之间的相互作用, 他们给出了敏化离子平均荧光强度衰减的公式

$$I(t) = I(0)\exp\left[-\frac{t}{t_0} - \Gamma\left(1 - \frac{3}{s}\right)\frac{c}{c_0}\left(\frac{t}{t_0}\right)^{3/s}\right] \tag{6.14}$$

式中, c 是激活离子的浓度; c_0 是临界浓度, 它的定义为

$$c_0^{-1} = \frac{4\pi R_{\mathrm{SA}}}{3}[t_0 P(R_{\mathrm{SA}})]^{3/s} \tag{6.15}$$

式中, t_0 是敏化离子激发态的寿命; $P(R_{\mathrm{SA}})$ 是敏化离子的能量传递到激活离子的传递速率; $s = 6, 8, 10$ 分别表示电偶极矩-电偶极矩相互作用, 电偶极矩-电四极矩相互作用, 电四极矩-电四极矩相互作用; $\Gamma\left(1 - \frac{3}{s}\right)$ 是一个特殊函数, 数学上称为 Γ 函数, 当 $s = 6, 8, 10$ 时其值分别为 1.77, 1.43 和 1.30.

当晶体中敏化离子的浓度较大时, 敏化离子之间可以发生交换作用, 这时敏化离子的荧光衰减可以近似由电偶极矩-电偶极矩相互作用决定, 荧光强度的衰减行为由式 (6.16) 决定

$$I'(t) = I'(0)\exp\left[-\frac{t}{t_0} - \Gamma\left(\frac{1}{2}\right)\left(\frac{c}{c_0}\right)\left(\frac{t}{t_0}\right)^{1/2}\left(\frac{1 + 10.87y + 15.5y^2}{1 + 8.743y}\right)^{3/4}\right] \tag{6.16}$$

其中

$$y = Dt_0 R_0^{-2}\left(\frac{t}{t_0}\right)^{2/3} \tag{6.17}$$

式中, D 是扩散常数; R_0 是能量传递的临界距离.

6.4.4　声子辅助传递[7,8]

声子辅助传递概率的表达式通常写为

$$W(\Delta E) = W(0)\mathrm{e}^{-\beta\Delta E} \tag{6.18}$$

式中, ΔE 是敏化离子的两个跃迁的电子能级间的能量与激活离子的两个跃迁的电子能级间的能量之间的能量差; β 是由电子和声子耦合强度确定的常数; $W(0)$ 是能量差为零时的外推值, 式 (6.18) 与多声子弛豫过程有相同的表达形式, 多声子弛豫过程的公式为

$$W'(\Delta E) = W'(0)\mathrm{e}^{-\alpha\Delta E} \tag{6.19}$$

式中,

$$\alpha = (\hbar\omega)^{-1}\left\{\ln\left[N/g(n+1)\right]-1\right\} \tag{6.20}$$

两个公式中的参数 α 和 β 的关系为

$$\beta = \alpha - \gamma \tag{6.21}$$

$$\gamma = (\hbar\omega)^{-1}\ln(1+g_\mathrm{S}/g_\mathrm{A}) \tag{6.22}$$

式中, g_S 和 g_A 分别表示敏化离子和激活离子的电子-声子耦合常数; N 是声子数目; $\hbar\omega$ 是声子能量.

$$N = \Delta E/\hbar\omega \tag{6.23}$$

假设 $g_\mathrm{S} = g_\mathrm{A}$, 实验测得声子能量, $\hbar\omega = 350\ \mathrm{cm}^{-1}$, 在 $\mathrm{LaF_3}$ 晶体中的稀土离子, 电子-声子耦合常数 $\alpha \sim 5 \times 10^{-3}\mathrm{cm}$, $\gamma \sim 2 \times 10^{-3}\mathrm{cm}$, 则 β 值可求, 若近似取 $W(0) = 1 \times 10^8/\mathrm{s}^{-1}$, 声子辅助传递的概率就可以估计.

6.5　荧光强度和速率方程

当晶体中的稀土离子被激发后可以发出各种不同波长的荧光, 荧光强度首先与激发光的强度有关, 同时与稀土离子各个能级间能量转换有关, 包括辐射和无辐射能量转换方式. 为此, 我们应该分析能级间的转换过程和方式, 列出体系的荧光动力学方程, 即速率方程, 然后计算方程中的参数, 求出荧光强度和某些变量的关系. 我们以一些实际例子来说明计算方法.

(1) $\mathrm{Tb_x Y_{1-x} P_5 O_{14}}$ 晶体中 $\mathrm{Tb^{3+}}$ 离子的荧光强度

$\mathrm{Tb_x Y_{1-x} P_5 O_{14}}$ 晶体中 $\mathrm{Tb^{3+}}$ 离子的荧光主要来源于 $^5D_3$ 和 $^5D_4$ 能级到 ^7F_J 能级的跃迁. 前者荧光发射为 380~490 nm, 后者荧光发射为 490~680 nm. 发光过

程中除了辐射跃迁外还包括 $^5D_3$-$^5D_4$ 与 $^7F_6$-$^7F_0$ 能级对之间的交叉弛豫过程. 我们首先画出能级间能量传递的示意图 (图 6.8).

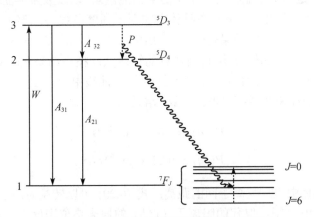

图 6.8 Tb^{3+} 离子能级间能量传递的示意图

假设 Tb^{3+} 离子的 $^5D_3$ 能级为能级 3, $^5D_4$ 能级为能级 2, ^7F_J 能级为能级 1. 激发光将离子从基态 $^7F_6$ 激发到 $^5D_3$, 其激发速率为 W, $^5D_3$ 能级到 $^5D_4$ 能级的跃迁概率为 A_{32}, 到 ^7F_J 能级的跃迁概率为 A_{31}, $^5D_4$ 能级到 ^7F_J 能级的跃迁概率为 A_{21}, $^5D_3$-$^5D_4$ 与 $^7F_6$-$^7F_0$ 能级对之间的交叉弛豫速率为 $P = P(dd) + P(dq)$, 包括电偶极矩-电偶极矩相互作用和电偶极矩-电四极矩相互作用产生的能量传递速率. N_3, N_2 和 N_1 分别是定态情况下, 能级 3, 2 和 1 上的粒子数密度, 则速率方程为

$$\frac{\mathrm{d}N_3}{\mathrm{d}t} = N_1 W - N_3(A_{31} + A_{32} + P)$$

$$\frac{\mathrm{d}N_2}{\mathrm{d}t} = N_3(A_{32} + P) - N_2 A_{21}$$

$$\frac{\mathrm{d}N_1}{\mathrm{d}t} = N_2 A_{21} + N_3 A_{31} - N_1 W \tag{6.24}$$

$$N = N_1 + N_2 + N_3$$

N 为晶体中 Tb^{3+} 离子的粒子数密度, 这个方程组的定态解为

$$N_3 = \frac{N A_{21} W}{(A_{21} + W)(A_{32} + P) + A_{21}(A_{31} + W)} \tag{6.25}$$

$$N_2 = \frac{N(A_{32} + P)W}{(A_{21} + W)(A_{32} + P) + A_{21}(A_{31} + W)} \tag{6.26}$$

按照发光理论, 荧光强度应为

$$I_{31} = \alpha N_3 A_{31} hc\sigma_{31} \tag{6.27}$$

$$I_{21} = \alpha N_2 A_{21} hc\sigma_{21} \tag{6.28}$$

式中, σ_{ij} 是第 i 个能级到第 j 个能级的能量差, 以波数为单位; α 是与结构环境有关的几何因子. Tb^{3+} 离子在晶体中的振子强度参数 Ω_λ 已经利用 Judd-Ofelt 理论进行了计算, 得出的结果是: $\Omega_2 = 2.13 \times 10^{-20}$ cm^2, $\Omega_4 = 3.76 \times 10^{-20}$ cm^2, $\Omega_6 = 2.98 \times 10^{-20}$ cm^2. 利用它们计算的辐射跃迁概率结果是: $A_{31} = 500(s^{-1})$, $A_{32} = 39 (s^{-1})$, $A_{21} = 227 (s^{-1})$, 其中包括 ^7F_J 能级中 $J = 0, 1, 2, 3, 4, 5, 6$ 的各能级. 交叉弛豫的能量传递概率也被计算, 结果为

$$P(dd) = 2.56 \times 10^{-40}/R^6$$
$$P(dq) = 9.33 \times 10^{-54}/R^8 \tag{6.29}$$

其中, R 是晶体中 Tb^{3+} 离子间的距离. 式 (6.29) 可以转换为离子浓度的表达形式, 假设晶体中 Tb^{3+} 取代的阳离子 (Y^{3+}) 的原来格位密度为 N_0, 若不考虑晶体中的其他离子, 把晶体看成是等效阳离子刚性球体的密集堆积, 等效阳离子刚性球体的半径为 R_0, 则 $(4\pi/3)R_0^3 = 1/N_0$, 阳离子间的距离 $R = 2R_0$. 对于掺杂晶体, 若掺杂浓度为 x, 则掺杂离子的密度为 $N_0 x$, 等效球体的半径为 R_x, 则有 $(4\pi/3)R_x^3 = 1/N_0 x$, $R_x^3 = (3/4\text{Å})/N_0 x$. 在 YP_5O_{14} 晶体中, 根据结构数据得到 $R_0 = 5.6$ Å, $N_0 = 1.1 \times 10^{22}$ cm^{-3}, 这样就可以利用半径和浓度关系, 把交叉弛豫的能量传递概率转换为浓度表示

$$P(dd) = 8.49 \times 10^3 \times x^2$$
$$P(dq) = 9.94 \times 10^4 \times x^{8/3} \tag{6.30}$$

将 A_{ij} 和 P 的结果代入式 (6.25)~ 式 (6.28) 中, 就可以得出在确定的光激发下, 荧光强度和 Tb^{3+} 离子浓度的关系. 我们取 $W = 10^4$, 可以计算出 $^5D_3$ 能级和 $^5D_4$ 能级的荧光强度和浓度关系 (图 6.9 和图 6.10).

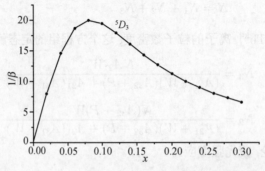

图 6.9　Tb^{3+} 离子 $^5D_3$ 能级的荧光强度和浓度关系图

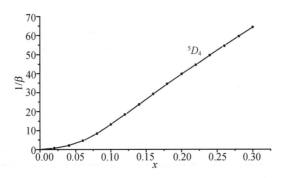

图 6.10 Tb^{3+} 离子 $^5D_4$ 能级的荧光强度和浓度关系图

图中的 $\beta = \alpha hcN_0\sigma_{ij}$. 从图中结果可见, 在低浓度时, $^5D_3$ 能级的荧光发射比较强, 当高浓度时, 它的荧光猝灭了, $^5D_4$ 能级的荧光随着浓度增加迅速增强, 计算的荧光强度随着浓度的变化情况和实验结果随着浓度的变化趋势是一致的.

6.6 基质和稀土离子之间的能量传递

在无机晶体或者有机稀土络合物中, 吸收光谱或反射光谱中经常发现有一些宽带的吸收峰, 这些吸收峰通常来源于有机和无机的基团吸收, 并位于紫外和近紫外区域. 在光谱实验中发现利用这些吸收带的位置来激发发光材料, 往往可以得到很强的来自稀土离子的特征发光, 显示了基质对稀土离子的能量传递现象. 这些基团出现的吸收峰实际上是基团中分子带之间的跃迁行为, 这种跃迁的概率通常很大, 它可以通过辐射和无辐射两种方式将能量传递给稀土离子, 因此, 在发光材料研究中非常有用, 利用这个特征可以得到高效率的发光材料. 比如在 Eu^{3+}:YVO_4 晶体中, VO_4 基团的吸收峰大约在 300 nm, 和 Eu^{3+} 离子的电荷迁移带能级有较好的光谱重叠. 由于 VO_4 基团的吸收峰很强并且很宽, 能够较多地吸收激发光的能量, 通过交叉弛豫方式转移到 Eu^{3+} 离子的能级上, 大大提高了荧光效率, 因此, Eu^{3+}:YVO_4 晶体是一个很好的发光材料. 类似情况在无机材料中还有很多, 我们这里不一一列举. 下面只给出一些氧化物酸根基团的吸收数据, 供大家参考 (表 6.1).

表 6.1 不同化合物的基团吸收

化合物	吸收基团	吸收边缘/nm
$Gd_2Ti_2O_7$	TiO_6	310
YVO_4	VO_4	320
$CaNaMg_2V_3O_{12}$	VO_4	340
$YNbO_4$	NbO_4	260
$GdTiNbO_6$	NbO_6, TiO_6	300
La_2LiNbO_6	NbO_6	300

化合物	吸收基团	吸收边缘/nm
Y_2MoO_6	MoO_6	350
La_2MoO_6	MoO_6	300
$GdTiTaO_6$	TiO_6, TaO_6	320
Gd_2WO_6	WO_6	300
Y_2WO_6	WO_6	310
$NaInO_2$	InO_6	300
Gd_2GaSbO_7	SbO_6	250

6.7　能量传递的条件

离子间的能量传递或者基质和离子间的能量传递条件大致可以归纳为: ① 敏化离子能级对或基质基团的吸收能量必须要足够强; ② 敏化离子能级对或基质基团的吸收能量必须和激活离子的能级对的能量匹配; ③ 敏化离子和基质基团的辐射寿命比激活离子的荧光寿命要足够短. 满足以上 3 个条件才能有效地发生能量传递. 为了说明这 3 个条件的意义, 我们举如下例子 (图 6.11): 在 $Cr:Y_3Al_5O_{12}$ 晶体中, Cr 的正常发光寿命是 8.1 ms; 在 $Nd:Y_3Al_5O_{12}$ 晶体中, Nd 的正常发光寿命是 240 μs, 在 $(Cr,Nd):Y_3Al_5O_{12}$ 晶体中, 当对 Cr 的吸收带激发时, 不仅出现了 Cr 的正常发射, 同时也出现了 Nd 的荧光. 测量 Cr 的发光寿命变成 3.5 ms. 测量 Nd 的正常发光寿命变的很长, 大约是 240 μs+3.5 ms. 发光衰减不再是指数形式, 一个是快速过程为 240 μs, 另一个是长过程为 3.5 ms. 这表明 Cr 和 Nd 之间发生了能量传递, 这种传递过程不是通过 $^4T_2$ 能级来完成, 而是由 $^4T_2$ 能级快速无辐射弛豫到 ^2E 能级, 然后再通过 ^2E-$^4A_2$ 能级对与 Nd 的 $^4F_{9/2}$-$^4I_{9/2}$ 能级对间的交叉弛豫使能量发生转移. 但是在用短脉冲激发时, Nd 的正常发光和不掺杂 Cr 时的荧光没有什么差别, 在较长时间的激发下方可显示出 Cr 对 Nd 的敏化作用. 我们可以作个估算

$$\frac{1}{\tau_{Cr}} + \frac{1}{\tau_{Tf}} = \frac{1}{\tau_{Cr-Nd}}$$

式中, τ_{Cr} 表示 Cr 的正常发光寿命是 8.1 ms; τ_{Cr-Nd} 表示在 $(Cr,Nd):Y_3Al_5O_{12}$ 晶体中 Cr 的发光寿命是 3.5 ms; τ_{Tf} 表示由 Cr 向 Nd 能量传递的时间, 可以计算出 $\tau_{Tf} = 6.2$ ms, 与 Nd 的正常发光寿命 240 μs 相比过长, 因此, 在用短脉冲激发时 Nd 的正常发光和不掺杂 Cr 时的荧光没有什么差别. 在另一个共掺杂 $(Ce,Nd):Y_3Al_5O_{12}$ 晶体中, Ce 存在几个 5d 能级的吸收带 460 nm 和 340 nm 等. 在 $Ce:Y_3Al_5O_{12}$ 晶体中, Ce 的寿命是 68 ns; 在 $(Ce, Nd): Y_3Al_5O_{12}$ 晶体中[12], Ce 的寿命是 30 ns, 这表明 Ce 和 Nd 之间发生了能量传递, 传递过程是通过 Ce 的 5d 能

级与 Nd 的能级间交叉弛豫来完成的 (图 6.11). 若利用上面公式计算能量传递时间, 可以得到 $\tau_{Tf} = 53.7$ ns, 这比 Nd 的正常发光寿命 240 μs 小很多, Ce 可以有效地将能量传递给 Nd, 因此, 在短脉冲激发时同样可以实现能量转移的目的. 实验结果表明可以提高 Nd 离子的荧光效率 55%~70%. 以上两种敏化离子的结果充分反映了能量转移条件的重要性.

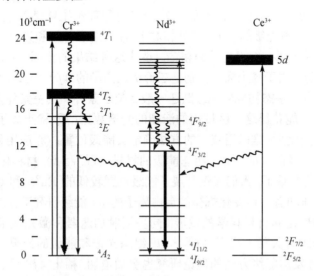

图 6.11　(Cr,Nd):$Y_3Al_5O_{12}$ 晶体和 (Ce,Nd):$Y_3Al_5O_{12}$ 晶体的能量传递过程

参 考 文 献

[1]　van Uitert L G, Johnson L F. J.Chem.Phys., 1966, 44: 3514

[2]　Dexter D L. J. Chem. Phys., 1953, 21: 836

[3]　Hoshina T. Japan. J. Appl. Phys., 1967, 6: 1203

[4]　Kushida T. J. Phys. Soc. Japan, 1973, 34: 1918

[5]　Inokuti M, Hirayama F. J. Chem. Phys., 1965, 43: 1978

[6]　Miyakawa T, Dexter D L. Phys. Rev., 1970, B1: 2961

[7]　Di Bartolo B. Optical Interactions in Solids. New York: John-Wiley & Sons, Inc., 1968

[8]　Hüfner S. Optical Spectra of Transparent Rare Earth Compounds. New York, San Francisco, London: Academic Press, 1978

[9]　张思远, 王庆元, 白云起, 武士. 发光与显示, 1983, 4: 31

[10]　张思远, 王庆元, 武士学, 白云起. 物理学报, 1984, 33: 874

[11]　马尔富宁 A C. 矿物的谱学、发光和辐射中心. 蔡秀成等译. 北京: 科学出版社, 1984

[12]　张思远, 王庆元, 武士学, 翟清永. 中国激光, 1990, 17: 197

第 7 章 稀土离子 $4f^{N-1}n'l'$ 组态的光谱理论

从 20 世纪 60 年代起, 人们开始在实验和理论上陆续开展了稀土离子的 $4f^{N-1}n'l'$ 高激发态能级的研究, 但是相对于 $4f^N$ 组态能级和光谱来说, $4f^{N-1}n'l'$ 组态能级的研究较少, 结果也较为粗糙. 造成这种结果的原因为: ① 测试的仪器设备的量程不够. 由于稀土离子特别是三价稀土离子的 $4f^{N-1}n'l'$ 组态能级位置较高, 与 $4f^N$ 组态的基态构成的能级跃迁一般都位于紫外和真空紫外光谱区内, 当时的实验设备还不能获得这一区域内的清晰的光谱数据; ② 稀土离子 $4f^{N-1}n'l'$ 组态能级随基质变化大, 难以用统一的方法确定其能级位置; ③ 应用目的不明确, 仅有少数的几种涉及的 $4f^{N-1}n'l'$ 组态能级的材料出现. 因此, 材料化学家对此研究的较少. 在上述背景下, 人们仅仅开展了能级位置较低的 Eu^{2+} 和 Ce^{3+} 离子的一些实验光谱工作和有一定变化规律的自由离子的 $5d$ 能级研究工作.

随着光谱理论和材料科学的发展, 同步辐射加速器和激光技术的出现, 人们逐渐得到大量的有关稀土离子 $4f^{N-1}n'l'$ 组态光谱和能级的结果, 而对稀土离子 $4f^{N-1}n'l'$ 高激发态能级方面的理论研究也更加迫切. 稀土 $4f^{N-1}n'l'$ 组态能级和光谱研究的内容不仅是对原来稀土光谱学的扩展和深入, 同时也成为现代稀土离子光谱学的重要研究内容.

本章首先介绍稀土离子 $4f^{N-1}n'l'$ 组态的能级特征和谱项构成, 然后讨论能级计算、光谱和一些规律性.

7.1 稀土离子 $4f^{N-1}n'l'$ 组态的能级和谱项

7.1.1 $4f^{N-1}n'l'$ 组态体系的 Hamilton 函数

稀土离子 $4f^{N-1}n'l'$ 组态所包含的相互作用除了 $4f^{N-1}$ 组态的全部相互作用外, 还要加上不同轨道之间的库仑作用、$n'l'$ 电子的自旋-轨道化学作用和 $n'l'$ 电子受到的晶体场作用. 体系的 Hamilton 量应为

$$H = H_0 + H_e(ff) + H_{so}(f) + H_{cr}(f) + H_e(n'l', f) + H_{so}(n'l') + H_{cr}(n'l')$$

式中, H_0 表示中心场作用; $H_e(ff)$ 表示 $4f$ 电子-电子间的库仑作用; $H_{so}(f)$ 表示 $4f$ 电子的自旋-轨道相互作用; $H_{cr}(f)$ 表示 $4f$ 电子的晶体场作用; $H_e(n'l', f)$ 表示 $4f$ 电子-$n'l'$ 电子间的库仑作用; $H_{so}(n'l')$ 表示 $n'l'$ 电子的自旋-轨道相互作用; $H_{cr}(n'l')$ 表示 $n'l'$ 电子的晶体场作用.

对于 $4f^{N-1}5d$ 组态, 各种相互作用数量级的大小情况如下

$$H_e(ff) \sim 10^4 \sim 10^5 \mathrm{cm}^{-1}, \qquad H_e(df) \sim 10^4 \mathrm{cm}^{-1}$$
$$H_{so}(f) \sim H_{so}(d) \sim 10^3 \mathrm{cm}^{-1}$$
$$H_{cr}(f) \sim 10^2 \mathrm{cm}^{-1} \qquad\qquad H_{cr}(d) \sim 10^4 \mathrm{cm}^{-1}$$

$4f^{N-1}5d$ 组态能级和 $4f^N$ 组态基态的能级差可以表示为

$$\Delta E = \varepsilon'(5d) - \varepsilon(4f) + \sum_k F'_k + \sum_k G_k - \sum_k F_k + S' - S + \Delta E_{cr}$$

式中, $\varepsilon'(5d)$ 和 $\varepsilon(4f)$ 分别表示两个组态能级重心的能量; F'_k 和 F_k 分别表示两个组态的电子-电子间的库仑作用能量的直接积分; G_k 表示 $4f^{N-1}5d$ 组态电子-电子间的库仑作用能量的交换积分; $S' - S$ 表示两个组态的能级的自旋-轨道作用的能量差; ΔE_{cr} 表示晶体场作用引起的两个组态能级间的能量差.

7.1.2 自由离子状态下$4f^{N-1}n'l'$组态的谱项构成

$4f^{N-1}n'l'$ 组态是由于一个 $4f$ 电子受到激发, 使电子从 $4f$ 轨道上跃迁到 $n'l'$ 轨道上形成的. 对于自由离子的 $4f^{N-1}n'l'$ 组态能级而言, 它的能级谱项是由 $4f^{N-1}$ 组态的谱项与 $n'l'$ 轨道的状态耦合形成的, 可以形成多个能级谱项. 三价稀土离子的这些谱项的能级位置很高, 通常在 VUV 和 UV 波段区才观察到的它们的光谱, 在 $4f^{N-1}n'l'$ 组态中 $4f^{N-1}$ 组态的谱项与 $n'l'$ 轨道耦合形成两类谱项: 一类是高自旋谱项 (自旋量子数大于 $4f^{N-1}$ 组态的谱项的自旋量子数), 另一类是低自旋谱项 (自旋量子数小于 $4f^{N-1}$ 组态的谱项的自旋量子数). 无论是高自旋态还是低自旋态, 其自旋量子数与 $4f^N$ 组态基态的自旋量子数相等时 ($\Delta S = 0$), 它们的能级和 $4f^N$ 组态基态能级形成跃迁称为自旋允许跃迁, 在光谱中形成的光谱峰为强度较大的宽带结构; 与基态的多重态不一致时 ($\Delta S = 1$), 它们的能级和 $4f^N$ 组态基态能级也可以形成跃迁, 在光谱中形成较弱的宽带结构, 不易辨认, 称为自旋禁戒跃迁. 以 Tb^{3+} 为例, 如图 7.1 所示.

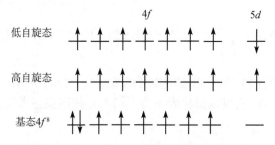

图 7.1 Tb^{3+} 在基态和激发态时的电子方向示意图

Tb^{3+} 为 $4f^8$ 组态, 基态的谱项为 ^7F, 自旋多重度为 7, 当其中一个电子受激发跃迁到 $5d$ 轨道上时, 就形成了 $4f^75d$ 结构的高激发态. 当这个电子进入 $5d$ 轨道时, 可形成两种自旋方向 $\pm 1/2$, 从而构成了两种激发态 ^9D 和 ^7D, 其自旋多重态分别是 9 和 7. 根据跃迁规则, 从 ^7D 到基态 ^7F 的跃迁称为自旋允许跃迁, 从 ^9D 到 ^7F 的跃迁称为自旋禁戒跃迁, 相应地, ^7D 就称为允许跃迁能级, ^9D 称为禁戒跃迁能级. 这些能级在自旋-轨道作用下, 还会发生进一步分裂, ^9D 分裂成 $^9D_J(J=2,3,4,5,6), {}^7D$ 可分裂成 $^7D_J(J=1,2,3,4,5)$.

7.1.3　自由离子 $4f^{N-1}n'l'$ 组态谱项能表达式的理论推导[1,2]

谱项能的能级主要是由于电子-电子间相互作用导致的中心场能级的劈裂. 现在的电子-电子间相互作用包括两部分: $4f$ 电子间的相互作用和 $4f$ 电子-$n'l'$ 电子间的相互作用. 对于 $4f^{N-1}n'l'$ 组态, 计算其静电相互作用的矩阵可以分成两个部分: ① 对 $4f^{N-1}$ 核的静电相互作用进行矩阵元计算; ② 对 $4f^{N-1}$ 核加一个 $n'l'$ 的电子的静电相互作用的矩阵元进行计算. 对于 $4f^{N-1}$ 核的静电相互作用, 人们已经有了详细的计算, 并给出了包括 Slater 或 Racah 参数的表达式, 其中 Racah 积分形式已被 Nielson 和 Koster 计算成表. 而对于第二种静电相互作用, 文献中给出的稀土离子的具体表达式则很少, 已经报导的仅有二价稀土离子的 $4f^{N-1}5d$ 组态最低谱项的表达式 14 个, Eu^{2+} 的 $4f^65d, 4f^66s, 4f^66p$ 组态较低谱项的表达式 18 个. 为此, 我们首先介绍 $4f^{N-1}n'l'$ 组态谱项能的表达的推导和形式.

在 LS 耦合方案下, 这种静电作用的能量矩阵元可以写成如下形式 (为了简化表达式, 公式中将 $4f^{N-1}n'l'$ 简化写成 l^Nl'):

$$\sum_k \left(l^N\alpha_1 S_1 L_1, sl'; SL | e^2 \frac{r_<^k}{r_>^{k+1}} \sum_{i<j} (C_i^{(k)} \cdot C_j^{(k)}) | l^N\alpha_1' S_1' L_1', sl'; SL \right) \tag{7.1}$$

对于多个电子的体系, 可以将 l^N 组态波函数展开为 l^{N-1} 组态本征函数的组合形式

$$\psi(l^N\tau SL) = \sum_{\bar\tau \bar S \bar L} \bar\phi(l^{N-1}(\bar\tau \bar S \bar L)l; SL) \cdot (l^{N-1}(\bar\tau \bar S \bar L); SL|\}l^N\tau SL) \tag{7.2}$$

式中, $\bar\phi(l^{N-1}(\bar\tau \bar S \bar L))$ 是 l^{N-1} 组态的本征函数; $(l^{N-1}(\bar\tau \bar S \bar L)l; SL|\}l^N\tau SL)$ 是展开系数, 也称为亲态系数. 它可以简化表示为 $(\overline{\psi}|\}\psi_1')$, 按照亲态系数的规则, 式 (7.1) 可表示为

$$\sum_k \left(l^N\alpha_1 S_1 L_1, sl'; SL | e^2 \frac{r_<^k}{r_>^{k+1}} \sum_{i<j} (C_i^{(k)} \cdot C_j^{(k)}) | l^N\alpha_1' S_1' L_1', sl'; SL \right)$$

$$= N \sum_k \sum_{\overline{\psi}} (\psi_1\{|\overline{\psi})(\overline{\psi}|\}\psi_1')(l^{N-1}\overline{a}\,\overline{SL}\,sl_N S_1 L_1, sl'; SL|e^2 \frac{r_<^k}{r_>^{k+1}}(C_N^{(K)} \cdot C_{N+1}^{(K)})$$

$$\times |l^{N-1}\overline{a}\,\overline{SL}\,sl_N S_1' L_1', sl'; SL) \tag{7.3}$$

式中, $(\overline{\psi_1}\{|\psi)$ 和 $(\overline{\psi}|\}\psi_1')$ 是其亲态系数. 从式 (7.3) 中可以看出已经把 l^N 组态中的第 N 个电子分离出来, 然后, 轨道角动量和自旋角动量进行重新耦合, 使 sl_N 和 sl' 发生耦合作用, 可以通过下面的方式进行重新耦合:

$$((\overline{L}l)L_1, l'; L|\overline{L}, (ll')\lambda; L) = (-1)^{\overline{L}+l+l'+L}([L_1,\lambda])^{1/2} \left\{ \begin{array}{ccc} \overline{L} & l & L_1 \\ l' & L & \lambda \end{array} \right\} \tag{7.4}$$

重新耦合后, 式 (7.3) 的等号右边可以写成

$$\sum_{\sigma,\lambda,\sigma',\lambda'} ([S_1, L_1, S_1', L_1', \sigma, \lambda, \sigma', \lambda'])^{1/2} \left\{ \begin{array}{ccc} s & S & S_1 \\ \overline{S} & s & \sigma \end{array} \right\} \left\{ \begin{array}{ccc} s & S & S_1' \\ \overline{S} & s & \sigma' \end{array} \right\}$$

$$\times \left\{ \begin{array}{ccc} l' & L & L_1 \\ \overline{L} & l & \lambda \end{array} \right\} \left\{ \begin{array}{ccc} l' & L & L_1' \\ \overline{L} & l & \lambda' \end{array} \right\} (l^{N-1}\overline{\alpha}\,\overline{SL}, (sl, sl')\sigma\lambda; SL|e^2 \frac{r_<^k}{r_>^{k+1}}(C_N^{(K)} \cdot C_{N+1}^{(K)})$$

$$\times |l^{N-1}\overline{\alpha}\,\overline{SL}, (sl, sl')\sigma'\lambda'; SL) \tag{7.5}$$

因为 $(C_N^{(K)} \cdot C_{N+1}^{(K)})$ 是一个标量, 式 (7.5) 中的矩阵元对于 σ 和 λ 必须是对角的, 则矩阵元可减化为

$$((sl, sl')\sigma\lambda|e^2 \frac{r_<^k}{r_>^{k+1}}(C_N^{(K)} \cdot C_{N+1}^{(K)})|(sl, sl')\sigma\lambda) \tag{7.6}$$

此时, 通过重新组合的耦合作用, 已经将矩阵元的计算变成两个电子的矩阵元计算问题了. 那么对于两个电子情况的能量矩阵元就能够表达成 Slater 参数的形式, 它与两个 $4f$ 电子之间的库仑作用情况是一样的, 可以得到

$$\sum_k (l^N \alpha_1 S_1 L_1, sl'; SL|e^2 \frac{r_<^k}{r_>^{k+1}} \sum_{i<j} (C_i^{(k)} \cdot C_j^{(k)})|l^N \alpha_1' S_1' L_1', sl'; SL)$$

$$= f_k'(l, l')F^k(nl, n'l') + g_k'(l, l')G^k(nl, n'l') \tag{7.7}$$

式中

$$f_k'(l, l') = (-1)^\lambda ([l, l']) \left(\begin{array}{ccc} l' & k & l' \\ 0 & 0 & 0 \end{array} \right) \left(\begin{array}{ccc} l & k & l \\ 0 & 0 & 0 \end{array} \right) \left\{ \begin{array}{ccc} l & l & k \\ l' & l' & \lambda \end{array} \right\} \tag{7.8}$$

和

$$g'_k(l, l') = (-1)^\sigma ([l, l']) \begin{pmatrix} l & k & l' \\ 0 & 0 & 0 \end{pmatrix}^2 \begin{Bmatrix} l & l & k \\ l' & l' & \lambda \end{Bmatrix} \tag{7.9}$$

对于多个电子的体系, 利用上面结果, 则式 (7.5) 结果可以写成下列形式:

$$= ([l, l'])([S_1, L_1, S'_1, L'_1])^{1/2} \sum_{\sigma, \lambda} ([\sigma, \lambda]) \begin{Bmatrix} s & S & S_1 \\ \overline{S} & s & \sigma \end{Bmatrix}$$

$$\begin{Bmatrix} s & S & S'_1 \\ \overline{S} & s & \sigma \end{Bmatrix} \begin{Bmatrix} l' & L & L_1 \\ \overline{L} & l & \lambda \end{Bmatrix} \begin{Bmatrix} l' & L & L'_1 \\ \overline{L} & l & \lambda' \end{Bmatrix}$$

$$\times \left[(-1)^\lambda \begin{pmatrix} l' & k & l' \\ 0 & 0 & 0 \end{pmatrix} \begin{pmatrix} l & k & l \\ 0 & 0 & 0 \end{pmatrix} \begin{Bmatrix} l & l & k \\ l' & l' & \lambda \end{Bmatrix} F^k(nl, n'l') + (-1)^\sigma \right.$$

$$\left. \begin{pmatrix} l & k & l' \\ 0 & 0 & 0 \end{pmatrix}^2 \begin{Bmatrix} l & l & k \\ l' & l & \lambda \end{Bmatrix} G^k(nl, n'l') \right] \tag{7.10}$$

对于 F^k 的系数中, 可以利用 σ 求和的归一公式,

$$\sum_\sigma ([\sigma]) \begin{Bmatrix} s & S & S_1 \\ \overline{S} & s & \sigma \end{Bmatrix} \begin{Bmatrix} s & S & S'_1 \\ \overline{S} & s & \sigma \end{Bmatrix} = \delta(S_1, S'_1) \tag{7.11}$$

利用 Biedenharn-Elliot 求和规则, 对于 λ 进行求和,

$$\sum_\lambda (-1)^\lambda ([\lambda]) \begin{Bmatrix} l & l & k \\ l' & l' & \lambda \end{Bmatrix} \begin{Bmatrix} l & L & L'_1 \\ \overline{L} & l' & \lambda \end{Bmatrix} \begin{Bmatrix} l & L & L_1 \\ \overline{L} & l' & \lambda \end{Bmatrix}$$

$$= (-1)^{\overline{L}+L_1+L'_1+L+k} \begin{Bmatrix} L_1 & L'_1 & k \\ l & l & \overline{L} \end{Bmatrix} \begin{Bmatrix} L_1 & L'_1 & k \\ l' & l' & L \end{Bmatrix} \tag{7.12}$$

则对 σ 和 λ 求和后, 得到多个电子体系 F^k 的系数

$$f_k(l, l') = \delta(S_1, S'_1)(-1)^{L+l+L'_1} ([l, l']) \begin{pmatrix} l' & k & l' \\ 0 & 0 & 0 \end{pmatrix} \begin{pmatrix} l & k & l \\ 0 & 0 & 0 \end{pmatrix} \begin{Bmatrix} l' & k & l' \\ L_1 & L & L'_1 \end{Bmatrix}$$

$$\times N([L_1, L'_1])^{1/2} \sum_{\overline{\psi}} (\psi_1 \{ |\overline{\psi}) (\overline{\psi}| \} \psi'_1) \times (-1)^{\overline{L}+L_1+l+k} \begin{Bmatrix} L_1 & l & \overline{L} \\ l & L'_1 & k \end{Bmatrix} \tag{7.13}$$

我们可以定义一个单电子的单位张量算符 $u^{(k)}$, 约化矩阵元为

$$(nl||u^{(k)}||n'l') = \delta(n, n')\delta(l, l') \tag{7.14}$$

那么, 用 $U^{(k)}$ 表示 l^N 核多电子体系的单位张量, 它是所有单电子单位张量 $u^{(k)}$ 之和, 可写为

$$(\psi_1||U^{(K)}||\psi_1') = N([L_1, L_1'])^{1/2} \sum_{\overline{\psi}} (\psi_1\{|\overline{\psi})(\overline{\psi}|\}\psi_1')(-1)^{\overline{L}+L_1+l+k} \begin{Bmatrix} L_1 & l & \overline{L} \\ l & L_1' & k \end{Bmatrix}$$
(7.15)

则 $F^k(nl, n'l')$ 的系数最终就可以表示为

$$f_k(l, l') = \delta(S_1, S_1')(-1)^{L_1'+L+l}([l, l'])$$
$$\begin{pmatrix} l' & k & l' \\ 0 & 0 & 0 \end{pmatrix} \begin{pmatrix} l & k & l \\ 0 & 0 & 0 \end{pmatrix} \begin{Bmatrix} l' & k & l' \\ L_1 & L & L_1' \end{Bmatrix} \left(\psi_1 \left\| U^{(k)} \right\| \psi_1'\right) \quad (7.16)$$

对于 $G^k(nl, n'l')$ 的系数, 利用下面规则对 σ 求和

$$\sum_{\sigma} (-1)^{\sigma}([\sigma]) \begin{Bmatrix} s & \overline{S} & S_1 \\ S & s & \sigma \end{Bmatrix} \begin{Bmatrix} s & \overline{S} & S_1' \\ S & s & \sigma \end{Bmatrix} = (-1)^{S_1+S_1'} \begin{Bmatrix} s & \overline{S} & S_1 \\ S & s & S_1' \end{Bmatrix}$$
(7.17)

同时利用 λ 的求和规则:

$$\sum_{\lambda} (-1)^{2\lambda}([\lambda]) \begin{Bmatrix} \overline{L} & l & L_1 \\ l' & L & \lambda \end{Bmatrix} \begin{Bmatrix} l & k & l' \\ l & \lambda & l' \end{Bmatrix} \begin{Bmatrix} L_1' & l' & L \\ \lambda & \overline{L} & l \end{Bmatrix} = \begin{Bmatrix} \overline{L} & l & L_1' \\ l & k & l' \\ L_1 & l' & L \end{Bmatrix}$$
(7.18)

对于 σ 和 λ 进行求和后, $G^k(nl, n'l')$ 的系数就可以写成

$$g_k(l, l') = (N-1)([l, l'])([S_1, L_1, S_1', L_1'])^{1/2}(-1)^{S_1+S_1'} \begin{pmatrix} l' & k & l \\ 0 & 0 & 0 \end{pmatrix}^2$$

$$\times \sum_{\overline{\psi}} (\psi_1\{|\overline{\psi})(\overline{\psi}|\}\psi_1') \begin{Bmatrix} s & \overline{S} & S_1' \\ s & S & S_1 \end{Bmatrix} \begin{Bmatrix} \overline{L} & l & L_1' \\ l & k & l' \\ L_1 & l' & L \end{Bmatrix} \quad (7.19)$$

这样 l^N 组态和 $n'l'$ 电子之间总的静电相互作用是

$$\sum_k [f_k(l, l')F^k(nl, n'l') + g_k(l, l')G^k(nl, n'l')]$$
(7.20)

当 $l' = 0$ 时, 能量矩阵元可以进一步简化为

$$\left\langle nl^N\psi_1, n's; S_1 \pm \frac{1}{2}L_1 \middle| H_{\text{int}} \middle| nl^N\psi_1, n's; S_1 \pm \frac{1}{2}L_1 \right\rangle$$

$$= \delta(\psi_1, \psi_1') \left[NF^0(nl, n's) \mp G^1(nl, n's)\frac{2S_1 + 1 \pm (N-1)}{2(2l+1)} \right]$$
(7.21)

当 $l' \neq 0$ 时, $l^N l'$ 结构的库仑作用矩阵元与它的共轭体系 $l^{4l+2-N} l'$ 结构的库仑作用矩阵元之间并没有简单转化关系. Racah 已经证明 [3], 一个张量算符 $T^{(xy)}$ 在 l^N 组态内的矩阵元与这个算符在 l^N 组态的共轭组态的矩阵元存在一个简单的关系, 即

$$(l^N \psi_1 || T^{(xy)} || l^N \psi_1') = -(-1)^{x+y}(l^{4l+2-N} \psi_1 || T^{(xy)} || l^{4l+2-N} \psi_1') \tag{7.22}$$

根据这个张量算符, 则 $l^{4l+2-N} l'$ 组态的系数 $f_k(l, l')$ 将与它共轭的 $l^N l'$ 组态的系数仅仅相差一个负号, 而它的 $g_k(l, l')$ 系数在共轭组态下将更加复杂. 对于超过半满壳层的组态, 可以利用 $l^{4l+2-N} l'$ 组态的亲态系数与 l^{N+1} 组态亲态系数的关系

$$(l^{4l+2-N} \tau SL\{|l^{4l+1-N}(\overline{\tau SL})l; SL) = (-1)^{\overline{S}+\overline{L}+S+L-l-s}$$

$$\times \left[\frac{(N+1)(2\overline{S}+1)(2\overline{L}+1)}{(4l+2-N)(2S+1)(2L+1)} \right]^{1/2} (l^{N+1} \overline{\tau SL}\{|l^N(\tau SL)l; SL) \tag{7.23}$$

进一步, 就可以将 $l^{4l+2-N} l$ 组态的系数 $g_k(l, l')$ 写成

$$g_k(l, l') = (-1)^{N-1+L_1+L_1'} N([l, l']) \begin{pmatrix} l & k & l' \\ 0 & 0 & 0 \end{pmatrix}^2 \sum_{\overline{\psi}} (\overline{\psi}\{|\psi_1)(\psi_1'|\}\overline{\psi})([\overline{S}, \overline{L}])$$

$$\times \begin{Bmatrix} s & \overline{S} & S_1' \\ s & S & S_1 \end{Bmatrix} \begin{Bmatrix} \overline{L} & l & L_1' \\ l & k & l' \\ L_1 & l' & L \end{Bmatrix} \tag{7.24}$$

这样, 通过式 (7.16)、(7.19)、(7.24), 就可以对 $4f$ 与 $n'l'$ 电子之间的库仑作用表达式的系数进行计算了.

则总的 l^N 核与 l' 电子之间的静电作用可表示成

$$\langle 4f^{n-1} \alpha_1 S_1 L_1, sl'; SL | H_e(4f, n'l') | 4f^{n-1} \alpha_1' S_1' L_1', sl'; SL \rangle$$

$$= \sum_k [f_k(f, l') F^k(4f, n'l')] + \sum_k [g_k(f, l') G^k(4f, n'l')] \tag{7.25}$$

在具体计算时, 为避免产生过多的分数值, 还要进行转化

$$\frac{F^k}{F_k} = D_k(F^k) \text{和} \frac{G^k}{G_k} = D_k(G^k)$$

利用 F_k 和 G_k 参数表示谱项能则更加整齐和方便, 式中 D_k 称为 Condon-Shortley 因子, 相应数值已经由 Condon-Shortley 给出 (表 7.1) [4].

表 7.1 各个组态中 F^k 和 $G^k D_k$ 值

组态	$D_k(F^k)$				$D_k(G^k)$					
	$k=0$	2	4	6	$k=1$	2	3	4	5	6
sf	1						7			
pf	1	75				175		189		
df	1	105	693		35		315		1524.6	
ff	1	225	1089	7361.64						

另外对于任何一个算符 H_{op} 的矩阵元, 可以在 LS 耦合方案下进行计算, 也可以在 jj 耦合方案下进行计算, 算符的两种矩阵元之间的变换关系为

$$\langle 4f^n(\alpha S_1 L_1)J_1, slj, J|H_{op}(4f, n'l')|4f^n(\alpha' S_1' L_1')J_1', sl'j', J'\rangle$$

$$= ([J_1, J_1', j, j'])^{1/2} \sum_{S,L} ([S, L, S', L'])^{1/2} \begin{Bmatrix} S_1 & s & S \\ L_1 & l & L \\ J_1 & j & J \end{Bmatrix} \begin{Bmatrix} S_1' & s & S' \\ L_1' & l & L' \\ J_1' & j' & J' \end{Bmatrix}$$

$$\times (4f^n \alpha S_1 L_1, sl; SL|H_{op}(4f, n'l')|4f^n \alpha' S_1' L_1', sl'; S'L') \tag{7.26}$$

7.2 $4f^{N-1}n'l'$ 组态的自旋-轨道相互作用的理论表达式[1,4]

对于 $4f^N n'l'$ 组态的自旋-轨道作用的矩阵元, 在 LS 耦合方案下可以写成

$$\left(4f^N \psi_1, n'sl'; SLJM|H_{SO}|4f^N \psi_1', n'sl'; S'L'JM\right)$$

$$= (-1)^{S'+L+J+S_1+L_1+l'+s} \begin{Bmatrix} L & L' & 1 \\ S' & S & J \end{Bmatrix} ([S, L, S', L'])^{1/2}$$

$$\times \left[[l(l+1)(2l+1)]^{1/2} (-1)^{L'+S'} \begin{Bmatrix} S & S' & 1 \\ S_1' & S_1 & s \end{Bmatrix} \begin{Bmatrix} L & L' & 1 \\ L_1' & L_1 & l \end{Bmatrix} \right.$$

$$\times \left(4f^N \psi_1 \left\| V^{(11)} \right\| 4f^N \psi_1'\right) \zeta_{nl} + (-1)^{L+S} [l'(l'+1)(2l'+1)]^{1/2}$$

$$\times \delta(\psi_1, \psi_1') \begin{Bmatrix} S & S' & 1 \\ s & s & S_1 \end{Bmatrix} \begin{Bmatrix} L & L' & 1 \\ l' & l' & L_1 \end{Bmatrix} \left(sl' \left\| v^{(11)} \right\| sl'\right) \zeta_{n'l'} \right] \tag{7.27}$$

用式 (7.27) 计算原则是可行的, 但是计算起来是相当复杂的. 如计算 $4f^7 5d$ 组态的自旋-轨道相互作用, 其矩阵的阶数可达 426, 为了简化过程, 可采用 Russell-Saunders 耦合近似

$$H_{so}(4f^N) = \sum_{i=1}^{n} \xi(r_i)s_i \cdot l_i \rightarrow \varsigma_{4f} S_1 \cdot L_1 \tag{7.28}$$

$$H_{so}(n'l') = \varsigma_{n'l'} s' \cdot l' \tag{7.29}$$

式中,S_1, L_1 是 $4f^N$ 组态的状态的自旋量子数和轨道量子数; s', l' 是 $n'l'$ 的自旋量子数和轨道量子数.L_1 与 l' 耦合得到总的轨道量子数: $L_1 + l' = L, S_1$ 与 s' 耦合得到总的自旋量子数: $S_1 + s' = S$. 这样将 $4f^N n'l'$ 组态的自旋-轨道相互作用可以利用 Russell-Saunders 耦合写成一个 λ 参数的表达式

$$H_{so}(LS) \to \lambda S \cdot L$$

$$\langle \alpha SLJM | H_{so} | \alpha S'L'J'M' \rangle = \langle \alpha SLJM | \lambda S \cdot L | \alpha S'L'J'M' \rangle$$

$$= \lambda \frac{J(J+1) - L(L+1) - S(S+1)}{2} \delta(LL')\delta(SS')\delta(JJ')\delta(MM') \tag{7.30}$$

式中, λ 可以通过式 (7.31) 得到

$$
\begin{aligned}
&\lambda(S_1 L_1, s'l', SL) \\
&= \frac{[L(L+1) - l'(l'+1) + L_1(L_1+1)]}{2L(L+1)} \cdot \frac{[S(S+1) - s'(s'+1) + S_1(S_1+1)]}{2S(S+1)} \varsigma(S_1 L_1) \\
&+ \frac{[L(L+1) - L_1(L_1+1) + l'(l'+1)]}{2L(L+1)} \cdot \frac{[S(S+1) - S_1(S_1+1) + s'(s'+1)]}{2S(S+1)} \varsigma(s'l')
\end{aligned}
\tag{7.31}
$$

7.3　稀土离子 $4f^{N-1}n'l'(n'l' = 5d, 6s, 6p)$ 组态谱项能的计算[5,6,8]

利用上一节给出的库仑相互作用与自旋-轨道相互作用的表达式, 原则上可以计算出 $4f^{N-1}n'l'(n'l' = 5d, 6s, 6p)$ 激发组态全部谱项能的表达式, 当然计算仍旧比较繁琐, 需要仔细地运算才会获得准确的结果. 本节只给出一些常用的主要较低谱项能级的库仑作用表达式系数及自旋-轨道相互作用耦合系数 λ 的结果, 详见表 7.2、表 7.3 和表 7.4. 表中给出了谱项能的 F_k 和 G_k 参数的系数值, 利用它们很容易得到 $4f^{N-1}n'l'(n'l' = 5d, 6s, 6p)$ 激发组态谱项能级的表达式, 同时也给出了两个不同壳层的自旋-轨道相互作用耦合系数 λ 的结果, 利用这些结果可以对谱项能级发生自旋-轨道相互作用耦合后的能级劈裂情况进行分析和估计.

表 7.2　$4f^{N-1}5d$ 组态较低谱项能级表达式系数和旋轨耦合参数 λ

N	$4f^{N-1}$ 谱项	$4f^{N-1}5d$ 谱项	F_2	F_4	G_1	G_3	G_5	$\lambda = a\zeta_f + b\zeta_{5d}$	
								a	b
2	^2F	^3H	10	3	-15	-10	-1	3/10	1/5
		^3G	-15	-22	10	-35	-11	13/40	7/40
		^3F	-11	66	-6	-19	-55	3/8	1/8
		^3D	6	-99	3	42	-165	1/2	0
		^3P	24	66	-1	-24	-330	1	$-1/2$
		^1H	10	3	15	10	1	0	0

续表

N	$4f^{N-1}$谱项	$4f^{N-1}5d$谱项	F_2	F_4	G_1	G_3	G_5	$\lambda = a\zeta_f + b\zeta_{5d}$	
								a	b
2	^2F	^1G	-15	-22	-10	35	11	0	0
		^1F	-11	66	6	19	55	0	0
		^1D	6	-99	-3	-42	165	0	0
		^1P	24	66	1	24	330	0	0
3	^3H	^4K	10	-4	-20	-30	-6	$5/21$	$2/21$
		^4I	-11	24	-6	-44	-41	$11/42$	$1/14$
		^4H	$-35/3$	-56	6	$-38/3$	$-395/3$	$3/10$	$1/30$
		^4G	0	$182/3$	$-7/3$	$-88/3$	$-805/3$	$11/30$	$-1/30$
		^4F	$52/3$	-26	$3/7$	$316/21$	$-8321/21$	$1/2$	$-1/6$
		^2K	10	-4	10	15	3	$10/21$	$-2/21$
		^2I	-11	24	3	22	$41/2$	$11/21$	$-1/14$
		^2H	$-35/3$	-56	-3	$19/3$	$395/6$	$3/5$	$-1/30$
		^2G	0	$182/3$	$7/6$	$44/3$	$805/6$	$11/15$	$1/30$
		^2F	$52/3$	-26	$-3/14$	$-158/21$	$8321/42$	1	$1/6$
	^3F	^4H	$-10/3$	-1	-9	$-118/3$	$-76/3$	$1/5$	$2/15$
		^4G	5	$22/3$	$-47/3$	$-23/3$	$-341/3$	$13/60$	$7/60$
		^4F	$11/3$	-22	3	$-79/3$	$-649/3$	$1/4$	$1/12$
		^4D	-2	33	3	-38	-242	$1/3$	0
		^4P	-8	-22	-2	12	-198	$2/3$	$-1/3$
		^2H	$-10/3$	-1	$9/2$	$59/3$	$38/3$	$2/5$	$-2/15$
		^2G	5	$22/3$	$47/6$	$23/6$	$341/6$	$13/30$	$-7/60$
		^2F	$11/3$	-22	$-3/2$	$79/6$	$649/6$	$1/2$	$-1/2$
		^2D	-2	33	$-3/2$	19	121	$2/3$	0
		^2P	-8	-22	1	-6	99	$4/3$	$1/3$
	^3P	^4F	-6	0	$-38/7$	$-222/7$	$-528/7$	$1/9$	$2/9$
		^4D	21	0	-14	-6	-231	$1/18$	$5/18$
		^4P	-21	0	6	-36	-99	$-1/6$	$1/2$
		^2F	-6	0	$19/7$	$111/7$	$264/7$	$2/9$	$-2/9$
		^2D	21	0	7	3	$231/2$	$1/9$	$-5/18$
		^2P	-21	0	-3	18	$99/2$	$-1/3$	$-1/2$
4	^4I	^5L	4	-3	-21	-54	-21	$3/16$	$1/16$
		^5K	-4	17	-17	-38	-101	$23/112$	$5/112$
		^5I	$-51/11$	$-408/11$	$9/11$	$-334/11$	$-2581/11$	$13/56$	$1/56$
		^5H	$-5/11$	$408/11$	$21/11$	$-496/11$	$-3997/11$	$11/40$	$-1/40$
		^5G	$70/11$	$-476/33$	$-17/337$	$142/33$	$-14\,486/33$	$7/20$	$-1/10$
		^3L	4	-3	7	18	7	$5/16$	$-1/16$
		^3K	-4	17	$17/3$	$38/3$	$101/3$	$115/336$	$-5/112$
		^3I	$-51/11$	$-408/11$	$-3/11$	$334/33$	$2581/33$	$65/168$	$-1/56$
		^3H	$-5/11$	$408/11$	$-7/11$	$496/33$	$3997/33$	$11/24$	$1/40$
		^3G	$70/11$	$-476/33$	$17/99$	$-142/99$	$14\,486/99$	$7/12$	$1/10$

续表

N	$4f^{N-1}$ 谱项	$4f^{N-1}5d$ 谱项	F_2	F_4	G_1	G_3	G_5	$\lambda = a\zeta_f + b\zeta_{5d}$	
								a	b
4	^4G	^5I	$-4/11$	$45/11$	$-196/11$	$-524/11$	$-686/11$	$1/6$	$1/12$
		^5H	$5/11$	$-585/22$	$-76/11$	$-823/22$	$-1910/11$	$11/60$	$1/15$
		^5G	$65/154$	$5265/77$	$-141/11$	$-14\,177/308$	$-10\,895/44$	$17/80$	$3/80$
		^5F	$-1/14$	$-585/7$	$13/7$	$113/28$	$-8383/28$	$13/48$	$-1/48$
		^5D	$-5/7$	$585/14$	1	$-569/14$	-373	$5/12$	$-1/6$
		^3I	$-4/11$	$45/11$	$196/33$	$524/33$	$686/33$	$5/18$	$-1/12$
		^3H	$5/11$	$-585/22$	$76/33$	$823/66$	$1910/33$	$11/36$	$-1/15$
		^3G	$65/154$	$5265/77$	$47/11$	$14\,177/924$	$10\,895/132$	$17/48$	$-3/80$
		^3F	$-1/14$	$-585/7$	$-13/21$	$-113/84$	$8383/84$	$65/144$	$1/48$
		^3D	$-5/7$	$585/14$	$-1/3$	$569/42$	$373/3$	$25/36$	$1/6$
	^4F	^5H	-5	$-3/2$	-12	$-101/2$	-82	$3/20$	$1/10$
		^5G	$15/2$	11	-17	$-107/4$	$-803/4$	$13/80$	$7/80$
		^5F	$11/2$	-33	-3	$-103/4$	$-1111/4$	$3/16$	$1/16$
		^5D	-3	$99/2$	-3	$-99/2$	-297	$1/4$	0
		^5P	-12	-33	2	-12	-264	$1/2$	$-1/4$
		^3H	-5	$-3/2$	4	$101/6$	$82/3$	$1/4$	$-1/10$
		^3G	$15/2$	11	$17/3$	$107/12$	$803/12$	$13/48$	$-7/80$
		^3F	$11/2$	-33	1	$103/12$	$1111/12$	$5/16$	$-1/16$
		^3D	-3	$99/2$	1	$33/2$	99	$5/12$	0
		^3P	-12	-33	$-2/3$	4	88	$5/6$	$1/4$
	^4D	^5G	$68/7$	$22/21$	$-53/3$	$-704/21$	$-506/3$	$1/8$	$1/8$
		^5F	$-136/7$	$-66/7$	$15/7$	$-380/7$	$-902/7$	$1/8$	$1/8$
		^5D	$-51/7$	$264/7$	-9	$-272/7$	-209	$1/8$	$1/8$
		^5P	17	-88	-5	10	-341	$1/8$	$1/8$
		^5S	34	132	-21	-54	-462	0	0
		^3G	$68/7$	$22/21$	$53/9$	$704/63$	$506/9$	$5/24$	$-1/8$
		^3F	$-136/7$	$-66/7$	$-5/7$	$380/21$	$902/21$	$5/24$	$-1/8$
		^3D	$-51/7$	$264/7$	3	$272/21$	$209/3$	$5/24$	$-1/8$
		^3P	17	-88	$5/3$	$-10/3$	$341/3$	$5/24$	$-1/8$
		^3S	34	132	7	18	154	0	0
	^4S	^5D	0	0	-9	-36	-198	0	$1/4$
		^3D	0	0	3	12	66	0	$-1/4$
5	^5I	^6L	-4	3	-21	-74	-56	$3/20$	$1/20$
		^6K	4	-17	-21	-34	-196	$23/140$	$1/28$
		^6I	$51/11$	$408/11$	$-126/11$	$-619/11$	$-3766/11$	$13/70$	$1/70$
		^6H	$5/11$	$-408/11$	$42/11$	$-387/11$	$-4704/11$	$11/50$	$-1/50$
		^6G	$-70/11$	$476/33$	$-4/33$	$-856/33$	$-15\,082/33$	$7/25$	$-2/25$
		^4L	-4	3	$21/4$	$37/2$	14	$9/40$	$-1/20$
		^4K	4	-17	$21/4$	$17/2$	49	$69/280$	$-1/28$
		^4I	$51/11$	$408/11$	$63/22$	$619/44$	$1883/22$	$39/140$	$-1/70$

续表

N	$4f^{N-1}$谱项	$4f^{N-1}5d$谱项	F_2	F_4	G_1	G_3	G_5	$\lambda = a\zeta_f + b\zeta_{5d}$	
								a	b
5	^5I	^4H	5/11	−408/11	−21/22	387/44	1176/11	33/100	1/50
		^4G	−70/11	476/33	1/33	214/33	7541/66	21/50	2/25
	^5G	^6I	4/11	−45/11	−226/11	−624/11	−1437/11	2/15	1/15
		^6H	−5/11	585/22	−293/22	−1437/22	−5277/22	11/75	4/75
		^6G	−65/154	−5265/77	−438/77	−6043/308	−92 563/308	17/100	3/100
		^6F	1/14	585/7	−92/7	−1557/28	−10 581/28	13/60	−1/60
		^6D	5/7	−585/14	47/14	−387/14	−6141/14	1/3	−2/15
		^4I	4/11	−45/11	113/22	131/11	1437/44	1/5	−1/15
		^4H	−5/11	585/22	293/88	1437/88	5277/88	11/50	−4/75
		^4G	−65/154	−5265/77	219/154	6043/1232	92 563/1232	51/200	−3/100
		^4F	1/14	585/7	23/7	1557/112	10 581/112	13/40	1/60
		^4D	5/7	−585/14	−47/56	387/56	6141/56	1/2	2/15
	^5F	^6H	5	3/2	−39/2	−111/5	−375/2	3/25	2/25
		^6G	−15/2	−11	−12	−177/4	−825/4	13/100	7/100
		^6F	−11/2	33	−6	−261/4	−1221/4	3/20	1/20
		^6D	3	−99/2	−3/2	−57/2	−759/2	1/5	0
		^6P	12	33	−16	−24	−429	2/5	−1/5
		^4H	5	3/2	39/8	111/20	375/8	9/50	−2/25
		^4G	−15/2	−11	3	177/16	825/16	39/200	−7/100
		^4F	−11/2	33	3/2	261/16	1221/16	9/40	−1/20
		^4D	3	−99/2	3/8	57/8	759/8	3/10	0
		^4P	12	33	4	6	429/4	3/5	1/5
	^5D	^6G	−68/7	−22/21	−256/21	−1264/21	−3322/21	1/10	1/10
		^6F	136/7	66/7	−132/7	−288/7	−2442/7	1/10	1/10
		^6D	51/7	−264/7	−90/7	−125/7	−2288/7	1/10	1/10
		^6P	−17	88	−6	−79	−286	1/10	1/10
		^6S	−34	−132	24	−44	−242	0	0
		^4G	−68/7	−22/21	64/21	316/21	1661/42	3/20	−1/10
		^4F	136/7	66/7	33/7	72/7	1221/14	3/20	−1/10
		^4D	51/7	−264/7	45/14	125/28	572/7	3/20	−1/10
		^4P	−17	88	3/2	79/4	143/2	3/20	−1/10
		^4S	−34	−132	−6	11	121/2	0	0
	^5S	^6D	0	0	−12	−48	−264	0	1/5
		^4D	0	0	3	12	66	0	−1/5
6	^6H	^7K	−10	4	−21	−84	−126	5/42	1/21
		^7I	11	−24	−21	−49	−322	11/84	1/28
		^7H	35/3	56	−21	−187/3	−1288/3	3/20	1/60
		^7G	0	−182/3	−8/3	−92/3	−1373/3	11/60	−1/60
		^7F	−52/3	26	−18/7	−1324/21	−9697/21	1/4	−1/12
		^5K	−10	4	21/5	84/5	126/5	1/6	−1/21

续表

N	$4f^{N-1}$ 谱项	$4f^{N-1}5d$ 谱项	F_2	F_4	G_1	G_3	G_5	$\lambda = a\zeta_f + b\zeta_{5d}$	
								a	b
6	^6H	^5I	11	-24	$21/5$	$49/5$	$322/5$	$11/60$	$-1/28$
		^5H	$35/3$	56	$21/5$	$187/15$	$1288/15$	$21/100$	$-1/60$
		^5G	0	$-182/3$	$8/15$	$92/15$	$1373/15$	$77/300$	$1/60$
		^5F	$-52/3$	26	$18/35$	$1324/105$	$9697/105$	$7/20$	$1/12$
	^6F	^7H	$10/3$	1	-21	$-212/3$	$-749/3$	$1/10$	$1/15$
		^7G	-5	$-22/3$	$-58/3$	$-142/3$	$-814/3$	$13/120$	$7/120$
		^7F	$-11/3$	22	-6	$-242/3$	$-1166/3$	$1/8$	$1/24$
		^7D	2	-33	-3	-52	-451	$1/6$	0
		^7P	8	22	-21	-24	-462	$1/3$	$-1/6$
		^5H	$10/3$	1	$21/5$	$212/15$	$749/15$	$7/50$	$-1/15$
		^5G	-5	$-22/3$	$58/15$	$142/15$	$814/15$	$91/600$	$-7/120$
		^5F	$-11/3$	22	$6/5$	$242/15$	$1166/15$	$7/30$	$-1/24$
		^5D	2	-33	$3/5$	$52/5$	$451/5$	$7/30$	0
		^5P	8	22	$21/5$	$24/5$	$462/5$	$7/15$	$1/6$
	^6P	^7F	6	0	$-137/7$	$-408/7$	$-2244/7$	$1/18$	$1/9$
		^7D	-21	0	-5	-75	-264	$1/36$	$5/36$
		^7P	21	0	-21	-39	-462	$-1/12$	$1/4$
		^5F	6	0	$137/35$	$408/35$	$2244/35$	$7/90$	$-1/9$
		^5D	-21	0	1	15	$264/5$	$7/180$	$-5/36$
		^5P	21	0	$21/5$	$39/5$	$462/5$	$-7/60$	$-1/4$
7	^7F	^8H	-10	-3	-21	-84	-252	$3/35$	$2/35$
		^8G	15	22	-21	-84	-462	$13/140$	$1/20$
		^8F	11	-66	-21	-24	-462	$3/28$	$1/28$
		^8D	-6	99	-21	-84	-462	$1/7$	0
		^8P	-24	-66	14	-84	-462	$2/7$	$-1/7$
		^6H	-10	-3	$7/2$	14	42	$4/35$	$-2/35$
		^6G	15	22	$7/2$	14	77	$13/105$	$-1/20$
		^6F	11	-66	$7/2$	4	77	$1/7$	$-1/28$
		^6D	-6	99	$7/2$	14	77	$4/21$	0
		^6P	-24	-66	$-7/3$	14	77	$8/21$	$1/7$
8	^8S	^9D	0	0	-21	-84	-462	0	$1/8$
		^7D	0	0	3	12	66	0	$-1/8$
9	^7F	^8H	10	3	-21	-84	-462	$-3/35$	$2/35$
		^8G	-15	-22	-21	-84	-462	$-13/140$	$1/20$
		^8F	-11	66	-21	-84	-462	$-3/28$	$1/28$
		^8D	6	-99	-21	-84	-462	$-1/7$	0
		^8P	24	66	-21	-84	-462	$-2/7$	$-1/7$
		^6H	10	3	-14	$7/3$	$455/6$	$-4/35$	$-2/35$
		^6G	-15	-22	$91/6$	$-161/6$	$385/6$	$-13/105$	$-1/20$
		^6F	-11	66	$-7/2$	$-49/6$	$77/6$	$-1/7$	$-1/28$

续表

N	$4f^{N-1}$ 谱项	$4f^{N-1}5d$ 谱项	F_2	F_4	G_1	G_3	G_5	$\lambda = a\zeta_f + b\zeta_{5d}$	
								a	b
9	^7F	^6D	6	-99	7	63	$-231/2$	$-4/21$	0
		^6P	24	66	$7/3$	-14	-308	$-8/21$	$1/7$
10		^7K	10	-4	-21	-84	-462	$-5/42$	$1/21$
		^7I	-11	24	-21	-84	-462	$-11/84$	$1/28$
		^7H	$-35/3$	-56	-21	-84	-462	$-3/20$	$1/60$
		^7G	0	$182/3$	-21	-84	-462	$-11/60$	$-1/60$
	^6H	^7F	$52/3$	-26	-21	-84	-462	$-1/4$	$-1/12$
		^5K	10	-4	$-99/5$	$-96/5$	$426/5$	$-1/6$	$-1/21$
		^5I	-11	24	-3	-36	$216/5$	$-11/60$	$-1/28$
		^5H	$-35/3$	-56	$57/5$	$8/5$	$-328/5$	$-21/100$	$-1/60$
		^5G	0	$182/3$	$7/5$	$-92/5$	$-1148/5$	$-77/300$	$1/60$
		^5F	$52/3$	-26	$33/7$	$244/7$	$-13\,408/35$	$-7/20$	$1/12$
		^7H	$-10/3$	-1	-21	-84	-462	$-1/10$	$1/15$
		^7G	5	$22/3$	-21	-84	-462	$-13/120$	$7/120$
		^7F	$11/3$	-22	-21	-84	-462	$-1/8$	$1/24$
		^7D	-2	33	-21	-84	-462	$-1/6$	0
	^6F	^7P	-8	-22	-21	-84	-462	$-1/3$	$-1/6$
		^5H	$-10/3$	-1	$-33/5$	$-152/5$	62	$-7/50$	$-1/15$
		^5G	5	$22/3$	$-73/5$	$38/5$	-44	$-91/600$	$-7/120$
		^5F	$11/3$	-22	$39/5$	$-74/5$	$-836/5$	$-7/40$	$-1/24$
		^5D	-2	33	$39/5$	$-144/5$	-198	$-7/30$	0
		^5P	-8	-22	$9/5$	$156/5$	$-726/5$	$-7/15$	$1/6$
		^7F	-6	0	-21	-84	-462	$-1/18$	$1/9$
		^7D	21	0	-21	-84	-462	$-1/36$	$5/36$
	^6P	^7P	-21	0	-21	-84	-462	$1/12$	$1/4$
		^5F	-6	0	$-81/35$	$-744/35$	$66/35$	$-7/90$	$-1/9$
		^5D	21	0	$-63/5$	$48/5$	$-924/5$	$-7/180$	$-5/36$
		^5P	-21	0	$57/5$	$-132/5$	$-132/5$	$7/60$	$-1/4$
11		^6L	4	-3	-21	-84	-462	$-3/20$	$1/20$
		^6K	-4	17	-21	-84	-462	$-23/140$	$1/28$
		^6I	$-51/11$	$-408/11$	-21	-84	-462	$-13/70$	$1/70$
		^6H	$-5/11$	$408/11$	-21	-84	-462	$-11/50$	$-1/50$
	^5I	^6G	$70/11$	$-476/33$	-21	-84	-462	$-7/25$	$-2/25$
		^4L	4	-3	-21	$-93/2$	$357/4$	$-9/40$	$-1/20$
		^4K	-4	17	-16	$-53/2$	$-43/4$	$-69/280$	$-1/28$
		^4I	$-51/11$	$-408/11$	$69/11$	$-373/22$	$-7823/44$	$-39/140$	$-1/70$
		^4H	$-5/11$	$408/11$	$84/11$	$-389/11$	$-14\,903/44$	$-33/100$	$1/50$
		^4G	$70/11$	$-476/33$	$152/33$	$1741/66$	$-14\,296/33$	$-21/50$	$2/25$
	^5G	^6I	$-4/11$	$45/11$	-21	-84	-462	$-2/15$	$1/15$
		^6H	$5/11$	$-585/22$	-21	-84	-462	$-11/75$	$4/75$

续表

N	$4f^{N-1}$ 谱项	$4f^{N-1}5d$ 谱项	F_2	F_4	G_1	G_3	G_5	$\lambda = a\zeta_f + b\zeta_{5d}$ a	b
		^6G	65/154	5265/77	−21	−84	−462	−17/100	3/100
		^6F	−1/14	−585/7	−21	−84	−462	−13/60	−1/60
		^6D	−5/7	585/14	−21	−84	−462	−1/3	−2/15
		^4I	−4/11	45/11	−749/44	−424/11	413/11	−1/15	−1/15
	^5G	^4H	5/11	−585/22	−149/44	−2267/88	−1117/11	−11/50	−4/75
		^4G	65/154	5265/77	−237/22	−45 013/1232	−239 029/1232	−51/200	−3/100
		^4F	−1/14	−585/7	53/7	2917/112	−28 979/112	−13/40	1/60
		^4D	−5/7	585/14	13/2	−1669/56	−1403/4	−1/2	2/15
		^6H	−5	−3/2	−21	−84	−462	−3/25	2/25
		^6G	15/2	11	−21	−84	−462	−13/100	7/100
		^6F	11/2	−33	−21	−84	−462	−3/20	1/20
		^6D	−3	99/2	−21	−84	−462	−1/5	0
	^5F	^6P	−12	−33	−21	−84	−462	−2/5	−1/5
11		^4H	−5	−3/2	−39/4	−337/8	13	−9/50	−2/25
		^4G	15/2	11	−16	−199/16	−2167/16	−39/200	−7/100
		^4F	11/2	−33	3/2	−179/16	−3707/16	−9/40	−1/20
		^4D	−3	99/2	3/2	−327/8	−1023/4	−3/5	0
		^4P	−12	−33	31/4	6	−429/2	−3/5	1/5
		^6G	68/7	22/21	−21	−84	−462	−1/10	1/10
		^6F	−136/7	−66/7	−21	−84	−462	−1/10	1/10
		^6D	−51/7	264/7	−21	−84	−462	−1/10	1/10
		^6P	17	−88	−21	−84	−462	−1/10	1/10
	^5D	^6S	34	132	−21	−84	−462	0	0
		^4G	68/7	22/21	−101/6	−439/21	−286/3	−3/20	−1/10
		^4F	−136/7	−66/7	111/14	−328/7	−319/7	−3/20	−1/10
		^4D	−51/7	264/7	−6	−193/7	−583/4	−3/20	−1/10
		^4P	17	−88	−1	67/2	−1243/4	−3/20	−1/10
		^4S	34	132	−21	−93/2	−462	0	0
	^5S	^6D	0	0	−21	−84	−462	0	1/5
		^4D	0	0	−6	−24	−132	0	−1/5
		^5L	−4	3	−21	−84	−462	−3/16	1/16
		^5K	4	−17	−21	−84	−462	−23/112	5/112
		^5I	51/11	408/11	−21	−84	−462	−13/56	1/56
		^5H	5/11	−408/11	−21	−84	−462	−11/40	−1/40
12	^4I	^5G	−70/11	476/33	−21	−84	−462	−7/20	−1/10
		^3L	−4	3	−21	−212/3	238/3	−5/16	−1/16
		^3K	4	−17	−21	−52/3	−322/3	−115/336	−5/112
		^3I	51/11	408/11	−91/11	−1552/33	−9982/33	−65/168	−1/56
		^3H	5/11	−408/11	133/11	−208/11	−4578/11	−11/24	1/40
		^3G	−70/11	476/33	677/99	−652/99	−45 082/99	−7/12	1/10

续表

N	$4f^{N-1}$谱项	$4f^{N-1}5d$谱项	F_2	F_4	G_1	G_3	G_5	$\lambda = a\zeta_f + b\zeta_{5d}$	
								a	b
		^5I	$4/11$	$-45/11$	-21	-84	-462	$-1/6$	$1/12$
		^5H	$-5/11$	$585/22$	-21	-84	-462	$-11/60$	$1/15$
		^5G	$-65/154$	$-5265/77$	-21	-84	-462	$-17/80$	$3/80$
		^5F	$1/14$	$585/7$	-21	-84	-462	$-13/48$	$-1/48$
	^4G	^5D	$5/7$	$-585/14$	-21	-84	-462	$-5/12$	$-1/6$
		^3I	$4/11$	$-45/11$	$-673/33$	$-524/11$	$-222/11$	$-5/18$	$-1/12$
		^3H	$-5/11$	$585/22$	$-355/33$	$-650/11$	$-1824/11$	$-11/36$	$-1/15$
		^3G	$-65/154$	$-5265/77$	$-45/77$	$425/231$	$-56\,989/231$	$-17/48$	$-3/80$
		^3F	$1/14$	$585/7$	$-221/21$	$-323/7$	$-2449/7$	$-65/144$	$1/48$
		^3D	$5/7$	$-585/14$	$241/21$	$-62/7$	$-3016/7$	$-25/36$	$1/6$
		^5H	5	$3/2$	-21	-84	-462	$-3/20$	$1/10$
		^5G	$-15/2$	-11	-21	-84	-462	$-13/80$	$7/80$
		^5F	$-11/2$	33	-21	-84	-462	$-3/16$	$1/16$
		^5D	3	$-99/2$	-21	-84	-462	$-1/4$	0
	^4F	^5P	12	33	-21	-84	-462	$-1/2$	$-1/4$
		^3H	5	$3/2$	-19	-46	-96	$-1/4$	$-1/10$
		^3G	$-15/2$	-11	-9	-31	-121	$-13/48$	$-7/80$
		^3F	$-11/2$	33	-1	-59	-253	$-5/16$	$-1/16$
		^3D	3	$-99/2$	5	-10	-352	$-5/12$	0
12		^3P	12	33	$-43/3$	-4	-418	$-5/6$	$1/4$
		^5G	$-68/7$	$-22/21$	-21	-84	-462	$-1/8$	$1/8$
		^5F	$136/7$	$66/7$	-21	-84	-462	$-1/8$	$1/8$
		^5D	$51/7$	$-264/7$	-21	-84	-462	$-1/8$	$1/8$
		^5P	-17	88	-21	-84	-462	$-1/8$	$1/8$
	^4D	^5S	-34	-132	-21	-84	-462	0	0
		^3G	$-68/7$	$-22/21$	$-583/63$	$-3292/63$	$-3586/63$	$-5/24$	$-1/8$
		^3F	$136/7$	$66/7$	$-127/7$	$-1692/63$	$-2178/7$	$-5/24$	$-1/8$
		^3D	$51/7$	$-264/7$	$-71/7$	$88/3$	$-5918/21$	$-5/24$	$-1/8$
		^3P	-17	88	-1	$-232/3$	$-682/3$	$-5/24$	$-1/8$
		^3S	-34	-132	39	$-92/3$	$-506/3$	0	0
	^4S	^5D	0	0	-21	-84	-462	0	$1/4$
		^3D	0	0	-9	-36	-198	0	$-1/4$
		^4K	-10	4	-21	-84	-462	$-5/21$	$2/21$
		^4I	11	-24	-21	-84	-462	$-11/42$	$1/14$
		^4H	$35/3$	56	-21	-84	-462	$-3/10$	$1/30$
		^4G	0	$-182/3$	-21	-84	-462	$-11/30$	$-1/30$
13	^3H	^4F	$-52/3$	26	-21	-84	-462	$-1/2$	$-1/6$
		^2K	-10	4	-21	-84	42	$-10/21$	$-2/21$
		^2I	11	-24	-21	$-63/2$	-252	$-11/21$	$-1/14$
		^2H	$35/3$	56	-21	$-103/2$	-413	$-3/5$	$-1/30$

续表

N	$4f^{N-1}$ 谱项	$4f^{N-1}5d$ 谱项	F_2	F_4	G_1	G_3	G_5	$\lambda = a\zeta_f + b\zeta_{5d}$	
								a	b
	^3H	^2G	0	$-182/3$	$13/2$	-4	$-911/2$	$-11/15$	$1/30$
		^2F	$-52/3$	26	$201/14$	$-368/7$	$-6463/14$	-1	$1/6$
		^4H	$10/3$	1	-21	-84	-462	$-1/5$	$2/15$
		^4G	-5	$-22/3$	-21	-84	-462	$-13/60$	$7/60$
		^4F	$-11/3$	22	-21	-84	-462	$-1/4$	$1/12$
	^3F	^4D	2	-33	-21	-84	-462	$-1/3$	0
		^4P	8	22	-21	-84	-462	$-2/3$	$-1/3$
		^2H	$10/3$	1	-21	-64	$-287/2$	$-2/5$	$-2/15$
		^2G	-5	$-22/3$	$-37/2$	-29	-176	$-13/30$	$-7/60$
		^2F	$-11/3$	22	$3/2$	-79	-352	$-1/2$	$-1/12$
13		^2D	2	-33	6	-36	$-891/2$	$-2/3$	0
		^2P	8	22	-21	6	-462	$-4/3$	$1/3$
		^4F	6	0	-21	-84	-462	$-1/9$	$2/9$
		^4D	-21	0	-21	-84	-462	$-1/18$	$5/18$
	^3P	^4P	21	0	-21	-84	-462	$1/6$	$1/2$
		^2F	6	0	$-132/7$	$-318/7$	$-1749/7$	$-2/9$	$-2/9$
		^2D	-21	0	3	$-141/2$	-165	$-1/9$	$-5/18$
		^2P	21	0	-21	$-33/2$	-462	$1/3$	$-1/2$
		^3H	-10	-3	-21	-84	-462	$3/10$	$1/5$
		^3G	15	22	-21	-84	-462	$13/40$	$7/40$
		^3F	11	-66	-21	-84	-462	$3/8$	$1/8$
		^3D	-6	99	-21	-84	-462	$1/2$	0
14	^2F	^3P	-24	-66	-21	-84	-462	1	$-1/2$
		^1H	-10	-3	-21	-84	-42	0	0
		^1G	15	22	-21	-84	-462	0	0
		^1F	11	-66	-21	36	-462	0	0
		^1D	-6	99	-21	-84	-462	0	0
		^1P	-24	-66	49	-84	-462	0	0

表 7.3　$4f^{N-1}6p$ 组态较低谱项能级表达式系数和旋轨耦合参数 λ

N	$4f^{N-1}$ 谱项	$4f^{N-1}6p$ 谱项	F_2	G_2	G_4	$\lambda = a\zeta_f + b\zeta_{6p}$	
						a	b
		^3G	5	-45	-1	$3/8$	$1/8$
		^3F	-15	15	-9	$11/24$	$1/24$
2	^2F	^3D	12	-3	-36	$2/3$	$-1/6$
		^1G	5	45	1	0	0
		^1F	-15	-15	9	0	0
		^1D	12	3	36	0	0
3	^3H	^4I	5	-75	-4	$5/18$	$1/18$
		^4H	-13	-3	-22	$29/90$	$1/90$

N	$4f^{N-1}$ 谱项	$4f^{N-1}6p$ 谱项	F_2	G_2	G_4	$\lambda = a\zeta_f + b\zeta_{6p}$	
						a	b
3	^3H	^4G	26/3	2	−166/3	2/5	−1/15
		^2I	5	75/2	2	5/9	−1/18
		^2H	−13	3/2	11	29/45	−1/90
		^2G	26/3	−1	83/3	4/5	1/15
	^3F	^4G	−5/3	−50	−29/3	1/4	1/12
		^4F	5	−30	−31	11/36	1/36
		^4D	−4	6	−40	4/9	−1/9
		^2G	−5/3	25	29/6	1/2	−1/12
		^2F	5	15	31/2	11/18	−1/36
		^2D	−4	−3	20	8/9	1/9
	^3P	^4D	−3	−33	−18	1/6	1/6
		^4P	15	−45	−36	1/6	1/6
		^4S	−30	30	−18	0	0
		^2D	−3	33/2	9	1/3	−1/6
		^2P	15	45/2	18	1/3	−1/6
		^2S	−30	−15	9	0	0
4	^4I	^5K	2	−93	−10	3/14	1/28
		^5I	−5	30	−38	41/168	1/168
		^5H	35/11	30/11	−760/11	7/24	−1/24
		^3K	2	31	10/3	5/14	−1/28
		^3I	−5	10	38/3	205/504	−1/168
		^3H	35/11	−10/11	760/33	35/72	1/24
	^4G	^5H	−2/11	−822/11	−197/11	1/5	1/20
		^5G	1/2	−153/4	−163/4	19/80	1/80
		^5F	−5/14	−195/28	−1633/28	5/16	−1/16
		^3H	−2/11	274/11	197/33	1/3	−1/20
		^3G	1/2	51/4	163/12	19/48	−1/80
		^3F	−5/14	65/28	1633/84	25/48	1/16
	^4F	^5G	−5/2	−255/4	−85/4	3/16	1/16
		^5F	15/2	−195/4	−177/4	11/48	1/48
		^5D	−6	−6	−51	1/3	−1/12
		^3G	−5/2	85/4	85/12	5/16	−1/16
		^3F	15/2	65/4	57/4	55/144	−1/48
		^3D	−6	2	17	5/9	1/12
	^4D	^5F	34/7	−471/7	−206/7	1/6	1/12
		^5D	−17	−12	−32	5/24	1/24
		^5P	17	−48	−58	3/8	−1/8
		^3F	34/7	157/7	206/21	5/18	−1/12
		^3D	−17	4	32/3	25/72	−1/24
		^3P	17	16	58/3	5/8	1/8

续表

N	$4f^{N-1}$ 谱项	$4f^{N-1}6p$ 谱项	F_2	G_2	G_4	$\lambda = a\zeta_f + b\zeta_{6p}$	
						a	b
4	^4S	^5S	0	-45	-36	0	$1/4$
		^3S	0	15	12	0	$-1/4$
5	^5I	^6K	-2	-102	-20	$6/35$	$1/35$
		^6I	5	-60	-55	$41/210$	$1/210$
		^6H	$-35/11$	$-30/11$	$-875/11$	$7/30$	$-1/30$
		^4K	-2	$51/2$	5	$9/35$	$-1/35$
		^4I	5	15	$55/4$	$123/420$	$-1/210$
		^4H	$-35/11$	$15/22$	$857/44$	$7/20$	$1/30$
	^5G	^6H	$2/11$	$-993/11$	$-331/11$	$4/25$	$1/25$
		^6G	$-1/2$	$-207/4$	$-209/4$	$19/100$	$1/100$
		^6F	$5/14$	$-645/28$	$-1979/28$	$1/4$	$-1/20$
		^4H	$2/11$	$993/44$	$331/44$	$6/25$	$-1/25$
		^4G	$-1/2$	$207/16$	$209/16$	$57/200$	$-1/100$
		^4F	$5/14$	$645/112$	$1979/112$	$3/8$	$1/20$
	^5F	^6G	$5/2$	$-345/4$	$-143/4$	$3/20$	$1/20$
		^6F	$-15/2$	$-165/4$	$-195/4$	$11/60$	$1/60$
		^6D	6	-39	-69	$4/15$	$-1/15$
		^4G	$5/2$	$345/4$	$143/16$	$9/40$	$-1/20$
		^4F	$-15/2$	$165/4$	$195/16$	$11/40$	$-1/60$
		^4D	6	39	$69/4$	$2/5$	$1/15$
	^5D	^6F	$-34/7$	$-474/7$	$-256/7$	$2/15$	$1/15$
		^6D	17	-78	-61	$1/6$	$1/30$
		^6P	-17	-12	-53	$3/10$	$-1/10$
		^4F	$-34/7$	$237/14$	$64/7$	$1/5$	$-1/15$
		^4D	17	$39/12$	$61/4$	$1/4$	$-1/30$
		^4P	-17	3	$53/4$	$9/20$	$1/10$
	^5S	^6P	0	-60	-48	0	$1/5$
		^4P	0	15	12	0	$-1/5$
6	^6H	^7I	-5	-105	-35	$5/36$	$1/36$
		^7H	13	-87	-71	$29/180$	$1/180$
		^7G	$-26/3$	-17	$-248/3$	$1/5$	$-1/30$
		^5I	-5	21	7	$7/36$	$-1/36$
		^5H	13	$87/5$	$71/5$	$203/900$	$-1/180$
		^5G	$-26/3$	$17/5$	$248/15$	$7/25$	$1/30$
	^6F	^7G	$5/3$	-100	$-142/3$	$1/8$	$1/24$
		^7F	-5	-60	-62	$11/72$	$1/72$
		^7D	4	-51	-80	$2/9$	$-1/18$
		^5G	$5/3$	20	$142/15$	$7/40$	$-1/24$
		^5F	-5	12	$62/5$	$77/360$	$-1/72$
		^5D	4	$51/5$	16	$14/45$	$1/18$

续表

N	$4f^{N-1}$ 谱项	$4f^{N-1}6p$ 谱项	F_2	G_2	G_4	$\lambda = a\zeta_f + b\zeta_{6p}$	
						a	b
6	^6P	^7D	3	-87	-57	$1/12$	$1/12$
		^7P	-15	-45	-57	$1/12$	$1/12$
		^7S	30	-105	-84	0	0
		^5D	3	$87/5$	$57/5$	$7/60$	$-1/12$
		^5P	-15	9	$57/5$	$7/60$	$-1/12$
		^5S	30	21	$84/5$	0	0
7	^7F	^8G	-5	-105	-56	$3/28$	$1/28$
		^8F	15	-105	-84	$11/84$	$1/84$
		^8D	-12	-42	-84	$4/21$	$-1/21$
		^6G	-5	$35/2$	$28/3$	$4/28$	$-1/28$
		^6F	15	$35/2$	14	$11/63$	$-1/84$
		^6D	-12	7	14	$16/63$	$1/21$
8	^8S	^9P	0	-105	-84	0	$1/8$
		^7P	0	15	12	0	$-1/8$
9	^7F	^8G	5	-105	-84	$-3/28$	$1/28$
		^8F	-15	-105	-84	$-11/84$	$1/84$
		^8D	12	-105	-84	$-4/21$	$-1/21$
		^6G	5	-35	$77/6$	$-1/7$	$-1/28$
		^6F	-15	35	$7/2$	$-11/63$	$-1/84$
		^6D	12	14	-28	$-16/63$	$1/21$
10	^6H	^7I	5	-105	-84	$-5/36$	$1/36$
		^7H	-13	-105	-84	$-29/180$	$1/180$
		^7G	$26/3$	-105	-84	$-1/5$	$-1/30$
		^5I	5	-69	12	$-7/36$	$-1/36$
		^5H	-13	$87/5$	$-48/5$	$-203/900$	$-1/180$
		^5G	$26/3$	$117/5$	$-248/5$	$-7/25$	$1/30$
	^6F	^7G	$-5/3$	-105	-84	$-1/8$	$1/24$
		^7F	5	-105	-84	$-11/72$	$1/72$
		^7D	-4	-105	-84	$-2/9$	$-1/18$
		^5G	$-5/3$	-39	$26/5$	$-7/40$	$-1/24$
		^5F	5	-15	$-102/5$	$-77/360$	$-1/72$
		^5D	-4	$141/5$	$-156/5$	$-14/45$	$-1/18$
	^6P	^7D	-3	-105	-84	$-1/12$	$1/12$
		^7P	15	-105	-84	$-1/12$	$1/12$
		^7S	-30	-105	-84	0	0
		^5D	-3	$-93/5$	$-24/5$	$-7/60$	$-1/12$
		^5P	15	-33	$-132/5$	$-7/60$	$-1/12$
		^5S	-30	57	$-24/5$	0	0
11	^5I	^6K	2	-105	-84	$-6/35$	$1/35$
		^6I	-5	-105	-84	$-41/210$	$1/210$

续表

N	$4f^{N-1}$ 谱项	$4f^{N-1}6p$ 谱项	F_2	G_2	G_4	$\lambda = a\zeta_f + b\zeta_{6p}$	
						a	b
		^6H	35/11	−105	−84	−7/3	−1/30
	^5I	^4K	2	−90	17/2	−9/35	−1/35
		^4I	−5	−45/4	−53/2	−123/420	−1/210
		^4H	35/11	1305/44	−719/11	−7/20	1/30
		^6H	−2/11	−105	−84	−4/25	1/25
		^6G	1/2	−105	−84	−19/100	1/100
	^5G	^6F	−5/14	−105	−84	−1/4	−1/20
		^4H	−2/11	−2955/44	−61/44	−6/25	−1/25
		^4G	1/2	−345/16	−479/16	−57/200	−1/100
		^4F	−5/14	1965/112	−5813/112	−3/8	1/20
		^6G	−5/2	−105	−84	−3/20	1/20
		^6F	15/2	−105	−84	−11/60	1/60
11	^5F	^6D	−6	−105	−84	−4/15	−1/15
		^4G	−5/2	−855/16	−89/16	−9/40	−1/20
		^4F	15/2	−555/16	−549/16	−11/40	−1/60
		^4D	−6	75/4	−171/4	−2/5	1/15
		^6F	34/7	−105	−84	−2/15	1/15
		^6D	−17	−105	−84	−1/6	1/31
	^5D	^6P	17	−105	−84	−3/10	−1/10
		^4F	34/7	−405/7	−221/14	−1/5	−1/15
		^4D	−17	45/4	−19	−1/4	−1/30
		^4P	17	−135/4	−103/2	−9/20	1/10
	^5S	^6P	0	−105	−84	0	1/5
		^4P	0	−30	−24	0	−1/5
		^5K	−2	−105	−84	−3/14	1/28
		^5I	5	−105	−84	−41/168	1/168
	^4I	^5H	−35/11	−105	−84	−7/24	−1/24
		^3K	−2	−101	4/3	−5/14	−1/28
		^3I	5	−45	−136/3	−205/504	−1/168
		^3H	−35/11	345/11	−2504/33	−35/72	1/24
		^5H	2/11	−105	−84	−1/5	1/20
		^5G	−1/2	−105	−84	−19/80	1/80
12	^4G	^5F	5/14	−105	−84	−5/16	−1/16
		^3H	2/11	−939/11	−400/23	−1/3	−1/20
		^3G	−1/2	−34	−125/3	−19/48	−1/80
		^3F	5/14	30/7	−1391/21	−25/48	1/16
		^5G	5/2	−105	−84	−3/16	1/16
		^5F	−15/2	−105	−84	−11/48	1/48
	^4F	^5D	6	−105	−84	−1/3	−1/12
		^3G	5/2	−80	−400/33	−5/16	−1/16

续表

N	$4f^{N-1}$ 谱项	$4f^{N-1}6p$ 谱项	F_2	G_2	G_4	$\lambda = a\zeta_f + b\zeta_{6p}$	
						a	b
12	^4F	^3F	$-15/2$	-20	$-125/3$	$-55/144$	$-1/48$
		^3D	6	-17	$-1391/21$	$-5/9$	$1/12$
	^4D	^5F	$-34/7$	-105	-84	$-1/6$	$1/12$
		^5D	17	-105	-84	$-5/24$	$1/24$
		^5P	-17	-105	-84	$-3/8$	$-1/8$
		^3F	$-34/7$	$-387/7$	$-436/21$	$-5/18$	$-1/12$
		^3D	17	-69	$-160/3$	$-25/72$	$-1/24$
		^3P	-17	19	$-128/3$	$-5/8$	$1/8$
	^4S	^5P	0	-105	-84	0	$1/4$
		^3P	0	-45	-36	0	$-1/4$
13	^3H	^4I	-5	-105	-84	$-5/18$	$1/18$
		^4H	13	-105	-84	$-29/90$	$1/90$
		^4G	$-26/3$	-105	-84	$-2/5$	$-1/15$
		^2I	-5	-105	$-21/2$	$-5/9$	$-1/18$
		^2H	13	-78	$-129/2$	$-29/45$	$-1/90$
		^2G	$-26/3$	27	-82	$-4/5$	$1/15$
	^3F	^4G	$5/3$	-105	-84	$-1/4$	$1/12$
		^4F	-5	-105	-84	$-11/36$	$1/36$
		^4D	4	-105	-84	$-4/9$	$-1/9$
		^2G	$5/3$	$-195/2$	-29	$-1/2$	$-1/12$
		^2F	-5	$-75/2$	-51	$-11/18$	$-1/36$
		^2D	4	-24	-78	$-8/9$	$1/9$
	^3P	^4D	3	-105	-84	$-1/6$	$1/6$
		^4P	-15	-105	-84	$-1/6$	$1/6$
		^4S	30	-105	-84	0	0
		^2D	3	-78	$-87/2$	$-1/3$	$-1/6$
		^2P	-15	-15	$-87/2$	$-1/3$	$-1/6$
		^2S	30	-105	-84	0	0
14	^2F	^3G	-5	-105	-84	$-3/8$	$1/8$
		^3F	15	-105	-84	$-11/24$	$1/24$
		^3D	-12	-105	-84	$-2/3$	$-1/6$
		^1G	-5	-105	-28	0	0
		^1F	15	-105	-84	0	0
		^1D	-12	21	-84	0	0

表 7.4 $4f^{N-1}6s$ 组态较低谱项能级表达式系数和旋轨耦合参数 λ

N	$4f^{N-1}$ 谱项	$4f^{N-1}6s$ 谱项	G_3	$\lambda = a\zeta_f + b\zeta_{6s}$ a	b	N	$4f^{N-1}$ 谱项	$4f^{N-1}6s$ 谱项	G_4	$\lambda = a\zeta_f + b\zeta_{6s}$ a	b
2	^2F	^3F	-1	$1/2$	0	9	^7F	^8F	-7	$-1/7$	0
		^1F	1	0	0			^6F	0	$-4/21$	0
3	^3H	^4H	-2	$1/3$	0		^6H	^7H	-7	$-1/6$	0
		^2H	1	$2/3$	0			^5H	-1	$-7/30$	0
	^3F	^4F	-2	$1/3$	0	10	^6F	^7F	-7	$-1/6$	0
		^2F	1	$2/3$	0			^5F	-1	$-7/30$	0
	^3P	^4P	-2	$1/3$	0		^6P	^7P	-7	$-1/6$	0
		^2P	1	$2/3$	0			^5P	-1	$-7/30$	0
4	^4I	^5I	-3	$1/4$	0		^5I	^6I	-7	$-1/5$	0
		^2I	1	$5/12$	0			^4I	-2	$-3/10$	0
	^4G	^5G	-3	$1/4$	0		^5G	^6G	-7	$-1/5$	0
		^2G	1	$5/12$	0			^4G	-2	$-3/10$	0
	^4F	^5F	-3	$1/4$	0	11	^5F	^6F	-7	$-1/5$	0
		^2F	1	$5/12$	0			^4F	-2	$-3/10$	0
	^4D	^5D	-3	$1/4$	0		^5D	^6D	-7	$-1/5$	0
		^2D	1	$5/12$	0			^4D	-2	$-3/10$	0
	^4S	^5S	-3	0	0		^5S	^6S	-7	0	0
		^2S	1	0	0			^4S	-2	0	0
5	^5I	^6I	-4	$1/5$	0		^4I	^5I	-7	$-1/4$	0
		^4I	1	$3/10$	0			^3I	-3	$-5/12$	0
	^5G	^6G	-4	$1/5$	0		^4G	^5G	-7	$-1/4$	0
		^4G	1	$3/10$	0			^3G	-3	$-5/12$	0
	^5F	^6F	-4	$1/5$	0	12	^4F	^5F	-7	$-1/4$	0
		^4F	1	$3/10$	0			^3F	-3	$-5/12$	0
	^5D	^6D	-4	$1/5$	0		^4D	^5D	-7	$-1/4$	0
		^4D	1	$3/10$	0			^3D	-3	$-5/12$	0
	^5S	^6S	-4	0	0		^4S	^5S	-7	0	0
		^4S	1	0	0			^3S	-3	0	0
6	^6H	^7H	-5	$1/6$	0		^3H	^4H	-7	$-1/3$	0
		^5H	1	$7/30$	0			^2H	-4	$-2/3$	0
	^6F	^7F	-5	$1/6$	0	13	^3F	^4F	-7	$-1/3$	0
		^5F	1	$7/30$	0			^2F	-4	$-2/3$	0
	^6P	^7P	-5	$1/6$	0		^3P	^4P	-7	$-1/3$	0
		^5P	1	$7/30$	0			^2P	-4	$-2/3$	0
7	^7F	^8F	-6	$1/7$	0	14	^2F	^3F	-7	$-1/2$	0
		^6F	1	$4/21$	0			^1F	-5	0	0
8	^8S	^9S	-7	0	0						
		^7S	1	0	0						

7.4　晶体中稀土离子的 $4f$-$5d$ 跃迁

7.4.1　$4f^{N-1}5d$ 组态能级到 $4f^N$ 组态能级间的跃迁概率[7]

稀土离子的 $4f^{N-1}5d$ 组态能级到 $4f^N$ 组态能级间的跃迁属于宇称允许跃迁，跃迁概率大，发光强. 当稀土离子处于晶体中时，由于周围的晶体场环境对稀土离子外层的 $5d$ 电子作用较大，不仅使 $5d$ 电子的能级产生劈裂形成带状，同时，因为电子云扩大效应使能级产生较大的红移. 虽然 $5d$ 电子的能级较高，但是仍然在紫外或可见光谱区域观测到某些二价或三价稀土离子的这类辐射跃迁形式的发光，它们具有发光强，寿命短和光谱带宽等特点，并引起人们的广泛研究. 特别是固体可调谐激光材料和激光器问世以来，稀土离子的 $4f$-$5d$ 跃迁的光谱研究更加受到重视.

根据各类相互作用的数量级知道，$4f^{N-1}$ 组态内 f 电子间的相互作用大于 f-d 电子间的相互作用，所以 $4f^{N-1}5d$ 组态的状态可以近似看作是 $4f^{N-1}$ 组态的状态和 $5d$ 电子的状态耦合而成. 通常我们对最低激发态的跃迁更为关心，因此优先考虑 $4f^{N-1}$ 组态的基态与 $5d$ 电子的状态耦合情况. 由于 $5d$ 电子的状态在晶体中依赖于稀土离子在晶体中的局部对称性 G_Γ，为了状态完全分类，可以选择一个合适的群链如 $O_3 \supset G_a \supset G_\Gamma \supset G_\gamma$. O_3 群是三维旋转群，a、Γ 和 γ 分别是点群 G_a、G_Γ 和 G_γ 的不可约表示，这样，晶体中 $5d$ 电子的状态可以表示为 $|l_d a\Gamma\gamma\rangle$，$4f^{N-1}5d$ 组态的波函数则表示成

$$|4f^{N-1}\alpha_1 S_1 L_1 J_1 M_1, l_d a\Gamma\gamma\rangle = |4f^{N-1}\alpha_1 S_1 L_1 J_1 M_1\rangle \sum \langle l_d m_d \mid l_d a\Gamma\gamma\rangle \left| l_d m_d, \frac{1}{2}m_s^d \right\rangle \tag{7.32}$$

式中的角动量量子数和以前的意义相同，$4f^N$ 组态的状态波函数可以变换形式

$$
\begin{aligned}
|4f^N\alpha'S'L'J'M'\rangle &= \sum_{M_{L'},M_{S'}} \langle L'M_{L'}, S'M_{S'}|J'M'\rangle |L'M_{L'}\rangle |S'M_{S'}\rangle \\
&= \sum_{M_{L'},M_{S'}} \langle L'M_{L'}, S'M_{S'}|J'M'\rangle \sum_{m_f, L'', M_{L''}} \\
&\quad \langle 4f^{N-1}L''M_{L''}, l_{4f}m_f|L'M_{L'}\rangle |4f^{N-1}L''M_{L''}\rangle |l_{4f}m_f\rangle \\
&\quad \times \sum_{m_s^f, S'', M_{S''}} \langle 4f^{N-1}S''M_{S''}, \frac{1}{2}m_s^f|S'M_{S'}\rangle |4f^{N-1}S''M_{S''}\rangle \left|\frac{1}{2}m_s^f\right\rangle \\
&= \sum \langle L'M_{L'}, S'M_{S'}|J'M'\rangle \langle 4f^{N-1}L''M_{L''}, l_{4f}m_f|L'M_{L'}\rangle \\
&\quad \left\langle 4f^{N-1}S''M_{S''}, \frac{1}{2}m_s^f \middle| S'M_{S'}\right\rangle
\end{aligned}
$$

$$\times \langle 4f^{N-1}\alpha''S''L''J''M'' | 4f^{N-1}L''M_{L''}, S''M_{S''}\rangle$$

$$|4f^{N-1}\alpha''S''L''J''M''\rangle |l_{4f}m_f\rangle \left|\frac{1}{2}m_s^f\right\rangle$$

电偶极跃迁的矩阵元为

$$
\begin{aligned}
S^{1/2} &= \langle 4f^{N-1}\alpha_1 S_1 L_1 J_1 M_1, l_d a \Gamma\gamma | rC_q^1 | 4f^N \alpha' S'L'J'M'\rangle \\
&= \sum \langle L'M_{L'}, S'M_{S'} | J'M'\rangle \langle 4f^{N-1}L''M_{L''}, l_{4f}m_f | L'M_{L'}\rangle \\
&\quad \left\langle 4f^{N-1}S''M_{S''}, \frac{1}{2}m_s^f \Big| S'M_{S'}\right\rangle \\
&\quad \times \langle 4f^{N-1}\alpha''S''L''J''M'' | 4f^{N-1}L''M_{L''}, S''M_{S''}\rangle \\
&\quad \langle l_d m_d | rC_q^1 | l_f m_f\rangle \langle l_d m_d | l_d a \Gamma\gamma\rangle \\
&\quad \times \delta(\alpha_1\alpha'')\delta(S_1 S'')\delta(L_1 L'')\delta(J_1 J'')\delta(M_1 M'')\delta(m_s^d m_s^f) \quad (7.33)
\end{aligned}
$$

其中

$$
\langle l_d m_d | rC_q^1 | l_f m_f\rangle = (-1)^{l_d - m_d}
\begin{pmatrix} l_d & 1 & l_f \\ -m_d & q & m_f \end{pmatrix}
\langle l_d \| C^1 \| l_f\rangle \langle d | r | f\rangle \quad (7.34)
$$

Γ 能级的辐射跃迁概率为

$$
A_\Gamma = \frac{64\pi^4 e^2 \sigma^3 \chi}{3h\,[\Gamma]} S \quad (7.35)
$$

式中, $[\Gamma]$ 表示 Γ 不可约表示的简并度; σ 表示两个跃迁能级之间的能量差, 以波数为单位 (cm^{-1}); $\chi = \frac{n(n^2+2)^2}{9}$ 为折射率因子. 从式 (7.33) 可以发现, 只有当 $4f^{N-1}5d$ 组态的亲态 $|4f^{N-1}\alpha_1 S_1 L_1 J_1 M_1\rangle$ 和 $4f^N$ 组态的亲态 $|4f^{N-1}\alpha''S''L''J''M''\rangle$ 相同时才能发生跃迁, 这种关系可以称为能级跃迁的亲态选择定则, 就是说 $5d$ 电子与 $4f^{N-1}$ 组态的状态耦合成的激发态只能向同样 $4f^{N-1}$ 组态的状态与 $4f$ 电子耦合形成的 $4f^N$ 组态的状态跃迁.

7.4.2 Pr^{3+} 离子在 $\mathrm{PrP_5O_{14}}$ 晶体中的 $4f$-$5d$ 辐射跃迁概率

Pr^{3+} 离子在 $\mathrm{PrP_5O_{14}}$ 晶体中的 $5d$-$4f$ 的荧光发射峰是 312 nm 和 333 nm, 其激发峰为 238 nm 和 298 nm, 我们可以利用上面的方法计算辐射跃迁概率. Pr^{3+} 离子在 $\mathrm{PrP_5O_{14}}$ 晶体中的局部对称性近似是 C_{2v}, 可以选择这样一个群链, $O_3 \supset C_{\infty v} \supset C_{2v} \supset C_s$, 来完全分类 $5d$ 电子的状态. 在晶体中 $5d$ 电子的波函数可以写为

$$|2A_1A_1A'\rangle = |2,0\rangle$$

$$|2E_2A_1A'\rangle = \frac{1}{\sqrt{2}}(|2,2\rangle + |2,-2\rangle)$$

$$|2E_2A_2A''\rangle = \frac{1}{\sqrt{2}}(|2,2\rangle - |2,-2\rangle)$$

$$|2E_1B_1A'\rangle = \frac{1}{\sqrt{2}}(|2,1\rangle - |2,-2\rangle)$$

$$|2E_1B_2A''\rangle = \frac{1}{\sqrt{2}}(|2,1\rangle + |2,-1\rangle)$$

由于 Pr^{3+} 离子的组态是 f^2, 跃迁应该是 $4f5d$-f^2, 亲态为 f^1 组态, 它的能级为 $^2F_{5/2}$ 和 $^2F_{7/2}$, $^2F_{7/2}$ 是基态, 两个能级相差大约是 2000 多个波数, 热反转的影响不大, 所以只考虑基态和 $5d$ 电子的耦合状态. 如果考虑 $|^2F_{7/2}5da\Gamma\gamma\rangle \to |^3H_4\rangle$ 跃迁概率, 首先要计算式 (7.33) 中的系数 $\langle 4f^{N-1}L''M_{L''}, l_{4f}m_f \mid L'M_{L'}\rangle$, 在状态耦合中要注意遵从 Pauli 原理, 计算 ^3H 状态的耦合结果

$$|^3H5\rangle = |3,3\rangle|3,2\rangle$$

$$|^3H4\rangle = |3,3\rangle|3,1\rangle$$

$$|^3H3\rangle = 0.5773\,|3,2\rangle|3,1\rangle + 0.8165\,|3,3\rangle|3,0\rangle$$

$$|^3H2\rangle = 0.8165\,|3,2\rangle|3,0\rangle + 0.5773\,|3,3\rangle|3,-1\rangle$$

$$|^3H1\rangle = 0.488\,|3,1\rangle|3,0\rangle + 0.345\,|3,3\rangle|3,-2\rangle + 0.8018\,|3,2\rangle|3,-1\rangle$$

$$|^3H0\rangle = 0.7715\,|3,1\rangle|3,-1\rangle + 0.6172\,|3,2\rangle|3,-2\rangle + 0.1543\,|3,3\rangle|3,-3\rangle$$

$$|^3H-1\rangle = 0.488\,|3,0\rangle|3,-1\rangle + 0.8018\,|3,1\rangle|3,-2\rangle + 0.345\,|3,2\rangle|3,-3\rangle$$

$$|^3H-2\rangle = 0.8156\,|3,0\rangle|3,-2\rangle + 0.5733\,|3,1\rangle|3,-3\rangle$$

$$|^3H-3\rangle = 0.5773\,|3,-1\rangle|3,-2\rangle + 0.8165\,|3,0\rangle|3,-3\rangle$$

$$|^3H-4\rangle = |3,-1\rangle|3,-3\rangle$$

$$|^3H-5\rangle = |3,-2\rangle|3,-3\rangle$$

利用式 (7.35) 计算 $5d$ 电子的各个不可约表示的能级到 $^3H_4$ 能级的辐射跃迁概率为

$$A(E_2A_1) = 7.73 \times 10^{-8}\chi\sigma^3$$

$$A(E_2A_2) = 9.19 \times 10^{-8}\chi\sigma^3$$

$$A(E_1B_1) = 15.36 \times 10^{-8}\chi\sigma^3$$

$$A(E_1B_2) = 20.44 \times 10^{-8}\chi\sigma^3$$

$$A(A_1A_1) = 17.72 \times 10^{-8}\chi\sigma^3$$

在计算中取 $\langle d|r|f\rangle = 0.9$ 原子单位, 可以将折射率 $n = 1.6$ 和能级差带入具体估算辐射跃迁概率, 大约为 $10^7(\mathrm{s}^{-1})$ 数量级. 这个结果说明, $4f$-$5d$ 辐射跃迁概率比 $4f$-$4f$ 的辐射跃迁概率要高出很多倍.

参 考 文 献

[1] Wybourne B G. Spectroscopic Properties of Rare Earths. New York: John-Wiley & Sons, Inc., 1965

[2] Cowan R D. The Theory of Atomic Structure and Spectra. Berkeley: University of California Press, 1981

[3] Racah G. Phys. Rev., 1949, 76:1352

[4] Condon E U, Shortley G H. The Theory of Atomic Spectra. London: Cambridge University Press, 1935

[5] Shi J S, Zhou S H, Zhang S Y. Frontiers of Solid State Chemistry, Feng S H and Chen J S(Ed.), New Jersey, London, Singapore: World Scientific Publishing Co. Pte. Ltd., 2002: 563

[6] Shi J S, Wu Z J, Zhang S Y. J. Rare Earth, 2003, 21(Suppl):10

[7] 张思远. 光学学报, 1987, 7: 892

[8] 师进生. 稀土 $4f^{N-1}n'l'$ 高激发态能级的研究. [博士论文]. 长春: 中国科学院长春应用化学研究所, 2004

第 8 章　二价稀土离子 $4f^{N-1}5d$ 组态的光谱学

8.1　二价稀土离子 $4f^{N-1}5d$ 组态的光谱和能级

二价稀土离子的电子结构与原子序比它大于 1 的三价稀土离子的电子结构相同, 比如二价的钐离子和三价的铕离子都是 f^6 组态. 但是由于电子数相同, 中心核电荷不同, 三价离子的核电荷大于二价稀土离子的核电荷, 所以二价离子的电子轨道比三价稀土离子的电子轨道要大, 电子- 电子间的相互作用减弱, 能级间的能量差减小. 同样, 二价离子的 $4f^{N-1}n'l'$ 组态的能级位置相对于 $4f^N$ 组态基态能级的能级差比三价稀土离子的能级差要小, 特别是在固体中. 由于环境的晶体场作用, 使 $5d$ 能级的重心位置下降和能级劈裂, $5d$ 能级的位置将会变得更低, 在紫外和可见光谱中很容易观察这类宽带跃迁 [1,2].Mcclure 和 Kiss 给出了二价稀土离子在 CaF_2 晶体中的系列吸收光谱 (图 8.1)[1]. 图中的带状光谱就属于 f-d 跃迁, 并且可以看出 La^{2+}, Ce^{2+}, Eu^{2+}, Yb^{2+} 具有较少的带结构, 而其他二价稀土离子的高激发态能级则较为复杂.

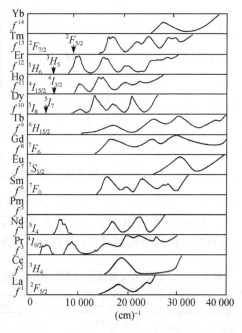

图 8.1　CaF_2 中二价稀土离子的吸收光谱

在光谱研究中, 人们发现二价稀土离子的 $4f^{N-1}5d$ 与 $4f^{N-1}6s$ 能级的位置都不是很高, 且它们之间的能级差较小, 特别是重稀土元素这种差别只有几千个波数, 另外, 对于重稀土离子, 除了这些自旋允许的宽带峰以外, 还存在着较弱的自旋禁戒的跃迁峰, 这使得能级分析这一工作更为困难.

后来 Dorenbos 在总结前人大量光谱研究工作的基础上, 对二价稀土自由离子的 $4f^{N-1}5d$ 组态的最低能级位置进行了总结 (图 8.2)[11~13]. 图中黑色圆点显示每种二价自由稀土离子 $4f^{N-1}5d$ 组态的最低能级的位置, 并用实线连接起来. 对于组态中 $N > 7$ 的稀土离子, $4f^{N-1}5d$ 组态的最低能级的位置到基态的跃迁是自旋禁戒跃迁, 自旋允许的 $4f^{N-1}5d$ 组态能级比它要高, 图中用黑色方点表示, 虚线连接的黑色方点为自旋允许的能级位置.

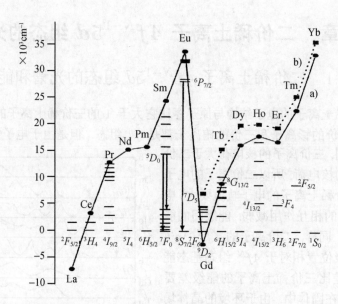

图 8.2　二价稀土自由离子的能级示意图

Dorenbos 还总结了二价稀土自由离子 $4f^{N-1}5d$ 态的最低能级与 $4f^N$ 组态的基态的能级的平均能量差, 其详细结果列于表 8.1 中 [13].

表 8.1　二价稀土自由离子 $4f^{N-1}5d$ 态的最低能级与 $4f^N$ 组态的基态的能级的能量差

N	Ln	$\Delta E_{\mathrm{free}}^{\mathrm{sa}}/\mathrm{cm}^{-1}$	$\Delta E_{\mathrm{free}}^{\mathrm{sf}}/\mathrm{cm}^{-1}$
1	La	-7600 ± 700	
2	Ce	2930 ± 850	
3	Pr	$12\,550\pm630$	
4	Nd	$15\,600\pm320$	
5	Pm	$15\,800$	
6	Sm	$24\,160\pm360$	
7	Eu	$34\,000$	
8	Gd	7100	-2200
9	Tb	$15\,500$	9000
10	Dy	$20\,060\pm220$	$16\,300$
11	Ho	$20\,240\pm10$	$18\,180$
12	Er	$19\,750\pm120$	$17\,130$
13	Tm	$25\,640\pm350$	$23\,810\pm440$
14	Yb	$35\,930\pm670$	$34\,000\pm700$

表中 $\Delta E_{\text{free}}^{\text{sa}}$ 表示自旋允许跃迁能级和基态的能量差; $\Delta E_{\text{free}}^{\text{sf}}$ 表示自旋禁戒跃迁能级和基态的能量差.

$4f^{N-1}5d$ 态是 $4f^{N-1}n'l'$ 高激发态中能级位置最低的能级. 由于 $5d$ 电子裸露在外边, 没有受到其他电子壳层的屏蔽, 环境的晶体场对它的影响较大, 在不同的基质中其能级位置将发生很大变化, 光谱图也不相同, 这一点与 $4f^N$ 组态内能级跃迁所产生的光谱有明显的差别. 假设在某一种基质中由于晶体场作用引起能级降低的能量为 $D(A)$, 荧光发射产生的 Stokes 位移为 $S(A)$, 则在这种基质中二价稀土离子的吸收能量可以表示为

$$E_{\text{abs}} = \Delta E_{\text{free}}^{\text{sa}} - D(A) \tag{8.1}$$

发射能量为

$$E_{\text{em}}(A) = \Delta E_{\text{free}}^{\text{sa}} - D(A) - S(A) \tag{8.2}$$

如果任何一个二价稀土离子在某一个基质 A 中的最低吸收能量已知, $\Delta E_{\text{free}}^{\text{sa}}$ 表示自由离子的自旋允许跃迁能级和基态的能量差也已知, 则 $D(A)$ 能量就可以确定. 若最低发射能量已知, 则可进一步确定 $S(A)$. 一般认为在同一种基质中所有稀土离子由于晶体场作用引起能级降低的能量和 Stokes 位移近似相同, 这样, 其他离子在这种基质中的最低吸收能量和发射能量也可以利用表 8.1 中各个离子自由状态的能量差进行预测.

表 8.2 二价稀土离子 f-d 跃迁的最低能量差和 $4f^{N-1}5d$ 态的最低能级 $4f^N$ 组态的最低能级与 Eu^{2+} 离子相应能级的能量差

Ln^{2+}	N	E_{fd}/eV	$\Delta E_d(n, Eu^{2+})$/eV	$\Delta E_f(n, Eu^{2+})$/eV
La		-0.91	0.04	5.19
Ce	2	0.35	0.00	3.87
Pr	3	1.56	-0.01	2.65
Nd	4	1.93	-0.02	2.27
Pm	5	1.96	-0.01	2.24
Sm	6	3.00	-0.01	1.21
Eu	7	4.22	0	0
Gd	8	-0.10	0	4.32
Tb	9	1.19	0.10	3.12
Dy	10	2.12	0.19	2.28
Ho	11	2.25	0.26	2.23
Er	12	2.12	0.33	2.43
Tm	13	2.95	0.40	1.67
Yb	14	4.22	0.47	0.47

注: 表中 Tb 到 Yb 的 E_{fd} 指的是最低能量差, 即自旋禁戒能级与基态能级的能量差.

自由状态下, 各个二价稀土离子 $4f^{N-1}5d$ 态的最低能级之间的能量差不大,

但是 $4f^N$ 组态的最低能级之间的能量差很大. 因此, 两个组态能级间 f-d 跃迁的最低能量差别主要来源它们. 如果以 Eu^{2+} 离子为基准, 并假设各个二价稀土离子 $4f^{N-1}5d$ 态的最低能级与 Eu^{2+} 离子 $4f^65d$ 态的最低能级的能量差用 $\Delta E_d(n, Eu^{2+})$ 表示, 各个二价稀土离子 $4f^N$ 组态的最低能级与 Eu^{2+} 离子 $4f^7$ 组态的最低能级的能量差用 $\Delta E_f(n, Eu^{2+})$ 表示, 两个组态能级间 f-d 跃迁的最低能量差用 E_{fd} 表示, 则各种二价稀土离子的这些量的具体结果列于表 8.2. 从表中结果可以看到, 对于 $\Delta E_d(n, Eu^{2+})$, 轻稀土元素基本是不变的, 重稀土元素略有增加, 但是没有超过 0.5 eV. $\Delta E_f(n, Eu^{2+})$ 变化幅度较大, 是各个二价稀土离子 f-d 跃迁的能量不同的主要原因. 为了直观地了解能级的变化规律和能级间的关系, 给出了二价稀土离子能级的关系图, 详见图 8.3 和图 8.4.

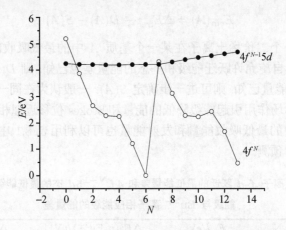

图 8.3　二价稀土离子 $4f^{N-1}5d$ 态的最低能级和 $4f^N$ 组态的最低能级的示意图

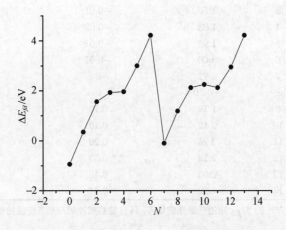

图 8.4　二价稀土离子 f-d 跃迁的最低能量差

8.2 二价稀土离子 $4f^{N-1}5d$ 组态最低谱项能级的计算 [1]

二价稀土离子 $4f^{N-1}5d$ 组态谱项能级除了 $4f^{N-1}$ 组态内的 f 电子间的库仑作用外, 还有 f-d 电子间的库仑作用, 各个二价稀土离子 $4f^{N-1}5d$ 组态用 F_k 和 G_k 参数表示的最低谱项能表达式已经被计算, 结果列在表 8.3 中. 表中的左边表示 $4f^N$ 组态的基态谱项能表达式, 右边是 $4f^{N-1}5d$ 组态的最低谱项能 f-d 电子间的库仑作用的表达式, L 和 S 分别表示谱项的总角动量量子数和总自旋角动量量子数. 若考虑 $4f^{N-1}5d$ 组态的最低谱项能和 $4f^N$ 组态的基态的能级差则有

$$\Delta E = \varepsilon(5d) - \varepsilon(4f) + \sum_{k=0} a_k F_k(f^{N-1}) + \sum_{k=0}(F_k' + G_k) - \sum_{k=0} b_k F_k(f^N) \tag{8.3}$$

比如, 当 $N=3$ 时

$$\Delta E = \varepsilon(5d) - \varepsilon(4f) + 2(F_0' - F_0) + 40F_2 + 90F_4 + 208F_6 + 10F_2' + 3F_4' - 15G_1 - 10G_3 - G_5$$

表 8.3 二价离子 $4f^{N-1}5d$ 组态电子间库仑作用的基态谱项能

$4f^N$					L	$2S$	$4f^{N-1}5d$						L	$2S$
N	F_0	$-F_2$	$-F_4$	$-F_6$			F_0'	F_2'	F_4'	$-G_1$	$-G_3$	$-G_5$		
1					3	1							2	1
2	1	25	51	13	5	2	1	10	3	15	10	1	5	2
3	3	65	141	221	6	3	2	10	−4	20	30	6	7	3
4	6	95	240	1079	6	4	3	4	−3	21	54	21	8	4
5	10	115	348	2587	5	5	4	−4	3	21	74	56	8	5
6	15	150	495	4290	3	6	5	−10	4	21	84	126	7	6
7	21	210	693	6006	0	7	6	−10	−3	21	84	252	5	7
8	28	210	693	6006	3	6	7			21	84	462	2	8
9	36	235	744	6019	5	5	8	10	3	21	84	462	5	7
10	45	275	834	6227	6	4	9	10	−4	21	84	462	7	6
11	55	305	933	7086	6	3	10	4	−3	21	84	462	8	5
12	66	325	1041	8593	5	2	11	−4	3	21	84	462	8	4
13	78	360	1188	10 296	3	1	12	−10	4	21	84	462	7	3
14	91	420	1386	12 012	0	0	13	−10	−3	21	84	462	5	2

式中, $\varepsilon(5d)$ 和 $\varepsilon(4f)$ 分别表示 $5d$ 和 $4f$ 电子在中心场中的轨道能量. 当为二价离子的状态时, Slater 积分 F_k 变小, 一般情况是这样选择, 原子序为 Z 的二价离子的 F_k 值与原子序为 $(Z-2)$ 三价离子相似, 或者二价离子的 F_k 值比相同组态的三价离子的 F_k 值小 10%. 对于 f-d 电子间的库仑作用 Slater 积分通常采用式 (8.4) 计算, 以 Yb^{2+} 离子的结果为准, $F_2' = 186.8 \text{ cm}^{-1}$, $F_4' = 14.24 \text{ cm}^{-1}$, $G_1 = 193.2 \text{ cm}^{-1}$,

$G_3 = 24.62 \text{ cm}^{-1}$, $G_5 = 4.11 \text{ cm}^{-1}$. 其他的二价离子可以由式 (8.4) 计算.

$$F'_k(N) = F'_k(\text{Yb})(1 + 0.0478N)/1.669$$
$$G_k(N) = G_k(\text{Yb})(1 + 0.0478N)/1.669 \tag{8.4}$$

对于 Yb^{2+}, 取 $N = 14$; 对于 Ce^{2+}, 取 $N = 2$. 其他离子取相应的值代入就可以得到相应的 f-d 电子间的库仑作用 Slater 积分值. 于是我们可以估算稀土离子 $4f^{N-1}5d$ 组态的最低谱项能和 $4f^N$ 组态的基态的能级差, 结果列于表 8.4. 由于 $F_0 > F'_0$, 所有 $N(F'_0 - F_0)$ 应该是负值, 但是由于 $\varepsilon(5d)$- $\varepsilon(4f)$ 是正值, 并且随着原子序的增加而增大, 可以近似认为两者相互抵消, 表中的能量值忽略了这些量的计算. 实际的能量差还应该考虑自旋-轨道相互作用能, 若在晶体中还要考虑晶体场作用引起的能级下降等因素对能级差的影响. 在立方八面体结构的晶体场作用下, d 轨道劈裂成 e_g 和 t_{2g} 两个能级, 在二价稀土离子的情况, 一般两个能级的能量差 $\Delta E = E(e_g) - E(t_{2g})$ 为 10 000~15 000 cm^{-1}, 在不同无机化合物中能级劈裂还可以比它更大. 这样从 $4f^{N-1}5d$ 组态的最低谱项的 $4f^{N-1}5d(t_{2g})$ 到 $4f^N$ 组态的基态的跃迁能量将落在可见和近红外区域.

表 8.4 稀土离子 $4f^{N-1}5d$ 组态的最低谱项能和 $4f^N$ 组态的基态的能级差 /cm^{-1}

N	$F'_0 - F_0$	F_2	F_4	F_6		$[E(f^{N-1}) - E(f^N)]$	$E(fd)$	ΔE
2	1	25	51	13	Ce	9170	−780	8390
3	2	40	90	208	Pr	16 690	−1930	14 760
4	3	30	99	858	Nd	18 290	−3790	14 500
5	4	20	108	1508	Pm	18 850	−4860	13 990
6	5	35	147	1703	Sm	28 330	−6290	22 040
7	6	60	198	1716	Eu	40 430	−7040	33 390
8	7				Gd		−8030	−8030
9	8	25	51	208	Tb	11 970	−5110	6860
10	9	40	90	208	Dy	21 390	−5310	16 080
11	10	30	99	858	Ho	21 740	−6500	15 240
12	11	20	108	1508	Er	24 070	−7900	16 170
13	12	35	147	1703	Tm	34 580	−9300	25 280
14	13	60	198	1716	Yb	49 380	−9660	39 720

8.3 Eu^{2+} 离子的光谱性质

8.3.1 Eu^{2+} 离子的光谱 [11,12]

在二价稀土离子的光谱研究中, Eu^{2+}、Sm^{2+} 和 Yb^{2+} 离子是人们研究较多的离子, 特别是 Eu^{2+} 离子在经过几十年的研究后, 得到了 200 多种无机化合物中的光谱, 总结出了不同化合物中的光谱性质, 我们只给出一些常见的化合物晶体中的光谱结果 (表 8.5 和表 8.6).

表 8.5 Eu^{2+} 离子在卤素化合物中的光谱性质

化合物	λ_{abs}/nm	λ_{em}/nm	$D(A)$ /cm^{-1}	$S(A)$ /cm^{-1}
自由离子	295		148	
KF	382	427	7998	2759
NaF	375	422	7333	2970
BaF_2	382	403	7971	1364
SrF_2	393	416	8344	1343
CaF_2	405	424	9099	1047
MgF_2	410	438	9846	1559
$BaMgF_4$	355	415	5831	4073
$SrMgF_4$	394	427	8619	1962
$KMgF_3$	308	342	1668	3228
$NaMgF_3$	325	365	3452	3372
$KCaF_3$(Ca)	382	431	7822	2976
$RbCaF_3$(Ca)	400	461	9000	3308
NaCl	410	427	9804	1059
KCl	400	423	9052	1397
RbCl	389	417	8548	1726
CsCl	404	441	9248	2077
CaFCl	355	396	5196	2916
SrFCl	338	388	4488	3813
BaFCl	338	387	4584	3746
$CaCl_2$	395	429	8684	2006
NaBr	410	429	9752	1080
KBr	395	425	9078	1737
RbBr	393	416	8555	1407
CsBr	420	441	10 190	1134
BaFBr	355	391	5831	2594
$BaBr_2$	385	407	7727	1400
NaI	412	439	10 247	1493
KI	400	432	9465	1813
CaI_2	440	467	11 273	1314

为了直观地了解化合物基质对 $5d$ 能级光谱的影响, 表 8.7 给出了一些基质中二价稀土 Eu^{2+} 和 Yb^{2+} 的 f-d 跃迁最低吸收波长 λ_{abs} 位置和发射波长 λ_{em} 位置, 以 nm 为单位. 根据这些结果可以计算出各种基质中的 Stokes 位移, 以 cm^{-1} 为单位. 我们可以发现在同样基质中 Eu^{2+} 和 Yb^{2+} 的 Stokes 位移基本是符合的. 表中的结果表明不同基质中 Eu^{2+} 吸收峰的位置和发射峰的位置最大可以相差 200~300 nm.

表 8.6　Eu^{2+} 离子在氧化合物中的光谱性质

化合物	λ_{abs}/nm	λ_{em}/nm	$D(A)/cm^{-1}$	$S(A)/cm^{-1}$
K_2SO_4	360	405	6222	3086
Rb_2SO_4	370	396	6973	1775
$CaSO_4$	379	386	7427	478
$SrSO_4$	343	376	5146	2559
$BaSO_4$	342	374	5127	2502
$MgSO_4$	345	378	5014	2530
SrB_4O_7	356	367	5682	1025
$CaBPO_5$	375	403	7333	1853
$SrBPO_5$	355	388	5831	2262
$BaBPO_5$	365	381	6603	1151
$\alpha\text{-}CaSiO_3$	427	465	10 581	1914
$\alpha\text{-}SrSiO_3$	410	440	9610	1663
Sr_2SiO_4	390	490	8359	5233
Eu_2SiO_4	517	564	14 658	1612
$SrAl_2O_4$	396	445	8747	2781
$BaAl_2O_4$	430	500	10 744	3256
$CaAl_{12}O_{19}$	361	412	6299	3429
$SrAl_{12}O_{19}$	355	395	5831	2853
$BaAl_{12}O_{19}$	380	440	7684	3589
$EuAl_{12}O_{19}$	365	420	6603	3588
$SrMgAl_{10}O_{17}$	405	465	9309	3186
$BaMgAl_{10}O_{17}$	408	453	9490	2438
$EuMgAl_{10}O_{17}$	405	475	9309	3639
CaO	670	738	19 075	1375
SrO	560	625	16 143	1857
CaS	600	652	17 766	1329
SrS	550	620	15 706	2223
$CaSe$	558	597	16 079	1171
$SrSe$	515	571	14 583	1904
$SrAl_2S_4$	470	496	12 723	1115
$BaAl_2S_4$	440	473	11 273	1586
$CaGa_2S_4$	530	558	15 132	947
$SrGa_2S_4$	503	532	14 119	1084
$BaGa_2S_4$	453	497	11 925	1954
SrY_2S_4	562	645	16 206	2290

8.3.2　Eu^{2+} 离子在立方场中的能级劈裂

晶体中 Eu^{2+} 离子一般在光谱中明显地呈现两个宽的吸收带, 它们可以归结为从基态 $4f^7(\,^8S_{7/2})$ 到 $4f^65d$ 组态的两个晶体场分量 e_g 和 t_{2g} 的跃迁, 通过光谱可以确定分量 e_g 和 t_{2g} 两个能级之间的能量差, 即 $\Delta E = 10D_q, D_q$ 是立方场中的晶体场参数. 在简单的晶体中人们进行了很多研究, 得到了 Eu^{2+} 离子立方场中的能级劈裂的能级差 ΔE, 一些结果我们列于表 8.8.

表 8.7 Eu^{2+} 和 Yb^{2+} 离子在不同基质中的吸收与发射带位置

化合物	Eu^{2+}			Yb^{2+}(自旋允许)			Yb^{2+}(自旋禁戒)		
	λ_{abs}	λ_{em}	$S(A)$	λ_{abs}	λ_{em}	$S(A)$	λ_{abs}	λ_{em}	$S(A)$
自由离子	295								
SrB$_4$O$_7$	356	367	842	326			350	361	871
BaSO$_4$	342	374	2502	327			346	381	2655
CaSO$_4$	379	386	478	357			365	377	872
α-BaCl$_2$	377	398	1400						
SrCl$_2$	394	410	990	363	376	952	394	408	871
SrF$_2$	393	416	1407	359			375	400	1667
Sr$_2$B$_5$O$_9$Cl	406	418	707	382				420	
Sr$_2$B$_5$O$_9$Br	410	422	693	365				421	
KCl	400	423	1359	376	395		416	432	890
CaF$_2$	405	424	1106	366			390		
NaCl	410	427	971	382			423	434	599
NaBr	410	429	1080	384					
KBr	400	430	1744	376	399		418	443	1350
KI	400	432	1852	387	413			431	
REMgF$_4$	385	437	3091						
NaI	412	440	1545	398					
SrS	550	620	2053						

表 8.8 Eu^{2+} 离子立方场中的能级劈裂

晶体	键长/nm	$\Delta E = 10D_q / 10^3 \mathrm{cm}^{-1}$	介电常数 ε_∞
NaF	0.2310	18.345	1.7
KF	0.2674	16.609	1.8
NaCl	0.2814	12.849	2.3
KCl	0.3147	11.997	2.2
RbCl	0.3291	11.658	2.2
NaBr	0.2987	11.752	2.6
KBr	0.3300	10.930	2.3
RbBr	0.3427	10.270	2.4
NaI	0.3237	10.630	3.0
KI	0.3533	9.515	2.7
RbI	0.3671	9.061	2.7
EuO	0.2572	25.000	4.6
EuS	0.2976	17.740	4.7
EuSe	0.3100	13.710	5.35
EuTe	0.3292	12.100	5.75
MgS	0.2602	19.500	5.1
CaS	0.2850	18.750	4.5
SrS	0.3010	17.400	4.4
BaS	0.3194	16.100	4.5
CaSe	0.2960	17.300	5.1
CaO	0.2405	20.500	3.3

8.4 KX(X=Cl, Br, I) 晶体中 Eu²⁺ 离子的 $4f^{N-1}5d$ 组态能级计算 [9]

晶体中 Eu²⁺ 离子的光谱是研究最早、最多和最细致的二价稀土离子, 一般在光谱中明显地呈现两个宽的吸收带, 它们可以归结为从基态 $4f^7(^8S_{7/2})$ 到 $4f^65d$ 组态的两个晶体场分量 e_g 和 t_{2g} 的跃迁, 在精细光谱的测量中还可发现在每个宽的吸收带上呈现若干小峰的阶梯型结构 (图 8.5)[5,6].

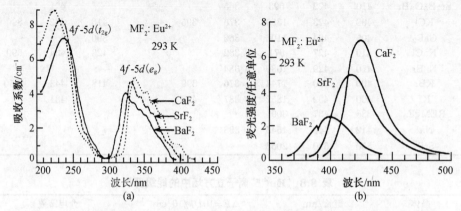

图 8.5 Eu²⁺ 离子在 MF₂(M=Ba,Sr,Ca) 晶体中的吸收光谱 (a) 和荧光光谱 (b)

为了解释这个现象, 人们通过各种实验方法进行考察, 如法拉第效应、圆二色性和 Zeeman 效应等物理方法, 确认这些阶梯型结构是由于 $4f^6(\,^7F_J\,)(J = 0,1,2,3,4,5,6)$ 和两个晶体场分量 e_g 和 t_{2g} 耦合而成的, 每个小峰与每个 J 相对应, 理论上应该是 7 个峰, 但是在实验中观察全部小峰是很困难的, 特别是在高能带上的小峰结构更加不明显. 后来人们在某些碱金属卤化物中精确地测出了每个宽带上小峰的准确位置, 进一步证明了这种耦合方案的合理性. 本节详细研究 KX(X=Cl, Br, I) 晶体中 Eu²⁺ 离子的 $4f^{N-1}5d$ 组态能级分析和计算问题.

8.4.1 体系的波函数

在晶体中, 体系的状态以结构对称性的点群不可约表示表征, 一般波函数可以写成 $|4f^6(^7F_J),5d(l_dm_l)\Gamma_i,s_dm_s\rangle$ 形式, 该种形式和自由离子的本征态有如下关系

$$
\begin{aligned}
\left|4f^6(^7F_J),5d(l_dm_l)\Gamma_i,s_dm_s\right\rangle &= \left|4f^6(SL)JM,5d(l_dm_l)\Gamma_i,s_dm_s\right\rangle \\
&= \sum_{M_L,M,m_l} \langle LM_L,SM_S \mid JM\rangle \langle l_dm_l \mid a\Gamma_i\gamma\rangle \left|LM_L,SM_S\right\rangle \left|l_dm_l,^1\!/_2m_s\right\rangle
\end{aligned}
$$

$$= \sum_{\substack{M_L, M, m_l \\ L', M'_{L'}, S', M'_{S'}}} \langle LM_L, SM_S \mid JM \rangle \langle l_d m_l \mid a\Gamma_i\gamma \rangle \langle LM_L, l_d m_l \mid L'M'_{L'} \rangle$$

$$\times \left\langle SM_S, \tfrac{1}{2}m_s \,\middle|\, S'M'_{S'} \right\rangle |L'M'_{L'}\rangle |S'M'_{S'}\rangle$$

对于电子-电子间库仑作用和自旋-轨道相互作用来说, 与 M 无关, 矩阵是对角的, $4f^6 5d$ 组态耦合后的状态可以形成八重态和六重态两类组态. 根据 Hund 规则, 八重态处于低能级位置, 与基态之间的跃迁是自旋允许跃迁, 实验光谱中观察到的跃迁应该是它们和基态之间的跃迁. 式中 $\langle l_d m_l \mid a\Gamma_i\gamma \rangle$ 是 $5d$ 电子的不可约表示基矢和球谐函数基矢间的变换系数, 在立方对称性八面体结构时的变换关系如下:

$$|5d, e_g\rangle = \left\{ \begin{array}{l} \dfrac{1}{\sqrt{2}}(|5d, 2\rangle + |5d, -2\rangle) \\ |5d, 0\rangle \end{array} \right\}$$

$$|5d, t_{2g}\rangle = \left\{ \begin{array}{l} |5d, -1\rangle \\ \dfrac{1}{\sqrt{2}}(|5d, 2\rangle - |5d, -2\rangle) \\ -|5d, 1\rangle \end{array} \right\}$$

式中, e_g 是二重简并态; t_{2g} 是三重简并态. 点群不可约表示所包含的状态中任何一个状态的波函数所计算的能级位置都应该是不可约表示所处的能级位置. 这样可以将波函数进行简化选择, 如选取 $M = 0$, $S' = 7/2$, $m_s = 1/2$, $t_{2g} = |5d, 1\rangle$, $e_g = |5d, 0\rangle$. 根据上面的讨论, 这种选择不会影响能级的计算, 而会大大简化计算过程, 具体波函数形式为

$$\left|4f^6(^7F_J), 5d, t_{2g}\right\rangle = \left|4f^6, 33J0, 5dt_{2g}, 1/2, 1/2\right\rangle$$

$$= \sum_{M_L, M_S, L', M', M'_{S'}} \langle 3M_L, 3M_S \mid J0 \rangle \langle 3M_L 21 \mid L'M' \rangle$$

$$\times \langle 3M_S, 1/2, 1/2 \mid 7/2, M'_{S'} \rangle |L'M'\rangle |7/2M'_{S'}\rangle$$

$$\left|4f^6(^7F_J), 5d, e_g\right\rangle = \left|4f^6, 33J0, 5de_g, 1/2, 1/2\right\rangle$$

$$= \sum_{M_L, M_S, L', M', M'_{S'}} \langle 3M_L, 3M_S \mid J0 \rangle \langle 3M_L 20 \mid L'M' \rangle$$

$$\times \langle 3M_S, 1/2, 1/2 \mid 7/2, M'_{S'} \rangle |L'M'\rangle |7/2M'_{S'}\rangle$$

8.4.2 能级表达式计算

在能量计算中我们结合问题内容只计算 $H_e(ff)$, $H_e(fd)$, $H_{so}(f)$ 和 $H_{cr}(d)$ 等四种相互作用, 其他的相互作用被忽略. $4f^6 5d$ 组态的最低能级和 $4f^7$ 组态的基态 $^8S_{7/2}$ 的能量差计算结果如下:

对于 $H_e(ff)$Hamilton 量

$$\Delta E = E(f^6) - E(f^7) = 60F_2 + 198F_4 + 1716F_6$$

对于 $H_e(fd)$Hamilton 量相对比较复杂, 因为在 $|4f^6(^7F_J), 5d, t_{2g}\rangle$ 波函数中任何一个 J 的波函数都是包含 28 项 $|L'M'\rangle|S'M_{S'}\rangle$ 型波函数的组合函数, 在 $|4f^6(^7F_J), 5d, e_g\rangle$ 波函数中任何一个 J 的波函数都是包含 29 项 $|L'M'\rangle|S'M_{S'}\rangle$ 型波函数的组合函数. 其中要利用到 $|L'M'\rangle$ 状态的谱项能表达式, 它们是 [7,8]

$$E(^8H) = -10F_2 - 3F_4 - 21G_1 - 84G_3 - 252G_5$$
$$E(^8G) = 15F_2 + 22F_4 - 21G_1 - 84G_3 - 462G_5$$
$$E(^8F) = 11F_2 - 66F_4 - 21G_1 - 84G_3 - 462G_5$$
$$E(^8D) = -6F_2 + 99F_4 - 21G_1 - 84G_3 - 462G_5$$
$$E(^8P) = -24F_2 - 66F_4 + 14G_1 - 84G_3 - 462G_5$$

对于 $H_{SO}(f)$Hamilton 量利用 $4f^6$ 组态的中间耦合波函数计算, 只有对角矩阵元为非零项, 计算结果为 $J = 0, 1, 2, \cdots, 6$ 时, 分别是 $-3.901\zeta_{4f}$、$-3.482\zeta_{4f}$、$-2.787\zeta_{4f}$、$-2.013\zeta_{4f}$、$-1.087\zeta_{4f}$、$-0.469\zeta_{4f}$ 和 $0.19\zeta_{4f}$. 对于 $H_{cr}(d)$Hamilton 量, 由于在八面体场中, t_{2g} 能级位于低能量位置, 偏离中心为 $-4D_q$, e_g 能级位于高能量位置, 偏离中心为 $+6D_q$, D_q 是立方晶体场参数. 经过较为繁琐的运算得到下面的各个能级的能量表达式方程组 (表 8.9).

表 8.9　$4f^65d$ 组态的最低能级和 $4f^7$ 组态的基态 $^8S_{7/2}$ 的能量差

J	$5d\Gamma_i$	$f^6 - f^7$	ζ_{4f}	$E(fd)$					$E_{cr}(d)$
				F_2'	F_4'	G_1	G_3	G_5	
0			−3.901	0.003	0.01	−10.31	−41.19	−226.5	
1			−3.482	3.43	0.02	−11.77	−38.46	−239.8	
2			−2.787	1.79	−10.76	−10.27	−36.61	−232.3	
3	t_{2g}		−2.014	0.75	3.45	−10.85	−41.54	−229.5	$-4D_q$
4			−1.087	−0.44	9.22	−10.75	−44.10	−225.1	
5			−0.469	−1.91	6.10	−9.96	−44.62	−219.3	
6			0.190	−3.63	−8.72	−8.10	−40.10	−211.0	
0		ΔE	−3.901	0.02	0.03	−9.71	−40.20	−235.0	
1			−3.482	1.71	0.03	−10.28	−36.00	−247.6	
2			−2.787	0.88	7.14	−11.05	−39.00	−240.7	
3	e_g		−2.014	0.38	−2.28	−9.63	−39.00	−238.9	$6D_q$
4			−1.087	−0.58	−0.27	−10.04	−44.65	−261.0	
5			−0.469	−0.94	−4.51	−8.65	−41.46	−229.3	
6			0.190	−1.79	5.69	−9.50	−44.56	−221.5	

8.4.3 能量参数和能级计算

根据耦合模型, 体系的状态应该是 $|4f^6(^7F_J)\rangle$ 和 $|5d\Gamma_i\rangle$ 耦合而成的, 对于每个 J 的能级都要劈裂成 t_{2g} 和 e_g 两个能级, 它们之间的能量差是 $10D_q$. 实验数据中每个 J 能级测定的 $10D_q$ 不完全一样, 计算中可以取它们的平均值. 对于 f-d 电子间的相互作用参数, 依照二价离子的取值式 (8.4) 计算, 对于 Eu^{2+} 离子, 我们得到: $F_2' = 149.2$ cm^{-1}、$F_4' = 11.39$ cm^{-1}、$G_1 = 154.5$ cm^{-1}、$G_3 = 19.69$ cm^{-1}、$G_5 = 3.29$ cm^{-1}, $4f$ 电子的自旋-轨道相互作用参数 $\zeta_{4f} = 1326$ cm^{-1}, 对于 $4f$ 电子间的相互作用参数, 利用自由离子状态下 F_k 之间的比例关系, 简化为一个参数 F_2 参数, 它需要通过实验能级的拟合得到. 对各个能级的能量矩阵进行对角化计算, 得到的各种晶体能量参数结果见表 8.10.

表 8.10 KX(X=Cl, Br, I) 晶体中 Eu²⁺ 离子的能量参数

	KCl(300K)	KBr(77K)	KI(77K)	KI(300K)
$10D_q$/cm^{-1}	13 400	12 920	10 100	9100
F_2/cm^{-1}	342	336	329	326

将各种能量参数代入能级的参量表达式, 求得各个能级的能量值, 其详细结果列在表 8.11 中. 通过以上 4 种晶体的计算我们可以发现按照这样耦合方案的计算结果和实验结果是很符合的, 不仅反映出计算方案的合理性, 同时也体现出基质对能级和光谱的影响. 另外这种方法也可以应用到其他二价稀土离子的计算.

表 8.11 Eu²⁺ 离子在各个晶体中计算和实验能级的结果比较 (10^3cm^{-1})

^7F_J	$5d\Gamma_i$	KCl(300K)		KBr(77K)		KI(77K)		KI(300K)	
		E_{cal}	E_{exp}	E_{cal}	E_{exp}	E_{cal}	E_{exp}	E_{cal}	E_{exp}
0		25.01	25.12	24.52	25.00	24.86	25.01	24.92	24.90
1		25.86	25.97	25.37	25.85	25.71	25.84	25.77	25.77
2		26.71	26.81	26.22	26.43	26.56	26.49	26.62	26.63
3	t_{2g}	27.56	26.81	26.22	26.43	26.56	26.49	26.62	26.63
4		28.66	28.57	28.17	27.24	28.51	28.28	28.57	28.42
5		29.36	29.24	28.87	28.64	29.21	29.20	29.27	29.25
6		30.20	30.12	29.71	29.85	30.05	29.96	30.11	30.01
0		38.50	37.45	37.53	37.45	35.05	35.26	34.11	34.47
1		39.25	38.91	38.28	38.64	35.81	35.98	34.87	35.05
2		39.98	40.16	39.01	39.65	36.53	36.52	35.59	35.74
3	e_g	40.05	40.98	40.08	40.36	37.60	37.31	36.66	36.40
4		41.91	42.02	40.94	40.90	38.46	38.26	37.52	37.22
5		43.02	43.10	42.05	41.47	39.57	39.34	37.63	38.02
6		43.70	44.64	42.73	42.00	40.25	—	39.31	38.97

参 考 文 献

[1] McClure D S, Kiss Z J. J. Chem. Phys., 1963, 39: 3251

[2] Loh E. Phys. Rev., 1968, 175: 533

[3] Loper F J, Murrieta S H, Hernandez J A et al. Phys. Rev. B, 1980, 22: 6428

[4] Hernandez J A, Cory W K, Rubio J O. J. Chem. Phys., 1980, 72: 198

[5] Freiser M J, Methfessel S, Holtzberg F. J.Appl.Phys., 1968, 39: 900

[6] Weakliem H A. Phys.Rev. B, 1972, 6:2743

[7] Yanase A, Kasuya T. Progr.Theoret.Phys., (suppl.), 1970, 46: 388

[8] 张思远. 分子科学与化学研究, 1985, 5:69

[9] 张思远, 任金生. 光学学报, 1993, 13:679

[10] Sugar J, Reader J. J.Chem.Phys., 1973, 59: 2083

[11] Dorenbos P. J.Phys: Condens.Matter., 2003, 15: 575

[12] Dorenbos P. J.Phys: Condens.Matter., 2003, 15: 2645

[13] Dorenbos P. J.Lumin., 2003, 104: 239

第9章 三价稀土离子 $4f^{N-1}5d$ 组态的光谱和能级

9.1 三价稀土离子 $4f^{N-1}5d$ 组态光谱的研究概况

三价稀土离子的 $4f^{N-1}n'l'$ 组态的能级位置较高, 多位于紫外和真空紫外光谱区域, 利用通常的光谱仪在实验中较难测定, 因此在 1990 年以前这方面的工作不多. 其中 Sugar 和 Reader[1~4] 在以往的实验工作基础上, 给出了自由状态下三价稀土离子的 $4f^{N-1}5d, 4f^{N-1}6s, 4f^{N-1}7s$ 的最低能级位置, 但详细的高激发态能级研究工作也较少. 在过去的工作中仅有 Pr^{3+}, Tb^{3+}, Lu^{3+} 三个稀土离子的高激发态能级有了较为清晰的结果. 对于基质中三价稀土离子的高激发态能级的光谱, 人们也进行了一些研究. 其中 Ce^{3+} 和 Tb^{3+} 离子, 因具有较低的 $5d$ 能级和简单的能级谱项, 相对而言研究较多. 一般这两种离子在基质中都表现为简单分裂的宽带峰结构. 根据稀土离子所处格位对称性的不同, 可以得到 $2\sim5$ 个宽带峰 (图 9.1). 而除 Ce^{3+} 和 Tb^{3+} 之外, 其他离子因能级位置高, 很难得到清晰能带光谱图.

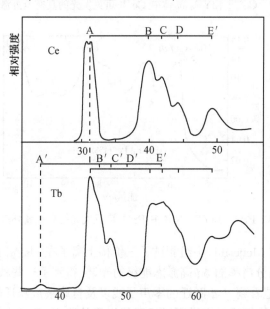

图 9.1 在 YPO_4 晶体中 Ce^{3+} 和 Tb^{3+} 的晶体场劈裂

1966 年 Loh[5] 测试了三价稀土离子在 CaF_2 基质中的光谱, 确定了最低的 f-d 跃迁的能级位置, 发现这些离子的最低位置要比其自由离子的都低约 $18\,000\,cm^{-1}$.

这种能级在基质中统一移动现象的发现, 为以后稀土离子在基质中的研究提供了重要数据. 20 世纪 90 年代以后, 随着同步辐射加速器在稀土光谱中的使用, 这一领域的研究工作开始逐步扩展, 更多更好的光谱图呈现出来. Krupa 和 Queffelec 在这方面做了较早并具有代表性的工作. 他们利用同步辐射加速器首先给出了在 LiYF$_4$ 基质中三价稀土离子的 $4f^{N-1}5d$ 组态的激发光谱图 (图 9.2∼ 图 9.10)[6]. 从图中可以清晰地看到因晶体场作用而引起的 5d 劈裂的强的自旋允许跃迁宽带峰, 对于重稀土元素也可以分辨出来弱的自旋禁戒峰.

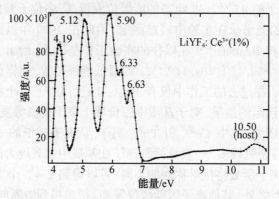

图 9.2　Ce^{3+}: LiYF$_4$ 晶体中 Ce^{3+} 可见发光的真空紫外激发光谱

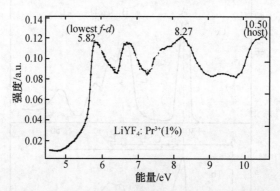

图 9.3　Pr^{3+}: LiYF$_4$ 晶体中 Pr^{3+} 可见发光的真空紫外激发光谱

随后, 荷兰的 Meijerink 小组测试了三价稀土离子在 CaF$_2$, LiYF$_4$, YPO$_4$ 基质中的高清晰度、高分辨率的 5d 高激态能级的光谱, 得到了一些精细的光谱图 [7∼12]. 从图中可以清晰地看到 f-d 跃迁的零声子线以及自旋禁戒跃迁峰形成较弱的小宽带峰结构. 同时, 他们还对光谱图进行了能级峰的确定, 但其中有些峰归属起来还很困难. Nakazawa 则对 Ce^{3+} 和 Tb^{3+} 在 YPO$_4$ 中的光谱进行了对比. 通过对比可以确定 Tb^{3+} 的 5 个自旋允许的跃迁峰, 详见图 9.1[13].

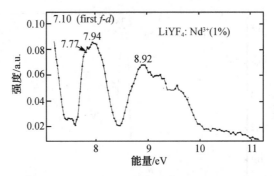

图 9.4 Nd^{3+}: $LiYF_4$ 晶体中 Nd^{3+} 可见发光的真空紫外激发光谱

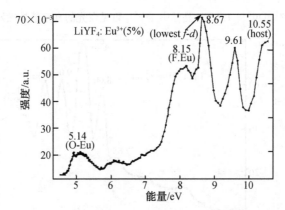

图 9.5 Eu^{3+}: $LiYF_4$ 晶体中 Eu^{3+} 可见发光的真空紫外激发光谱

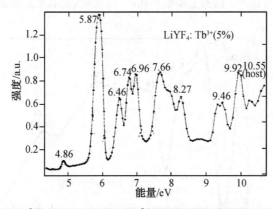

图 9.6 Tb^{3+}: $LiYF_4$ 晶体中 Tb^{3+} 可见发光的真空紫外激发光谱

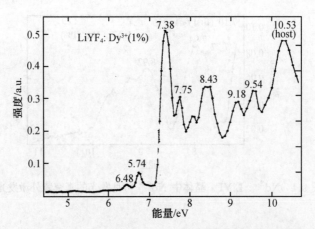

图 9.7　Dy^{3+}: $LiYF_4$ 晶体中 Dy^{3+} 可见发光的真空紫外激发光谱

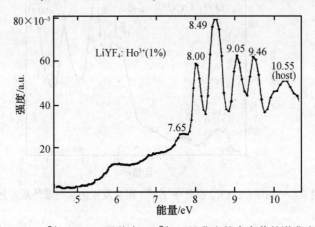

图 9.8　Ho^{3+}: $LiYF_4$ 晶体中 Ho^{3+} 可见发光的真空紫外激发光谱

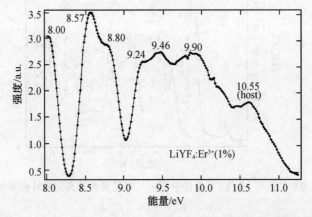

图 9.9　Er^{3+}: $LiYF_4$ 晶体中 Er^{3+} 可见发光的真空紫外激发光谱

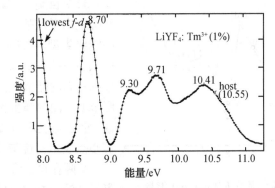

图 9.10　Tm^{3+}: $LiYF_4$ 晶体中 Tm^{3+} 可见发光的真空紫外激发光谱

Dorenbos 对三价稀土离子光谱的研究进行了总结, 其中包括近 400 种基质中 Ce^{3+} 的光谱, 以及几十种基质中 Pr^{3+} 和 Tb^{3+} 离子的光谱参数. 他发现三价稀土离子的能级在同一种基质中发生了相同的能级移动, 基质中稀土离子之间的能量关系与自由离子状态时它们之间的能量关系相同. 假设 $E(Ln, A)$ 是 Ln^{3+} 离子在基质 A 中 $5d$ 能级的最低能量, $E(Ce, free)$ 是 Ce^{3+} 自由离子 $5d$ 能级的最低能量, $D(A)$ 是 Ce^{3+} 离子最低 $5d$ 能级在基质 A 中降低的能量, $\Delta E(Ln, Ce)$ 表示 Ln^{3+} 离子与 Ce^{3+} 离子在自由状态时最低 $5d$ 能级的能量差, 则

$$E(Ln, A) = E(Ce, Free) - D(A) + \Delta E(Ln, Ce) \tag{9.1}$$

从大量光谱实验中总结出了各种自由三价稀土离子 $5d$ 能级的最低能量相对于自由 Ce^{3+} 离子 $5d$ 能级的最低能量的平均能量差, 以及各个自由状态下三价稀土离子的 $5d$ 最低能级到基态的能量, 其结果列在表 9.1 中.

表 9.1　三价稀土自由离子的 $5d$ 最低能级和 Ce^{3+} 自由离子最低 $5d$ 能级的能量差 $/cm^{-1}$

Ln	$\Delta E(Ln, Ce)$		$E(Ln, Free)$	
	自旋允许跃迁	自旋禁戒跃迁	自旋允许跃迁	自旋禁戒跃迁
Ce	0	—	49 340	—
Pr	12 240±750	—	61 580	—
Nd	22 700±650	—	72 060	—
Pm	25 740	—	75 080	—
Sm	26 500±460	—	75 840	—
Eu	35 900±380	—	85 250	—
Gd	45 800	—	95 160	—
Tb	13 200±920	6300±900	62 500	56 350
Dy	25 100±610	5200	74 440	68 740
Ho	31 800±1400	2700±180	81 140	77 170
Er	30 000±1300	3050±530	80 220	76 990
Tm	29 300±1100	2350±320	78 880	76 600
Yb	38 000±570	—	87 350	—
Lu	49 170	—	98 510	—

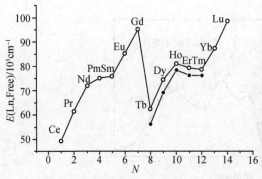

图 9.11　三价稀土离子 $E(\mathrm{Ln, Free})$ 能量
与 $4f$ 电子数的关系

表中自旋允许跃迁与自旋禁戒表示稀土离子从基态到 $5d$ 最低能级跃迁的能级类型. $E(\mathrm{Ln, Free})$ 表示各种自由状态下的三价稀土离子的 $5d$ 最低能级到基态的能量, 它与原子序的关系见图 9.11. 图中横坐标 N 表示 $4f$ 电子数, 空心点表示自旋允许跃迁的能级, 实心点表示自旋禁戒跃迁能级.

实际在自由状态下, 各种三价稀土离子 $4f^{N-1}5d$ 态的最低能级之间的能量差不大, 但是 $4f^N$ 组态的最低能级之间的能量差很大, 因此两个组态能级间 $f\text{-}d$ 跃迁的最低能量差别主要来源于它们. 如果以 Ce^{3+} 离子为基准, 并假设各种三价稀土离子 $4f^{N-1}5d$ 态的最低能级与 Ce^{3+} 离子 $4f^65d$ 态的最低能级的能量差用 $\Delta E_d(n, \mathrm{Ce}^{3+})$ 表示, 各种三价稀土离子 $4f^N$ 组态的最低能级与 Ce^{3+} 离子 $4f$ 组态的最低能级的能量差用 $\Delta E_f(n, \mathrm{Ce}^{3+})$ 表示, 两个组态能级间 $f\text{-}d$ 跃迁的最低能量差用 E_{fd} 表示, 各种三价稀土离子的具体结果见表 9.2. 从表中可以看到, 对于 $\Delta E_d(n, \mathrm{Ce}^{3+})$, 轻稀土元素变化很小, 重稀土元素略有增加, 最大约 0.5 eV. $\Delta E_f(n, \mathrm{Ce}^{3+})$ 则变化幅度较大, 是各个三价稀土离子 $f\text{-}d$ 跃迁的能量不同的主要原因. 为了直观地了解能级的变化规律和能级间的关系, 可以给出三价稀土离子能级的关系 (图 9.12).

表 9.2　三价稀土离子 $f\text{-}d$ 跃迁的最低能量差和 $4f^{N-1}5d$ 态的最低能级, $4f^N$ 组态的最低
能级与 Ce^{3+} 离子相应能级的能量差

Ln^{3+}	N	E_{fd}/eV	$\Delta E_d(n, \mathrm{Ce}^{3+})/\mathrm{eV}$	$\Delta E_f(n, \mathrm{Ce}^{3+})/\mathrm{eV}$
Ce	1	6.12	0	0
Pr	2	7.63	-0.05	-1.56
Nd	3	8.92	-0.06	-2.86
Pm	4	9.31	-0.07	-3.26
Sm	5	9.40	-0.06	-3.34
Eu	6	10.5	-0.06	-4.44
Gd	7	11.8	-0.05	-5.73
Tb	8	6.90	-0.05	-0.83
Dy	9	8.45	0.07	-2.26
Ho	10	9.55	0.18	-3.25
Er	11	9.40	0.26	-3.02
Tm	12	9.40	0.35	-2.93
Yb	13	10.6	0.43	-4.05
Lu	14	12.0	0.52	-5.36

注: 表中 Tb 到 Yb 的 E_{fd} 指的是最低能量差, 即自旋禁戒能级与基态能级的能量差.

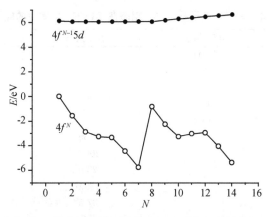

图 9.12 三价稀土离子 $4f^{N-1}5d$ 态的最低能级和 $4f^N$ 组态的最低能级与 Ce^{3+} 离子
相应能级的能量差的示意图

9.2 三价稀土离子 $4f^{N-1}n'l'$ 组态光谱的能量参数

现在人们在从事研究三价稀土离子光谱和能级的同时也进行了一些理论计算工作, 大多数是在分析光谱能级的基础上采用参数拟合的方法来确定离子在晶体中的能量参数, 用这些能量参数去计算未知能级. 对于三价稀土自由离子, 较早研究比较详细的只有 Pr^{3+}、Tb^{3+} 和 Lu^{3+} 三个离子, 其中 Pr^{3+} 离子的参数较为详细, 我们将计算所得到的能量参数列于表 9.3[1~4].

表 9.3 各个组态中 Pr^{3+} 离子能量参数/cm^{-1}

$4f^2$	$4f6s$	$4f6p$	$4f5d$
$E^0 = 6384\pm82$	$F_0'(fs) = 102\,365$	$F_0'(fp) = 142\,408\pm18$	$F_0'(fd) = 68\,144\pm53$
$E^1 = 4972\pm59$	$G_3'(fs) = 384$	$F_2'(fp) = 104\pm3$	$F_2'(fd) = 208\pm5$
$E^2 = 22.6\pm0.4$	$\zeta_{4f} = 861$	$G_2'(fp) = 13\pm1$	$F_4'(fd) = 24\pm1$
$E^3 = 484\pm3$		$G_4'(fp) = 14\pm1$	$G_1'(fd) = 300\pm6$
$\zeta_{4f} = 741\pm23$		$\zeta_{4f} = 864\pm9$	$G_3'(fd) = 39\pm3$
$\alpha = 19\pm4$		$\zeta_{6p} = 3241\pm28$	$G_5'(fd) = 5.8\pm0.4$
			$\zeta_{4f} = 918\pm49$
			$\zeta_{5d} = 1025\pm83$

近来在晶体中的一些光谱已经被测量, 结合光谱实验结果也进行了一些能量参数的计算. 在 $LiYF_4$ 晶体中 Pr^{3+} 离子的 $4f5d$ 组态的能量参数同样被确定, 它们的结果列于表 9.4[9]. 由于同步辐射加速器的应用, 稀土离子的光谱研究取得了较大的进展, 特别是对于 YPO_4、CaF_2 和 $LiYF_4$ 晶体中的所有稀土离子 $4f^{N-1}5d$ 组态的光谱有了较详细的测量, 并且进行了有关能量参数的计算, 一些主要的结果列在表 9.5 和表 9.6 中 [7~9].

表 9.4 Pr^{3+} 离子的 $4f5d$ 组态在 $LiYF_4$ 晶体中的能量参数

能量参数	$4f^2$ 组态	$4f5d$ 组态	包含两个组态
E^0	6141		
E^1	4733		
E^2	21.7		
E^3	466.0		
α	18.3		
$F_0'(fd)$		60 557	
$F_2'(fd)$		200.0	
$F_4'(fd)$		23.0	
$G_1'(fd)$		289.0	
$G_3'(fd)$		37.5	
$G_5'(fd)$		5.6	
ζ_{4f}	731	906.0	
ζ_{5d}		1012.0	
$B_{20}(4f)$			488.9
$B_{40}(4f)$			-1043.0
$B_{44}(4f)$			1242.0
$B_{60}(4f)$			-42.0
$B_{64}(4f)$			1213.0
$B_{20}(5d)$		7290.0	
$B_{40}(5d)$		$-14\,900.0$	
$B_{44}(5d)$		17\,743.0	

表 9.5   三价轻稀土离子 $4f^{N-1}5d$ 组态在晶体中的能量参数

	Ce		Pr		Nd			Sm	Eu
	YPO_4	$LiYF_4$	YPO_4	$LiYF_4$	YPO_4	CaF_2	$LiYF_4$	$LiYF_4$	$LiYF_4$
$F_2(ff)$			306.1	306.1	324.5	324.5	324.5	354.7	369.4
$F_4(ff)$			46.2	46.2	48.5	48.5	48.5	52.5	54.4
$F_6(ff)$			4.47	4.47	4.86	4.86	4.86	5.47	5.78
α			16.23	16.23	21.34	21.34	21.34	20.16	20.16
β			-566.6	-566.6	-593	-593	-593	-566	-566
γ			1371	1371	1445	1445	1445	1500	1500
$T_2(ff)$					298	298	298	300	300
$T_3(ff)$					35	35	35	36	40
$T_4(ff)$					59	59	59	56	60
$T_6(ff)$					-285	-285	-285	-347	-300
$T_7(ff)$					332	332	332	373	370
$T_8(ff)$					305	305	305	348	320
$\zeta(f)$	314.9	314.9	744	751.7	878	885.3	885.3	1176	1338
$M_0(ff)$			2.08	2.08	2.11	2.11	2.11	2.60	2.10

续表

	Ce		Pr		Nd			Sm	Eu
	YPO$_4$	LiYF$_4$	YPO$_4$	LiYF$_4$	YPO$_4$	CaF$_2$	LiYF$_4$	LiYF$_4$	LiYF$_4$
$P_2(ff)$			−88.6	−88.6	192	192	192	357	360
$B_{20}(4f)$	26	481	26	481	21		409	348	348
$B_{40}(4f)$	263	−1150	263	−1150	280	−1900	−1135	−775	−775
$B_{44}(4f)$	−1247	−1228	−1247	−1228	−808	−1135	−1216	−1045	−1045
$B_{60}(4f)$	−1270	−89	−1270	−89	−1658	500	27	−80	−80
$B_{64}(4f)$	148	−1213	148	−1213	291	−935	−1083	−772	−772
$\Delta E(fd)$	39 488	43 754	47 516	51 690	53 500	57 043	57 849	68 238	73 057
$F_2'(fd)$			288.3	288.3	288.6	288.6	288.6	288.6	288.6
$F_4'(fd)$			21.78	21.78	21.70	21.70	21.70	21.70	21.70
$G_1'(fd)$			368.7	368.7	369.0	369.0	369.0	369.0	369.0
$G_3'(fd)$			35.43	35.43	35.35	35.35	35.35	35.35	35.35
$G_5'(fd)$			5.70	5.70	5.68	5.68	5.68	5.68	5.68
$\zeta(d)$	995.6	1082	1149	1149	1216	1216	1216	1351	1419
$B_{20}(5d)$	4756	4673	4756	4673	4756		4673	4673	4673
$B_{40}(5d)$	3010	−18 649	3010	−18 649	3010	−44 016	−18 649	−18 649	−18 649
$B_{44}(5d)$	−22 452	−23 871	−22 452	−23 871	−22 452	−26 305	−23 871	−23 871	−23 871

表 9.6 三价重稀土离子 $4f^{N-1}5d$ 组态在晶体中的能量参数

	Tb		Dy		Ho		Er	Tm
	YPO$_4$	LiYF$_4$	YPO$_4$	LiYF$_4$	CaF$_2$	LiYF$_4$	LiYF$_4$	LiYF$_4$
$F_2(ff)$	419.3	419.3	433.0	433.0	445.5	445.5	459.3	480.6
$F_4(ff)$	61.24	61.24	62.66	62.66	64.57	64.57	66.10	69.04
$F_6(ff)$	6.80	6.80	7.11	7.11	7.49	7.49	7.78	8.21
α	18.4	18.4	18.02	18.02	17.15	17.15	17.79	17.26
β	−590.9	−590.9	−633.4	−633.4	−607.9	−607.9	−582.1	−624.5
γ	1650	1650	1790	1790	1800	1800	1800	1820
$T_2(ff)$	320	320	329	329	400	400	400	
$T_3(ff)$	40	40	36	36	37	37	43	
$T_4(ff)$	50	50	127	127	107	107	73	
$T_6(ff)$	−395	−395	−314	−314	−264	−264	−271	
$T_7(ff)$	303	303	404	404	316	316	308	
$T_8(ff)$	317	317	315	315	336	336	299	
$\zeta(f)$	1707	1707	1913	1913	2145	2145	2376	2636
$M_0(ff)$	2.39	2.39	3.39	3.39	2.54	2.54	3.86	3.81
$P_2(ff)$	373	373	719	719	605	605	594	695
$B_{20}(4f)$	352	400	352	340		408	352	348
$B_{40}(4f)$	112	−802	112	−784	−1906	−629	−820	−639
$B_{44}(4f)$	−800	−1055	−800	−951	−1139	−835	−1000	−864

	Tb		Dy		Ho		Er	Tm
	YPO$_4$	LiYF$_4$	YPO$_4$	LiYF$_4$	CaF$_2$	LiYF$_4$	LiYF$_4$	LiYF$_4$
$B_{60}(4f)$	−848	−57	−848	−7	−650.5	−18	−134	−182
$B_{64}(4f)$	151	−754	151	−850	−1216	−673	−617	−641
$\Delta E(fd)$	79 016	81 899	81 796	85 783	91 322	89 516	92 216	95 091
$F_2'(fd)$	170.26	187.29	169.6	189.39	188.64	188.64	187.85	187.04
$F_4'(fd)$	12.42	13.66	12.31	13.75	13.62	13.62	13.50	13.38
$G_1'(fd)$	209.94	230.94	208.4	232.71	231.11	231.11	229.66	228.31
$G_3'(fd)$	20.01	22.02	19.82	22.14	21.94	21.94	21.74	21.55
$G_5'(fd)$	3.21	3.53	3.17	3.54	3.51	3.51	3.47	3.44
$\zeta(d)$	1557	1557	1627	1627	1697	1697	1768	1839
$B_{20}(5d)$	4494	4416	4442	4365		4332	4290	4206
$B_{40}(5d)$	2844	−17 623	2811	−17 418	−40 803	−17 288	−17 120	−16 784
$B_{44}(5d)$	−21 217	−22 558	−20 970	−22 296	−24 385	− 22 128	−21 914	−21 484

9.3　Ce^{3+} 离子的光谱性质

9.3.1　Ce^{3+} 离子的光谱

在三价稀土离子的光谱研究中, 由于 Ce^{3+} 离子的电子结构简单, $5d$ 能级的能量较低, 在通用的光谱仪测量范围内可以在可见和近紫外区域方便地观察到光谱, 所以研究相当广泛, 已经在近 400 多种化合物中进行了光谱研究. 我们知道, 各种稀土离子 $5d$ 能级和环境相互作用的行为是近似相同的, 受晶体场影响程度和能级的下降多少近似相同, 这样可以利用自由离子中各种稀土离子 $5d$ 能级和 Ce^{3+} 离子 $5d$ 能级的差值和晶体中 Ce^{3+} 离子的光谱和能级来推测该晶体中其他离子的光谱和能级. 因此, Ce^{3+} 离子的光谱对三价稀土离子的光谱研究是非常重要的. 本节给出一些主要晶体中 Ce^{3+} 离子的光谱参数, 见表 9.7 和表 9.8[14~18]. 从表中可以发现, 不同晶体中 $5d$ 能级的下降差别很大, 其下降程度从几千到几万波数不等, 其发光波长也可以从紫外光区域到红光区域发生大范围的改变, 充分体现出晶体场对光谱性质的影响. 这一点也是 $5d$ 能级的 f-d 跃迁光谱和 $4f^N$ 组态内 f-f 跃迁的重要差别之一. 另外, 能级的下降和变化与晶体的组成和结构有着密切关系, 关于这方面的内容将在另外一章详细讨论.

9.3.2　晶体中 Ce^{3+} 离子的能级

Ce^{3+} 离子只有一个价电子, $5d$ 能级在自由离子状态由于自旋-轨道相互作用可以分裂为 $^2D_{5/2}$ 和 $^2D_{3/2}$ 能级, 两个能级之间的能量差约为 $1890\ \mathrm{cm}^{-1}$. 在晶体中, 由于晶体场作用, 轨道能级将劈裂成 Stark 能级, 并由于对称性的不同, 可以劈裂成 2~5 个能级. 目前虽然在 400 多个化合物中研究了 Ce^{3+} 离子的光谱, 但是得到完整 Stark 能级的结果仍然不多. 本节我们将得到的较完整的结果列于表 9.9. 表中 N_C 表示稀土离子的配位数, 其中 10+2 表示有 10 个键长相同的配位, 另外 2 个不同的键长, R_{av} 表示平均键长, λ 表示劈裂峰的位置.

表 9.7 含卤素化合物的晶体中 Ce^{3+} 离子 $5d$ 能级的光谱性质

化合物	λ_{abs}/nm	λ_{em}/nm	$D(A)$/cm^{-1}	$S(A)$/cm^{-1}
自由离子	201		0	0
NaF	390	472	23 699	4455
BaF_2	292	306	14 640	1438
SrF_2	297	308	15 261	1238
CaF_2	307	314	16 509	1070
$KMgF_3(O_h)$	234	263	6605	4712
$KMgF_3(C_{4v})$	272	343	12 575	7610
LaF_3	249	286	8751	4975
GdF_3	260	304	10 878	5567
YF_3	256	298	9915	5444
LuF_3	259	297	10 573	4940
KY_3F_{10}	300	340	16 084	3921
K_2YF_5	294	316	15 319	2227
$LiYF_4$	292	306	15 262	1597
$LiYbF_4$	296	308	15 556	1316
NaCl	286	355	14 375	6796
$CaCl_2$	292	346	15 093	5345
$LaCl_3$	281	335	13 753	5736
$CeCl_3$	326	336	18 665	912
$LuCl_3$	340	373	19 928	2602
$Cs_2LiLaCl_6$	350	375	20 769	1904
$Cs_2NaLaCl_6$	342	368	20 100	2065
Cs_2LiYCl_6	349	372	20 687	1771
Cs_2NaYCl_6	345	371	20 559	2412
$LaBr_3$	330	358	19 037	2370
$GdBr_3$	368	415	22 166	3077
$LuBr_3$	370	405	22 313	2336
GdOBr	371	403	22 386	2140
LaOI	385	435	23 748	3038
Cs_2LiYBr_6	360	387	21 562	1938
$Cs_3Lu_2Br_9$	365	408	21 943	2887
$Cs_3Gd_2I_9$	392	428	23 830	2146
$Sr_2B_5O_9Cl$	280	301	13 626	2492
$Ba_2Gd(BO_3)_2Cl$	365	415	21 943	3301

表 9.8　氧化合物的晶体中 Ce^{3+} 离子 $5d$ 能级的光谱性质

化合物	λ_{abs}/nm	λ_{em}/nm	$D(A)$/cm^{-1}	$S(A)$/cm^{-1}
$CaSO_4$	269	303	15 556	780
LaP_5O_{14}	293	309	15 210	1767
CeP_5O_{14}	296	312	15 556	1733
$LaPO_4$	273	315	12 778	4884
$K_3La(PO_4)_2$	310	336	17 100	2496
$Na_3La(PO_4)_2$	310	356	17 082	4168
$Ba_3La(PO_4)_3$	315	365	17 594	4349
$Sr_3La(PO_4)_3$	315	365	17 594	4349
YPO_4	320	333	17 724	1673
$LuPO_4$	323	334	18 122	1020
SrB_4O_7	280	293	14 080	1560
CaB_4O_7	316	335	17 694	1795
LaB_3O_6	270	300	12 286	3704
$LaBO_3$	330	352	18 970	2303
$GdBO_3$	363	390	20 960	1907
$YAl_3(BO_3)_4$	322	338	18 259	1470
YBO_3	357	383	20 815	1881
$ScBO_3$	358	387	21 656	1781
$Ca_4YO(BO_3)_3$	354	390	21 091	2608
SiO_2	300	345	16 007	4348
$Lu_2Si_2O_7$	351	381	21 063	2243
Mg_2SiO_4	373	432	22 530	3662
$LiYSiO_4$	348	397	20 604	3547
$BaMgAl_{10}O_{17}$	304	350	16 445	4323
$SrAl_{12}O_{19}$	261	302	11 050	5201
$CaAl_{12}O_{19}$	265	316	11 604	6090
$LaMgAl_{11}O_{19}$	270	335	12 303	7186
$GdAlO_3$	307	338	16 356	3030
$YAlO_3$	303	345	16 537	3769
$Y_3Al_5O_{12}$	458	535	26 654	3209
$Y_3Al_4GaO_{12}$	445	523	25 718	3351
$Y_3Al_3Ga_2O_{12}$	437	505	25 562	3081
$Y_3Ga_5O_{12}$	432	486	25 261	2572
$Lu_3Al_5O_{12}$	448	497	27 019	2201
CaO	459	556	27 296	3801
SrY_2O_4	397	560	24 529	7332
Y_2O_2S	467	670	27 862	6488
Lu_2O_2S	469	627	28 018	5373
SrS	430	480	26 084	2422
CaS	458	505	27 506	2032
MgS	480	525	28 507	1786
$SrSe$	433	470	26 245	1818
$CaSe$	455	492	27 362	1653
CaY_2S_4	500	586	29 340	2935

表 9.9 晶体中 Ce^{3+} 离子的 $5d$ 能级

化合物	N_C	R_{av}	λ_5/nm	λ_4/nm	λ_3/nm	λ_2/nm	λ_1/nm
自由离子				192×3		201×2	
$KMgF_3$	12	2.81	203	210	–	227	234
$BaLiF_3$	12	2.82	304	213	220	239	248
LaF_3	11	2.59	194	208	218	234	249
$NaYF_4$	9	2.36	196	207	221	233	247
YF_3	9	2.32	194	203	216	239	256
LuF_3	9	2.28	191	202	214	232	259
$LiYF_4$	8	2.27	186	196	206	244	292
BaY_2F_8	8	2.28	188	197	212	244	300
$BaLu_2F_8$	8	2.24	183	196	225	246	288
$LaCl_3$	9	2.95	243	250	263	274	281
$CaCl_2$	6	2.75	242	252	266	277	292
K_2LaCl_5	7	2.85	221	239	258	316	337
$Cs_2NaLaCl_6$	6	2.75	210	217	336	342×2	
$Cs_2NaLuCl_6$	6	2.59	205	215	337	355×2	
$BaSO_4$	12	2.95	204	215	231	247	267
$SrSO_4$	12	2.82	205	214	230	248	267
$CaSO_4$	8	2.47	193	218	238	251	295
LaP_5O_{14}	8	2.50	197	208	220	236	293
CeP_5O_{14}	8	2.48	197	208	221	237	296
LaP_3O_9	8	2.53	194	205	229	265	290
$LaPO_4$	10	2.64	206	214	239	256	274
YPO_4	8	2.34	203	225	238	250	323
$LuPO_4$	8	2.30	198	225	238	251	323
$K_3La(PO_4)_2$	9	2.66	181	210	246	270	310
LaB_3O_6	10	2.61	204	219	246	260	270
GdB_3O_6	10	2.52	205	219	246	260	270
$LaMgB_5O_{10}$	10+2	2.61, 3.67	202	225	239	257	272
$YMgB_5O_{10}$	10+2	2.47, 3.53	202	227	235	255	270
$GdAl_3(BO_3)_4$	6	2.34	200	209	255	278	320
$YAl_3(BO_3)_4$	6	2.30	200	210	253	272	322
$LuAl_3(BO_3)_4$	6	2.26	200	209	250	267	323
$LaBO_3$	9	2.60	215	232	241	266	330
$GdBO_3$	8	240	–	216	245	339	363
YBO_3	8	2.37	–	219	245	338	357
$Lu_2Si_2O_7$	8	2.23	193	213	278	313	351
Lu_2SiO_5	7	2.31	205	215	267	296	356

9.4　其他三价稀土离子的光谱性质

除 Ce^{3+} 离子的光谱研究较为普遍外, Pr^{3+} 和 Tb^{3+} 离子的 $5d$ 能级的能量也较低, 在通用谱仪测量范围内可以在近紫外区发现它们的光谱, 因此相对研究得较多. 而其他离子研究较少, 一方面是由于它们 $5d$ 能级的位置较高, 位于真空紫外区, 普通的光谱仪不能进行测量. 另一方面是由于能级结构较为复杂, 分析辨认困难. 大多数化合物是氟化物, 同时也包括少数氧化物. 现将已经得到一些主要光谱性质的结果汇总在表 9.10 中.

表 9.10　一些三价稀土离子 $5d$ 能级的光谱性质 (单位: nm)

	Pr	Nd	Sm	Eu	Tb		Ho		Er	
	λ_{abs}	λ_{abs}	λ_{abs}	λ_{abs}	λ_{abs}^*	λ_{abs}	λ_{abs}^*	λ_{abs}	λ_{abs}^*	λ_{abs}
LaF_3	188	159	−	131	−	−	−	−	150	145
YF_3	188	162	−	133	−	−	−	140	−	147
LuF_3	−	164							−	150
$LiYF_4$	213	176	166	143	255	211	162	154	163	155
$LiLuF_4$	214	−			−	212	−	150	163	154
K_2YF_5	215	177						−		−
BaY_2F_8	217	178	−				163	157	164	156
CaF_2	219	179	169	146	−	216	−	156	−	156
SrF_2	215	−								
BaF_2	213				255	211				
LaB_3O_6	204	−			220	198				
$LaMgB_5O_{10}$	204				−	−				
$LaPO_4$	−	−			225	205				
$LuPO_4$	−	−			263	223				
YPO_4	222	−			265	223				
$LaBO_3$	235	−			269	227				
$ScBO_3$	256	−			290	240				
YBO_3	248	−			283	236				
$YAlO_3$	223	188			253	−				
$Y_3Al_5O_{12}$	288	224	−		324	274				
YP_3O_9	224	−			250	217				

总之, 由于稀土材料性质的开发和应用, 人们对稀土离子 $4f^{N-1}n'l'$ 组态的光谱和能级研究的需求越来越迫切. 过去由于仪器设备的限制, 这方面的工作进展较慢. 20 世纪 90 年代后, 同步辐射加速器和高能电子对撞机的发展, 使得这方面的工作有了快速发展, 但目前仍然是初步发展阶段, 今后它将成为稀土光谱学研究和发展的主要内容之一.

参 考 文 献

[1] Sugar J, Reader J. J. Chem. Phys., 1973, 59: 2083

[2] Sugar J. J. Opt. Soc. Am., 1965, 55: 1058

[3] Specter N, Sugar J. J. Opt. Soc. Am., 1976, 66 : 436

[4] Sugar J, Kaufman V. J. Opt. Soc. Am., 1971, 62 : 562

[5] Loh E. Phys. Rev., 1966, 147: 332

[6] Krupa J C, Queffelec M. J. Alloys. Comps., 1997, 250: 287

[7] van Pieterson L, Reid M F, Wegh R T, Soverna S, Meijerink A. Phys.Rev. B, 2002, 65: 045 114

[8] van Pieterson L, Reid M F, Wegh R T, Soverna S, Meijerink A. Phys.Rev. B, 2002, 65: 045 114

[9] Reid M F, van Pieterson L, Wegh R T et al. Phys. Rev. B, 2000, 62: 14 744

[10] Wegh R T, Meijerink A. Phys. Rev. B, 1998, 57: R2025

[11] Wegh R T, Meijerink A. Phys. Rev. B, 1999, 60: 10 820

[12] Wegh R T, van Klinken W, Meijerink A. Optics Communications, 1998, 149: 386

[13] Nakazawa E. J. Lumin., 2002, 100: 89

[14] Dorenbos P. J. Lumin., 2000, 87~89: 970

[15] Dorenbos P. J. Lumin., 2000, 91: 155

[16] Dorenbos P. Phys. Rev. B, 2000, 62: 15 640

[17] Dorenbos P. Phys. Rev. B, 2000, 62: 15 650

[18] Dorenbos P. Phys. Rev. B, 2001, 64: 125 117

[19] Laroche M, Doualan J L et al. J. Opt. Soc. Am. B, 2000, 17: 1291

第 10 章　晶体环境对稀土离子光谱
和能级的影响

稀土离子处于晶体的点阵中并受到周围离子的作用, 这种作用会导致稀土离子能级的劈裂、移动及其光谱性质的改变, 使得同一稀土离子在不同的晶体中产生不同的能级位置和光谱. 因此如何确定晶体环境对稀土离子光谱和能级的影响, 它们随晶体结构变化的规律如何, 将成为光谱学研究中的一个重要问题. 本章将讨论晶体场作用并给出一些晶体场影响的定量计算, 以及晶体场对一些主要光谱行为的影响规律.

10.1　复杂晶体的介电化学键理论

10.1.1　理论方法

晶体中化学键的概念已被广泛应用于化学和固体物理学中. 20 世纪 60 年代末, 由 Phillips 和 Van Vechten(PV)[3,4] 发展的离子性的电介质描述理论成功地应用于键结构、弹性和压电系数、价键参数、非线性光学系数等方面的计算, 并引起了人们的极大关注. 但是, 这个理论的研究对象仅限于 $A^N B^{8-N}$ 型化合物晶体. 1973 年 Levine将 PV 理论扩展到 $A_m B_n$ 型晶体, 并试图将 PV 理论扩展到复杂结构的多元晶体中. 由于一些模型和方法上的具体困难未解决, 所以只能利用一些近似方法处理若干特殊结构类型. 本章的目的是提出系统地解决多元体系的复杂晶体的化学键参数计算的理论方法和晶体性质的有关计算问题, 基本思想概括如下: 晶体组成可用化学分子式表征, 它表明构成晶体各种化学元素间的当量比. 但是, 在晶体结构中它不和特定的空间构型相对应. 晶体空间结构的最小重复单元是原胞, 它通常包含一个或若干分子的当量元素. 从另一个角度看, 晶体也可看成是组成晶体的各种离子及离子间的化学键的集合体. 如果定义组成化学键的两个离子以及它们在晶体中所处的对称性格位都相同, 化学键长也相等的一些化学键就为一类化学键. 每类化学键都应该具有自己特定的性质、空间构型和元素比例. 若把这种元素比例关系也表示为化学式, 那么晶体中每一类化学键就将相对应于一种化学子式. 晶体是各种类型化学键的集合体, 晶体的分子式也应是各类化学键所相对应的化学子式的和. 任何一个化学键都是二元的, 其化学子式也应是二元化合物形式, 我们就可以利用 Phillips 和 Van Vechten 理论, 首先解决这些二元化学子式的计算问题, 然后建立这些二元化学子式和复杂晶体的分子式之间的关系, 进而达到多元成分的复杂结构晶体的化学键性质研究的目的[14].

为了解决复杂晶体的化学键的计算问题, 首要任务是建立将多类化学键的复杂体系分解为单一类化学键的二元体系组合的方法. 由于每类化学键和确定的化学分子式相对应, 所以它也可转换为晶体分子式分解为各类化学键相应的分子式问题. 若晶体的详细结构已知, 可根据结构中各个离子的配位数和晶体分子式中各个元素数量, 确定与各类化学键相对应的化学分子式中元素间的比例关系. 具体分解方法: 设任何一个复杂晶体的分子式为 $A_{a1}^1 A_{a2}^2 A_{a3}^3 \cdots A_{ai}^i B_{b1}^1 B_{b2}^2 B_{b3}^3 \cdots B_{bj}^j$, A, B 分别表示阳离子和阴离子, A^i 和 B^j 分别表示不同元素或同一元素的不同对称性格位, ai 和 bj, 表示相应元素的数目, 在晶体中各元素的近邻配位数分别为 N_{CA^i} 和 N_{CB^j}. 通常在晶体中某个离子的近邻配位体中可包含几种不同的元素, 对于相对应任何一类 A-B 化学键的化学分子式可由式 (10.1) 求得

$$\frac{N(B^j - A^i) \cdot ai}{N_{CA^i}} A^i \frac{N(A^i - B^j) \cdot bj}{N_{CB^j}} B^j \tag{10.1}$$

式中, $N(I - J)$ 表示在 J 离子的配位体中包含 I 种离子的数目. 若已知晶体结构数据, 化学键的情况也就知道, 晶体的所有类型化学键相对应的化学分子式都可利用式 (3.1) 求出. 这种与每类化学键相对应的化学分子式称为键子式. 由此可以列出晶体的分子式和这些键子式的关系方程, 这种等式关系称为键子式方程, 它不仅反映了晶体分子式和各类化学键所相对应的化学子式之间的元素数量关系, 而且也反映了晶体总的性质和各类化学键性质之间的关系.

$$A_{a1}^1 A_{a2}^2 \cdots A_{ai}^i \cdots B_{b1}^1 B_{b2}^2 \cdots B_{bj}^j \cdots = \sum_{i,j} A_{mi}^i B_{nj}^j \tag{10.2}$$

其中

$$mi = \frac{N(B^j - A^i)ai}{N_{CA^i}}$$
$$nj = \frac{N(A^i - B^j)bj}{N_{CB^j}} \tag{10.3}$$

晶体的分子式反映了晶体的组成和电荷守恒, 化学键子式也需要反映组成的电荷平衡, 但它比分子式反映得更细致, 并且利用它可以确定离子在这类化学键中所呈现的化合价. 比如键子式 $A_m B_n$, 若 A 离子的化合价为 Z_A, 则在这个化学键中 B 离子的呈现化合价为 $Z_B = mZ_a/n$. 通常在一种阴离子和多种阳离子构成的晶体中, 首先确定化学键子式中的阳离子的化合价, 认定它和晶体中阳离子的化合价一致, 然后确定各个化学键子式中阴离子呈现的化合价. 而在一种阳离子和多种阴离子构成的晶体中, 则首先认定化学键子式中的阴离子和晶体中阴离子的化合价一致,

然后确定各个键子式中阳离子呈现的化合价. 晶体总体上保持电中性, 晶体中的阳 (阴) 离子一般可以和其他几种阴 (阳) 离子形成多种化学键. 在不同化学键中, 同一离子所呈现的化合价数可以不相同, 体现了晶体中离子电荷分布的变化. 但是, 每个离子在各个键上的总电荷应等于晶体中离子的化合价, 这样利用键子式和离子的化合价可以确定各种离子在各类化学键中所呈现的化合价数. 例如 $KMgF_3$ 晶体中包含两种阳离子, 一种阴离子, 首先确定阳离子的化合价和晶体中的化合价一致. K 的配位数是 12, Mg 的配位数是 6(图 10.1), 如果电荷在各个化学键上是平均分配的话, 它们在化学键的平均电荷就分别是 1/12 和 1/3, F 是六配位. 其中两个配位体是 Mg, 四个配位体是 K. 这样 $KMgF_3$ 晶体的键子式可以利用式 (10.1) 求出, 键子式方程则表示为 $KMgF_3=KF_2+MgF$. 根据化学键子式电荷守恒原则, 在 K—F 化学键中, F 的呈现电荷是 $-1/2$, 在 Mg—F 化学键中, F 的呈现电荷是 -2, 由于 F 是六配位, 那么对于每个配位体的平均电荷分别是 $-1/12$ 和 $-1/3$, F 离子的总电荷 $Z_F = 4 \times (-1/12) + 2 \times (-1/3) = -1$, 电荷保持不变.

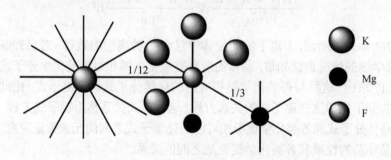

图 10.1　$KMgF_3$ 晶体中离子配位示意图

根据复杂晶体的键子式方程, 利用 Phillips-Van Vechten-Levine(PVL) 理论方法, 对每个键子式进行相似的化学键参数计算, 但计算中的参数已不是 (PVL) 理论原来的含义, 需根据离子在各化学键上所呈现的电荷量进行修正. 假设复杂晶体中任一个 μ 类化学键, 由 A 和 B 离子组成, 离子的价电子数分别为 Z_A^μ 和 Z_B^μ, 离子的近邻配位数分别为 N_{CA}^μ 和 N_{CB}^μ, 各离子的每个价电子在化学键中所呈现的有效电荷分别为 q_A^μ 和 q_B^μ, 则 A 和 B 离子在 μ 类化学键中的有效价电子数为

$$(Z_A^\mu)^* = Z_A^\mu \cdot (q_A^\mu)^* \tag{10.4a}$$

$$(Z_B^\mu)^* = Z_B^\mu \cdot (q_B^\mu)^* \tag{10.4b}$$

例如对于 $KMgF_3$ 晶体, 在 K—F 化学键中 F 的呈现电荷是 $-1/2$; 在 Mg—F 化学键中, F 的呈现电荷是 -2, 通常 F 是因为得到一个电子而形成了一价的负离子. 但是, 在晶体中, F 在两个化学键上的价电子有效电荷量分别是 $-1/2$ 和 -2, 其价

电子数 $Z_B^\mu = 7$(2 个 $2s$ 电子, 5 个 $2p$ 电子), 则晶体中K—F化学键和Mg—F化学键的有效价电子数应该分别是 7/2 和 14.

任何一个 μ 键上的有效价电子数定义为

$$(n_\mu)^* = \frac{(Z_A^\mu)^*}{N_{CA}^\mu} + \frac{(Z_B^\mu)^*}{N_{CB}^\mu} \tag{10.5}$$

μ 键的键体积定义为

$$v_b^\mu = \frac{(d_\mu)^3}{\sum_\nu (d_\nu)^3 \cdot N_b^\nu} \tag{10.6}$$

式中的求和表示对晶体中包含的所有化学键的类型求和, 形成归一化因子. N_b^ν 是 ν 类化学键的键密度 ($1\ cm^3$ 中的化学键数目), 它可由晶体的结构数据求得. 晶体中任何一类化学键的有效价电子密度为

$$(N_e^\mu)^* = \frac{(n_\mu)^*}{v_b^\mu} \tag{10.7}$$

根据PV理论, 任何一 μ 类化学键的极化率 χ^μ 可表示为

$$\varepsilon^\mu = 1 + 4\pi\chi^\mu \tag{10.8}$$

$$\chi^\mu = \frac{(\hbar\Omega_p^\mu)^2}{4\pi(E_g^\mu)^2} \tag{10.9}$$

式中, ε^μ 为 μ 类化学键的介电常数; E_g^μ 是 μ 类化学键的成键分子轨道和反键分子轨道之间的平均能量间隔; Ω_p^μ 是 μ 类化学键的等离子频率.

$$(\Omega_p^\mu)^2 = \frac{4\pi(N_e^\mu)^* e^2}{m} D_\mu \cdot A_\mu \tag{10.10}$$

式中, D_μ 为含有 d 电子元素的校正因子; A_μ 为Penn校正因子, 它们的表达式分别为

$$D_\mu = \Delta_A^\mu \cdot \Delta_B^\mu - (\delta_A^\mu \cdot \delta_B^\mu - 1)[(Z_A^\mu)^* - (Z_B^\mu)^*]^2 \tag{10.11}$$

$$A_\mu = 1 - \frac{E_g^\mu}{4E_F^\mu} + \frac{1}{3}\left(\frac{E_g^\mu}{4E_F^\mu}\right)^2 \tag{10.12}$$

式中, Δ, δ 为常数, 依赖于该化学元素在周期表中的所在的周期.

E_F^μ 为 μ 类化学键的Fermi能量

$$E_F^\mu = \frac{(\hbar k_F^\mu)^2}{2m} \tag{10.13}$$

$$k_F^\mu = [3\pi^2 (N_e^\mu)^*]^{1/3} \tag{10.14}$$

E_g^μ 可以分为同性极化 E_h^μ 和异性极化 C^μ 两部分, 且

$$(E_g^\mu)^2 = (E_h^\mu)^2 + (C^\mu)^2 \tag{10.15}$$

$$E_h^\mu = 39.74/(d_\mu)^{2.48} \tag{10.16}$$

$$C^\mu = 14.4 b^\mu \exp(-k_s^\mu \cdot r_0^\mu) \left[(Z_{\rm A}^\mu)^* - \frac{n}{m}(Z_{\rm B}^\mu)^* \right] /r_0^\mu \qquad (n > m) \tag{10.17}$$

$$C^\mu = 14.4 b^\mu \exp(-k_s^\mu \cdot r_0^\mu) \left[\frac{m}{n}(Z_{\rm A}^\mu)^* - (Z_{\rm B}^\mu)^* \right] /r_0^\mu \qquad (n < m) \tag{10.18}$$

其中

$$k_s^\mu = (4k_F^\mu/\pi a_{\rm B})^{1/2} \tag{10.19}$$

$$d_\mu = 2r_0^\mu \tag{10.20}$$

式中, $a_{\rm B}$ 为玻尔半径; $\exp(-k_s^\mu . r_0^\mu)$ 是 Thomas – Fermi 屏蔽因子, b^μ 是结构校正因子, 一般与平均配位数 $N_{\rm C}^\mu$ 的 p 次幂成正比, 对于 $A_m B_n$ 型晶体可以表示为

$$b^\mu = \beta (N_{\rm C}^\mu)^p \tag{10.21}$$

$$N_{\rm C}^\mu = \frac{m}{m+n} N_{\rm CA}^\mu + \frac{n}{m+n} N_{\rm CB}^\mu \tag{10.22}$$

p 的具体值与平均配位数有关, 我们给出式 (10.23) 的经验关系式

$$b^\mu = \beta (N_{\rm C}^\mu)^2 \tag{10.23}$$

β 因子依赖于具体的晶体结构, 在 $A^N B^{8-N}$ 化合物中, 通过大量计算和实验比较发现 β 因子近似为 0.089, 若晶体的介电常数已知, 可由上面的公式直接拟合求得更符合实际的 β 值. 对于含有多种类型化学键的复杂晶体, 总的电极化率可表示为

$$\chi = \sum_\mu F^\mu \cdot \chi^\mu = \sum_\mu N_b^\mu \cdot \chi_b^\mu \tag{10.24}$$

式中, χ^μ 为晶体中 μ 类化学键的极化率; χ_b^μ 为 μ 类化学键的一个键的极化率; F^μ 是晶体中 μ 类化学键的数目占有的比例系数. 若晶体的介电常数或折射率已知, 利用式 (10.23) 和式 (10.9) 可以求出真实晶体的 β 值.

晶体中任何一种 μ 类化学键的离子性 f_i^μ 和共价性 f_c^μ 可确定为

$$f_i^\mu = \frac{(C^\mu)^2}{(E_g^\mu)^2} \tag{10.25}$$

$$f_c^\mu = \frac{(E_h^\mu)^2}{(E_g^\mu)^2} \tag{10.26}$$

若一个复杂晶体的结构和介电常数已知, 晶体中各类化学键的参数都可以求得, 反之, 亦可利用上面公式和经验值对晶体的未知介电常数进行估算. 在复杂晶体的计算模型中虽然在计算键子式时公式在形式上和 PV 理论相似, 但是, 这里用有效价电子电荷代替了它们的价电子电荷 e 的概念, 所以其结果是截然不同的.

在含多种元素的复杂晶体的化学键计算中, 首先要知道离子在每个化学键中所呈现的化合价和有效价电子电荷. 设在 A–B 化学键中, 两种离子所呈现的化合价分别为 $P^\mu(A-B)$ 和 $P^\mu(B-A)$, 根据键子式电荷平衡关系, 由式 (10.1) 可以导出

$$\frac{p^\mu(A-B) \cdot N(B-A) \cdot a}{N_{CA}} = \frac{p^\mu(B-A) \cdot N(A-B) \cdot b}{N_{CB}} \tag{10.27}$$

另外, 在同一化学键上的阴离子和阳离子的电荷相等, 符号相反

$$\frac{p^\mu(A-B)}{N_{CA}} = \frac{p^\mu(B-A)}{N_{CB}} \tag{10.28}$$

根据式 (10.27) 和 (10.28) 可得

$$N(B-A) \cdot a = N(A-B) \cdot b \tag{10.29}$$

$$\frac{N(B-A)}{N(A-B)} = \frac{b}{a} \tag{10.30}$$

假设 Q_A 和 Q_B 是自由离子的化合价数, 则

$$Q_A = \sum_{\mu,I} \frac{p^\mu(A-I) \cdot N^\mu(A-I)}{N_{CA}} \tag{10.31}$$

$$Q_B = \sum_{\mu,I} \frac{p^\mu(B-I) \cdot N^\mu(B-I)}{N_{CB}} \tag{10.32}$$

式中, $P^\mu(A-I)$ 表示 A 离子和 I 离子的化学键中 A 离子所呈现的化合价, $N^\mu(A-I)$ 为 μ 类化学键中 A 离子和 I 离子形成化学键的数目. 这样, 利用上面方法很容易确定任何一个 μ 类化学键的两个离子的一个价电子的有效价电荷, 对于阳离子 A 和阴离子 B 的一个价电子的有效电荷分别表示为

$$(q_A^\mu)^* = \frac{p^\mu(A-B)}{Z_A^\mu} \tag{10.33}$$

$$(q_B^\mu)^* = \frac{p^\mu(B-A)}{N - Z_B^\mu} \tag{10.34}$$

式中, N 是填满原子壳层时原子的价电子数, 对于 s 和 p 壳层为外层的阴离子 $N = 8$.

10.1.2　晶体中离子的极化

晶体中带电离子由于离子间的相互作用本身会产生极化, 在外场作用下, 离子之间产生相对移动也会产生极化. 这种极化效应对晶体宏观性质影响很大, 人们对此进行了大量的研究. 利用 Lorentz 公式确定分子极化率的方法已较为成熟, 但是该方法只能给出分子、原胞和键体积等单位体积的极化率. 在这些单位体积中至少包括两种离子, 所以它不能确定晶体中每个离子的极化行为. 为了求得离子的电子极化率, 人们曾提出过许多近似方法, 如假定阳离子极化小, 它和自由离子的极化率差别不大, 主要是阴离子产生极化, 故用自由状态阳离子的极化率代替其在晶体中的极化率, 再利用分子极化率, 进而求得阴离子的极化率; 或采用系列同构化合物的分子极化率, 用数学拟合方法求出离子的极化率. 这种极化率实际上是一个平均结果, 不能反映离子在各个具体晶体中的真正极化行为. 任何晶体的结构和组成形成了离子的特定环境, 即存在特定的相互作用场, 离子极化行为和这种作用场密切相关, 因此, 合理的作法是求出某种离子在某种晶体中的极化率. 我们利用介电化学键理论方法进行了离子极化行为的研究, 可以实现这个目的, 下面介绍有关的计算方法.

描述晶体介电性质的 Lorentz 公式为

$$\frac{\varepsilon - 1}{\varepsilon + 2} = \frac{4\pi}{3}\alpha_0 \tag{10.35}$$

式中, ε 为长波极限下的介电常数; α_0 为极化系数, 表示 1 Å³(或者 0.001 nm³) 体积晶体的极化率. 若晶体中包括多种类型的化学键, 那么任何一类化学键的 Lorentz 公式可表示为和式 (10.35) 相似形式. 但是, ε 和 α_0 要用 ε^μ 和 α^μ 代替, 它们分别表示任何一种 μ 类键的介电常数和极化系数. 利用极化系数可求得每类化学键的任何单位体积的极化率, 如分子体积 v_m, 化学键的键体积 v_b^μ 等, 它们相应的极化率为

$$\alpha_m = \alpha_0 v_m, \quad \alpha_b^\mu = \alpha^\mu v_b^\mu \tag{10.36}$$

任何一个化学键只包括两种化学元素, 如 A – B 键包括 A 和 B 两种元素, 设它们在晶体中的配位数分别为 M_A 和 M_B, 则化学键可以认为是由 $(1/M_A)$ 个 A 离子和 $(1/M_B)$ 个 B 离子所组成; 化学键长 $d = (r_A + r_B)$, r_A 和 r_B 分别为 A 和 B 离子的半径. 根据 Levine 理论, 化学键体积可表示为

$$v_b^\mu = \frac{(d^\mu)^3}{\sum_\nu N_b^\nu (d^\nu)^3} \tag{10.37}$$

式中, N_b^ν 为 ν 类化学键的密度; 求和表示对晶体中的各类化学键求和. 类比式 (2.48), 可以得出一个化学键体积中每种离子所占有的体积. 设 A 离子在 A – B 化学键体积中占有的体积为 v_A^μ, B 离子占有的体积为 v_B^μ, 则

$$v_A^\mu = \frac{r_A^3}{r_A^3 + r_B^3} v_b^\mu, \quad v_B^\mu = \frac{r_B^3}{r_A^3 + r_B^3} v_b^\mu \tag{10.38}$$

显然

$$v_A^\mu + v_B^\mu = v_b^\mu \tag{10.39}$$

根据式 (2.47) 的结果, 在 μ 化学键的体积中, A 和 B 离子具有的极化率应该是化学键的极化系数乘以 A 和 B 离子在该化学键中占有的体积, 故可以表示为

$$\alpha_A^\mu = \alpha_0^\mu v_A^\mu, \quad \alpha_B^\mu = \alpha_0^\mu v_B^\mu \tag{10.40}$$

然而, 晶体中 A、B 离子和配体可以形成多个键, 它们的极化率应该是离子在各个化学键中所占有的极化率之和.

$$\alpha_A = \sum_\mu \alpha_A^\mu N_{CA}^\mu, \quad \alpha_B = \sum_\mu \alpha_B^\mu N_{CB}^\mu \tag{10.41}$$

式中, N_{CA}^μ 和 N_{CB}^μ 分别代表 A 和 B 离子形成 μ 类化学键的数目. 若已知晶体结构和组成, 并测出了介电常数, 原则上可以求出各种离子在晶体中的极化率. 对只有一种化学键类型的晶体, 公式变得更为简单:

$$\alpha_A = \frac{N_{CA} v_b r_A^3 \alpha_0^\mu}{r_A^3 + r_B^3}, \quad \alpha_B = \frac{N_{CB} v_b r_B^3 \alpha_0^\mu}{r_A^3 + r_B^3} \tag{10.42}$$

式中, 化学键体积 $v_b = 1/N_b$, N_b 为化学键密度. 如果晶体中离子半径已求出 (或者利用已经给出的结果), 这样晶体中离子的极化率利用上面方法很容易得到.

10.2 *J* 混效应引起的能级移动

10.2.1 能级移动的计算公式的推导[5]

一般情况下, 晶体场作用可以用球谐函数展开, 在展开项中, 包括零次项、奇次项和偶次项等晶体场项. 大量研究表明, 每类项对光谱和能级有不同的物理作用. 零次项晶体场虽然对能级劈裂没有作用, 但是可以引起组态能级重心的移动, 这是产生电子云扩大效应的重要原因之一. 奇次晶体场项的作用可以使不同宇称的状态相互混淆, 解除宇称禁戒条件, 导致同一组态内的能级间产生跃迁, 如 $4f^N$ 组态内的 f-f 跃迁. 偶次项晶体场项的作用能够引起能级劈裂, 产生 *J* 混淆效应, 即不同

的 J 状态相互混和, 该效应可以导致 J 能级的移动. 关于能级劈裂和 f-f 跃迁的性质前面已经讨论过, 本节重点研究其他内容.

在自由离子状态时, 离子的量子态可以由量子数的完备集合确定, 比如量子数 α、S、L、J 和 M 可以完全确定一个量子状态. 在晶体中 J 量子数不再是一个好量子数, 好量子数是点群的不可约表示, 同一个不可约表示可以相对应若干个不同的 J 状态, 因此, 晶体中采用不可约表示的本征态是若干个不同 J 状态的线性组合. 在体系中, 状态改变必然引起物理参数的改变. 能量是体系状态的一个重要的物理量, J 混效应将引起自由状态下 $^{2S+1}L_J$ 能级的移动. 为了计算这种移动的大小, 我们将首先推导出相对应的计算公式. 晶体中稀土离子的 Hamilton 量可表示为

$$H = H_0 + H_{\mathrm{cr}} \tag{10.43}$$

式中, H_0 是稀土自由离子的 Hamilton 量; H_{cr} 是晶体场作用的 Hamilton 量, 其表达式为

$$H_{\mathrm{cr}} = \sum_{k,q} B_{kq} C_q^k \tag{10.44}$$

按 k 值的不同可以写成另一种形式

$$H_{\mathrm{cr}} = H_{\mathrm{cr}}^0 + H_{\mathrm{cr}}' + H_{\mathrm{cr}}'' \tag{10.45}$$

式中, H_{cr}^0 表示晶体场的零次项; H_{cr}' 表示晶体场的奇次项; H_{cr}'' 表示晶体场的偶次项. 晶体场的奇次项由于在能级计算时积分为零, 假设晶体场的偶次项分成两部分, 即引起能级劈裂部分和引起 J 混部分. 令 $H_{\mathrm{cr}}''(1)$ 表示引起能级劈裂部分, $H_{\mathrm{cr}}''(2)$ 表示引起 J 混部分, 这两部分的 Hamilton 量的表达式是相同的. 这时晶体中稀土离子的 Hamilton 量可以写成如下形式

$$H = H_0 + H_{\mathrm{cr}}^0 + H_{\mathrm{cr}}''(1) + H_{\mathrm{cr}}''(2) \tag{10.46}$$

本征方程为

$$H_0 |\psi J\rangle = E_J |\psi J\rangle \tag{10.47}$$

$$(H_0 + H_{\mathrm{cr}}^0) |\psi' J\rangle = E_{J'} |\psi' J\rangle \tag{10.48}$$

式中, E_J, $|\psi J\rangle$ 分别表示自由稀土离子的本征能量和本征态; $E_{J'}$, $|\psi' J\rangle$ 分别表示晶体中假想的自由离子的本征值和本征态. 两者本征值的差是表示晶体中稀土离子 $^{2S+1}L_J$ 能级重心产生的位移. 利用微扰论计算 $H_{\mathrm{cr}}''(1)$ 作用的本征态和本征值, 一般情况初态是简并态, 需要解久期方程, 这里不作详细求解. 假设这样的本征值和

本征态已经得到, 则有

$$(H_0 + H_{cr}^0 + H_{cr}''(1)) |\psi' J\Gamma\rangle = E_{J\Gamma}' |\psi' J\Gamma\rangle$$
$$E_{J\Gamma}' = E_J' + E_\Gamma \tag{10.49}$$

$$E_\Gamma = \langle\psi' J\Gamma| H_{cr}''(1) |\psi' J\Gamma\rangle \tag{10.50}$$

在上面结果的基础上再考虑 $H_{cr}''(2)$ 的作用. 由于 $H_{cr}''(2)$ 对能级不产生劈裂作用, 可以使用非简并微扰论方法, 直接求出本征值和本征函数.

$$|\psi'' J\Gamma\rangle = |\psi' J\Gamma\rangle + \sum_{J'} \frac{\langle\psi' J'\Gamma| H_{cr}''(2) |\psi' J\Gamma\rangle}{E_{J\Gamma}' - E_{J'\Gamma}'} \tag{10.51}$$

$$E_{J\Gamma}'' = E_{J\Gamma}' + E_{J\Gamma}^{(1)} + E_{J\Gamma}^{(2)}$$
$$E_{J\Gamma}^{(1)} = \langle\psi' J\Gamma| H_{cr}''(2) |\psi' J\Gamma\rangle$$
$$E_{J\Gamma}^{(2)} = \sum_{J'} \frac{\langle\psi' J'\Gamma| H_{cr}''(2) |\psi' J\Gamma\rangle^2}{E_{J\Gamma}' - E_{J'\Gamma}'} \tag{10.52}$$

由于 $H_{cr}''(2)$ 作用只引起 J 混效应, 所有它作用在 $|\psi' J\Gamma\rangle$ 上必然会改变状态的量子数, 即 $H_{cr}''(2) |\psi' J\Gamma\rangle = N_{J'\Gamma} |\psi' J'\Gamma\rangle$, $N_{J'\Gamma}$ 是常数. 根据本征态的正交性, 显然, $E_{J\Gamma}^{(1)}=0$, 这样从上面的结果中可以求出两种重心. 没有 J 混时的晶体中能级为

$$E_J' = \frac{1}{2J+1} \sum_\Gamma a_\Gamma E_{J\Gamma}' \tag{10.53}$$

式中, a_Γ 为 Γ 能级的简并度, 有 J 混时的晶体中能级为

$$E_J'' = \frac{1}{2J+1} \sum_\Gamma a_\Gamma E_{J\Gamma}'' \tag{10.54}$$

产生 J 混效应时能级产生的位移为

$$\Delta E_J = E_J'' - E_J' = \frac{1}{2J+1} \sum_\Gamma a_\Gamma E_{J\Gamma}^{(2)} \tag{10.55}$$

将式 (10.52) 和式 (10.44) 的结果代入式 (10.55), 利用张量计算方法得到

$$\Delta E_J = \frac{1}{2J+1} \sum_k S_k^2 \sum_{J'} \frac{\langle\psi' J' \|U^k\| \psi' J\rangle^2}{E_{J\Gamma}' - E_{J'\Gamma}'} \tag{10.56}$$

$$S_k^2 = \frac{1}{2k+1} \sum_q \langle 4f|C^k |4f\rangle^2 |B_{kq}|^2 \tag{10.57}$$

晶体的晶体场强度定义为

$$S = \left(\frac{1}{3}\sum_k S_k^2\right)^{1/2} \tag{10.58}$$

以上的推导表明, 晶体中 J 能级由于 J 混效应可以产生位移, 这种能级位移能够通过晶体场参数和约化矩阵元计算. 如果晶体场参数未知, 但实验上已经测得晶体中的各个 Stark 能级, 那么就可以利用这些能级相对于 $^{2S+1}L_J$ 能级重心的均方根偏差进行计算. 均方根偏差可以表示为

$$\begin{aligned}
\Delta_J^2(E) &= \frac{1}{2J+1}\sum_\Gamma a_\Gamma(E_{J\Gamma}'' - E_J'')^2 = \frac{1}{2J+1}\sum_\Gamma a_\Gamma(E_{J\Gamma}'' - \Delta E_J - E_J')^2 \\
&= \frac{1}{2J+1}\sum_\Gamma a_\Gamma(E_{J\Gamma}' + E_{J\Gamma}^{(2)} - \Delta E_J - E_J')^2 \\
&= \frac{1}{2J+1}\sum_\Gamma a_\Gamma(E_J' + E_\Gamma + E_{J\Gamma}^{(2)} - \Delta E_J - E_J')^2 \\
&= \frac{1}{2J+1}\sum_\Gamma a_\Gamma(E_\Gamma + E_{J\Gamma}^{(2)} - \Delta E_J)^2
\end{aligned} \tag{10.59}$$

忽略高级小量, 并将式 (10.44) 和式 (10.50) 代入, 近似得到

$$\Delta_J^2(E) = \frac{1}{2J+1}\sum_\Gamma a_\Gamma E_\Gamma^2 = \frac{1}{2J+1}\sum_k S_k^2 \langle\psi'J\|U^k\|\psi'J\rangle^2 \tag{10.60}$$

式中, 约化矩阵元可以得到, 均方根偏差可以计算, S_k^2 可以得到, 然后代入到式 (10.55) 中进行能级移动.

10.2.2　Nd^{3+} 离子能级移动的计算[15]

为了说明计算方法和能级移动的大小, 我们选择了 15 个含 Nd^{3+} 离子的晶体. 首先计算这些状态的约化矩阵元, 结果见表 10.1, 它们 $^4I_{9/2}, ^4I_{11/2}, ^4I_{13/2}, ^4I_{15/2}$ 和 $^4F_{3/2}$ 的 Stark 能级比较完整 (表 10.2)[45]. 然后利用式 (10.60) 求出 S_k^2, 结果列在表 10.3 中, 再利用式 (10.55) 求得各个 J 能级由于 J 混效应产生的能级位移, 详细结果列在表 10.4 中.

从表中结果可以看出, 各个能级的移动大小不同, 并且有的能级增大, 有的能级减少, 最大可以移动几十个波数. 同时我们发现 J 混效应引起的能级移动, 与自旋-轨道相互作用引起的能级劈裂有相似性, 进一步导致了能级劈裂的宽度, 加宽的数量级可达 100 多个波数. 另外对于 ^4I 能级来说这种移动是对称的, ^4I 能级的重心基本不改变.

表 10.1 Nd^{3+} 离子的约化矩阵元

$\psi_J - \psi_{J'}$	$\langle \psi' J \lVert U^k \rVert \psi' J' \rangle$		
	$k = 2$	$k = 4$	$k = 6$
$^4I_{9/2} - {}^4I_{9/2}$	0.349	−0.4142	0.841
$-{}^4I_{11/2}$	0.1393	−0.3276	1.0794
$-{}^4I_{13/2}$	0.01	−0.1166	0.6751
$-{}^4I_{15/2}$	0	−0.01	0.2126
$-{}^4F_{3/2}$	0	−0.4789	−0.2343
$^4I_{11/2} - {}^4I_{11/2}$	0.3656	−0.3408	0.2635
$-{}^4I_{13/2}$	0.1594	−0.361	1.1089
$-{}^4I_{15/2}$	0.0115	−0.1114	0.6467
$-{}^4F_{3/2}$	0	0.3627	0.4737
$^4I_{13/2} - {}^4I_{13/2}$	0.4115	−0.4177	0.4845
$-{}^4I_{15/2}$	0.1416	−0.3415	1.203
$-{}^4F_{3/2}$	0	0	−0.6119
$^4I_{15/2} - {}^4I_{15/2}$	0.4829	−0.6104	1.3885
$-{}^4F_{3/2}$	0	0	−0.0204
$^4F_{3/2} - {}^4F_{3/2}$	−0.2514	0	0

表 10.2 15 个晶体中 Nd^{3+} 离子的 Stark 能级

晶体	谱项	能级
NdP$_5$O$_{14}$	$^4I_{9/2}$	0, 80, 219, 252, 314
	$^4I_{11/2}$	1955, 1978, 2038, 2056, 2092, 2171
	$^4I_{13/2}$	3910, 3938, 3990, 4032, 4086, 4106, 4165
	$^4I_{15/2}$	5872, 5912, 6011, 6072, 6081, 6210, 6274, 6289
	$^4F_{3/2}$	11 470, 11 502
KY(WO$_4$)$_2$	$^4I_{9/2}$	0, 104, 155, 306, 355
	$^4I_{11/2}$	1943, 1959, 2020, 2112, 2142, 2180
	$^4I_{13/2}$	3092, 3916, 3975, 4077, 4100, 4145, 4175
	$^4I_{15/2}$	5860, 5874, 5952, 5963, 6074, 6192, 6240, 6287
	$^4F_{3/2}$	11 300, 11 412
LaF$_3$	$^4I_{9/2}$	0, 44, 140, 297, 502
	$^4I_{11/2}$	1980, 2038,2069, 2092, 2188, 2223
	$^4I_{13/2}$	3919, 3974, 4038, 4077, 4119, 4213, 4276
	$^4I_{15/2}$	5817, 5876, 5989, 6142, 6173, 6320, 6448, 6551
	$^4F_{3/2}$	11 595, 11 637
LiNbO$_3$	$^4I_{9/2}$	0, 156, 170, 440, 486
	$^4I_{11/2}$	1987, 2043, 2107, 2190, 2228, 2263
	$^4I_{13/2}$	3918, 3973, 4035, 4118, 4140, 4184, 4211
	$^4I_{15/2}$	5777, 5916, 6005, 6087, 6105, 6217, 6290, 6449
	$^4F_{3/2}$	11 250, 11 409
KY(MoO$_4$)$_2$	$^4I_{9/2}$	0, 94, 162, 253, 430
	$^4I_{11/2}$	1960, 1985, 2016, 2079, 2120, 2205

晶体	谱项	能级
	$^4I_{13/2}$	3810, 3865, 3904, 3940, 4030, 4110, 4195
	$^4I_{15/2}$	5750, 5820, 5890, 5930, 6000, 6180, 6230, 6290
	$^4F_{3/2}$	11 356, 11 438
$K_5Nd(MoO_4)_4$	$^4I_{9/2}$	0, 50, 230, 315, 474
	$^4I_{11/2}$	1955, 1980, 2040, 2150, 2163, 2285
	$^4I_{13/2}$	3893, 3942, 3969, 4017, 4157, 4263, 4276
	$^4I_{15/2}$	5770, 5810, 5880, 5976, 6130, 6327, 6442, 6655
	$^4F_{3/2}$	11 363, 11 535
$La_2Be_2O_5$	$^4I_{9/2}$	0, 110, 225, 350, 495
	$^4I_{11/2}$	1961, 2040, 2102, 2125, 2213, 2287
	$^4I_{13/2}$	3906, 3984, 4046, 4076, 4159, 4237, 4290
	$^4I_{15/2}$	5802, 5933, 6003, 6090, 6210, 6298, 6395, 6495
	$^4F_{3/2}$	11 312, 11 525
$Ca(NbO_3)_2$	$^4I_{9/2}$	0, 100, 158, 237, 522
	$^4I_{11/2}$	1952, 1981, 2017, 2093, 2218, 2246
	$^4I_{13/2}$	3896, 3919, 3969, 4027, 4180, 4220, 4230
	$^4I_{15/2}$	5785, 5820, 5835, 5935, 6000, 6260, 6315, 6370
	$^4F_{3/2}$	11 375, 11 423
$LuAlO_3$	$^4I_{9/2}$	0, 118, 234, 493, 662
	$^4I_{11/2}$	2022, 2099, 2160, 2265, 2320, 2380
	$^4I_{13/2}$	3946, 4010, 4085, 4195, 4280, 4330, 4432
	$^4I_{15/2}$	5760, 5895, 6010, 6240, 6300, 6405, 6685, 6735
	$^4F_{3/2}$	11 393, 11 525
$GdAlO_3$	$^4I_{9/2}$	0, 111, 189, 507, 666
	$^4I_{11/2}$	2022, 2094, 2155, 2264, 2312, 2369
	$^4I_{13/2}$	3948, 4024, 4074, 4184, 4271, 4315, 4440
	$^4I_{15/2}$	5753, 5784, 5915, 6024, 6226, 6316, 6407, 6760
	$^4F_{3/2}$	11 449, 11 565
$YAlO_3$	$^4I_{9/2}$	0, 118, 212, 500, 671
	$^4I_{11/2}$	2023, 2097, 2158, 2264, 2323, 2378
	$^4I_{13/2}$	3953, 4021, 4042, 4200, 4291, 4328, 4446
	$^4I_{15/2}$	5757, 5893, 6011, 6240, 6307, 6402, 6687, 6743
	$^4F_{3/2}$	11 421, 11 550
$Gd_3Sc_2Ga_3O_{12}$	$^4I_{9/2}$	0, 107, 168, 263, 763
	$^4I_{11/2}$	1978, 2010, 2069, 2109, 2393, 2431
	$^4I_{13/2}$	3907, 3920, 4000, 4010, 4025, 4380, 4421
	$^4I_{15/2}$	5777, 5812, 5914, 5959, 6494, 6510, 6557, 6647
	$^4F_{3/2}$	11 434, 11 499
$Ca_2(PO_4)_3 \cdot F$	$^4I_{9/2}$	0, 401, 513, 568, 708
	$^4I_{11/2}$	1905, 2304, 2365, 2404, 2430, 2514
	$^4I_{13/2}$	3818, 4232, 4250, 4302, 4366, 4389, 4402

续表

晶体	谱项	能级
	$^4I_{15/2}$	5723, 6200, 6311, 6353, 6391, 6455, 6579, 6725
	$^4F_{3/2}$	11 314, 11 676
Y_2O_3	$^4I_{9/2}$	0, 29, 267, 447, 643
	$^4I_{11/2}$	1897, 1935, 2147, 2271, 2331, 2359
	$^4I_{13/2}$	3814, 3840, 4093, 4200, 4280, 4305, 4329
	$^4I_{15/2}$	5709, 5726, 6060, 6162, 6315, 6401, 6443, 6479
	$^4F_{3/2}$	11 208, 11 404
$Y_3Al_5O_{12}$	$^4I_{9/2}$	0, 130, 199, 308, 857
	$^4I_{11/2}$	2002, 2029, 2110, 2147, 2468, 2521
	$^4I_{13/2}$	3922, 3930, 4032, 4047, 4435, 4442, 4498
	$^4I_{15/2}$	5758, 5814, 5936, 5970, 6570, 6583, 6639, 6734
	$^4F_{3/2}$	11 427, 11 512

表 10.3　各个晶体的晶体场强度参数

晶体	S_2	S_4	S_6	S
NdP_5O_{14}	442.6	489.1	328.8	425
$KY(WO_4)_2$	459.0	737.5	271.1	525
LaF_3	173.8	665.8	636.3	541
$LiNbO_3$	631.8	605.0	487.4	578
$KY(MoO_4)_2$	310.2	907.6	337.2	587
$K_5Nd(MoO_4)_4$	704.9	297.1	769.4	626
$La_2Be_2O_5$	848.9	442.4	529.5	632
$Ca(NbO_3)_2$	198.3	1060.4	431.9	671
$LuAlO_3$	532.4	902.3	827.9	771
$GdAlO_3$	462.5	967.4	804.7	774
$YAlO_3$	520.0	904.9	843.3	775
$Gd_3Sc_2Ga_3O_{12}$	302.2	1580.5	695.9	1012
$Ca_2(PO_4)_3 \cdot F$	1447.5	953.7	467.8	1036
Y_2O_3	782.6	1603.8	345.9	1049
$Y_3Al_5O_{12}$	362.7	1922.8	688.6	1198

表 10.4　各个晶体中 J 混效应引起的 Nd^{3+} 离子 ^4I_J 能级的位移

晶体	谱项	ΔE / cm^{-1}	晶体	谱项	ΔE / cm^{-1}
NdP_5O_{14}	$^4I_{9/2}$	-10.2	$LuAlO_3$	$^4I_{9/2}$	-57.3
	$^4I_{11/2}$	-1.7		$^4I_{11/2}$	-10.1
	$^4I_{13/2}$	$+0.1$		$^4I_{13/2}$	$+0.3$
	$^4I_{15/2}$	$+6.5$		$^4I_{15/2}$	$+37.9$
$KY(WO_4)_2$	$^4I_{9/2}$	-10.1	$GdAlO_3$	$^4I_{9/2}$	-55.4
	$^4I_{11/2}$	-2.0		$^4I_{11/2}$	-10.0
	$^4I_{13/2}$	$+0.3$		$^4I_{13/2}$	-1.4
	$^4I_{15/2}$	$+6.0$		$^4I_{15/2}$	$+38.1$

晶体	谱项	ΔE / cm^{-1}	晶体	谱项	ΔE / cm^{-1}
LaF$_3$	$^4I_{9/2}$	-33.4	YAlO$_3$	$^4I_{9/2}$	-59.2
	$^4I_{11/2}$	-5.6		$^4I_{11/2}$	-10.3
	$^4I_{13/2}$	$+0.1$		$^4I_{13/2}$	$+0.1$
	$^4I_{15/2}$	$+22.1$		$^4I_{15/2}$	$+39.3$
LiNbO$_3$	$^4I_{9/2}$	-21.1	Gd$_3$Sc$_2$Ga$_3$O$_{12}$	$^4I_{9/2}$	-55.9
	$^4I_{11/2}$	-3.8		$^4I_{11/2}$	-12.3
	$^4I_{13/2}$	$+0.1$		$^4I_{13/2}$	$+3.6$
	$^4I_{15/2}$	$+13.9$		$^4I_{15/2}$	$+33.2$
KY(MoO$_4$)$_2$	$^4I_{9/2}$	-15.3	Ca$_2$(PO$_4$)$_3$.F	$^4I_{9/2}$	-25.9
	$^4I_{11/2}$	-3.4		$^4I_{11/2}$	-5.4
	$^4I_{13/2}$	$+0.8$		$^4I_{13/2}$	$+1.7$
	$^4I_{15/2}$	$+9.0$		$^4I_{15/2}$	$+15.6$
K$_5$Nd(MoO$_4$)$_4$	$^4I_{9/2}$	-45.3	Y$_2$O$_3$	$^4I_{9/2}$	-30.5
	$^4I_{11/2}$	-6.9		$^4I_{11/2}$	-7.2
	$^4I_{13/2}$	-0.5		$^4I_{13/2}$	$+2.3$
	$^4I_{15/2}$	$+30.9$		$^4I_{15/2}$	$+16.2$
La$_2$Be$_2$O$_5$	$^4I_{9/2}$	-23.2	Y$_3$Al$_5$O$_{12}$	$^4I_{9/2}$	-64.5
	$^4I_{11/2}$	-3.8		$^4I_{11/2}$	-14.2
	$^4I_{13/2}$	$+9.7$		$^4I_{13/2}$	$+3.1$
	$^4I_{15/2}$	$+15.5$		$^4I_{15/2}$	$+37.9$
Ca(NbO$_3$)$_2$	$^4I_{9/2}$	-23.1			
	$^4I_{11/2}$	-4.6			
	$^4I_{13/2}$	$+0.3$			
	$^4I_{15/2}$	$+14.2$			

10.2.3　Eu^{3+} 离子能级的移动[47]

我们选择了 20 个含 Eu^{3+} 离子的晶体, 研究 ^7F_J 各个 J 能级和 $^5D_0$ 能级在考虑 J 混效应下的能级移动情况. 首先计算 ^7F_J 各个 J 能级和 $^5D_0$ 能级之间的约化矩阵元, 计算时状态波函数使用中间耦合波函数, 计算结果见表 10.5, 然后根据文献得到的晶体场参数, 利用式 (10.57) 求出 S_k^2, 再利用式 (10.56) 求得 ^7F_J 各个 J 能级和 $^5D_0$ 能级由于 J 混效应产生的能级位移, 详细结果列在表 10.6 中.

表中结果表明 J 混效应确实使能级产生移动, 尽管有些能级移动很小, 但是也会影响到电子-电子间相互作用的参数 Slater 积分的数值. 为了正确地确定 J 能级的位置, 在实验测定的能级中要消除 J 混效应的影响, 然后才会得到正确的 Slater 积分数值. 利用消除 J 混效应的影响的能级位置, 重新进行拟合计算, 得到了各个晶体中 F_2 值, 其结果列在表 10.7 中.

表 10.5 Eu^{3+} 离子的约化矩阵元 $\langle\cdots\|U^k\|\cdots\rangle^2$

$\langle\cdots\|U^2\|\cdots\rangle^2$	$^7F_0$	$^7F_1$	$^7F_2$	$^7F_3$	$^7F_4$	$^7F_5$	$^7F_6$	$^5D_0$
$^7F_0$	0	0	0.1372	0	0	0	0	0
$^7F_1$		0.1539	0.0518	0.2087	0	0	0	0
$^7F_2$			0.0999	0.1857	0.2209	0	0	0.0035
$^7F_3$				0.0277	0.3851	0.1746	0	0
$^7F_4$					0.0117	0.5671	0.0853	0
$^7F_5$						0.2763	0.5405	0
$^7F_6$							1.2036	0
$^5D_0$								0

$\langle\cdots\|U^4\|\cdots\rangle^2$	$^7F_0$	$^7F_1$	$^7F_2$	$^7F_3$	$^7F_4$	$^7F_5$	$^7F_6$	$^5D_0$
$^7F_0$	0	0	0	0	0.1382	0	0	0
$^7F_1$		0	0	0.1266	0.1731	0.1189	0	0
$^7F_2$			0.1221	0.2121	0.0065	0.3150	0.0476	0
$^7F_3$				0.0263	0.1337	0.2522	0.2306	0
$^7F_4$					0.2857	0.0131	0.5150	0.0030
$^7F_5$						0.2062	0.6455	0
$^7F_6$							0.3949	0
$^5D_0$								0

$\langle\cdots\|U^6\|\cdots\rangle^2$	$^7F_0$	$^7F_1$	$^7F_2$	$^7F_3$	$^7F_4$	$^7F_5$	$^7F_6$	$^5D_0$
$^7F_0$	0	0	0	0	0	0	0.1442	0
$^7F_1$		0	0	0	0	0.0543	0.3765	0
$^7F_2$			0	0	0.0317	0.2088	0.4697	0
$^7F_3$				0.0296	0.1554	0.3817	0.4120	0
$^7F_4$					0.3487	0.4430	0.2718	0
$^7F_5$						0.3230	0.1218	0
$^7F_6$							0.0295	0.0005
$^5D_0$								0

表 10.6 Eu^{3+} 离子能级的移动 (单位: cm^{-1})

	$^7F_0$	$^7F_1$	$^7F_2$	$^7F_3$	$^7F_4$	$^7F_5$	$^7F_6$	$^5D_0$
LaF$_3$	−7.6	−8.2	−9.4	−6.6	−3.9	3.2	9.6	−7.1
EuF$_3$	−9.6	−6.2	−3.8	−3.3	−1.9	2.2	4.9	−2.9
EuP$_5$O$_{14}$	−7.5	−7.5	−7.7	−1.1	−0.6	1.7	7.7	−1.3
LaCl$_3$	−3.4	−3.4	−3.9	−5.1	−3.0	3.6	4.7	−5.3
KY$_3$F$_{10}$	−19.1	−18.5	−18.6	−2.0	−0.9	4.7	18.5	−2.3
LaOBr	−68.7	−43.9	−25.5	−9.7	−5.2	2.6	31.8	−6.3
Eu(OH)$_3$	−9.0	−7.7	−7.3	−6.6	−3.9	4.1	8.1	−6.8
LaOI	−68.7	−44.4	−26.3	−10.6	−5.7	3.1	32.6	−7.3
LaOCl	−54.4	−33.7	−20.6	−6.8	−3.6	0.9	25.0	−4.4
YPO$_4$	−8.0	−7.5	−7.6	−3.6	−2.1	0.9	7.8	−3.8

续表

	$^7F_0$	$^7F_1$	$^7F_2$	$^7F_3$	$^7F_4$	$^7F_5$	$^7F_6$	$^5D_0$
GdOCl	-30.9	-22.7	-17.4	-8.3	-4.4	2.6	19.7	-7.6
GdOBr	-42.8	-31.0	-22.8	-8.2	-4.5	0.9	25.8	-6.9
YOCl	-27.1	-21.4	-18.0	-9.4	-5.4	3.4	19.8	-9.1
YOBr	-36.3	-28.0	-22.6	-7.7	-4.3	0.3	24.8	-7.1
La_2O_2S	-9.7	-12.1	-14.5	-1.8	-0.9	-3.7	13.8	-2.6
YVO_4	-8.2	-10.0	-12.1	-4.1	-2.4	-0.4	11.8	-4.8
Y_2O_3	-66.8	-51.0	-40.5	-11.7	-6.4	-1.6	44.4	-10.3
Gd_2O_2S	-12.5	-15.8	-19.0	-2.6	-1.4	-4.0	18.1	-3.7
Y_2O_2S	-13.9	-17.5	-21.0	-2.9	-1.5	-5.0	20.0	-4.0
Lu_2O_2S	-15.6	-19.6	-23.5	-30.3	-1.7	-5.5	22.4	-4.6

表 10.7　Eu^{3+} 离子在各个晶体中 F_2 值/ cm^{-1}

晶体	F_2	配位数	晶体	F_2	配位数
LaF_3	389.90	9	GdOCl	387.39	9
EuF_3	389.67	9	GdOBr	387.23	9
EuP_5O_{14}	389.55	8	YOCl	387.09	9
$LaCl_3$	389.34	9	YOBr	387.03	9
KY_3F_{10}	388.78	8	La_2O_2S	386.98	7
LaOBr	388.29	9	YVO_4	386.96	8
$Eu(OH)_3$	388.13	9	Y_2O_3	386.21	6
LaOI	388.09	9	Gd_2O_2S	386.12	7
LaOCl	388.06	9	Y_2O_2S	385.79	7
YPO_4	387.63	8	Lu_2O_2S	385.43	7

　　从表中的结果可以发现晶体的能级参数与基质有关, 在参数使用时要注意引用其他参数所引起的误差.

10.3　电子云扩大效应[1,2,48]

10.3.1　晶体的环境因子[19,50]

　　任何物理现象的产生虽然主要都是由物质本身的固有机制决定, 但它也要受到周围环境的影响, 使原有的物理行为发生改变, 这在光谱学中体现得特别明显, 比如同一种稀土离子在不同的晶体中, 一般它的光谱结构和环境位能引起的能级劈裂和能级间的跃迁概率等都不一样. 通常解释是由于晶体的结构和组成的差别产生的. 人们长时间以来企图通过大量的实验结果弄清楚环境对晶体性质的影响规律, 但是得到的只是一些定性规律, 定量的规律始终没有发现, 进而还不能建立起宏观性质和微观参数间的定量联系. 利用群论方法可以根据晶体的点对称性确定能级的劈裂数目, 然而点对称性相同的晶体中能级劈裂的大小又很不一样, 造成这样差别的原因仍然得不到解释, 所以材料性质与哪些微观参数有关是亟待解决的问题, 也是当前重要的研究内容之一. 宏观性质和微观参数间的定量关系是材料设计的基础. 比如在对过渡元素和稀土元素化合物的光谱性质的大量研究中发现, 任何一种离子的相同两个能级间的能量差, 通过光谱测量发现在固体中的结果比在自由离子状态得到的结果要小, 即通常所说的固体中光谱线向长波移动的现象, 简称 "红移". 最初人们认为是由于自由离子的电子云在固体状态下发生膨胀, 导致电子之间的相互作用减弱而引起的, 因此这种现象又称电子云扩大效应. 后来, 为了定量地描述这种现象, 用电子和电子间的相互作用参数, Racah 或 Slater 参数来描述电子云扩大效应的定量关系, 首先定义了电子云扩大效应因子 β

$$\beta = B/B_0 \tag{10.61}$$

式中, B 是固体中电子间相互作用的 Racah 参数; B_0 是自由离子的 Racah 参数. Jøgensen 等[2,48] 通过对过渡元素化合物大量的光谱实验, 研究了电子云扩大效应的规律和机理, 认为这种效应的产生原因与中心离子与配位体的共价性有关, 并将电子云扩大效应因子表示为

$$\beta = 1 - kh \tag{10.62}$$

式中, k 是与中心离子有关的参数; h 是与配位环境有关的参数. 同时, 他又根据同构化合物的实验结果, 总结了配位阴离子对电子云扩大效应影响大小的次序, 称为电子云扩大效应系列, 即

$$自由离子 < F < O < Cl < Br < I < S < Se < Te$$

但是, 产生电子云扩大效应的机制与参数具体和哪些微观量有关并不清楚. 有人认为是配体和中心离子的共价行为导致的, 也有人认为是配位体的极化效应导致的. 因为没有一致的看法, 所以不能给出定量的计算方法. 因此, 这种现象的研究只能限于实验测量结果的相互比较上. 近来, 我们利用复杂晶体化学键理论, 通过对晶体中大量的 $3d$ 族和 $4f$ 族离子光谱的研究, 发现了基质环境影响中心离子能级和光谱的主要因素, 给出了晶体一些物理性质的环境参数的表达式, 这个参数只需要通过晶体结构参数, 离子间化学键参数便可以计算, 在一些表征晶体宏观性质的研究中得到了和实验一致的很好的结果. 发现晶体的环境因子可以表示为[1,18,19,50]

$$h = \left[\sum_i \alpha(i) f_c(i) Z(i)^2 \right]^{1/2} \tag{10.63}$$

式中, $\alpha(i)$ 是第 i 个化学键键体积的极化率; $f_c(i)$ 是中心离子和第 i 个配位体间化学键的共价性; $Z(i)$ 是第 i 个配体在与中心离子所成的化学键中所呈现的电荷; 求和表示对阳离子周围的所有配体求和.

10.3.2　稀土 Tb^{3+} 离子 $4f^7 5d$ 组态的自旋允许态和自旋禁戒态之间的能量差[16]

稀土 Tb^{3+} 离子 $4f^7(^8S_{7/2})5d$ 组态可以形成两类不同的自旋状态, 光谱支项可以表示为 ^9D_J 和 ^7D_J. Tb^{3+} 离子的基态是 $^7F_6$, 所以 $^7F_6$ 向高自旋状态 ^9D_J 的跃迁属于自旋禁戒跃迁, $^7F_6$ 到低自旋状态 ^7D_J 的跃迁是自旋允许跃迁. 在晶体中, 由于自旋-轨道相互作用和环境的晶体场作用, 使得不同量子数的状态相混合, 所以, 状态间跃迁的自旋禁戒规则应当部分被解除, 这样, 在光谱中有时仍然可以同时观察到由基态到这两个状态的跃迁. 但是光谱强度相差很大, 自旋允许跃迁是非常强的, 自旋禁戒跃迁有时观测不到. 大量的实验结果表明, 这两个状态的能量差依赖于晶体基质的性质, 如果找到两个状态的能量差和基质环境的关系, 即使自旋禁戒跃迁有时观测不到, 我们仍然能够利用自旋允许跃迁得到自旋允许能级来确定自旋禁戒能级的位置. 为了搞清楚能量差对晶体基质的依赖关系, 首先给出自由 Tb^{3+} 离子 $4f^7(^8S_{7/2})5d$ 组态的 ^7D 和 ^9D 谱项的能量表达式.

$$E_{sa} = 3G_1 + 12G_3 + 66G_5$$
$$E_{sf} = -21G_1 - 84G_3 - 462G_5 \tag{10.64}$$

式中, E_{sa}, E_{sf} 分别表示自旋允许状态和自旋禁戒状态的能量; G_k 是离子的电子间库仑作用的交换积分. 在这两个状态中不存在直接积分, 表达式变得比较简单, 它们的能量差为

$$\Delta E = E_{sa} - E_{sf} = 24G_1 + 96G_3 + 528G_5 \tag{10.65}$$

为简化表示, 利用自由离子参数之间的比例关系, G_1/G_3=7.788, G_5/G_3=0.144, 化简式 (10.65), 即得

$$\Delta E = 358.94G_3 \tag{10.66}$$

根据晶体中的电子云扩大效应定义可以表示为

$$\frac{G_3}{G_3^0} = \beta = 1 - kh \tag{10.67}$$

式中, G_3 和 G_3^0 分别是 Tb^{3+} 在晶体中和自由离子状态时的交换积分; k 是依赖中心离子是参数; h 是依赖晶体基质的参数, 或称为环境因子. 将式 (10.67) 代入式 (10.66) 得到

$$\Delta E = 358.94\beta G_3^0 = \beta \Delta E_0 = \Delta E_0 - kh\Delta E_0 \tag{10.68}$$

式中, ΔE_0 是自由状态下, Tb^{3+} 离子的 ^7D 和 ^9D 光谱项能级之间的能量差, 是一个常数; k 只与 Tb^{3+} 离子有关, 这样, 晶体中的两个能级的能量差将简单的依赖于环境因子. 各晶体的化学键参数可用复杂晶体化学键介电理论计算出来, 利用它们

进一步求出环境因子. 能量差 ΔE 的实验结果取自文献 [50], 各个晶体的环境因子和能量差计算和实验结果都列于表 10.8.

表 10.8 各晶体的参数, 能级差的实验值 ΔE_{exp} 和计算值 ΔE_{cal} / $10^3 cm^{-1}$

晶体	格位	ε	h	ΔE_{exp}	ΔE_{cal}
$LiYF_4$	Y	2.11	0.20	8.18	8.21
CaF_2	Ca	2.06	0.39	7.93	7.65
YPO_4	Y	2.96	0.62	7.37	6.97
$K_3La(PO_4)_2$	La	2.72	0.64	7.11	6.91
YBO_3	Y	2.89	0.53	7.04	7.24
$Y_3Ga_5O_{12}$	Y	3.71	0.79	6.10	6.47
$Y_3Al_5O_{12}$	Y	3.31	0.74	6.17	6.62
$YAl_3B_4O_{12}$	Y	3.06	1.41	4.83	4.64
$YAlO_3$	Y	3.71	0.89	—	6.18
$LiLuF_4$	Lu	2.08	0.22	—	8.15

利用表 10.8 中结果, 得到 h 和能量差 ΔE 实验值的关系图 (图 10.2), 可以发现其具有很好的线性关系, 并且可以拟合为

$$\Delta E = 8.80 - 2.95h \tag{10.69}$$

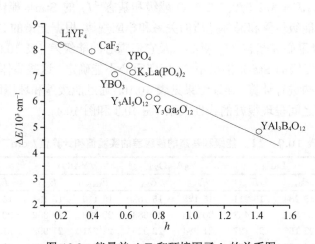

图 10.2 能量差 ΔE 和环境因子 h 的关系图

比较式 (10.68) 和式 (10.69), 可以得到 $\Delta E_0 = 8.80(10^3 \ cm^{-1})$, 它是通过实验方法求出的 Tb^{3+} 自由离子的这两个状态的能量差, $k = 2.95/\Delta E_0 = 2.95/8.80 = 0.335$. 利用这种方法和公式, 原则上已知晶体结构, 求出晶体的环境因子, 从而可以对任何晶体中 Tb^{3+} 离子 $4f^7 5d$ 组态的自旋允许状态和自旋禁戒状态之间的能级差进行估算. 反过来, 如果能量差 ΔE 已知, 也可以确定电子云扩大效应因子. 利用

式 (10.69) 对上述晶体的能量差进行计算, 计算值列在表 10.8 中. 从中可以看出计算结果和实验值符合很好. 这种自旋允许状态和自旋禁戒状态之间能量差 ΔE 依赖晶体基质的现象正是典型的电子云扩大效应.

10.4　稀土离子的能级位置对晶体基质的依赖性

从大量的光谱实验结果我们知道, 任何一个稀土离子的 $^{2S+1}L_J$ 能级, 在不同的晶体中位置是不同的. 产生这种现象的原因是很复杂的, 一般将它归结为晶体间结构和组成的差别. 到现在为止, 人们还不能用理论方法来预测一个新晶体中稀土离子能级的确切位置, 只能通过光谱的实验的结果来确定. 然而, 在光谱中直接观测到的能级是 Stark 能级, 它们是 $^{2S+1}L_J$ 能级被晶体场作用后产生的子能级. 由于仪器的精度原因, 在实验上完整地测出每个 $^{2S+1}L_J$ 能级的 Stark 能级是非常困难的. 如果 Stark 能级不完整, $^{2S+1}L_J$ 能级重心也不能从实验结果中确定, 使得光谱的研究和分析很不方便. 因此, 在理论上给出一种方法确定 $^{2S+1}L_J$ 能级位置是非常重要的. 为了解决这个问题, 首先要研究清楚能级和晶体基质的关系. 稀土离子在晶体中的光谱已经研究很多, 然而 Stark 能级完全被确定的 $^{2S+1}L_J$ 能级还非常有限. 我们在大量的实验结果中发现, Er^{3+} 和 Nd^{3+} 在 LaF_3, $Y_3Al_5O_{12}$, $YAlO_3$, Y_2O_3 晶体中的 ^4F_J ($J = 3/2, 5/2, 7/2, 9/2$) 能级和基态 ^4I_J 的 Stark 能级比较完整[45], 可以用来研究能级位置和晶体基质的关系和相应规律. 根据光谱的 Stark 能级可以确定 ^4F_J 能级重心和基态 ^4I_J 重心以及它们重心的能级差 (表 10.9). 其中 Nd^{3+} 离子的 $^4F_{7/2}$ 能级的 Stark 能级不全, 能级重心不能确定. 这些晶体的环境因子可以按照晶体结构进行计算, 详细结果见表 10.10. 通过能级差和环境因子的关系图, 可以发现它们之间呈现很好的线性关系 (图 10.3 和图 10.4).

表 10.9　^4F_J 能级和基态的能级差的实验值和计算值/ cm^{-1}

^4F_J		LaF_3		$Y_3Al_5O_{12}$		$YAlO_3$		Y_2O_3	
		E_{exp}	E_{cal}	E_{exp}	E_{cal}	E_{exp}	E_{cal}	E_{exp}	E_{cal}
Er	9/2	15 234	15 211	15 128	15 152	15 116	15 131	15 072	15 055
	7/2	20 503	20 467	20 344	20 383	20 328	20 352	20 267	20 241
	5/2	22 167	22 127	21 984	22 029	21 971	21 993	21 895	21 866
	3/2	22 502	22 480	22 377	22 368	22 270	22 327	22 208	22 182
Nd	9/2	14 698	14 673	14 468	14 515	14 469	14 458	14 264	14 252
	5/2	12 413	12 451	12 142	12 291	12 156	12 233	12 021	12 026
	3/2	11 419	11 377	11 170	11 236	11 185	11 186	11 029	11 003

可以将能级差和环境因子关系拟合为

$$\Delta E = A - Bh \tag{10.70}$$

表 10.10   各晶体的环境因子和相关参数

	LaF$_3$	Y$_3$Al$_5$O$_{12}$	YAlO$_3$	Y$_2$O$_3$
f_c	0.044	0.066	0.077	0.156
N_c	9	8	9	6
α	0.497	0.370	0.392	0.694
h_e	0.444	0.884	1.042	1.612

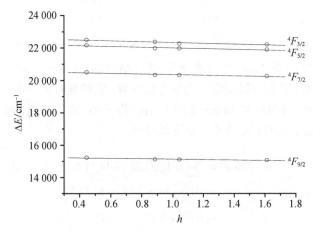

图 10.3   Er^{3+} 离子 ^4F_J 能级和 h 的关系

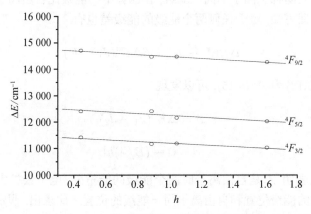

图 10.4   Nd^{3+} 离子 ^4F_J 能级和 h 的关系

式中, A 和 B 是常数, 它们依赖于 $^{2S+1}L_J$ 能级位置和稀土离子的种类. 各个 ^4F_J 能级所相对应的 A、B 值列在表 10.11 中, 可以利用式 (10.70) 和 A、B 值计算 ^4F_J 能级和基态的能级差, 结果也列于表 10.9. 可以发现计算结果与实验结果符合很好.

如果不考虑更加复杂的相互作用, 一般离子 $^{2s+1}L_J$ 能级可表示为

$$E(J) = \sum a(k, J)F_k + b(J)\varsigma \tag{10.71}$$

表 10.11　Er^{3+}, Nd^{3+} 离子 ^4F_J 能级的 A, B 值

	^4F_J	A	B
Er^{3+}	9/2	15 271	134
	7/2	20 554	194
	5/2	22 227	224
	3/2	22 593	255
Nd^{3+}	3/2	11 519	320
	5/2	12 612	363
	9/2	14 834	361

式中, F_k 和 ς 分别是 Slater 积分和自旋-轨道耦合系数; $a(k, J)$ 和 $b(J)$ 是由状态角动量确定的系数, 它们可以用量子力学方法计算; 求和是对 $k = 0, 2, 4, 6$ 求和. 由于电子云扩大效应, 晶体中的 Slater 积分比自由离子小, $F_k = \beta F_k^o$, F_k^o 是自由离子的 Slater 积分, 则式 (6.11) 可以进一步近似写成

$$
\begin{aligned}
E(J) &= \sum a(k, J)\beta F_k^o + b(J)\beta\varsigma^o \\
&= \beta\left[\sum a(k, J)F_k^o + b(J)\varsigma^o\right] \\
&= \beta E^o(J)
\end{aligned}
\tag{10.72}
$$

这个结果表明稀土离子的同一能级, 在晶体中的能级比自由离子状态的能级要改变 β 倍. 同理可知, 对于任何两个能级的能级差也有

$$
\Delta E(J_1 - J_2) = \beta\Delta E^o(J_1 - J_2)
\tag{10.73}
$$

比较式 (6.12) 和式 (6.15), 可以发现

$$
A = \Delta E^o(J_1 - J_2)
\tag{10.74}
$$

$$
\beta = [1 - (B/A)h]
\tag{10.75}
$$

这些结果表明 A 是自由离子时两个能级的能量差, 电子云扩大效应因子也可以通过晶体中的能级位置和自由离子同一能级的位置之比求出. 假定同一晶体不同能级的电子云扩大效应因子近似相等, 则可导出

$$
E(J_1) = \gamma E(J_2)
\tag{10.76}
$$

$$
\gamma = E^o(J_1)/E^o(J_2)
\tag{10.77}
$$

同理, 这两个能级与某一个能级的能量差也满足同样的关系

$$
\Delta E(J_1 - J_i) = \gamma\Delta E(J_2 - J_i)
\tag{10.78}
$$

式中, γ 是自由离子的 J_1 能级和 J_2 能级之比, 它在任何晶体中都是不变的. 如果取各种晶体中的 J_1 能级和 J_2 能级值作为直角坐标中的点位置, 显然, 这些点的连线将是一条直线. 利用这样的关系可以估计某些晶体中未知能级的位置[49].

10.5 卤化物晶体中稀土离子 5d 能级劈裂[17]

稀土离子的 $5d$ 电子处于外层电子轨道, 环境因素对它的影响比 f 电子强烈很多, 物理效应也十分明显, 因此是一个理想的研究环境因素对物理效应影响的对象. 特别是 Eu^{2+} 和 Ce^{3+} 离子, 它们的光谱行为主要在 f-d 跃迁上. 在卤化物晶体中的光谱研究得相当广泛, 因为它们的 $5d$ 光谱基本上在大于 200 nm 波长范围, 适合于通常的光谱仪器的测量范围. $5d$ 能级在立方点对称性晶体场中分裂为 e_g 和 t_{2g} 两个能级, e_g 是二重简并能级, t_{2g} 是三重简并能级, 这两个能级的能量差 $\Delta E = 10D_q$, D_q 是立方点对称性的晶体场参数. 实验结果表明在不同的晶体中 $10D_q$ 的大小不同. $5d$ 能级在较低点对称性晶体场中分裂能级数目较多, 最多可分裂为 5 个, 在不同晶体中也存在着明显差别. 过去有人用点电荷晶体场模型研究卤化物中 Eu^{2+} 离子的 $10D_q$ 的关系, 按着晶体场理论的关系 $10D_q \propto d^{-n}$, $n = 5$, 然而, 由实验光谱测得到的能级差和化学键长的关系的研究结果和晶体场理论所期望的结果有较大差别, 对于不同的化合物 n 的值也不一样, 在碱金属卤化物晶体中, 相应氟, 氯, 溴, 碘的晶体, n 的值分别是 1.8, 2.2, 3.1, 4.2. 显然, 只是化学键长一个参数不能合理地确定 $10D_q$[25]. 本节内容就是研究这种现象的产生原因和规律性. 为了简化起见, 所涉及的一些较低点对称性晶体场的晶体的能级也通过群论方法合理间接地求出 $10D_q$, 这里只研究环境因素对 $10D_q$ 的影响. 通过对大量的实验结果的研究发现, $10D_q$ 主要和四个参数有关, 即化学键的同极化能 E_h、化学键的离子性 f_i、配位体的数目 N 和它的呈现电荷 Z. 可以引入一个新的参数

$$K_e = \frac{E_h Z f_i^2}{N} \tag{10.79}$$

首先实验光谱确定 $10D_q$, 利用复杂晶体化学键理论计算 K_e 参数. 对于复杂晶体, 我们需要利用介电化学键的理论计算与激活离子相关的键子式的化学键参数, 因为光谱行为只与相应的键子式有关. 利用这些参数, 求出相应的 K_e 值. 所涉及晶体的化学键参数的详细结果和 Eu^{2+} 和 Ce^{3+} 的 $10D_q$ 的实验值与计算值都列于表 10.12 和表 10.13. 下面分别讨论 Eu^{2+} 和 Ce^{3+} 的情况.

Eu^{2+} 的情况可见表 10.12. $10D_q$ 的实验值和 K_e 值的关系见图 10.5, 两者呈现很好的线性关系, 可以拟合为

$$\Delta E = 10D_q = 4.99 + 18.77K_e \tag{10.80}$$

表 10.12　晶体的化学键参数和 Eu^{2+} 离子的ΔE值/$10^3 cm^{-1}$

晶体	格位	d / Å	E_h / eV	N	Q	f_i	K_e	ΔE_{exp}	ΔE_{cal}
NaF	Na^+	2.317	4.946	6	1	0.946	0.738	18.35	18.84
KF	K^+	2.674	3.466	6	1	0.954	0.526	16.61	14.86
NaCl	Na^+	2.810	3.065	6	1	0.936	0.448	12.85	13.40
KCl	K^+	3.147	2.314	6	1	0.951	0.349	12.00	11.54
RbCl	Rb^+	3.291	2.071	6	1	0.956	0.316	11.66	10.92
NaBr	Na^+	2.986	2.636	6	1	0.933	0.382	11.75	12.16
KBr	K^+	3.298	2.060	6	1	0.953	0.312	10.93	10.85
RbBr	Rb^+	3.445	1.849	6	1	0.955	0.281	10.27	10.26
NaI	Na^+	3.237	2.158	6	1	0.929	0.310	10.63	10.81
KI	K^+	3.533	1.737	6	1	0.948	0.260	9.52	9.87
RbI	Rb^+	3.671	1.580	6	1	0.954	0.240	9.06	9.49
CaF_2	Ca^{2+}	2.336	4.695	8	1	0.947	0.526	15.50	14.84
SrF_2	Sr^{2+}	2.511	4.051	8	1	0.952	0.459	13.50	13.61
BaF_2	Ba^{2+}	2.685	3.431	8	1	0.956	0.392	11.30	12.35
$SrCl_2$	Sr^{2+}	3.020	2.563	8	1	0.949	0.288	10.16	10.40
$KMgF_3$	K^+	2.809	3.068	12	0.5	0.978	0.122	7.50	7.28
$RbMgF_3$	Rb^+	2.920	2.787	12	0.5	0.980	0.111	7.30	7.07
$KZnF_3$	K^+	2.867	2.916	12	0.5	0.973	0.115	7.70	7.15
$KCaF_3$	K^+	2.991	2.625	12	0.5	0.980	0.105	6.30	6.96
$KCaF_3$	Ca^{2+}	2.115	6.201	6	1	0.942	0.916	22.00	22.18

表 10.13　晶体的化学键参数和 Ce^{3+} 离子的ΔE值/ $10^3 cm^{-1}$

晶体	格位	d/Å	E_h/eV	N	Q	f_i	K_e	ΔE_{exp}	ΔE_{cal}
$LiYF_4$	Y^{3+}	2.270	5.068	8	1.125	0.977	0.681	13.41	13.04
CeF_3	Ce^{3+}	2.565	3.844	11	1	0.952	0.317	6.96	7.81
$LiLuF_4$	Lu^{3+}	2.237	5.396	8	1.125	0.978	0.726	13.73	13.68
LaF_3	La^{3+}	2.568	3.765	11	1	0.954	0.312	6.17	7.74
LuF_3	Lu^{3+}	2.297	5.051	9	1	0.941	0.497	8.35	10.39
$KMgF_3$	K^+	2.809	3.068	12	0.5	0.978	0.122	5.91	5.02
CaF_2	Ca^{2+}	2.366	4.695	8	1	0.947	0.526	12.20	10.81
SrF_2	Sr^{2+}	2.511	4.051	8	1	0.952	0.459	11.20	9.85
BaF_2	Ba^{2+}	2.685	3.431	8	1	0.956	0.392	10.80	8.89
YF_3	Y^{3+}	2.321	4.924	9	1	0.943	0.486	8.58	10.24
$BaCl_2$	Ba^{2+}	3.178	2.259	8	1	0.948	0.254	6.06	6.91
$SrCl_2$	Sr^{2+}	3.020	2.563	8	1	0.949	0.288	7.91	7.40

　　同理, 对于 Ce^{3+} 离子 (表 10.13), 根据得到的 $10D_q$ 的实验值和 K_e 值的关系图 (图 10.6), 得到下面关系

$$\Delta E = 10D_q = 3.27 + 114.34K_e \qquad (10.81)$$

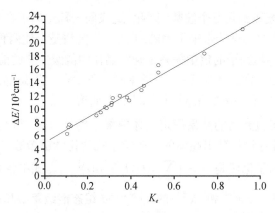

图 10.5 晶体中 Eu^{2+} 离子 ΔE 和 K_e 关系图

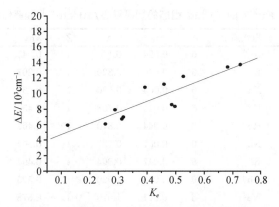

图 10.6 晶体中 Ce^{3+} 离子 ΔE 和 K_e 关系图

从上面的结果可以看出, 实验和计算结果基本是符合的, 说明了引入参数的实用性. 同时在同一晶体中 Eu^{2+} 和 Ce^{3+} 的劈裂程度是不同的, 表明能级劈裂程度还与离子本身的特征有关, 因为不同离子的 $5d$ 轨道半径不同和环境的相互作用强弱不一样.

10.6 稀土离子 $4f^{N-1}5d$ 组态能级重心的位移[50]

近来, 由于大屏幕等离子体平面显示器件 (PDP) 的需求, 稀土离子的 $4f^{N-1}5d$ 能级和 f-d 跃迁研究引起了人们的极大关注. $5d$ 电子和 $4f$ 电子不同, 它是外层电子, 受晶体的环境影响很大. 这种影响主要体现在两个方面, 一是晶体场作用造成的能级劈裂, 二是晶体环境使稀土离子 $4f^{N-1}5d$ 组态能级重心下移. 第一种情况在上一节已经讨论过, 本节研究第二种情况. 光谱实验结果指出, 这种能量移动范围可以从几千个波数到几万个波数. 因此, 造成同一稀土离子在不同晶体中的能级位置差异很大, 给材料设计带来了困难. 所以, 研究清楚上述两种现象的产生机制, 找出能级位置和环境因子的定量关系是确定晶体中能级位置的前提, 也是材料设计的基础. 目前, 在光谱实验中, 稀土离子 Eu^{2+} 和 Ce^{3+} 的 $5d$ 能级数据较多, 我们可以从它们入手进行环境影响能级规律的有关研究.

首先, 根据实验光谱的结果确定晶体中稀土离子 $4f^{N-1}5d$ 组态能级重心, 然后, 用介电化学键理论计算出晶体的相应键子式的化学键参数, 求得相应的环境因子. 引进的环境因子仍然是 $h = \left[\sum\limits_i \alpha(i)f_c(i)Z(i)^2 \right]^{1/2}$, 式中各量的物理意义和前面的相同. 稀土离子 Eu^{2+} 和 Ce^{3+} 的 $4f^{N-1}5d$ 组态能级重心和晶体的化学键参数分别列于表 10.14 和表 10.15.

表 10.14　　Eu^{2+} 的 $4f^6 5d$ 组态的能级重心 $/10^3 cm^{-1}$ 和晶体的化学键参数

晶体	ε	取代离子	N	f_c	α	Z	h_e	E_{Cexp}	E_{Ccal}
NaF	1.7	Na$^+$	6	0.054	0.186	1	0.245	38.01	37.67
KF	1.8	K$^+$	6	0.046	0.320	1	0.297	36.76	36.72
NaCl	2.3	Na$^+$	6	0.064	0.536	1	0.454	33.96	34.34
KCl	2.2	K$^+$	6	0.049	0.708	1	0.456	33.95	34.31
RbCl	2.2	Rb$^+$	6	0.044	0.810	1	0.462	33.99	34.23
NaBr	2.6	Na$^+$	6	0.067	0.737	1	0.544	33.11	33.25
KBr	2.3	K$^+$	6	0.047	0.864	1	0.494	33.44	33.83
RbBr	2.4	Rb$^+$	6	0.045	1.020	1	0.525	33.52	33.46
NaI	3.0	Na$^+$	6	0.071	1.079	1	0.678	31.95	31.93
KI	2.7	K$^+$	6	0.052	1.270	1	0.629	32.46	32.37
RbI	2.7	Rb$^+$	6	0.046	1.425	1	0.627	32.44	32.39
CaF$_2$	2.03	Ca^{2+}	8	0.032	0.317	1	0.285	37.79	36.93
SrF$_2$	2.05	Sr^{2+}	8	0.029	0.385	1	0.299	37.34	36.68
BaF$_2$	2.15	Ba^{2+}	8	0.026	0.500	1	0.322	36.45	36.29
KMgF$_3$	2.04	K$^+$	12	0.022	0.093	0.5	0.079	41.00	41.38
RbMgF$_3$	2.23	Rb$^+$	12	0.021	0.094	0.5	0.077	40.80	41.43
MgS	5.1	Mg^{2+}	6	0.211	0.809	2	2.02	28.30'	27.55
CaS	4.5	Ca^{2+}	6	0.093	0.986	2	1.48	27.75	28.25
CaSe	5.1	Ca^{2+}	6	0.095	1.198	2	1.65	28.60	27.95
CaO	3.3	Ca^{2+}	6	0.084	0.490	2	0.994	29.20	29.83
EuF$_2$	2.10	Eu^{2+}	8	0.025	0.390	1	0.279	37.42	37.04
EuO	4.60	Eu^{2+}	6	0.077	0.738	2	1.17	28.55	29.09
CsI	3.20	Cs$^+$	8	0.040	1.201	1	0.620	32.68[i]	32.46
SrCl$_2$	2.72	Sr^{2+}	8	0.031	0.924	1	0.480	34.25	34.00
EuSe	4.7	Eu^{2+}	6	0.051	1.304	2	1.263	28.47	28.79

表 10.15 Ce^{3+} 的 $4f^65d$ 组态的能级重心/10^3cm^{-1} 和晶体的化学键参数

晶体	ε	取代离子	N	f_c	α	Z	h_e	E_{Cexp}	E_{Ccal}
$KMgF_3$	2.04	K^+	12	0.022	0.093	0.5	0.079	46.90	48.49
CeF_3	2.59	Ce^{3+}	11	0.020	0.377	1	0.286	45.75	43.88
LaF_3	2.56	La^{3+}	11	0.019	0.381	1	0.283	46.02	43.94
YF_3	2.43	Y^{3+}	9	0.029	0.404	1	0.323	45.60	43.12
LuF_3	2.43	Lu^{3+}	9	0.030	0.396	1	0.325	45.60	43.08
$LiYF_4$	2.11	Y^{3+}	8	0.011	0.176	1.125	0.139	45.89	47.08
$LiLuF_4$	2.12	Lu^{3+}	8	0.011	0.159	1.125	0.132	45.62	47.25
$CaSO_4$	2.52	Ca^{2+}	8	0.071	0.424	0.75	0.368	42.60	42.22
$SrSO_4$	2.64	Sr^{2+}	12	0.044	0.401	0.667	0.306	43.30	43.46
$BaSO_4$	2.64	Ba^{2+}	12	0.030	0.342	0.667	0.233	43.40	45.00
CaF_2	2.03	Ca^{2+}	8	0.032	0.317	1	0.285	45.35	43.90
SrF_2	2.05	Sr^{2+}	8	0.029	0.385	1	0.299	43.97	43.61
BaF_2	2.15	Ba^{2+}	8	0.026	0.500	1	0.322	44.77	43.14
$YAlO_3$	3.71	Y^{3+}	9	0.038	0.402	1.667	0.615	38.26	37.73
$Y_3Al_5O_{12}$	3.35	Y^{3+}	8	0.036	0.395	1.5	0.508	36.42	39.58
$LaCl_3$	3.24	La^{3+}	9	0.028	1.201	1	0.547	38.25	38.89
CaS	4.5	Ca^{2+}	6	0.093	0.986	2	1.48	27.80	26.72
$CaCl_2$	2.31	Ca^{2+}	6	0.039	1.019	1	0.490	37.79[i]	39.91
$BaCl_2$	3.02	Ba^{2+}	8	0.031	1.187	1	0.540	38.32[i]	39.02
$SrCl_2$	2.72	Sr^{2+}	8	0.028	0.924	1	0.457	39.68[i]	40.51
YPO_4	2.99	Y^{3+}	8	0.049	0.419	1.125	0.454	41.36	40.57
CaO	3.3	Ca^{2+}	6	0.084	0.490	2	0.994	30.73[j]	32.13

利用光谱实验求得的 $4f^{N-1}5d$ 组态的能级重心和晶体的环境因子作图 (图 10.7 和图 10.8), 可以发现具有明显的规律性. 如果将 Eu^{2+} 和 Ce^{3+} 的结果的这种关系拟合出公式, 则得到相同的形式

$$E_C = A + Be^{-kh} \qquad (10.82)$$

式中, E_C 是 $5d$ 组态的能级重心; A、B 和 k 是和稀土离子种类有关的常数. 对于 Eu^{2+} 离子, $A = 27.13$, $B = 16.45$ 和 $k = 1.817$; 对于 Ce^{3+} 离子, $A = 12.49$, $B = 37.93$ 和 $k = 0.662$.

利用式 (10.82) 计算的 Eu^{2+} 离子和 Ce^{3+} 离子的 $5d$ 组态的能级重心 E_{Ccal} 也分别列于表 10.11 和表 10.12 中, 可以发现计算值和实验值之间符合很好. 从上面的结果中还可以看到, $5d$ 组态的能级重心随着环境因子的增大而降低, 当环境因子 $h = 0$ 时, 相当于自由离子的情况, 这时式 (10.82) 可写成

$$E_C = A + B = E_C^0 \qquad (10.83)$$

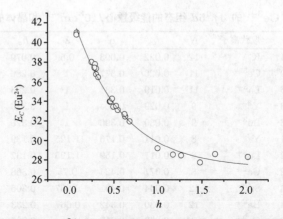

图 10.7　Eu^{2+} 的 5d 能级重心和环境因子 h 的关系图

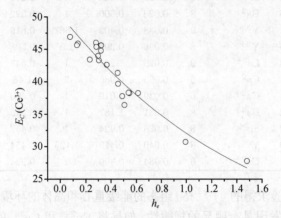

图 10.8　Ce^{3+} 的 5d 能级重心和环境因子 h_e 的关系图

E_C^0 是自由离子的 5d 组态的能级重心, 将前面的 A 和 B 的值带入式 (10.83) 得到

$$E_C^0(\text{Eu}^{2+}) = 27.13 + 16.45 = 43.58 \text{ kcm}^{-1} \tag{10.84}$$

$$E_C^0(\text{Ce}^{3+}) = 12.49 + 37.93 = 50.42 \text{ kcm}^{-1} \tag{10.85}$$

由于光谱得到的数据和真正的 5d 组态的能级重心是有区别的 (图 10.9, $A_0(5d)$ 是 5d 组态的能级重心, E_C^0 是光谱得到的数据). 文献给出的结果[27] $A_0(5d) = 46.34$ kcm^{-1}, $B_0 = 1.263$ kcm^{-1}, B_0 是 f-d 电子相互作用参数, 图中能级 $^6\Gamma$ 表示低自旋能级, 能级 $^8\Gamma$ 表示高自旋能级. 对于 Eu^{2+}, 高自旋能级是自旋允许能级, 所以, $E_C^0(\text{Eu}^{2+}) = A_0(5d) - 3B_0 = 42.55 \text{ kcm}^{-1}$; 对于 Ce^{3+} 离子, 没有 f-d 电子相互作用, 实验给出 $A_0(5d) = E_C^0(\text{Ce}^{3+}) = 49.34 \text{ kcm}^{-1}$[44], 可以发现利用拟合公式计算的结果和文献结果符合得相当好, 表明了这种方法的合理性. 如果任何一个晶体的结

构已知, 那么就可以利用化学键理论计算有关化学键参数, 求出环境因子, 按照定量关系预测 $5d$ 组态的能级重心的位置, 为进一步确定相关能级位置提供依据.

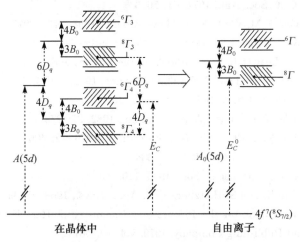

图 10.9 Eu^{2+} 离子的能级示意图

参 考 文 献

[1] Gao F M, Zhang S Y. J. Phys. Chem. Solids, 1997, 58: 1991

[2] Jorgensen C K. Progr. Inorg. Chem., 1962, 4: 73

[3] Phillips J C. Rev. Mod. Phys., 1970. 42: 317

[4] van Vechten J A. Phys. Rev., 1969, 182: 891

[5] Ferguson J, Wood D L, Knox K J. Chem. Phys., 1963, 39: 881

[6] Weakliem H A. J. Chem. Phys., 1962, 36: 2117

[7] Baranowski J M, Allen J W, Pearson G L. Phys. Rev., 1968, 160: 627

[8] Weber J, Ennen H, Kaufmann U, Schneider. J. Phys. Rev., 1980, B21: 2394

[9] Skowronski M, Liro Z. J. Phys. C: Solid Phys., 1982, 15: 137

[10] Mwary E, Allen J W. J. Phys. C: Solid Phys., 1971, 4: 512

[11] Grebe G, Roussos G, Schulz H J. L. Lumin., 1976, 13: 701

[12] Pappalardo R, Wood D I, Dillon R C. J. Chem. Phys., 1961, 35: 1460

[13] G M Cole, B B Garrett. Inorg. Chem., 1970, 9: 1898

[14] 张思远. 化学物理学报, 1991, 4: 109

[15] 张思远. 物理学报, 1987, 36: 1093

[16] Shi J S, Zhang S Y. J. Phys: Condens. Matter., 2003, 15: 4101

[17] Shi J S, Wu Z J, Zhou S H, Zhang S Y. Chem. Phys. Lett., 2003, 380: 245

[18] 高发明. 复杂无机晶体的化学键和性质研究. [硕士论文]. 长春: 中国科学院长春应用化学研究所, 1992

[19] 高发明, 张思远. 化学物理学报, 1993, 6: 321

[20] Dorenbos P. Phys. Rev. B, 2002, 65: 23511

[21] Brewer L J. Opt. Soc. Am., 1971, 61: 1666

[22] Zhang S Y, Gao F M, Wu C X. J. Alloys. Comp., 1998, 275 ~ 277: 835

[23] Wyckoff R W G. Crystal Structure. New York: Interscience, 1964

[24] Morrison C A, Leavitt R P. Handbook on the Physics and Chemistry of Rare Earths. Amsterdam: North-Holland Publishing Company, 1982, vol. 5: 461

[25] Rubio O J. J. Phys. Chem. Solids, 1991, 52: 101

[26] Alcala A, Sardar D K, Sibley W A. J. Lumin., 1982, 27: 273

[27] Asano S, Nakao Y. J. Phys. C: Solid State Phys., 1979, 12: 4095

[28] Nakao Y. J. Phys. Soc. Jpn., 1980, 48: 534

[29] Yamashita N. J. Electrochem. Soc., 1993, 140: 840

[30] Freiser M J, Methfessel S, Holtzberg F. J. Appl. Phys., 1968, 39: 900

[31] Wachter P. Handbook on the Physics and Chemistry of Rare Earths. Amsterdam: North-Holland Publishing Company, 1979, vol. 19: 507

[32] Seo H J, Zhang W S, Tsuboi T S, Doh H et al. J. Alloys. Comp., 2002, 344: 268

[33] Dorenbos P. Phys. Rev. B, 2000, 62: 15 640

[34] van Pieterson L, Reid M. F, Burdick G W, Meijerink A. Phys. Rev. B, 2002, 65: 045 113

[35] van der Kolk E, Dorenbos P et al. Phys. Rev. B, 2001, 64: 195 129

[36] Weber M J. J. Appl. Phys., 1973, 44: 3205

[37] Tomiki T, Kohatsu T et al. J. Phys. Soc. Jpn., 1992, 61: 2382

[38] Andriessen J O, Antonyak T et al. Opt. Commun., 2000, 178: 355

[39] Jia D, Meltzer R S, Yen W M. J. Lumin., 2002, 99: 1

[40] Li W M, Leskela M. Mater. Lett., 1996, 28: 491

[41] Lehmann W J. Lumin., 1973, 6: 455

[42] Loh E. Phys. Rev., 1967, 154: 270

[43] Manthey W J. Phys. Rev. B, 1973, 8: 4086

[44] Sugar J, Spector N. J. Opt. Soc. Am., 1974, 64: 1484

[45] Kaminskii A A. Laser crystals. New York: Springer-Verlag, 1981

[46] Dieke G H. Spectra and Energy Levels of Rare Earth Ions in Crystals. Interscience Publishers, 1968

[47] 张思远, 任金生. 化学物理学报, 1989, 2: 372

[48] Reisfeld R C, Jφgensen C K. Laser and excited state of rare earths. Berlin, Heidelberg, New York: Springer-Verlag, 1977

[49] Antic-Fidancev E. J. Aolly. Compounds, 2000, 300~301: 2

[50] 师进生. 稀土离子 $4f\langle'N-1\rangle n'l'$ 高激发态能级的研究. [博士论文]. 长春: 中国科学院长春应用化学研究所, 2004

第11章 稀土离子的电荷迁移带吸收

11.1 电荷迁移的基本概念

电荷迁移过程是化合物中离子和离子之间经常发生的物理化学过程, 电荷可以由金属离子迁移到阴离子配位体, 也可以由配位体迁移到金属离子, 迁移后体系中的离子电荷有了新的分布, 状态也相应发生改变. 比如, 配位体的一个电子迁移到金属离子上, 金属离子的化合价将降低, 化合物的价带也因为失去一个电子而出现空穴, 体系相对于原来的状态发生了变化. 若假设化合物中金属离子的原来价态为 A^{n+}, 则迁移上一个电子后的价态应为 $A^{(n-1)+}$, 价带的空穴用表示 h, 这样电荷迁移态的波函数可以表示成

$$\psi_{\mathrm{CT}} = \psi(A^{(n-1)+}) + \psi(h) \tag{11.1}$$

基态的本征值应为

$$E_{\mathrm{CT}}(A^{n+}) = -E_{\mathrm{g}}(A^{(n-1)+}) + E(h) \tag{11.2}$$

式中, $E_{\mathrm{g}}(A^{(n-1)+})$ 表示 $A^{(n-1)+}$ 离子的基态能量; $E(h)$ 表示空穴的能量, 它是用一定能量将价带的一个电子激发后, 在价带形成一个空穴, 该空穴具有正电荷的能量, 与电子的能量符号相反. 如果令电子在价带最高占据轨道 (HOMO) 的能量为 $-E_{\mathrm{V}}$, 则 $E(h) = E_{\mathrm{V}}$, 令电子在导带最低未占据轨道 (LUMO) 的能量为 E_{C}, $E_{\mathrm{g}}(a, A^{(n-1)+}) = E_{\mathrm{C}}(a, A^{n+}) - E_{\mathrm{gc}}(a, A^{(n-1)+})$, $E_{\mathrm{gc}}(aA^{(n-1)+})$ 表示 a 基质中 $A^{(n-1)+}$ 离子基态到导带的能量. 显然

$$\begin{aligned} E_{\mathrm{CT}}(a, A^{n+}) &= E_{\mathrm{V}}(a, A^{n+}) - E_{\mathrm{C}}(a, A^{n+}) - E_{\mathrm{gc}}(a, A^{(n-1)+}) \\ &= E_{\mathrm{VC}}(a, A^{n+}) - E_{\mathrm{gc}}(a, A^{(n-1)+}) \end{aligned} \tag{11.3}$$

实际上 $E_{\mathrm{VC}}(a, A^{n+})$ 就是等于价带最高占据轨道和导带最低未占据轨道之间的能隙的能量, 或者称为禁带宽度.

对于稀土离子而言, $5d$ 轨道和配位的阴离子形成化学键, 反键轨道是导带的最低未占据轨道, 成键轨道也是价带最高占据轨道, $E_{\mathrm{gc}}(a, A^{(n-1)+})$ 实际上应该是 $A^{(n-1)+}$ 离子的基态到 $5d$ 轨道的能量, 即 $E_{fd}(a, f^{N+1})$ 所以, 对于 f^N 组态稀土离子的电荷迁移能量可以表示成

$$E_{\mathrm{CT}}(a, f^N) = E_{\mathrm{VC}}(a, f^N) - E_{fd}(a, f^{N+1}) \tag{11.4}$$

从上一章我们知道, 在晶体中由于 $5s$ 和 $5p$ 壳层的屏蔽, f^N 和 f^{N+1} 组态的基态能级基本不改变, $5d$ 轨道和配位体之间的相互作用很强, 基质对其能级的影响很大, 可以使 $5d$ 轨道的能级重心移动, 产生 Stark 能级劈裂等, 这些变化直接影响到电荷迁移带的能级位置, 也是造成同一稀土离子在不同基质中电荷迁移带吸收光谱千差万别的原因.

11.2 电荷迁移带的Jørgensen理论

Jørgensen是最早系统地研究电荷迁移带性质的人之一. 他首先从过渡元素和稀土元素络合物的大量实验中得到一个经验公式 [5,9]

$$E_{CT} = 30\,000(\mathrm{cm}^{-1})[\chi_{\mathrm{opt}}(X) - \chi_{\mathrm{uncorr}}(M)] \tag{11.5}$$

式中, $\chi_{\mathrm{opt}}(X)$ 是配位阴离子的光学电负性, 实际上它可以取做 Pauling 的电负性; $\chi_{\mathrm{uncorr}}(M)$ 是金属离子的光学电负性, 它实际上是未知的, 需要利用电荷迁移带的位置来确定. 因此, 这个公式是一个表示电荷迁移带和新引入的光学电负性的关系式, 不能用来预测电荷迁移带. 大量实验表明同一稀土离子和同种阴离子配位的情况下, 由于化合物的组成和结构不同, 也会出现不同的电荷迁移带, 也就是说, $\chi_{\mathrm{uncorr}}(M)$ 在不同的化合物中同一稀土离子, 即使在同种阴离子配位的情况下也会有不同的值, 它和电荷迁移带一样依赖于化合物的组成和结构.

后来, Jørgensen提出一个精确电子自旋对能处理方法 (RESPT), 在氧化电位的研究基础上, 考虑了电子之间的排斥作用、自旋对能和自旋-轨道作用等, 提出了一个计算电荷迁移能的表达式, 后来被其他研究者进一步完善. 对于三价稀土离子 f^N 组态, 它的电荷迁移能公式表示为 [5,8]

$$E_{CT} = W - N(E - A) + \left(\frac{9}{104}\right)N(S)E^1 + M(L)E^3 + P(SLJ)\varsigma_{4f} \tag{11.6}$$

式中, W 和 $(E - A)$ 是拟合参数, $N(S)$ 是一个函数, 表达式为

$$N(S) = 13\Delta[< S(S+1) > -S(S+1)] = 13\Delta\left[\frac{3}{4}N - \frac{3N(N-1)}{16l+4} - S(S+1)\right] \tag{11.7}$$

式中, Δ 表示计算 f^N 和 f^{N+1} 两个组态的方括号中表达式的结果之差; S 是各个组态的基态的总自旋量子数; l 是 f 轨道的轨道量子数; E^1 是 Racah 参数; $M(L)$ 中的 L 是总的轨道角动量量子数, 该函数表示 f^N 和 f^{N+1} 两个组态的基态的 Racah 参数 E^3 的系数之差; ς_{4f} 是自旋-轨道相互作用参数; $P(SLJ)$ 的表达式是

$$P(SLJ) = \frac{1}{2}\Delta\left\{[J(J+1) - L(L+1) - S(S+1)]\begin{pmatrix} 1/N \\ 1/(N-14) \end{pmatrix}\right\}, \quad \begin{matrix} N \leqslant 7 \\ N > 7 \end{matrix} \tag{11.8}$$

式中, J 是基态的总角动量量子数, Δ 表示计算 f^N 和 f^{N+1} 两个组态的基态量子数按照括号中表达式计算的结果之差.

对于稀土离子, 式 (11.6) 中的各个系数已经计算出来, 其结果列在表 11.1 中. 表中的值可以通过状态的量子数计算, Racah 参数和自旋-轨道相互作用参数常用的取值列于表 11.2. 但是, W 和 $(E-A)$ 两个参数需要根据实验结果拟合得到, 因此, 该种方法仍然是一个半经验的方法.

表 11.1　三价稀土离子电荷迁移带计算中的有关系数

Ln	N	$N(S)$	$M(L)$	$P(SLJ)$
La	0	0	0	-2
Ce	1	-8	-9	-1
Pr	2	-16	-12	$-1/2$
Nd	3	-24	0	0
Pm	4	-32	12	1
Sm	5	-40	9	1
Eu	6	-48	0	2
Gd	7	48	0	$-3/2$
Tb	8	40	-9	-1
Dy	9	32	-12	$-1/2$
Ho	10	24	0	0
Er	11	16	12	$1/2$
Tm	12	8	9	1
Yb	13	0	0	$3/2$

表 11.2　Racah 参数和自旋 – 轨道相互作用参数的取值/eV

Ln	N	基态	E^1	E^3	ς_{4f}
Ce	1	$^2F_{5/2}$			0.0742
Pr	2	$^3H_4$	0.563 89	0.0579	0.0919
Nd	3	$^4I_{9/2}$	0.587 58	0.0602	0.1096
Pm	4	$^5I_4$	0.610 19	0.0652	0.1242
Sm	5	$^6H_{5/2}$	0.681 52	0.0689	0.1435
Eu	6	$^7F_0$	0.690 95	0.0691	0.1645
Gd	7	$^8S_{7/2}$	0.7142	0.0722	0.1798
Tb	8	$^7F_6$	0.746 65	0.0755	0.2120
Dy	9	$^6H_{15/2}$	0.758 72	0.0756	0.2397
Ho	10	$^5I_8$	0.798 51	0.0774	0.2655
Er	11	$^6I_{15/2}$	0.839 34	0.0802	0.2955
Tm	12	$^3H_6$	0.885 52	0.0836	0.3260
Yb	13	$^2F_{7/2}$			0.357
Lu					0.388

11.3　晶体中三价稀土离子的电荷迁移带

稀土离子的电荷迁移带吸收是一种宽带谱, 它比 f-d 跃迁的光谱更宽, 其半宽度大约是 f-d 跃迁的光谱宽度的 3~4 倍, 在溶液中大约为 3 000~4 000 波数, 在固体中, 由于环境作用较强, 半宽度增大, 可以到 10 000~20 000 波数. 通常在吸收光谱和激发光谱中能够发现电荷迁移带的吸收或激发峰, 除了 Yb^{3+} 在一些晶体中观测到电荷迁移带的发射光谱外, 其他的稀土离子几乎没有发现电荷迁移带的发射和荧光. 其原因可能是稀土离子的能级非常密集, 电荷迁移带的能量容易与稀土离子的能级间的能量差匹配, 产生交叉弛豫后发生了能量转移, 消耗了电荷迁移带的能量. 过去主要是对 Eu^{3+} 离子的电荷迁移带谱被广泛研究, 也有少量对 Yb^{3+} 离子和其他离子的电荷迁移带的光谱研究. 因为在某些晶体中 Eu^{3+} 离子的电荷迁移带激发可以有效地转移到 Eu^{3+} 离子的 $^5D_0$-^7F_J 荧光发射. 比如在三基色荧光粉的研究中, 利用汞的 254 nm 的波长激发红色荧光粉 Eu^{3+} : Y_2O_3 的电荷迁移带可以通过高效的能量转移得到很强的 611 nm 波长的红色荧光. Yb^{3+} 离子是目前唯一观测到的电荷迁移带的发光的稀土离子, 由于其发光寿命很短, 近来引起了人们的注意, 并试图将其应用于闪烁晶体中. 最近 Dorenbos 从光谱中总结了近 200 种化合物的 Eu^{3+} 离子的电荷迁移带的能级位置结果, 我们选择了一些常见的主要晶体的结果列于表 11.3[1,6,7].

关于 Yb^{3+} 离子的研究结果列于表 11.4[2]. 表中 E_{CT}^{abs} 和 E_{CT}^{em} 分别表示电荷迁移带的吸收和发射能量位置, Γ_{abs}^{CT} 和 Γ_{em}^{CT} 分别表示电荷迁移带的吸收和发射光谱的半宽度. 其他稀土离子同样存在电荷迁移带, 由于能量位置比 Eu^{3+} 离子的能量要高, 在光谱中不容易观测到. 我们已经知道在同一种化合物中环境对稀土离子的作用可以认为近似相同, 配体和 $5d$ 能级有相同的化学键性质和能级劈裂, 以及相同的价带和导带变化. 在自由离子状态, 各个二价稀土离子的 $5d$ 能级研究被实验和理论确定, 得到了自由状态下 Eu^{2+} 离子与其他二价稀土离子 $5d$ 能级间的数量关系. 我们能够以 Eu^{3+} 离子的电荷迁移带的能量为标准, 通过其他二价稀土离子与 Eu^{2+} 离子 $5d$ 能级之间的能量差, 预测其他任何一种三价稀土离子的电荷迁移带的能量. 假设在某一种化合物 a 中, Eu^{3+} 离子的电荷迁移带的能量为 $E_{CT}(Eu^{3+})$, 则

$$
\begin{aligned}
E_{CT}(Eu^{3+}) &= E_{VC}(a) - E_{fd}(Eu^{2+}, a) \\
&= E_{VC}(a) - [E_{fd}(Eu^{2+}, \text{free}) - D_{fd}(Eu^{2+}, a)]
\end{aligned}
\tag{11.9}
$$

对于其他稀土离子, 有类似的表达式

$$
E_{CT}(Ln^{3+}) = E_{VC}(a) - [E_{fd}(Ln^{2+}, \text{free}) - D_{fd}(Ln^{2+}, a)]
\tag{11.10}
$$

表 11.3 晶体中 Eu^{3+} 离子的电荷迁移带的位置/eV

晶体	E_{CT}	晶体	E_{CT}
CaF_2	8.18	β-BaB_2O_4	4.58
LaF_3	7.42	LaB_3O_6	4.73
YF_3	7.90	GdB_3O_6	4.96
$LiYF_4$	8.16	$Sr_2B_2O_5$	4.73
$BaFCl$	4.49	$LaMgB_5O_{10}$	4.86
$LaOF$	4.61	$NaLaSiO_4$	4.92
$LaOCl$	4.28	$NaLaGeO_4$	4.77
$GdOCl$	4.22	$LiLaSiO_4$	4.43
$YOCl$	4.40	$LiLaGeO_4$	4.40
$LaOBr$	4.03	$X1$-Y_2SiO_5	4.54
$GdOBr$	4.24	$X2$-Y_2SiO_5	4.81
$YOBr$	4.29	Y_2GeO_5	4.96
$LaOI$	3.70	$LaAlO_3$	4.00
$LaPO_4$	4.84	$YAlO_3$	5.02
$GdPO_4$	5.10	$Y_3Al_5O_{12}$	5.51
YPO_4	5.66	$Y_3Ga_5O_{12}$	5.28
$LuPO_4$	5.74	SrO	4.59
SrB_4O_7	4.88	CaO	4.96
$LaBO_3$	4.51	MgO	4.82
$GdBO_3$	5.44	$LaYO_3$	4.26
YBO_3	5.66	Y_2O_3	5.12
$YAl_3(BO_3)_4$	4.96	$LiYO_2$	5.17
$BaBPO_5$	4.79	$SrY_2O_4(Sr)$	3.88
$CaBPO_5$	5.06	$SrY_2O_4(Y1)$	5.08
$Y_2Si_2O_7$	5.56	$SrY_2O_4(Y2)$	4.86
$Y_2Ge_2O_7$	5.14	La_2O_2S	3.58
$Lu_2Si_2O_7$	5.85	Y_2O_2S	3.61
$LaGaO_3$	4.09	$Ca_4GdO(BO_3)_3$	4.86
$GdGaO_3$	5.00	$MgSiO_3$	5.17

式中, $D_{fd}(Ln^{2+}, a)$ 表示在化合物 a 中二价稀土离子 $5d$ 能级的降低能量. 在同一种化合物中, 所有稀土离子的 $D_{fd}(Ln^{2+}, a)$ 是相同的, 那么式 (11.10) 减去式 (11.9) 得到

$$E_{CT}(Ln^{3+}) = E_{CT}(Eu^{3+}, a) + [E_{fd}(Eu^{2+}, free) - E_{fd}(Ln^{2+}, free)]$$
$$= E_{CT}(Eu^{3+}, a) + \Delta E_{fd}^0(Eu^{2+}, Ln^{2+})$$
$$\tag{11.11}$$

式中, $\Delta E_{fd}^0(Eu^{2+}, Ln^{2+})$ 表示自由状态下 Eu^{2+} 离子从基态到 $5d$ 组态最低能级的能量与其他二价稀土离子从基态能级到 $5d$ 组态最低能级的能量之间的能量差. 这些结果的详细情况列在表 11.5 中 [2]. 表中 $\Delta E_{fd}^0(Eu^{2+}, Ln^{2+})$ 是假设 $E_{dC}(a)$(表示 $5d$ 组态最低能级的能量与导带底的能量差, 一般为 0.5 eV 以内, 只引起小的偏差)

在不变时的结果, $\Delta E_{fd}^0(\mathrm{Eu}^{2+}, \mathrm{Ln}^{2+})_{\mathrm{FO}}$ 是氟化物和氧化物中的光谱求得的结果.

表 11.4　Yb^{3+} 离子的电荷迁移带的吸收和发射位置以及半宽度/eV

晶体	$E_{\mathrm{CT}}^{\mathrm{abs}}$	$\Gamma_{\mathrm{abs}}^{\mathrm{CT}}$	$E_{\mathrm{CT}}^{\mathrm{em}}$	$\Gamma_{\mathrm{em}}^{\mathrm{CT}}$
$\mathrm{YPO_4}$	5.96	0.68	4.00	0.83
$\mathrm{LuPO_4}$	6.08	0.68	4.13	0.83
$\mathrm{ScPO_4}$	6.39	0.64	4.59	0.74
$\mathrm{YAlO_3}$	5.63	1.77	3.44	0.84
$\mathrm{Y_3Al_5O_{12}}$	5.79	0.66	3.73	0.57
$\mathrm{Y_3Ga_5O_{12}}$	5.54	0.67	3.31	0.60
$\mathrm{Lu_3Al_5O_{12}}$	5.99	—	3.65	0.68
$\mathrm{Eu_2YbAl_5O_{12}}$	5.39	—	3.88	—
$\mathrm{Y_2O_3}$	5.46	0.63	3.37	0.87
$\mathrm{LiYO_2}$	5.79	—	3.49	—
$\mathrm{Sc_2O_3}$	5.51	—	3.38	—
$\mathrm{NaScO_2}$	5.96	—	3.85	—
$\mathrm{LiScO_2}$	6.02	0.62	3.97	0.67
$\mathrm{La_2O_2S}$	4.08	0.5	2.81	0.46
$\mathrm{Y_2O_2S}$	4.01	0.5	3.16	0.46

表 11.5　二价自由稀土离子的 $E_{fd}(\mathrm{Ln}^{2+}, \mathrm{free})$ 和 $\Delta E_{fd}^0(\mathrm{Eu}^{2+}, \mathrm{Ln}^{2+})$/eV

Ln	N	$E_{fd}(\mathrm{Ln}^{2+}, \mathrm{free})$	$\Delta E_{fd}^0(\mathrm{Eu}^{2+}, \mathrm{Ln}^{2+})$	$\Delta E_{fd}^0(\mathrm{Eu}^{2+}, \mathrm{Ln}^{2+})_{\mathrm{FO}}$
La	1	-0.94	5.19	5.16
Ce	2	0.35	3.87	3.87
Pr	3	1.56	2.65	2.66
Nd	4	1.93	2.27	2.29
Pm	5	1.96	2.24	2.26
Sm	6	3.00	1.21	1.22
Eu	7	4.22	0	0
Gd	8	$-0.10(0.70)$	4.32	4.32
Tb	9	1.19(1.85)	3.12	3.03
Dy	10	2.12(2.49)	2.28	2.10
Ho	11	2.25(2.51)	2.23	1.97
Er	12	2.12(2.45)	2.43	2.10
Tm	13	2.95(3.18)	1.67	1.27
Yb	14	4.22(4.46)	0.47	0

　　为了直观地显示稀土离子各种能量之间的关系, 我们给出 $\mathrm{YPO_4}$ 晶体中它们的能级位置图 (图 11.1). 图中空心圆点表示二价稀土离子的基态能级位置, 实心圆点表示三价稀土离子基态能级的位置. $\Delta E_g(\mathrm{Eu}^{2+}, \mathrm{Ln}^{2+})$ 表示自由状态下二价稀土

离子 Eu^{2+} 的基态能级与其他二价稀土离子基态能级的能量差. 利用这种关系, 任何一种基质中如果 Eu^{3+} 离子的电荷迁移带的能量已知, 那么其他三价稀土离子的电荷迁移带的能量也能够被估算.

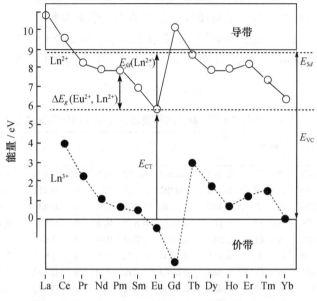

图 11.1　YPO_4 晶体中稀土离子的能级位置示意图

11.4　电荷迁移带对基质的依赖性[10]

稀土离子的电荷迁移带与其他的光谱性质一样受到晶体的结构和组成的影响. 很多实验发现, 同一稀土离子在不同的晶体中其位置的变化很大, 比如 Eu^{3+} 离子在氟化物中电荷迁移带的位置约在 7~8 eV, 在稀土硫氧化物中则为 3~4 eV. 实验结果清楚地表明了电荷迁移带的位置对于基质的依赖性. 到底晶体环境如何影响电荷迁移带的位置, 与晶体环境的哪些因素有关, 经过研究发现主要的依赖因素是: 稀土离子的配位数、稀土离子与配位体的共价性、化学键体积的极化率和配位体在化学键中的呈现电荷有关, 这些因素形成一个环境因子, 与电荷迁移带的位置存在一定的规律. 环境因子在上一章中已经定义, 即

$$h = \left[\sum_i \alpha(i) f_c(i) Z(i)^2 \right]^{1/2} \tag{11.12}$$

式中, $\alpha(i)$ 是第 i 个化学键键体积的极化率; $f_c(i)$ 是中心离子和第 i 个配位体间化学键的共价性; $Z(i)$ 是第 i 个配体与中心离子形成化学键时所呈现的电荷, 求和表

示对阳离子周围的所有配体求和.

11.4.1 Eu^{3+} 离子电荷迁移带的位置与环境因子的关系

为了研究电荷迁移带的位置与环境因子的关系, 首先对已经有电荷迁移带位置实验测量结果的 29 个晶体的环境因子及相关的化学键参数进行了计算, 具体结果列在表 11.6 中. 研究按照结构数据计算的环境因子与实验测量电荷迁移带位置的关系, 发现两者有很好的规律 (图 11.2), 通过数学拟合两者的关系得到

$$E_{CT} = A + Be^{-kh} \tag{11.13}$$

表 11.6 含有 Eu^{3+} 晶体的环境因子及相关的化学键参数计算

晶体	n	键型	键长/ Å	f_c	α_b	Z	N_C	h	$E_{CT}(exp)/$ eV	$E_{CT}(cal)/$ eV
LiYF$_4$	1.45	Y—F	2.270	0.0226	0.173	9/8	8	0.199	8.16	8.20
LiGdF$_4$	1.464	Gd—F	2.313	0.0225	0.195	9/8	8	0.211	8.00	8.12
LaF$_3$	1.570	La—F	2.495	0.0440	0.477	1	9	0.435	7.42	6.82
ScPO$_4$	1.670	Sc—O	2.151	0.1074	0.315	9/8	8	0.585	6.05	6.12
YPO$_4$	1.72	Y—O	2.240	0.1048	0.396	9/8	8	0.648	5.66	5.87
LuPO$_4$	1.730	Lu—O	2.218	0.1054	0.404	9/8	8	0.656	5.74	5.84
Y$_3$Al$_5$O$_{12}$	1.832	Y—O	2.368	0.0783	0.382	3/2	8	0.733	5.54	5.56
Lu$_3$Al$_5$O$_{12}$	1.842	Lu—O	2.330	0.0800	0.382	3/2	8	0.742	5.53	5.53
LaCl$_3$	1.830	La—Cl	2.950	0.0577	1.234	1	9	0.800	5.15	5.34
Y$_3$Ga$_5$O$_{12}$	1.940	Y—O	2.383	0.0860	0.426	3/2	8	0.812	5.28	5.30
YAlO$_3$	1.926	Y—O	2.469	0.0817	0.393	5/3	9	0.895	5.02	5.05
GdAlO$_3$	1.961	Gd—O	2.487	0.0819	0.423	5/3	9	0.931	4.73	4.95
GdGaO$_3$	2.017	Gd—O	2.548	0.0813	0.467	5/3	9	0.974	5.00	4.84
YVO$_4$	2.078	Y—O	2.371	0.1584	0.715	9/8	8	1.071	4.44	4.61
LaVO$_4$	2.167	La—O	2.489	0.1552	0.913	9/8	8	1.198	3.72	4.34
GdVO$_4$	2.114	Gd—O	2.398	0.1576	0.786	9/8	8	1.119	4.28	4.52
YOCl	2.159	Y—O	2.284	0.1613	0.503	2	4	1.229	4.40	4.28
		Y—Cl	3.010	0.0564	0.746	1	5			
GdOCl	2.224	Gd—O	2.312	0.1612	0.539	2	4	1.271	4.34	4.21
		Gd—Cl	3.046	0.0566	0.799	1	5			
YOBr	2.365	Y—O	2.347	0.1683	0.545	2	4	1.349	4.20	4.08
		Y—Br	3.320	0.0614	1.148	1	5			
LaOCl	2.318	La—O	2.396	0.1618	0.613	2	4	1.365	4.28	4.05
		La—Cl	3.177	0.0575	0.958	1	5			
GdOBr	2.416	Gd—O	2.359	0.1673	0.570	2	4	1.372	4.14	4.04
		Gd—Br	3.325	0.0609	1.172	1	5			
LaOBr	2.424	La—O	2.398	0.1647	0.610	2	4	1.402	4.08	3.99
		La—Br	3.320	0.0597	1.205	1	5			
LaOI	2.462	La—O	2.441	0.1632	0.624	2	4	1.462	3.70	3.91
		La—I	3.614	0.0612	1.657	1	5			

晶体	n	键型	键长/ Å	f_c	α_b	Z	N_C	h	$E_{CT}(\text{exp})/$ eV	$E_{CT}(\text{cal})/$ eV
Lu_2O_2S	2.115	Lu—O	2.209	0.1565	0.505	2	4	1.508	3.72	3.85
		Lu—S	2.877	0.0956	0.879	2	3			
Gd_2O_2S	2.130	Gd—O	2.287	0.1533	0.578	2	4	1.584	3.60	3.75
		Gd—S	2.947	0.0941	0.968	2	3			
Y_2O_2S	2.150	Y—O	2.247	0.1709	0.550	2	4	1.640	3.60	3.69
		Y—S	2.896	0.1054	0.935	2	3			
La_2O_2S	2.210	La—O	2.399	0.1521	0.692	2	4	1.733	3.58	3.59
		La—S	3.086	0.094	1.169	2	3			
$YAl_3(BO_3)_4$	1.739	Y—O	2.356	0.1308	0.784	3/2	6	1.176	4.96	4.38
$GdAl_3(BO_3)_4$	1.746	Gd—O	2.359	0.1307	0.829	3/2	6	1.209	4.88	4.32

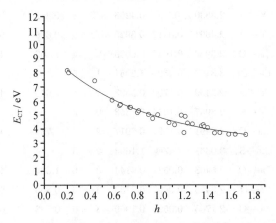

图 11.2 Eu^{3+} 离子电荷迁移带的位置与环境因子的关系

其中, $A = 2.804$, $B = 6.924$, $k = 1.256$ 为常数, 利用这个公式计算各个晶体的电荷迁移带位置结果也列于表 11.5, 可以发现计算结果和实验结果符合很好.

11.4.2 Yb^{3+} 离子电荷迁移带的位置与环境因子的关系

Yb^{3+} 离子电荷迁移带也是稀土离子中研究比较多的一个, 按照同样的方法计算了 16 个含有 Yb^{3+} 离子晶体的化学键参数和环境因子, 具体结果列于表 11.7, Yb^{3+} 离子电荷迁移带的位置与环境因子的关系图见图 11.3. 拟合结果也呈现指数关系, 数学表达式与式 (11.13) 的形式相同

$$E_{CT} = A' + B'e^{-k'h} \tag{11.14}$$

式中, $A' = 3.060$, $B' = 6.128$, $k' = 1.069$ 为常数. 利用这个公式计算的电荷迁移能同样列于表 11.7, 并可以发现计算结果和实验结果符合也很好, 表明了这种规律的合

理性. 但是, 同样能够看到这些常数依赖于稀土离子, 不同的稀土离子有不同的一组常数.

表 11.7　含有 Yb^{3+} 晶体的环境因子及相关的化学键参数计算

晶体	n	键型	键长/Å	f_c	α_b	Z	N_C	h	$E_{CT}(exp)/eV$	$E_{CT}(cal)/eV$
$LiYF_4$	1.4503	Y—F	2.2691	0.0226	0.1726	9/8	8	0.199	7.80	8.01
CaF_2	1.4248	Ca—F	2.3655	0.0522	0.3108	1	8	0.360	7.61	7.23
$ScPO_4$	1.67	Sc—O	2.2511	0.1074	0.3148	9/8	8	0.585	6.39	6.34
YPO_4	1.72	Y—O	2.2403	0.1048	0.3955	9/8	8	0.648	5.96	6.13
$LuPO_4$	1.73	Lu—O	2.2182	0.1054	0.4036	9/8	8	0.656	6.08	6.10
$Y_3Al_5O_{12}$	1.832	Y—O	2.3677	0.0783	0.3815	3/2	8	0.733	5.79	5.86
$Lu_3Al_5O_{12}$	1.8420	Lu—O	2.3296	0.080	0.3822	3/2	8	0.742	5.59	5.83
$Y_3Ga_5O_{12}$	1.94	Y—O	2.3830	0.086	0.4263	3/2	8	0.812	5.54	5.63
$YAlO_3$	1.9261	Y—O	2.4691	0.0817	0.3925	5/3	9	0.895	5.28	5.41
$LaOBr$	2.4144	La—O	2.3983	0.1647	0.6099	2	4	1.402	4.66	4.43
		La—Br	3.3197	0.0597	1.2051	1	5			
Y_2O_2S	2.15	Y—O	2.2469	0.1709	0.5503	2	4	1.640	4.01	4.12
		Y—S	2.8957	0.1054	0.9353	2	3			
La_2O_2S	2.21	La—O	2.3991	0.1521	0.6917	2	4	1.733	4.08	4.02
		La—S	3.0861	0.094	1.1694	2	3			
$NaLaO_2$	1.534	La—O	2.5408	0.0524	0.4144	3	6	1.084	4.73	4.98
$LiYO_2$	1.444	Y—O	2.3425	0.0495	0.2733	3	6	0.855	5.79	5.52
$LiScO_2$	1.3996	Sc—O	2.1705	0.0506	0.1969	3	6	0.733	6.02	5.86
$NaScO_2$	1.6480	Sc—O	2.1013	0.0579	0.1791	3	6	0.749	5.96	5.81

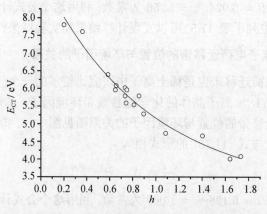

图 11.3　Yb^{3+} 离子电荷迁移带的位置与环境因子的关系

11.4.3 电荷迁移带对基质的依赖性的机理分析

所谓电荷迁移态, 是指在激发过程中电子从一个离子转移到另一个离子上. 稀土离子的电荷迁移态, 在一般情况下, 指的是电子从周围配位的阴离子迁移到发光中心的稀土离子上, 此后体系的稀土离子和价带空穴共同形成的状态称为电荷迁移态 (CTS). 电荷迁移态电子跃迁的可能性依赖于 f 开壳层的填充程度和稀土离子对电子的吸引能力, 并遵循整个镧系元素的 2 价/3 价氧化还原电位的变化规律和符合 2 价态的稳定能变化. 其中 $Eu^{3+}(4f^6)$ 和 $Yb^{3+}(4f^{13})$ 较容易得到一个电子成为半满或全满的组态. 另外, 电荷迁移态的能量与配体的电负性及配体和金属离子之间的距离都密切相关.

图 11.4 显示了 Eu^{3+} 离子的电荷迁移带示意图, VB 和 CB 分别代表基质的价带和导带. 电荷迁移带的初始状态是基质的价带, 末态是二价镧系离子的基态能级. 图中 E_{CT} 是晶体中 Eu^{3+} 离子的电荷迁移能. 由于稀土离子的 $4f$ 能级受外界环境影响较小, 可以认为在晶体中 $4f^N$ 能级位置几乎是不变的. 而稀土离子的 $5d$ 电子处于外层电子轨道, 环境因素对它的影响比 f 电子强烈很多. 稀土离子的 $5d$ 能级位置与基质的导带形成密切相关, 在前一章已经讲到, 在不同的晶体中, 稀土离子的 $5d$ 能级重心位置将发生改变, 这种改变将影响到稀土离子和配位体形成的最高占据轨道和最低未占据轨道的位置. 电荷迁移能是由价带的最高占据轨道到二价镧系离子的基态能级的能量差, 由于不同晶体中二价镧系离子的基态能级基本是不变的, 而 $5d$ 电子能级则因为在不同晶体中与配体的化学键性质的差异, $5d$ 能级重心和晶体场能级的位置都将发生不同的变化, 从而导致了不同晶体中的 Eu^{3+} 离子电荷迁移能的差别.

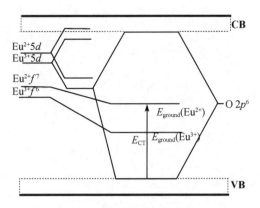

图 11.4 电荷迁移带示意图

参 考 文 献

[1] van Pieterson L, Heeroma M, de Heer E, Meijerink A. J. Lumin., 2000, 91: 177

[2] Dorenbos P. J. Phys.: Condens. Matter, 2003, 15: 8417

[3] Nikl M, Yoshikawa A, Fukuda T. Opt. Mater., 2004, 26: 545

[4] van Pieterson L, Heeroma M, de Heer E, Meijerink A. J. Lumin., 2000, 91: 177

[5] Jørgensen C K. Mol. Phys., 1962, 5: 271

[6] Dorenbos P. J. Lumin., 2005, 111: 89

[7] Blasse G. J. Chem.Phys., 1966, 45: 2356

[8] Nugent L J, Baybarz R D, Burnett J L. J. Phys. Chem., 1969, 73: 1177

[9] Jørgensen C K. Modern Aspects of Ligands-Field Theory. Amsterdam: North-Holland Publishing Company, 1971

[10] Li L, Zhang S Y. J.Phys.Chem. B, 2006, 110: 21 438

第12章　稀土光谱学中的 U 群方法

含有多个电子的原子或离子的光谱理论中, 主要是利用角动量理论来处理能级计算和状态分类及确定等有关问题, Condon-Shortley、Slater 和 Racah 等发展起来的光谱学方法主要属于这一类, 该种方法已经获得了广泛的应用和进一步的发展. 与此同时还出现了另一种方法, 就是 U 群方法. 这种方法由于应用还不够普遍, 因此, 只出现在专门的著作和研究论文中. 但是该方法在某些方面有明显的优点, 比如对于组态光谱项的确定, 它可以明确并准确的确定, 过程变得更加简单. 本章主要介绍有关方面的情况.

12.1　U 群的不可约表示和基矢[1~4]

在原子光谱理论中, U 群通常表示为 U_{2l+1} 的形式, l 表示电子的轨道角动量量子数, 对于 l^N 组态, 它的 U 群不可约表示可以表示为 $\Gamma[2^{\frac{N}{2}-S}, 1^{2S}]$, N 表示体系的电子数, S 表示体系的总自旋量子数. 不可约表示的基矢通常是 Gelfand 基, 或者 Young 盘形式, 这两种基矢是一一对应的, 我们用 Young盘形式作为基失. 不可约表示 $\Gamma[2^{\frac{N}{2}-S}, 1^{2S}]$ 可以表示成一个具有 $\dfrac{N}{2} - S$ 个双格子和 $2S$ 个单格子的 Young 图 (图 12.1).

若给定一个 l 轨道, 其磁量子数为

$$m_i = l, l-1, \cdots, -l$$

将这些状态编号

$$|l, m_l = l\rangle = |1\rangle$$
$$|l, m_l = l-1\rangle = |2\rangle$$
$$|l, m_l = l-2\rangle = |3\rangle$$
$$\cdots$$
$$\cdots$$
$$|l, m_l = -l\rangle = |2l+1\rangle$$

把这样的编号后状态按规则填入 Young 图中就得到 Young 盘. 规则如下:

(1) 同行中第一列的状态编号必须小于或等于第二列的状态编号;

(2) 同列中位于上面的状态编号必须小于下面的状态编号.

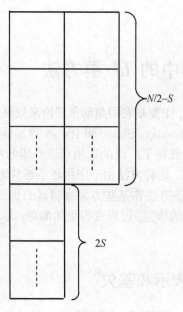

图 12.1　l^N 组态的 Young 图

Young 盘的求法是: 在不可约表示 $\Gamma[2^{\frac{N}{2}-S}, 1^{2S}]$ 给定后, 按照上述规则填出一个 N 个电子的体系的状态编号之和最小的 Young 盘, 然后按照上面规则和使体系的状态编号之和增加 1 的原则下, 改变 Young 盘中任何一个状态的编号 (必须符合 Young 盘规则), 从这个 Young 盘可以得到一些新的 Young 盘, 这些 Young 盘的状态编号之和是相等的. 如果这些 Young 盘中有相同 Young 盘, 则只保留一个. 接着对这些新得到的 Young 盘重复上面的过程, 直到体系各个状态的编号之和不能增加为止 (这个过程实际上与用角动量耦合方法由体系总角动量的磁量子数 M_L 从 $+M_L$ 变到 $-M_L$ 的过程是一致的). 这样就可以得到这个不可约表示 $\Gamma[2^{\frac{N}{2}-S}, 1^{2S}]$ 的全部基矢. 编号之和最小的 Young 盘称为最高权重盘.

对于一个给定的 Young 图, 按照规则所填出的 Young 盘的数目称为 Young 图表示的维数, 即相应的不可约表示 $\Gamma[2^{\frac{N}{2}-S}, 1^{2S}]$ 的维数, 它可以由下面的表达式求得

$$D[2^{\frac{N}{2}-S}, 1^{2S}] = \frac{2S+1}{2(l+1)} \begin{pmatrix} 2l+2 \\ \frac{N}{2}-S \end{pmatrix} \begin{pmatrix} 2l+2 \\ 2l+1-\frac{N}{2}-S \end{pmatrix} \tag{12.1}$$

式中符号表示组合计算

$$\begin{pmatrix} a \\ b \end{pmatrix} = \frac{a!}{(a-b)!b!}$$

对于 l^N 电子组态, S 表示光谱项的多重性, 这就是说每个 U 群的不可约表示代表一类多重态, Young 盘中每一个状态的编号与磁量子数 m_i 相对应, 那么每个 Young 盘应该存在一个与之相对应的磁量子数 M_L, 即 $M_L = \sum_{k=1}^{N} (m_i)_k$. 由此, 对于任何一个不可约表示的 Young 盘可以按照 M_L 分成组.

12.2　利用 Young 盘确定光谱项的方法[12,13]

以 f^2 组态的不可约表示 $\Gamma[1^2]$ 为例, 按照 Young 盘规则, 它具有的 Young 盘如下:

$$\boxed{\begin{smallmatrix}1\\2\end{smallmatrix}}\quad \boxed{\begin{smallmatrix}1\\3\end{smallmatrix}}\quad \boxed{\begin{smallmatrix}1\\4\end{smallmatrix}}\boxed{\begin{smallmatrix}2\\3\end{smallmatrix}}\quad \boxed{\begin{smallmatrix}1\\5\end{smallmatrix}}\boxed{\begin{smallmatrix}2\\4\end{smallmatrix}}\quad \boxed{\begin{smallmatrix}1\\6\end{smallmatrix}}\boxed{\begin{smallmatrix}2\\5\end{smallmatrix}}\boxed{\begin{smallmatrix}3\\4\end{smallmatrix}}\quad \boxed{\begin{smallmatrix}1\\7\end{smallmatrix}}\boxed{\begin{smallmatrix}2\\6\end{smallmatrix}}\boxed{\begin{smallmatrix}3\\5\end{smallmatrix}}\quad \boxed{\begin{smallmatrix}2\\7\end{smallmatrix}}\boxed{\begin{smallmatrix}3\\6\end{smallmatrix}}\boxed{\begin{smallmatrix}4\\5\end{smallmatrix}}\quad \boxed{\begin{smallmatrix}3\\7\end{smallmatrix}}\boxed{\begin{smallmatrix}4\\6\end{smallmatrix}}\quad \boxed{\begin{smallmatrix}4\\7\end{smallmatrix}}\boxed{\begin{smallmatrix}5\\6\end{smallmatrix}}\quad \boxed{\begin{smallmatrix}5\\7\end{smallmatrix}}\quad \boxed{\begin{smallmatrix}6\\7\end{smallmatrix}}$$

M_L	5	4	3	2	1	0	−1	−2	−3	−4	−5
$D_{ML}(1)$	1	1	2	2	3	3	3	2	2	1	1

其中, D_{ML} 表示每种 M_L 相应的 Young 盘数目, 或者称维数. 假设 L 是任何一个给定光谱项的轨道角动量量子数, 磁量子数 M_L 的取值为 $L, L-1, L-2, \cdots, -L$. 体系的最高权重盘是唯一的, 它永远是体系的一个光谱项, 即 ^{2S+1}L, 该体系中最大的 M_L 是 5. 于是得到最高权重盘相应的光谱项

$$\left|M_{L\,\max}^{(1)}\right| = 5 \to {}^3H$$

光谱项 ^3H 相对应的 $M_L = 5, 4, 3, 2, 1, 0, -1, -2, -3, -4, -5$, 该光谱项占有的状态应该从体系总的 Young 盘中去掉, 剩余的 Young 盘情况变为

M_L	5	4	3	2	1	0	−1	−2	−3	−4	−5
$D_{ML}(2)$	0	0	1	1	2	2	2	1	1	0	0

在剩余的 Young 盘中, 最大的 M_L 是 3, 又可以得到存在的状态是

$$\left|M_{L\,\max}^{(2)}\right| = 3 \to {}^3F$$

光谱项 ^3F 相对应的 $M_L = 3, 2, 1, 0, -1, -2, -3$, 该光谱项占有的状态应该再从体系剩余的 Young 盘中去掉, 剩余的 Young 盘情况将变为

M_L	5	4	3	2	1	0	−1	−2	−3	−4	−5
$D_{ML}(3)$	0	0	0	0	1	1	1	0	0	0	0

在剩余的 Young 盘中, 最大的 M_L 是 1, 又可以得到存在的状态是

$$\left|M_{L\,\max}^{(3)}\right| = 1 \to {}^3P$$

光谱项 ^3P 相对应的 $M_L = 1, 0, -1$, 该光谱项占有的状态应该再从体系剩余的 Young 盘中去掉, 则剩余的 Young 盘情况将变为零. 整个过程完毕, 表明 f^2 组态的不可约表示 $\Gamma[1^2]$ 中包含三种光谱项, 即 $^3H, ^3F, ^3P$.

对于任何组态的任何不可约表示都可以按照这种方法求得这个表示中包含的光谱项类型和数目. 另外我们还可以发现, M_L 和 D_{ML} 是对称的, 在实际操作上只

列出 $M_L = M_{L\max}$ 到 $M_L = 0$ 的 Young 盘就可以完成组态光谱项的确定. 显然这种方法比角动量耦合方法更为方便和准确.

12.3　Young 图不可约表示的分支规则[5]

利用 Young 盘方法求 l^N 组态的光谱项过程虽然比矢量耦合方法简单很多, 但是对于稀土离子的 f^N 组态, 由于 N 和 l 都比较大, 其中不可约表示的最大维数为 784, 操作起来仍然很麻烦. 为了进一步简化, 引入不可约表示的分支规则, 它可以用 Young 图表示如下:

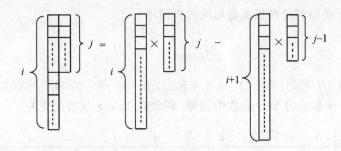

图中 i 和 j 表示每列中格子的数目, 该规则将双列 Young 图转化为单列 Young 图与单列 Young 图的乘积关系, 就是说, 找到单列 Young 图相应的光谱项就可以得到双列 Young 图的光谱项, 从而减少很多工作量. f^N 组态单列 Young 图表示的最大维数 35, 若只考虑 $M_L = M_{L\max}$ 到 $M_L = 0$ 的 Young 盘, 最多计算的 Young 盘数目为 20 个, 这样处理起来就容易了. 单列 Young 图与单列 Young 图的乘积可以转换为它们所对应的光谱项之间相乘, 光谱项之间相乘遵从角动量乘积的耦合关系. 例如 f^3 组态的 $\Gamma[2,1]$, 其 Young 图和分解情况为

$$\text{（Young 图）} = \text{（Young 图）} \times \text{（Young 图）} - \text{（Young 图）}$$

单列 Young 图对应的光谱项是

$$\square \longrightarrow F$$

$$\square\!\square \longrightarrow P + F + H$$

$$\square\!\square\!\square \longrightarrow S + D + F + G + I$$

所以

$$\text{（双格子）} \times \square = (P+F+H) \times F$$

由于按照角动量耦合方式, 则有

$$
\begin{aligned}
P \times F &= D + F + G \\
F \times F &= S + P + D + F + G + H + I \\
H \times F &= D + F + G + H + I + K + L
\end{aligned}
$$

这样

$$\text{（双格子）} \times \square = S + P + 3D + 3F + 3G + 2H + 2I + K + L$$

最后得到该不可约表示相应的光谱项为

$$\text{（L形）} = \text{（双格子）} \times \square - \text{（三格子）} = P + 2D + 2F + 2G + 2H + I + K + L$$

这个结果和第 3 章中的结果完全一致, 但是注意得到的谱项的多重性由原来的不可约表示确定.

对于电子数大于半满壳层的情况, 即 $N > 2l+1$, 可以利用补态定理, Young 图有如下等价关系

利用这个关系, 实际上对于 l^N 组态, 只需要计算电子数 $N = 1$ 到 $N = 2l+1$ 组态的光谱项就可以得到整个壳层所有离子的光谱项.

我们知道对于电子的 l^N 组态的 Young 图只存在两种不可约表示, 单列 Young 图和双列 Young 图, 只要知道单列 Young 图与光谱项的相应关系, 利用 Young 图的分支规则, 任何双列 Young 图不可约表示所相应的光谱项都可以求出. 稀土离子所有单列 Young 图相应的光谱项已经得到, 其对应关系如下

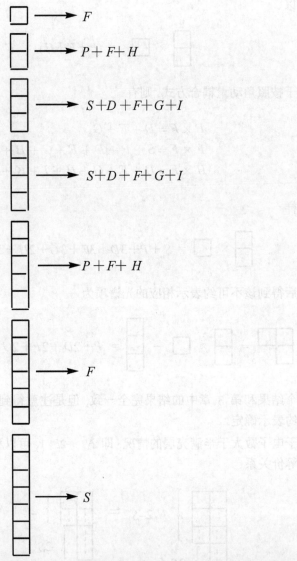

从这个关系中我们也可以发现, 对于单列 Young 图, 在和光谱项的相对应关系中也存在互补性质.

12.4　$4f^N$ 组态 Racah 分类群链 $U_7 \supset R_7 \supset G_2 \supset R_3$ 的分支规则

按照 Racah 理论 $4f^N$ 组态的光谱项可以通过群链 $U_7 \supset R_7 \supset G_2 \supset R_3$ 关系分

类, 利用群链中各类群不可约表示之间的分支关系, 得出每个 $4f^N$ 组态的光谱项. 现在我们将这些关系列于表 12.1~ 表 12.3. 通过表中的关系很容易求出 $4f^N$ 组态中任何一个稀土离子的光谱项.

表 12.1 $4f^N$ 组态 U_7 群的不可约表示与 R_7 群的不可约表示的分支规则

N	不可约表示的维数	$\Gamma[2^{\frac{N}{2}-S}, 1^{2S}]$	$(w_1 w_2 w_3)$
0	1	[0]	(000)
1	7	[1]	(100)
2	21	[11]	(110)
	28	[2]	(000)(200)
3	35	[111]	(111)
	112	[21]	(100)(210)
4	35	[1111]	(111)
	210	[211]	(110)(211)
	196	[22]	(000)(200)(220)
5	21	[11111]	(110)
	224	[2111]	(111)(211)
	490	[221]	(100)(210)(221)
6	7	[111111]	(100)
	140	[21111]	(111)(210)
	588	[2211]	(110)(211)(221)
	490	[222]	(000)(200)(220)(222)
7	1	[1111111]	(000)
	48	[211111]	(110)(200)
	392	[22111]	(111)(211)(220)
	784	[2221]	(100)(210)(221)(222)

表 12.2 $4f^N$ 组态 R_7 群的不可约表示到 G_2 群不可约表示的分支规则

$(w_1 w_2 w_3)$ 不可约表示的维数	$(w_1 w_2 w_3)$	$(u_1 u_2)$
1	(000)	(00)
7	(100)	(10)
21	(110)	(10)(11)
27	(200)	(20)
35	(111)	(00)(10)(20)
105	(210)	(11)(20)(21)
189	(211)	(10)(11)(20)(21)(30)
168	(220)	(20)(21)(22)
378	(221)	(10)(11)(20)(21)(30)(31)
294	(222)	(00)(10)(20)(30)(40)

表 12.3 $4f^N$ 组态 G_2 群的不可约表示到 R_3 群不可约表示的分支规则

(u_1u_2) 不可约表示的维数	(u_1u_2)	L
1	(00)	S
7	(10)	F
14	(11)	P,H
27	(20)	D,G,I
64	(21)	D,F,G,H,K,L
77	(30)	P,F,G,H,I,K,M
77	(22)	S,D,G,H,I,L,N
189	(31)	$P,D,2F,G,2H,2I,2K,L,M,N,O$
182	(40)	$S,D,F,2G,H,2I,K,2L,M,N,Q$

例如, 对于 f^5 组态的 [2111] 不可约表示, 按照 Racah 分类群链的结果为

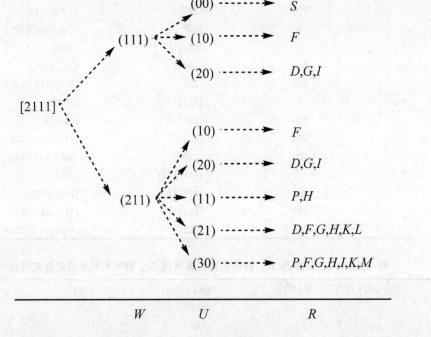

于是, 得到 [2111] 不可约表示所包含的光谱项有: $S, 2P, 3D, 4F, 4G, 3H, 3I, 2K,$ L, M.

12.5 $4f^N$ 组态波函数的 Young 盘形式[9]

Racah 理论给出了 $4f^N$ 组态的分类群链 $U_7 \supset R_7 \supset G_2 \supset R_3$, 本征态可表示为 $|4f^N WUSLM_L\rangle$, 其中 $W \equiv (w_1, w_2, w_3)$, $U \equiv (u_1, u_2)$ 分别是 U_7 群和 R_7 群的不

可约表示, S 和 L 为体系总自旋和总轨道量子数, M_L 为磁量子数. $4f^N$ 组态的任何一个状态可以用这类本征函数展开, 而这类函数的集合是正交完备的. 在 U 群理论中, U_7 群的不可约表示是 $\Gamma[2^{\frac{N}{2}-S}, 1^{2S}]$, 表示的基矢是 Young 盘, 这些 Young 盘也形成一个正交完备集. 因此, 在 N 和 S 给定的情况下, Young 盘和本征函数 $|4f^N WUSLM_L\rangle$ 之间的变换关系为

$$|4f^N WUSLM_L\rangle = \sum_i \langle Y_i(M_L) \mid 4f^N WUSLM_L\rangle |Y_i(M_L)\rangle \qquad (12.2)$$

或者

$$|Y_i(M_L)\rangle = \sum_{W,U,L} \langle 4f^N WUSLM_L \mid Y_i(M_L)\rangle |4f^N WUSLM_L\rangle \qquad (12.3)$$

式中, $|Y_i(M_L)\rangle$ 表示磁量子数为 M_L 的 Young 盘基矢, 展开系数为实数

$$\langle Y_i(M_L) \mid 4f^N WUSLM_L\rangle = \langle 4f^N WUSLM_L \mid Y_i(M_L)\rangle \qquad (12.4)$$

并且利用归一化条件可以得到

$$\sum_i \langle Y_i(M_L) \mid 4f^N WUSLM_L\rangle^2 = \sum_{W,U,L} \langle 4f^N WUSLM_L \mid Y_i(M_L)\rangle^2 = 1 \qquad (12.5)$$

用 Young 盘表示本征函数的关键就是求得这些展开系数.

体系中任何一个力学量的算符可以表达为 U 群生成元 E_{ij} 的线性组合. 假设一个力学量算符 Q, 为了表达为生成元 E_{ij} 的线性组合, 首先要用球谐函数展开, 然后变换到 E_{ij} 算符表达式的形式.

$$Q = \sum_{k,q} Q_{kq} C_q^k = \sum_{k,q} Q_{kq} \sum_{m,m'} (-1)^{l-m} \begin{pmatrix} l & k & l \\ -m & q & m' \end{pmatrix} \left(l \left\| C^k \right\| l\right) E_{mm'}$$
$$= \sum_{k,q} Q_{kq} (2k+1)^{-1/2} \left(l \left\| C^k \right\| l\right) V_q^k$$
$$(12.6)$$

其中

$$V_q^k = \sum_{m,m'} (-1)^{l-m} (2k+1)^{1/2} \begin{pmatrix} l & k & l \\ -m & q & m' \end{pmatrix} E_{mm'}$$
$$= \sum_{m,m'} \overline{V_q^k} E_{mm'} \qquad (12.7)$$

$$E_{mm'} = \sum_\alpha |(\alpha)lm\rangle \langle(\alpha)lm| \qquad (12.8)$$

式中, V_q^k 为单位张量算符; $\overline{V_q^k}$ 是生成元的系数值, 对于 $4f^N$ 组态的具体值见表 12.4; Q_{kq} 是力学量算符的展开系数, 对 α 求和表示对所有的电子求和.

由角动量理论知道, 角动量算符

$$L_\pm = \mp\sqrt{2}C_{\pm1}^1, L_z = C_0^1 \tag{12.9}$$

利用式 (12.6) 和式 (12.7), 可以得到角动量算符在 U 群中的表示形式

$$L_\pm = \mp\sqrt{2}\left(\frac{l(l+1)(2l+1)}{3}\right)^{1/2}V_{\pm1}^1$$

$$L_z = \left(\frac{l(l+1)(2l+1)}{3}\right)^{1/2}V_0^1 \tag{12.10}$$

对于稀土离子, 则有

$$L_\pm = \mp(\sqrt{56})V_\pm^1$$

$$L_z = (\sqrt{28})V_0^1 \tag{12.11}$$

如果将它们表示成生成元算符的形式, 则有

$$L_+ = \sqrt{6}E_{12} + \sqrt{10}E_{23} + \sqrt{12}E_{34} + \sqrt{12}E_{45} + \sqrt{10}E_{56} + \sqrt{6}E_{67}$$

$$L_- = \sqrt{6}E_{21} + \sqrt{10}E_{32} + \sqrt{12}E_{43} + \sqrt{12}E_{54} + \sqrt{10}E_{65} + \sqrt{6}E_{76} \tag{12.12}$$

$$L_z = 3E_{11} + 2E_{22} + E_{33} - E_{55} - 2E_{66} - 3E_{77}$$

R_7 群和 G_2 群的 Casimir 算符的表达式和本征值的表达式为 [7]

$$G(R_7) = \frac{1}{5}\sum_{k=1,3,5}(V^k)^2$$

$$G(G_2) = \frac{1}{4}[(V^1)^2 + (V^5)^2] \tag{12.13}$$

其本征值分别为

$$g(R_7) = \frac{1}{10}\sum_{i=1}^3 w_i(w_i + 7 - 2i)$$

$$g(G_2) = \frac{1}{12}(u_1^2 + u_2^2 + u_1u_2 + 5u_1 + 4u_2) \tag{12.14}$$

式中, w_i 与 u_i 分别是 R_7 群和 G_2 群不可约表示的整数值.

表 12.4 $4f^N$ 组态单位张量 $\overline{V_q^k}$ 的数值表

V_q^6

	0	1	2	3	4	5	6	
-1	1	-√2	1	-√2	√5	-1	1	
-2	√2	-6	√30	-8	3	-√12	1	1
-3	1	-√30	15	-10	15	-3	√5	√2
-4	√2	-√8	10	-20	10	-√8	√2	√22
-5	√5	-3	15	-10	15	-√30 0		√22
-6	1	-√12	3	-√8	√30	-6	√2	√33
-7	1	-1	√5	-√2	1	-√2	1	√264
								√924

V_q^5

	0	1	2	3	4	5	6	
-1	1	-√5	1	-√2	1	-1		
-2	√5	-4	√27	-√2	1	0	-1	
-3	1	-√27	5	-√10	0	1	-1	√2
-4	√2	-√2	√10	0	-√10	√2	-√2	√2
-5	1	-1	0	√10	-5	√27		√6
-6	1	0	-1	√2	-√27	4	-√5	√6
-7		1	-1	√2	-1	√5	-1	√84
								√84

V_q^4

	0	1	2	3	4	5	6	
-1	3	-√30	√54	-3	√3			
-2	√30	-7	√32	-√3	-√2	√5		
-3	√54	-√32	1	√15	-√40	√2	√3	
-4	3	-√3	-√15	6	-√15	√3	3	√11
-5	√3	√2	-√40	√15	1	-√32	√54	√22
-6		√5	-√2	-√3	√32	-7	√30	√154
-7			√3	-3	√54	-√30		√154
								√154

V_q^3

	0	1	2	3	4	5	6	
-1	1	-√2	√2	-1				
-2	√2	-1	0	1	-√2			
-3	√2	0	-1	1	0	-√2		
-4	1	1	-1	0	1	-1	-1	
-5		√2	0	1	0	√2		√6
-6		√2	-1	0	1	-√2		√6
-7			1	-√2	√2	-1		√6
								√6

V_q^2

	0	1	2	3	4	5	6	
-1	5	-5	√5					
-2	5	0	-√15	-√10				
-3	√5	√15	-3	-√2	√12			
-4		√10	√2	-4	√2	√10		
-5		√12	-√2	-3	√15	√5		
-6			√10	-√15	0	5		√42
-7			√5	-5	5			√84
								√84

V_q^1

	0	1	2	3	4	5	6	
-1	3	-√3						
-2	√3	2	-√5					
-3		√5	1	-√6				
-4			√6	0	-√6			
-5			√6	-1	-√5			
-6				√5	-2	-√3		√28
-7					√3	-3		√28

我们引入一个新的算符 $G(X)$, 它的定义是

$$G(X) = 15G(R_7) - 12G(G_2) = 3(V^3)^2 \tag{12.15}$$

这个算符是 $G(R_7)$ 和 $G(G_2)$ 的线性组合, 其本征值同时依赖 $W=(w_1w_2w_3)$ 和 $U=(u_1u_2)$ 不可约表示, 因此, 可以区分不同的 W 和 U, 相同 L 的简并状态. 该算

符的本征值列于表 12.5, 其对于 $4f^N$ 组态的分类具有普适性, 也给实际应用带来很大方便.

表 12.5　算符 $G(X)$ 的本征值

$(w_1w_2w_3)$	(u_1u_2)								
	(00)	(10)	(11)	(20)	(21)	(22)	(30)	(31)	(40)
(000)	0								
(100)		3							
(110)		9	3						
(111)	18	12		4					
(200)				7					
(210)			15	13	6				
(211)		24	18	16	9		6		
(220)				24	15	6			
(221)		33	27	25	18		15	7	
(222)	45	39		31			21		9

变换系数 $\langle Y_i(M_L) \mid 4f^N WUSLM_L \rangle$ 可以分为两类, 即 $M_L = L$ 和 $M_L < L$. 当 $M_L < L$ 时, 可以用 L_- 算符求得

$$L_- \left|4f^N WUSLM_L\right\rangle = [(L+M_L)(L-M_L+1)]^{1/2} \left|4f^N WUSLM_L - 1\right\rangle$$

$$= [(L+M_L)(L-M_L+1)]^{1/2} \sum_i \langle Y_i(M_L-1) \mid 4f^N WUSLM_L - 1 \rangle |Y_{i'}(M_L-1)\rangle$$

$$(12.16)$$

利用式 (12.2), 式 (12.7) 和式 (12.11), 可以得到

$$\langle Y_i(M_L-1) \mid 4f^N WUSLM_L - 1 \rangle = \sqrt{56}[(L+M_L)(L-M_L+1)]^{-1/2}$$

$$\times \sum_{i'} \langle Y_{i'}(M_L) \mid 4f^N WUSLM_L \rangle \overline{V'_{n,n-1}} \langle Y_i(M_L-1)| E_{n,n-1} |Y_{i'}(M_L)\rangle$$

$$(12.17)$$

式中, i' 为 M_L 的 Young 盘编号; n 为电子状态的编号; $\langle Y_i(M_L-1)| E_{n,n-1} |Y_{i'}(M_L)\rangle$ 矩阵元的计算方法已给出, 计算公式称为 jawbone 公式 [2], 具体情况见图 12.2[从 (a) 到 (h)]

(a) $\langle T'| E_{ii} |T\rangle = \delta_{T'T}(i$ 的数目)

(b) $\langle T'| E_{ij} |T\rangle = \langle T| E_{ji} |T'\rangle$

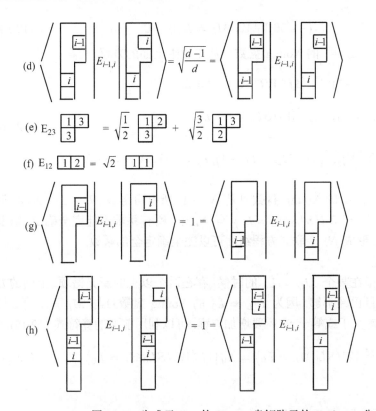

图 12.2 生成元 E_{ij} 的 Young 盘矩阵元的 jawbone 公式

因此, 只要知道系数 $\langle Y_{i'}(M_L) \mid 4f^N WUSLM_L \rangle$ 的值就可以利用式 (12.17), 依次求得 $M_L = L-1, L-2, \cdots, -L$ 的系数值.

当 $M_L = L$ 时, 角动量 L 的光谱项可能会出现简并情况, 可以分两种方案处理:

(1) 非简并情况

每个不可约表示 $\Gamma[2^{\frac{N}{2}-S}, 1^{2S}]$ 存在一个最高权重 Young 盘, 这个 Young 盘总是单一的, 并且相对应于本征态 $|4f^N WUSL_{\max}M_L = L_{\max}\rangle$, 则有

$$\langle Y(L_{\max}) \mid 4f^N WUSL_{\max}M_L = L_{\max}\rangle = 1 \qquad (12.18)$$

对于其他情况, 比如在某个 M_L 的 Young 盘中存在一个 $M_L = L_0$ 的光谱项, 可利用 L_+ 算符作用到 $|4f^N WUSL_0 M_L = L_0\rangle$ 其结果为零的方法得到. 假设在 $M_L = L_0$ 的 Young 盘为 N_i 个, 那么 $M_L = L_0+1$ 的 Young 盘数目应该是 $N_i - 1$, 若将 L_+ 算符作用到 $|4f^N WUSL_0 M_L = L_0\rangle$ 态上可得到

$$L_+ |4f^N WUSL_0 M_L = L_0\rangle = \sum_i \langle Y_i(M_L = L_0) \mid 4f^N WUSL_0 M_L = L_0\rangle$$

$$\times(-\sqrt{56})V_1^1\left|Y_i(M_L=L_0)\right\rangle=0 \tag{12.19}$$

然后, 用 $M_L=L_0+1$ 的 Young 盘数目从左边乘上面的方程, 可得

$$\left\langle Y_i(M_L=L_0+1)\right|L_+\left|4f^NWUSL_0M_L=L_0\right\rangle$$

$$=\sum_i\left\langle Y_i(M_L=L_0)\mid 4f^NWUSL_0M_L=L_0\right\rangle \tag{12.20}$$

$$\times(-\sqrt{56})\sum_n\overline{V_{n,n+1}^1}\left\langle Y_i(M_L=L_0+1)\right|E_{n,n+1}\left|Y_i(M_L=L_0)\right\rangle=0$$

由于 $M_L=L_0+1$ 的 Young 盘数目是 N_i-1, 所有可形成 N_i-1 个方程, 但是 $\left\langle Y_i(M_L=L_0)\mid 4f^NWUSL_0M_L=L_0\right\rangle$ 有 N_i 个, 所有系数不能完全确定, 需要加上归一化条件, 形成 N_i 个联立方程组才可以完全确定全部系数.

(2) 简并情况

简并情况是指在某个 $M_L=L_0$ 的时候, 存在两个以上的新光谱项, 上面的方法所得到方程数目已经不够, 因为 $M_L=L_0$ 的 Young 盘数目与 $M_L=L_0+1$ 的 Young 盘数目之差大于或等于 2, 需要增加方程, 可以利用前面的算符式 (12.15).

$$G(X)\left|4f^NWUSL_0M_L=L_0\right\rangle=X_0\left|4f^NWUSL_0M_L=L_0\right\rangle \tag{12.21}$$

或者

$$G(R_7)\left|4f^NWUSL_0M_L=L_0\right\rangle=g(W)\left|4f^NWUSL_0M_L=L_0\right\rangle$$

$$G(G_2)\left|4f^NWUSL_0M_L=L_0\right\rangle=g(U)\left|4f^NWUSL_0M_L=L_0\right\rangle \tag{12.22}$$

补充方程, 例如利用式 (12.21) 得到的方程组

$$\sum_i\left\langle Y_i(M_L=L_0)\mid 4f^NWUSL_0M_L=L_0\right\rangle$$

$$\{\left\langle Y_j(M_L=L_0)|G(X)|Y_i(M_L=L_0)\right\rangle-X_0\delta_{ij}\}=0 \tag{12.23}$$

这个方程组原则上是完备的, 可以得到全部系数, 但解方程有点繁琐. 我们可以从该方程组中选出几个补充到上面方法得到的方程中, 求解它们的系数.

例如, 对于 f^3 组态的 $\Gamma[2.1]$ 不可约表示, $S=1/2$, 它所对应的 Young 盘如下

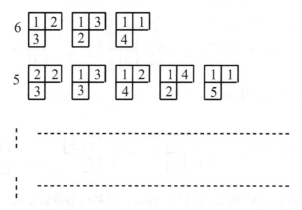

由式 (12.18) 可以知道

$$\left|4f^N WUSL=8, M_L=8\right\rangle = \boxed{\begin{array}{cc} 1 & 1 \\ 2 & \end{array}}$$

利用式 (12.20), 将 L_+ 算符作用在 $\left|4f^N WUS77\right\rangle$ 上, 得到

$$\sqrt{3}a + \sqrt{5}b = 0 \tag{12.24}$$

其中

$$a=\left\langle \boxed{\begin{array}{cc} 1 & 2 \\ 2 & \end{array}}\right. \left|4f^N WUS77\right\rangle$$

$$b=\left\langle \boxed{\begin{array}{cc} 1 & 1 \\ 3 & \end{array}}\right. \left|4f^N WUS77\right\rangle$$

式中, a 和 b 是 $\left|4f^N WUS77\right\rangle$ 态按照 Young 盘基矢展开后的系数, 根据 Young 盘基矢确定光谱项的方法知道, 只存在一个 $L=7$ 谱项, 属于非简并情况, 我们需要利用归一化条件建立另一个方程

$$a^2 + b^2 = 0 \tag{12.25}$$

式 (12.24) 和式 (12.25) 联立方程得到

$$a = -\sqrt{\frac{5}{8}}$$

$$b = \sqrt{\frac{3}{8}}$$

这样

$$\left|4f^N WUS77\right\rangle = -\sqrt{\frac{5}{8}}\;\begin{array}{|c|c|}\hline 1 & 2 \\\hline 2 \\\cline{1-1}\end{array} + \sqrt{\frac{3}{8}}\;\begin{array}{|c|c|}\hline 1 & 1 \\\hline 3 \\\cline{1-1}\end{array}$$

类似的方法可以求出 $\left|4f^N WUS66\right\rangle$ 的 Young 盘基矢表示形式, 因为它也是非简并的

$$\left|4f^N WUS66\right\rangle = \sqrt{\frac{3}{7}}\;\begin{array}{|c|c|}\hline 1 & 2 \\\hline 3 \\\cline{1-1}\end{array} - \sqrt{\frac{1}{7}}\;\begin{array}{|c|c|}\hline 1 & 3 \\\hline 2 \\\cline{1-1}\end{array} - \sqrt{\frac{3}{7}}\;\begin{array}{|c|c|}\hline 1 & 1 \\\hline 4 \\\cline{1-1}\end{array}$$

对于 $\left|4f^N WUS55\right\rangle$ 状态, 我们从 Young 盘基矢的数目知道, 应该有两个光谱项, 是简并情况, 除了利用 L_+ 算符和归一化条件外, 还要补充新的方程. 首先写出这些方程

$$\begin{aligned}
&\sqrt{12}a + \sqrt{5}b + \sqrt{12}c = 0 \\
&\sqrt{5}b + 2d = 0 \\
&c + e = 0 \\
&a^2 + b^2 + c^2 + d^2 + e^2 = 0
\end{aligned} \tag{12.26}$$

式中, a, b, c, d, e 是 $\left|4f^N WUS55\right\rangle$ 态的 Young 盘基矢展开系数, 5 个参数, 只有 4 个方程显然是不能求解, 利用式 (12.23) 补进方程, 首先要计算式 (12.23) 中的矩阵元 $\langle Y_j(M_L = 5)|\, G(X)\, |Y_i(M_L = 5)\rangle$, 计算结果为

	$\begin{array}{cc}2&2\\3\end{array}$	$\begin{array}{cc}1&3\\3\end{array}$	$\begin{array}{cc}1&2\\4\end{array}$	$\begin{array}{cc}1&4\\2\end{array}$	$\begin{array}{cc}1&1\\5\end{array}$
$\begin{array}{cc}2&2\\3\end{array}$	12	0	-3	$-\sqrt{3}$	0
$\begin{array}{cc}1&3\\3\end{array}$	0	6	0	0	0
$\begin{array}{cc}1&2\\4\end{array}$	-3	0	9	$\dfrac{\sqrt{3}}{2}$	-3
$\begin{array}{cc}1&4\\2\end{array}$	$-\sqrt{3}$	0	$\dfrac{\sqrt{3}}{2}$	7	$\sqrt{3}$
$\begin{array}{cc}1&1\\5\end{array}$	0	0	-3	$\sqrt{3}$	12

我们补进方程是

$$[12 - X_0(WU)]a - 3c - \sqrt{3}d = 0 \tag{12.27}$$

由 Racah 群链和分支规则知道, $M_L=5$ 时两个状态是 $|4f^N(210)(11)H\rangle$ 和 $|4f^N(210)(21)H\rangle$, 从表 12.5 中可查到, 这两个状态的本征值分别是 15 和 6. 当 $X_0 = 15$ 时, 得到

$$-3a - 3c - \sqrt{3}d = 0 \tag{12.28}$$

解式 (12.26) 和式 (12.28) 联立方程, 得到

$$\left|4f^N(210)(11)55\right\rangle = \frac{1}{\sqrt{3}}\left(\begin{array}{|c|c|}\hline 2 & 2 \\ \hline 3 \\ \hline\end{array} - \begin{array}{|c|c|}\hline 1 & 2 \\ \hline 4 \\ \hline\end{array} + \begin{array}{|c|c|}\hline 1 & 1 \\ \hline 5 \\ \hline\end{array}\right)$$

当 $X_0 = 6$ 时, 得到

$$6a - 3c - \sqrt{3}d = 0 \tag{12.29}$$

解式 (12.26) 和式 (12.29) 联立方程, 得到

$$\left|4f^N(210)(21)55\right\rangle = \frac{1}{\sqrt{273}}\left(\ 2\sqrt{5}\ \begin{array}{|c|c|}\hline 2 & 2 \\ \hline 3 \\ \hline\end{array}\ -6\sqrt{3}\ \begin{array}{|c|c|}\hline 1 & 3 \\ \hline 3 \\ \hline\end{array}\ +\sqrt{5}\ \begin{array}{|c|c|}\hline 1 & 2 \\ \hline 4 \\ \hline\end{array}\right.$$

$$\left.+3\sqrt{15}\ \begin{array}{|c|c|}\hline 1 & 4 \\ \hline 2 \\ \hline\end{array}\ -\sqrt{5}\ \begin{array}{|c|c|}\hline 1 & 1 \\ \hline 5 \\ \hline\end{array}\right)$$

这样, 简并情况下状态的 Young 盘基矢表示形式也可求出. 很显然这些状态是 $G(R_7)$, $G(G_2)$, L^2 和 L_z 的共同本征态. 类似的操作可以将任何一个不可约表示的光谱项完全表达为 Young 盘基矢表示形式.

12.6 $4f^N$ 组态谱项能的计算[10]

12.6.1 Young 盘矩阵元 $\langle Y_i|H_e|Y_j\rangle$ 的计算

谱项能是由电子–电子间相互作用引起的, 其体系的 Hamilton 量算符为

$$H_e = \frac{1}{2}\sum_k F^k \sum_q C_{kq}^+ C_{kq} \tag{12.30}$$

其中

$$C_{kq} = \left(\frac{4\pi}{2k+1}\right)^{1/2} Y_{kq}$$

$$F^k = e^2 \int_0^\infty R_{4f}^2(r)\mathrm{d}r \int_0^\infty R_{4f}^2(r')\mathrm{d}r' \frac{r^k}{r'^{k+1}}$$

式中, Y_{kq} 和 C_{kq} 分别是球谐函数和球谐张量; F^k 是 Slater 积分.

单电子的单位张量定义如下

$$
\begin{aligned}
v_q^k &= \sum_{m,m'} \langle lm | v_q^k | lm' \rangle\, e_{mm'} \\
e_{mm'} &= |lm\rangle \langle lm'| \\
\langle lm | v_q^k | lm' \rangle &= (-1)^{l-m} (2k+1)^{1/2}
\begin{pmatrix}
l & k & l \\
-m & q & m'
\end{pmatrix}
\end{aligned}
\tag{12.31}
$$

多电子体系的单位张量算符为

$$
\begin{aligned}
V_q^k &= \sum_\alpha v_q^k(\alpha) = \sum_{m,m'} \langle lm | v_q^k | lm' \rangle E_{mm'} \\
E_{mm'} &= \sum_\alpha e_{mm'}(\alpha)
\end{aligned}
\tag{12.32}
$$

式中对 α 求和表示对体系中的所有电子求和, 体系的生成元算符满足下面对易关系

$$[E_{ij}, E_{kl}] = \delta_{jk} E_{il} - \delta_{li} E_{kj} \tag{12.33}$$

根据式 (12.31) 和式 (12.32), 以及 Wigner-Eckart 定理, 可以得到

$$C_{kq} = (2k+1)^{-1/2} \langle l \| C^k \| l \rangle V_q^k \tag{12.34}$$

则电子-电子间相互作用的 Hamilton 量算符为

$$
H_e = \frac{1}{2} \sum_k F^k (2k+1)^{-1} \langle l \| C^k \| l \rangle^2 \left[\sum_q \widetilde{V_q^k} V_q^k - \frac{1}{7}(2k+1)N \right]
\tag{12.35}
$$

$$\widetilde{V_q^k} = (-1)^q V_q^k$$

这里, N 是体系的 f 电子数, 生成元 $E_{ij} = E_{ji}^+$, 式 (12.35) 可以进一步整理为

$$
H_e = \frac{1}{2} \sum_k F_k \left[\sum_q \widetilde{W_q^k} W_q^k - \frac{1}{7}\alpha_k (2k+1)N \right]
\tag{12.36}
$$

其中 [6]

$$
\begin{aligned}
F_k &= F^k / D_k \\
\alpha_k &= 49(2k+1)^{-1}
\begin{pmatrix}
3 & k & 3 \\
0 & 0 & 0
\end{pmatrix}^2 D_k \\
W_q^k &= (\alpha_k)^{1/2} V_q^k = \sum_{i,j} \overline{W_{ij}^k} E_{ij}
\end{aligned}
\tag{12.37}
$$

式中, W_q^k 可以认为是多电子体系单位张量的新形式; D_k 值在第 3 章已经给出; i 和 j 是 f 电子的状态编号. 计算得到 $\alpha_2 = 84$, $\alpha_4 = 154$, $\alpha_6 = 924$, $\overline{W_{ij}^k}$ 是依赖 k 的数, 已经计算并列于表 12.6.

表 12.6 $4f^N$ 组态 $\overline{W_{ij}^k}$ 的数值表

$\overline{W_{ij}^2}$	1	2	3	4	5	6	7
1	5	-5	$\sqrt{10}$				
2	5	0	$-\sqrt{15}$	$\sqrt{20}$			
3	$\sqrt{10}$	$\sqrt{15}$	-3	$-\sqrt{2}$	$\sqrt{24}$		
4		$\sqrt{20}$	$\sqrt{2}$	-4	$\sqrt{2}$	$\sqrt{20}$	
5			$\sqrt{24}$	$-\sqrt{2}$	-3	$\sqrt{15}$	$\sqrt{10}$
6				$\sqrt{20}$	$-\sqrt{15}$	0	5
7					$\sqrt{10}$	-5	5

$\overline{W_{ij}^4}$	1	2	3	4	5	6	7
1	3	$-\sqrt{30}$	$\sqrt{54}$	$-\sqrt{63}$	$\sqrt{42}$		
2	$\sqrt{30}$	-7	$\sqrt{32}$	$-\sqrt{3}$	$-\sqrt{14}$	$\sqrt{70}$	
3	$\sqrt{54}$	$-\sqrt{32}$	1	$\sqrt{15}$	$-\sqrt{40}$	$\sqrt{14}$	$\sqrt{42}$
4	$\sqrt{63}$	$-\sqrt{3}$	$-\sqrt{15}$	6	$-\sqrt{15}$	$-\sqrt{3}$	$\sqrt{63}$
5	$\sqrt{42}$	$\sqrt{14}$	$-\sqrt{40}$	$\sqrt{15}$	1	$-\sqrt{32}$	$\sqrt{54}$
6		$\sqrt{70}$	$-\sqrt{14}$	$-\sqrt{3}$	$\sqrt{32}$	-7	$\sqrt{30}$
7			$\sqrt{42}$	$-\sqrt{63}$	$\sqrt{54}$	$-\sqrt{30}$	3

$\overline{W_{ij}^6}$	1	2	3	4	5	6	7
1	1	$-\sqrt{7}$	$\sqrt{28}$	$-\sqrt{84}$	$\sqrt{210}$	$-\sqrt{462}$	$\sqrt{924}$
2	$\sqrt{7}$	-6	$\sqrt{105}$	$-\sqrt{224}$	$\sqrt{378}$	$-\sqrt{504}$	$\sqrt{462}$
3	$\sqrt{28}$	$-\sqrt{105}$	15	$-\sqrt{350}$	$\sqrt{420}$	$-\sqrt{378}$	$\sqrt{210}$
4	$\sqrt{84}$	$-\sqrt{224}$	$\sqrt{350}$	-20	$\sqrt{350}$	$-\sqrt{224}$	$\sqrt{84}$
5	$\sqrt{210}$	$-\sqrt{378}$	$\sqrt{420}$	$-\sqrt{350}$	15	$-\sqrt{105}$	$\sqrt{28}$
6	$\sqrt{462}$	$-\sqrt{504}$	$\sqrt{378}$	$-\sqrt{224}$	$\sqrt{105}$	-6	$\sqrt{7}$
7	$\sqrt{924}$	$-\sqrt{462}$	$\sqrt{210}$	$-\sqrt{84}$	$\sqrt{28}$	$-\sqrt{7}$	1

由于波函数用 Young 盘表示, 所以计算谱项能时, 首先要解决矩阵元 $\langle Y_i | H_e | Y_j \rangle$ 的计算问题. 由式 (12.36) 知道, 计算的关键是计算矩阵元 $\left\langle Y_i \left| \sum_k \widetilde{W_q^k} W_q^k \right| Y_j \right\rangle$. 下面我们讨论它的计算方法, 具体分两种情况:

(1) 对角矩阵元的计算

$$T_{\lambda\lambda}^k = \langle Y_\lambda | \sum_q \widetilde{W_q^k} W_q^k | Y_\lambda \rangle = \sum_{q,\xi} \langle Y_\lambda | \widetilde{W_q^k} | Y_\xi \rangle \langle Y_\xi | W_q^k | Y_\lambda \rangle$$

$$= \sum_\xi \left| \sum_{i,j} \overline{W_{ij}^k} \langle Y_\xi | E_{ij} | Y_\lambda \rangle \right|^2 \tag{12.38}$$

在推导中利用了式 (12.37). 由于 $i-j=q$, 所以可以将对 q 的求和变换成对 i 和 j 的求和, 对 ξ 求和表示对某个不可约表示的所有相关 Young 盘求和. 但是我们注意到矩阵元 $\langle Y_\xi | E_{ij} | Y_\lambda \rangle$ 的非零条件是: ① Y_λ 盘中必须含有 j 的编号; ② Y_λ 与 Y_ξ 盘之间只能有一个不相同编号, 其余的编号应该完全相同. 这样, 实际上对于 ξ 求和的 Young 盘是只有有限的几个盘. 对于 $|i-j|=1$ 或 0 的计算公式已经由 jawbone 公式给出. 对于 $|i-j|>1$ 的情况可以利用生成元算符的对易关系将 E_{ij} 变为角标之差为 1 的生成元的乘积形式. 我们得到这种变换的一般表达式

$$E_{ij} = \left\{ \prod_{n=1}^{i-j-1} (1-p_{i-n}) \right\} E_{i,i-1} E_{i-1,i-2} \cdots E_{i-n+1,i-n} \cdots E_{j+1,j} \quad (i>j) \quad (12.39)$$

$$E_{ij} = \left\{ \prod_{n=1}^{j-i-1} (1-p_{i+n}) \right\} E_{i,i+1} E_{i+1,i+2} \cdots E_{i+n-1,i+n} \cdots E_{j-1,j} \quad (i<j) \quad (12.40)$$

式中, p_{i-n} (或 p_{i+n}) 为选择迁移算符, 它表示把下角标为 $i-n$ (或者 $i+n$) 的生成元算符移到乘积的最后, 移动次序由后角标为 $j+1$ (或 $j-1$) 的开始, 逐渐增大 (或减小), 到 $i-1$ (或 $i+1$) 为止. 例如利用式 (12.40) 变换 E_{41} 算符, 得到

$$\begin{aligned} E_{41} &= (1-p_3)(1-p_2) E_{43} E_{32} E_{21} = (1-p_3)(E_{43} E_{32} E_{21} - E_{43} E_{21} E_{32}) \\ &= (E_{43} E_{32} E_{21} - E_{43} E_{21} E_{32} - E_{32} E_{21} E_{43} + E_{21} E_{32} E_{43}) \end{aligned} \quad (12.41)$$

这样, 对 $|i-j|>1$ 的 E_{ij} 情况可以分解为 $|i-j|=1$ 的生成元算符的乘积, 对于乘积中的每个生成元算符对 Young 盘的作用可以利用 jawbone 公式完成. 于是, 当 $|i-j|>1$ 时, 对角矩阵元可以表达为

$$T_{\lambda\lambda}^k = \left(\sum_j N_j \overline{W_{jj}^k} \right)^2 + \sideset{}{'}\sum_\xi \sum_{i\neq j} (\overline{W_{ij}^k})^2 \langle Y_\xi | E_{ij} | Y_\lambda \rangle^2 \quad (12.42)$$

式中, $\sideset{}{'}\sum_\xi$ 表示对与 Y_λ 盘相差一个编号的相关 Y_ξ 盘求和; N_j 表示状态编号为 j 的电子数, 一般 $N_j=1$ 或 2; $\overline{W_{ij}^k}$ 的值取自表 12.6. 这样, 矩阵元 $T_{\lambda\lambda}^k$ 可以求得. 于是

$$E_{\lambda\lambda} = \langle Y_\lambda | H_e | Y_\lambda \rangle = \frac{1}{2} \sum_k F_k \left[T_{\lambda\lambda}^k - \frac{1}{7}(2k+1)\alpha_k N \right] \quad (12.43)$$

(2) 非对角矩阵元的计算

假设任意一个非对角矩阵元

$$T_{\lambda\sigma}^k = \left\langle Y_\lambda \left| \widetilde{W_q^k} W_q^k \right| Y_\sigma \right\rangle = \left\langle Y_\lambda \left| \sum_{i,j} (-1)^{i-j} \overline{W_{ji}^k} E_{ji} \sum_{l,h} \overline{W_{lh}^k} E_{lh} \right| Y_\sigma \right\rangle \quad (12.44)$$

式中含有两个生成元算符, 因此, 两个 Young 盘中最多相差两个编号才能使矩阵元不为零. 假设 i' 和 h' 为 Y_σ 盘中的两个不同编号, j' 和 l' 是 Y_λ 盘中的两个不相同编号, 其余的编号都相同, 则得到

$$T_{\lambda\sigma}^k = [(-1)^{i'-j'}\overline{W_{j'i'}^k, W_{l'h'}^k} \langle Y_\lambda | E_{j'i'} E_{l'h'} |Y_\sigma\rangle + (-1)^{h'-j'}\overline{W_{j'h'}^k, W_{l'i'}^k} \langle Y_\lambda | E_{j'h'} E_{l'i'} |Y_\sigma\rangle \tag{12.45}$$

式 (12.45) 中生成元算符的矩阵元用式 (12.39) 或者式 (12.40) 变换计算, 于是得到

$$E_{\lambda\sigma} = \frac{1}{2}\sum_k F_k T_{\lambda\sigma}^k \tag{12.46}$$

12.6.2   谱项能的计算

(1) 直接计算方法

我们知道谱项能可以计算如下矩阵元

$$\begin{aligned} E(L) &= \langle 4f^N WULM_L| H_e |4f^N WULM_L\rangle \\ &= \sum_{i,j} \langle Y_i(M_L) \,|\, 4f^N WULM_L\rangle \langle 4f^N WULM_L \,|\, Y_j(M_L)\rangle \\ &\quad \times \langle Y_i(M_L)| H_e |Y_j(M_L)\rangle \end{aligned} \tag{12.47}$$

假若谱项状态波函数的 Young 盘表达式已知, 式 (12.47) 中的变换系数也就得到, Young 盘矩阵元可用上面的方法计算, 则谱项能可以得到.

(2) 递推计算方法

按照谱项状态波函数和 Young 盘间的变换关系, 同样可以得到

$$\begin{aligned} &\langle Y_i(M_L)| H_e |Y_j(M_L)\rangle \\ &= \sum_{W,U,L} \langle 4f^N WULM_L \,|\, Y_j(M_L)\rangle^2 \langle 4f^N WULM_L| H_e |4f^N WULM_L\rangle \end{aligned} \tag{12.48}$$

从 Young 盘的性质知道, 一组 Young 盘 $Y_i(M_L = L_0)$, 既是 L_0 谱项的基矢, 又是 $L > L_0$ 各个谱项的基矢, 下面分两种情况讨论.

① 非简并的谱项能计算

任何一个不可约表示 $\Gamma[2^{N/2-S}, 1^{2S}]$ 有一个最高 Young 盘, 它相对应于最大的轨道角动量量子数的状态, 两者间的变换系数为 1, 所以

$$\begin{aligned} &\langle Y_i(M_L = L_{\max})| H_e |Y_i(M_L = L_{\max})\rangle \\ &= \langle 4f^N WULM_L = L_{\max}| H_e |4f^N WULM_L = L_{\max}\rangle = E(L_{\max}) \end{aligned}$$

对于 $M_L = L_{\max} - 1$ 的矩阵元, 则有

$$\langle Y_i(M_L = L_{\max} - 1) | H_e | Y_i(M_L = L_{\max} - 1) \rangle$$

$$= \sum_{W,U,L} \langle 4f^N WULL_{\max} - 1 \,|\, Y_i(L_{\max} - 1) \rangle^2$$

$$\langle 4f^N WULL_{\max} - 1 | H_e | 4f^N WULL_{\max} - 1 \rangle$$

$$= \langle 4f^N WUL_{\max}L_{\max} - 1 \,|\, Y_i(L_{\max} - 1) \rangle^2$$

$$\times \langle 4f^N WUL_{\max}L_{\max} - 1 | H_e | 4f^N WUL_{\max}L_{\max} - 1 \rangle$$

$$+ \langle 4f^N WUL_{\max} - 1 L_{\max} - 1 \,|\, Y_i(L_{\max} - 1) \rangle^2$$

$$\times \langle 4f^N WUL_{\max} - 1 L_{\max} - 1 | H_e | 4f^N WUL_{\max} - 1 L_{\max} - 1 \rangle$$

$$= a_i^2(WUL_{\max}, L_{\max} - 1) E(L_{\max}) + a_i^2(WUL_{\max} - 1, L_{\max} - 1) E(L_{\max} - 1) \tag{12.49}$$

其中

$$a_i^2(WUL_{\max}, L_{\max} - 1) = \langle 4f^N WUL = L_{\max}, M_L = L_{\max} - 1 \,|\, Y_i(L_{\max} - 1) \rangle^2$$

$$a_i^2(WUL_{\max} - 1, L_{\max} - 1) = \langle 4f^N WUL = L_{\max} - 1, M_L = L_{\max} - 1 \,|\, Y_i(L_{\max} - 1) \rangle^2$$

由式 (12.49) 得到

$$E(L_{\max} - 1) = \frac{1}{a_i^2(WUL_{\max} - 1 L_{\max} - 1)}$$

$$\times [\langle Y_i(L_{\max} - 1) | H_e | Y_i(L_{\max} - 1) \rangle - a_i^2(WUL_{\max}L_{\max} - 1) E(L_{\max})] \tag{12.50}$$

经过上面的过程, 可以发现如果 $E(L_{\max})$ 已知, 只要计算一个 $\langle Y_i(L_{\max} - 1) | H_e | Y_i(L_{\max} - 1) \rangle$ 就可以得出 $E(L_{\max} - 1)$ 能量, 并且在计算 $\langle Y_i(L_{\max} - 1) | H_e | Y_i(L_{\max} - 1) \rangle$ 时, 由于每个 Young 盘都是等价的, 可以选择最简单的 Young 盘, 大大简化了计算过程. 类似方式进一步推导下去, 对任何一个 $L = L_0$ 的状态, 它的能量表达式, 可以归纳为一般的形式

$$E(L_0) = \frac{1}{a_i^2(W'U'L_0L_0)} \left[\langle Y_i(L_0) | H_e | Y_i(L_0) \rangle - \sum_{W,U,L=L_0+1} a_i^2(WULL_0) E(L) \right] \tag{12.51}$$

② L 简并的情况

这种简并指的是一个 L 对应几个谱项, 但是这几个谱项的差别是由于 W 和 U 不同. 假设某一个 L' 有 M 个谱项, 每个谱项的 Young 盘表示形式都已知, 即各个

谱项的 Young 盘展开系数都已知, 则可以列出如下的方程组

$$\langle Y_{i1}(L')| H_e |Y_{i1}(L')\rangle = \sum_{W,U,L=L'+1} a_{i1}^2(WULL')E(WUL)$$

$$+ \sum_{W,U} a_{i1}^2(WUL'L')E(WUL')$$

$$\langle Y_{i2}(L')| H_e |Y_{i2}(L')\rangle = \sum_{W,U,L=L'+1} a_{i2}^2(WULL')E(WUL)$$

$$+ \sum_{W,U} a_{i2}^2(WUL'L')E(WUL') \tag{12.52}$$

$$\cdots$$

$$\cdots$$

$$\langle Y_{iM}(L')| H_e |Y_{iM}(L')\rangle = \sum_{W,U,L=L'+1} a_{iM}^2(WULL')E(WUL)$$

$$+ \sum_{W,U} a_{iM}^2(WUL'L')E(WUL')$$

该方程组左面的 Young 盘矩阵元可以计算, 右面第一项系数和能量已知, 第二项的系数也已知, 只有相同 L, 不同 W 和 U 的各个谱项能是未知数, 解式 (12.52) 就可以求出各个具有同样 L 的各个谱项的能量.

为了说明计算方法, 举一个例子, 首先将 Young 盘形式进行书写简化, 即

$$\begin{array}{|c|} \hline a \\ \hline b \\ \hline c \\ \hline \vdots \\ \hline n \\ \hline \end{array} = Y(a,b,c,\cdots,n) \qquad \begin{array}{|c|c|} \hline a1 & a2 \\ \hline b1 & b2 \\ \hline c1 & c2 \\ \hline \vdots & \vdots \\ \hline & m2 \\ \hline n1 & \\ \hline \end{array} = Y\begin{pmatrix} a1,b1,c1,\cdots,n1 \\ a2,b2,c2,\cdots,m2 \end{pmatrix}$$

计算 $4f^5$ 组态的最低谱项能级 ^{6}H 和 ^{6}F 的能级能量, 这两个谱项的 Young 盘形式是

$$\left|4f^5(110)(11)H5\right\rangle = Y(1,2,3,4,5) \tag{12.53}$$

$$\left|4f^5(110)(10)F3\right\rangle = \sqrt{\frac{2}{3}}Y(1,2,3,4,7) - \sqrt{\frac{1}{3}}Y(1,2,3,5,6) \tag{12.54}$$

利用直接计算方法, 使用式 (12.43) 和式 (12.45), 以及表 12.6, 可以得到

$$E(^6H) = \langle Y(1,2,3,4,5)| H_e |Y(1,2,3,4,5)\rangle = 10F_0 - 115F_2 - 348F_4 - 2587F_6$$

$$(12.55)$$

$$\langle Y(1,2,3,4,7)| H_e |Y(1,2,3,4,7)\rangle = 10F_0 - 105F_2 - 336F_4 - 2769F_6 \qquad (12.56)$$

$$\langle Y(1,2,3,5,6)| H_e |Y(1,2,3,5,6)\rangle = 10F_0 - 110F_2 - 342F_4 - 2678F_6 \qquad (12.57)$$

$$\langle Y(1,2,3,4,7)| H_e |Y(1,2,3,5,6)\rangle$$

$$= -\overline{W_{76}^k W_{45}^k} - \overline{W_{75}^k W_{46}^k} \begin{cases} -5\sqrt{2}, k=2 \\ -6\sqrt{2}, k=4 \\ 91\sqrt{2}, k=6 \end{cases} \qquad (12.58)$$

利用 Young 盘矩阵元的结果, 可以得到 ^6F 的能级能量的表达式

$$E(^6F) = \langle 4f^5(110)(10)F3| H_e |4f^5(110)(10)F3\rangle$$

$$= \frac{2}{3}\langle Y(1,2,3,4,7)| H_e |Y(1,2,3,4,7)\rangle + \frac{1}{3}\langle Y(1,2,3,5,6)| H_e |Y(1,2,3,5,6)\rangle$$

$$- \frac{2\sqrt{2}}{3}\langle Y(1,2,3,4,7)| H_e |Y(1,2,3,5,6)\rangle$$

$$= 10F_0 - 100F_2 - 330F_4 - 2860F_6$$

$$(12.59)$$

利用递推计算方法, 首先采用 L_- 算符作用到 $|4f^5(110)(11)H5\rangle$ 态上, 得到

$$|4f^5(110)(11)H3\rangle = \sqrt{\frac{1}{3}}Y(1,2,3,4,7) + \sqrt{\frac{2}{3}}Y(1,2,3,5,6) \qquad (12.60)$$

利用式 (12.51) 以及式 (12.54)~ 式 (12.56) 的结果得到

$$E(^6F) = \frac{3}{2}[(10F_0 - 105F_2 - 336F_4 - 2769F_6)$$

$$- \frac{1}{3}(10F_0 - 115F_2 - 348F_4 - 2587F_6)] \qquad (12.61)$$

$$= 10F_0 - 100F_2 - 330F_4 - 2860F_6$$

可以看到两种方法计算结果是一样的, 与其他得到的结果完全相同.

12.7　$4f^{N-1}n'l'$ 组态的波函数和能级

两个轨道壳层的组态通常是离子的激发组态, 它不同于单一组态的原因是由于存在着壳层间电子-电子间相互作用, 体系波函数的 Young 盘形式和体系的 Hamilton 算符都发生了变化. $4f$ 电子的状态编号是 1~7; 其他壳层电子的状态编号接续

f 电子的状态编号. 比如 $5d$ 电子, 它有 5 个状态, 则编号从 8~12; $6p$ 电子有 3 个状态, 则编号从 8~10. 以此类推. 假设 $4f^{N-1}$ 组态的某一体系状态的总自旋为 S_1, 耦合一其他壳层的电子后产生两种自旋多重态, 它们是 $S_1 \pm 1/2$. 体系的 Hamilton 算符为

$$H_e = H_e(ll) + H_e(ll') \tag{12.62}$$

写成 U 群的算符形式则为

$$H_e(ll) = \frac{1}{2} \sum_k F_k(ll) \left[\sum_q \widetilde{W_q^k(ll)} W_q^k(ll) - \frac{2k+1}{2l+1} \alpha(kll)(N-1) \right] \tag{12.63}$$

$$H_e(ll') = \frac{1}{2} \sum_k F_k(ll') \sum_q \left[\widetilde{W_q^k(ll)} W_q^k(l'l') + \widetilde{W_q^k(l'l')} W_q^k(ll) \right]$$

$$+ \frac{1}{2} \sum_k G_k(ll') \left\{ \sum_q \left[\widetilde{W_q^k(ll')} W_q^k(ll') + \widetilde{W_q^k(l'l)} W_q^k(l'l) \right] \right.$$

$$\left. - (2k+1)\alpha(kll') \left(\frac{N-1}{2l+1} + \frac{1}{2l'+1} \right) \right\} \tag{12.64}$$

$$W_q^k(ll') = (-1)^{l-l'+q} \widetilde{W_{-q}^k(l'l)} \tag{12.65}$$

$$W_q^k(ll') = \sqrt{\alpha(kll')} V_q^k(ll') \tag{12.66}$$

$$\alpha(kll') = \frac{(2l+1)(2l'+1)}{2k+1} D_k(ll') \begin{pmatrix} l & k & l' \\ 0 & 0 & 0 \end{pmatrix}^2 \tag{12.67}$$

式中, $D_k(ll')$ 的值见第 7 章的表 7.1. $\alpha(kll')$ 的值见表 12.7.

表 12.7　各个组态的 $\alpha(kll')$ 的值

k	ff	fd	fp	fs	dd	dp	ds	pp	ps	ss
0	7				5			3		1
1		35				10			1	
2	84		63		14		1	6		
3		60		1	45					
4	154		28		70					
5		210								
6	924									

为了说明波函数和谱项能的形式和计算方法, 以 Eu^{2+} 离子的 $4f^6 n'l'$ 组态为例.

12.7.1　$4f^6 n'l'$ 组态的波函数[11]

(1) $4f^6 5d$ 组态的波函数

将 $4f$ 轨道的 7 个量子态编号为 1~7, $5d$ 电子轨道的 5 个量子态编号为 8~12, $4f^6$ 组态的最低光谱为 ^7F 它与 $5d$ 电子的 ^2D 谱项耦合形成八重态 $^8(H, G, F, D, P)$

和六重态 $^6(H, G, F, D, P)$ 的谱项, 利用 U 群理论将它们写成 Young 盘形式

$$|4f^65d^8H\rangle = Y(1, 2, 3, 4, 5, 6, 8)$$

$$|4f^65d^8G\rangle = -\sqrt{\frac{2}{5}}Y(1, 2, 3, 4, 5, 7, 8) + \sqrt{\frac{3}{5}}Y(1, 2, 3, 4, 5, 6, 9)$$

$$|4f^65d^8F\rangle = \sqrt{\frac{1}{6}}Y(1, 2, 3, 4, 6, 7, 8) - \sqrt{\frac{5}{12}}Y(1, 2, 3, 4, 5, 7, 9)$$
$$+ \sqrt{\frac{5}{12}}Y(1, 2, 3, 4, 5, 6, 10)$$

$$|4f^65d^8D\rangle = -\sqrt{\frac{1}{14}}Y(1, 2, 3, 5, 6, 7, 8) + \sqrt{\frac{3}{14}}Y(1, 2, 3, 4, 6, 7, 9)$$
$$- \sqrt{\frac{5}{14}}Y(1, 2, 3, 4, 5, 7, 10) + \sqrt{\frac{5}{14}}Y(1, 2, 3, 4, 5, 6, 11)$$

$$|4f^65d^8P\rangle = -\sqrt{\frac{1}{35}}Y(1, 2, 4, 5, 6, 7, 8) - \sqrt{\frac{3}{35}}Y(1, 2, 3, 5, 6, 7, 9)$$
$$+ \sqrt{\frac{6}{35}}Y(1, 2, 3, 4, 6, 7, 10)$$
$$- \sqrt{\frac{2}{7}}Y(1, 2, 3, 4, 5, 7, 11) + \sqrt{\frac{3}{7}}Y(1, 2, 3, 4, 5, 6, 12)$$

(2) $4f^66p$ 组态的波函数

$4f$ 轨道的 7 个量子态编号为 1~7, $5d$ 电子轨道的 5 个量子态编号为 8~10, $4f^6$ 组态的最低光谱项为 ^7F 它与 $6p$ 电子的 ^2P 谱项耦合形成八重态 $^8(G, F, D)$ 和六重态 $^6(G, F, D)$ 的谱项, 利用 U 群理论将它们写成 Young 盘形式为

$$|4f^66p^8G\rangle = Y(1, 2, 3, 4, 5, 6, 8)$$

$$|4f^66p^8F\rangle = -\sqrt{\frac{1}{4}}Y(1, 2, 3, 4, 5, 7, 8) + \sqrt{\frac{3}{4}}Y(1, 2, 3, 4, 5, 6, 9)$$

$$|4f^66p^8D\rangle = \sqrt{\frac{1}{21}}Y(1, 2, 3, 4, 6, 7, 8) - \sqrt{\frac{5}{21}}Y(1, 2, 3, 4, 5, 7, 9) + \sqrt{\frac{5}{7}}Y(1, 2, 3, 4, 5, 6, 10)$$

(3) $4f^66s$ 组态的波函数

$4f^6$ 组态的最低光谱项为 ^7F 它与 $6s$ 电子的 ^2S 谱项耦合形成八重态 ^8F 和六重态 ^6F 的谱项, 利用 U 群理论将它们写成 Young 盘形式为

$$|4f^66s^8F\rangle = Y(1, 2, 3, 4, 5, 6, 8)$$

对于六重态的波函数, 计算方法与八重态相同, 得到的系数也一样, 唯一的差别是 Young 盘形式不同. 比如八重态的 Young 盘形式为单列

$$|4f^6 5d^8 H\rangle = Y(1,2,3,4,5,6,8)$$

六重态的 Young 盘形式为双列

$$|4f^6 5d^6 H\rangle = Y\begin{pmatrix} 1,2,3,4,5,6 \\ 8 \end{pmatrix}$$

其他六重态的波函数的 Young 盘形式也很容易写出来, 这里不一一列举.

12.7.2 $4f^6 n'l'$ 组态的谱项能计算[11,13]

谱项能级的能量应该计算矩阵元 $\langle 4f^{N-1}n'l'SLM_L| H_e |4f^{N-1}n'l'SLM_L\rangle$, 由谱项波函数的 Young 盘形式可以知道关键是计算 Young 盘的矩阵元 $\langle Y(M_L)| H_e |Y(M_L)\rangle$, 利用式 (12.63) 和式 (12.64) 可以导出下面结果

对于八重态

$$\langle Y_\sigma(M_L)| H_e(ll) |Y_\lambda(M_L)\rangle$$

$$= \frac{1}{2}\sum_k \left\{ \sum_{i,j} \left(\overline{W_{ij}^k(ll)}\right)^2 + \left[\sum_i \overline{W_{ii}^k(ll)}\right]^2 - \alpha(kll)\frac{2k+1}{2l+1}(N-1)\right\} F_k(ll)\delta(Y_\sigma Y_\lambda)$$

$$(12.68)$$

$$\langle Y_\sigma(M_L)| H_e(ll') |Y_\lambda(M_L)\rangle$$

$$= \sum_k \left[\sum_i \overline{W_{ii}^k(ll)}\right]\left[\sum_i \overline{W_{ii}^k(l'l')}\right] F_k(ll')\delta(Y_\sigma Y_\lambda) - \sum_k \left\{\sum_{i,i'} \left[\overline{W_{ii'}^k(ll')}\right]^2\right\} G_k(ll')$$

$$(12.69)$$

对于六重态, F_k 表达式与八重态相同, G_k 的表达式变为

$$\sum_k \left\{\sum_{i,i'} \frac{1}{m_x}\left[\overline{W_{ii'}^k(ll')}\right]^2\right\} G_k(ll') \qquad (12.70)$$

上面各式中, i, i' 分别表示两种轨道盘中占据态的编号; j 表示未占据轨道态的编号; m_x 是 l 壳层盘占据态的最大的行数; $\overline{W_{ij}^k}$ 的数表分别列于表 12.8 和表 12.9.

对于 $l = 3$ 的 $\overline{W_{ij}^k(ll)}$ 见表 12.6.

利用各个谱项的波函数和谱项能计算公式, 以及上面各个数表, 得到的能级表达式如下

表 12.8 $\overline{W_{ij}^k(ll)}$ 的数表

i) $l=1$

$\overline{W_{ij}^2(ll)}$

1	$-\sqrt{3}$	$\sqrt{6}$
$\sqrt{3}$	-2	$\sqrt{3}$
$\sqrt{6}$	$-\sqrt{3}$	1

ii) $l=2$

$\overline{W_{ij}^2(ll)}$

2	$-\sqrt{6}$	2		
$\sqrt{6}$	-1	-1	$\sqrt{6}$	
2	1	-2	1	2
	$\sqrt{6}$	-1	-1	$\sqrt{6}$
		2	$-\sqrt{6}$	2

$\overline{W_{ij}^4(ll)}$

1	$-\sqrt{5}$	$\sqrt{15}$	$-\sqrt{35}$	$\sqrt{70}$
$\sqrt{5}$	-4	$\sqrt{30}$	$-\sqrt{40}$	$\sqrt{35}$
$\sqrt{15}$	$-\sqrt{30}$	6	$-\sqrt{30}$	$\sqrt{15}$
$\sqrt{35}$	$-\sqrt{40}$	$\sqrt{30}$	-4	$\sqrt{5}$
$\sqrt{70}$	$-\sqrt{35}$	$\sqrt{15}$	$-\sqrt{5}$	1

表 12.9 $\overline{W_{ij}^k(ll')}$ 的数表

① fd

$\overline{W_{ij}^1(ll')}$

$\sqrt{15}$				
$\sqrt{5}$	$\sqrt{10}$			
1	$\sqrt{8}$	$\sqrt{6}$		
	$\sqrt{3}$	3	$\sqrt{3}$	
		$\sqrt{6}$	$\sqrt{8}$	1
			$\sqrt{10}$	$\sqrt{5}$
				$\sqrt{15}$

$\overline{W_{ij}^3(ll')}$

$\sqrt{10}$	-5	5		
$\sqrt{20}$	$-\sqrt{15}$	0	5	
$\sqrt{24}$	$-\sqrt{2}$	-3	$\sqrt{15}$	$\sqrt{10}$
$\sqrt{20}$	$\sqrt{2}$	-4	$\sqrt{2}$	$\sqrt{20}$
$\sqrt{10}$	$\sqrt{15}$	-3	$-\sqrt{2}$	$\sqrt{24}$
	5	0	$-\sqrt{15}$	$\sqrt{20}$
		5	-5	$\sqrt{10}$

$\overline{W_{ij}^5(ll')}$

1	$-\sqrt{7}$	$\sqrt{28}$	$-\sqrt{84}$	$\sqrt{210}$
$\sqrt{5}$	$-\sqrt{24}$	$\sqrt{63}$	$-\sqrt{112}$	$\sqrt{126}$
$\sqrt{15}$	$-\sqrt{50}$	$\sqrt{90}$	$-\sqrt{105}$	$\sqrt{70}$
$\sqrt{35}$	$-\sqrt{80}$	10	$-\sqrt{80}$	$\sqrt{35}$
$\sqrt{70}$	$-\sqrt{105}$	$\sqrt{90}$	$-\sqrt{50}$	$\sqrt{15}$
$\sqrt{126}$	$-\sqrt{112}$	$\sqrt{63}$	$-\sqrt{24}$	$\sqrt{5}$
$\sqrt{210}$	$-\sqrt{84}$	$\sqrt{28}$	$-\sqrt{7}$	1

续表

② fp

$\overline{W_{ij}^2(ll')}$		
$\sqrt{45}$		
$\sqrt{30}$	$\sqrt{15}$	
$\sqrt{18}$	$\sqrt{24}$	$\sqrt{3}$
3	$\sqrt{27}$	3
$\sqrt{3}$	$\sqrt{24}$	$\sqrt{18}$
	$\sqrt{15}$	$\sqrt{30}$
		$\sqrt{45}$

$\overline{W_{ij}^4(ll')}$		
1	$-\sqrt{7}$	$\sqrt{28}$
$\sqrt{3}$	$-\sqrt{12}$	$\sqrt{21}$
$\sqrt{6}$	$-\sqrt{15}$	$\sqrt{15}$
$\sqrt{10}$	-4	$\sqrt{10}$
$\sqrt{15}$	$-\sqrt{15}$	$\sqrt{6}$
$\sqrt{21}$	$-\sqrt{12}$	$\sqrt{3}$
$\sqrt{28}$	$-\sqrt{7}$	1

(1) $4f^6 5d$ 组态的最低谱项能级表达式

$$E(^8H) = A + B + 6F_0(fd) - 10F_2(fd) - 3F_4(fd) - 21G_1(fd) - 84G_3(fd) - 252G_5(fd)$$

$$E(^6H) = A + B + 6F_0(fd) - 10F_2(fd) - 3F_4(fd) + \frac{7}{2}G_1(fd) + 14G_3(fd) + 42G_5(fd)$$

$$E(^8G) = A + B + 6F_0(fd) + 15F_2(fd) + 22F_4(fd) - 21G_1(fd) - 84G_3(fd) - 462G_5(fd)$$

$$E(^6G) = A + B + 6F_0(fd) + 15F_2(fd) + 22F_4(fd) + \frac{7}{2}G_1(fd) + 14G_3(fd) + 77G_5(fd)$$

$$E(^8F) = A + B + 6F_0(fd) + 11F_2(fd) - 66F_4(fd) - 21G_1(fd) - 24G_3(fd) - 462G_5(fd)$$

$$E(^6F) = A + B + 6F_0(fd) + 11F_2(fd) - 66F_4(fd) + \frac{7}{2}G_1(fd) + 4G_3(fd) + 77G_5(fd)$$

$$E(^8D) = A + B + 6F_0(fd) - 6F_2(fd) + 99F_4(fd) - 21G_1(fd) - 84G_3(fd) - 462G_5(fd)$$

$$E(^6D) = A + B + 6F_0(fd) - 6F_2(fd) + 99F_4(fd) + \frac{7}{2}G_1(fd) + 14G_3(fd) + 77G_5(fd)$$

$$E(^8P) = A + B + 6F_0(fd) - 24F_2(fd) - 66F_4(fd) + 14G_1(fd) - 84G_3(fd) - 462G_5(fd)$$

$$E(^6P) = A + B + 6F_0(fd) - 24F_2(fd) - 66F_4(fd) - \frac{7}{3}G_1(fd) + 14G_3(fd) + 77G_5(fd)$$

式中

$$A = 6\varepsilon_{4f} + \varepsilon_{5d}$$

$$B = 15F_0(ff) - 150F_2(ff) - 495F_4(ff) - 4290F_6(ff)$$

ε_{4f} 和 ε_{5d} 分别为 $4f$ 和 $5d$ 电子中心场的能量.

(2) $4f^6 6p$ 组态的最低谱项能级表达式

$$E(^8G) = A + B + 6F_0(fp) - 5F_2(fp) - 105G_2(fp) - 56G_4(fp)$$

$$E(^6G) = A + B + 6F_0(fp) - 5F_2(fp) + \frac{35}{2}G_2(fp) + \frac{28}{3}G_4(fp)$$

$$E(^8F) = A + B + 6F_0(fp) + 15F_2(fp) - 105G_2(fp) - 84G_4(fp)$$
$$E(^6F) = A + B + 6F_0(fp) + 15F_2(fp) + \frac{35}{2}G_2(fp) + 14G_4(fp)$$
$$E(^8D) = A + B + 6F_0(fp) - 12F_2(fp) - 42G_2(fp) - 84G_4(fp)$$
$$E(^6D) = A + B + 6F_0(fp) - 12F_2(fp) + 7G_2(fp) + 14G_4(fp)$$

式中

$$A = 6\varepsilon_{4f} + \varepsilon_{6p}$$
$$B = 15F_0(ff) - 150F_2(ff) - 495F_4(ff) - 4290F_6(ff)$$

(3) $4f^6 6s$ 组态的最低谱项能级表达式

$$E(^8F) = A + B + 6F_0(fs) - 6G_3(fs)$$
$$E(^6F) = A + B + 6F_0(fs) + G_3(fs)$$

式中

$$A = 6\varepsilon_{4f} + \varepsilon_{6s}$$
$$B = 15F_0(ff) - 150F_2(ff) - 495F_4(ff) - 4290F_6(ff)$$

参 考 文 献

[1] Hater W G. Phys.Rev. A, 1973, 8: 2189

[2] Patterson C W, Hater W G. Phys.Rev. A, 1976, 13: 1067

[3] Patterson C W, Hater W G. Phys.Rev. A, 1977, 15: 2372

[4] Paldus J. Phys.Rev. A, 1976, 14: 1620

[5] Braunschweig D, Hecht K T. J.Math.Phys., 1978, 19: 720

[6] Condon E U, Shortley G H. The Theory of Atomic Spectra. Cambridge: Cambridge University Press, 1935

[7] Judd B R, Operator Techniques in Atomic Spectroscopy. New York: McGraw-Hill, Inc., 1963

[8] McClure D S, Kiss Z J. J.Chem.Phys., 1963, 39: 3251

[9] 张思远. 物理学报, 1984, 33: 86

[10] 张思远. 光学学报, 1986, 6: 521

[11] 张思远. 分子科学与化学研究, 1985, 5: 69

[12] 吴承勋, 张思远. 原子与分子物理学报, 1990, 17: 1449

[13] 张思远, 毕宪章. 稀土光谱理论. 吉林: 吉林科学技术出版社, 1991

附　录

Ⅰ. 基本物理常数

名称	量值 (CGS 单位)
光速	$2.998\times10^8\,\text{cm/s}$
电子质量	$9.1\times10^{-28}\,\text{g}$
质子质量	$1.661\times10^{-24}\,\text{g}$
电子电荷	$4.8\times10^{-10}\,\text{esu}$
Bohr 半径	$0.529\times10^{-8}\,\text{cm}$
Planck 常量 h	$6.6256\times10^{-27}\,\text{g·cm}^2/\text{s}$
Planck 常量 $\hbar$	$1.0545\times10^{-27}\,\text{g·cm}^2/\text{s}$
Avogadro 常量 N_A	$6.022\,52\times10^{23}\,\text{mol}^{-1}$
Boltzmann 常量 k	$1.380\,54\times10^{-23}\,\text{J/K}$
Rydberg 常量 R	$109\,737.42\ \text{cm}^{-1}$
理想气体摩尔体积	$22.4138\ \text{m}^3/\text{mol}$

Ⅱ. 物理单位换算

能量单位换算

	1K	1cm^{-1}	1eV	1Hz	10^{-7}J
1K	1	$0.695\,03$	$0.861\,71\times10^{-4}$	2.0836×10^{10}	1.3806×10^{-16}
1cm^{-1}	$1.438\,79$	1	$1.239\,81\times10^{-4}$	2.9979×10^{10}	1.9865×10^{-16}
1eV	$1.160\,49\times10^4$	$0.806\,57\times10^4$	1	2.418×10^{14}	1.6022×10^{-12}
1Hz	4.7993×10^{-11}	3.3356×10^{-11}	4.1356×10^{-15}	1	6.626×10^{-27}
10^{-7}J	7.2432×10^{15}	5.034×10^{15}	6.2415×10^{11}	1.5092×10^{26}	1

Ⅲ. 晶面间距和单胞体积

(1) 晶面间距

$$\frac{1}{d_{hkl}^2}=\frac{1}{(1+2\cos\alpha\cos\beta\cos\gamma-\cos\alpha^2-\cos\beta^2-\cos\gamma^2}$$

三斜

$$\times\left[\frac{h^2\sin^2\alpha}{a^2}+\frac{k^2\sin^2\beta}{b^2}+\frac{l^2\sin^2\gamma}{c^2}+\frac{2hk}{ab}(\cos\alpha\cos\beta-\cos\gamma)\right.$$

$$\left.+\frac{2kl}{bc}(\cos\beta\cos\gamma-\cos\alpha)+\frac{2hl}{ac}(\cos\gamma\cos\alpha-\cos\beta)\right]$$

单斜　$\dfrac{1}{d_{hkl}^2} = \dfrac{1}{\sin^2\beta}\left(\dfrac{h^2}{a^2} + \dfrac{k^2\sin^2\beta}{b^2} + \dfrac{l^2}{c^2} - \dfrac{2hl\cos\beta}{ac}\right)$

正交　$\dfrac{1}{d_{hkl}^2} = \dfrac{h^2}{a^2} + \dfrac{k^2}{b^2} + \dfrac{l^2}{c^2}$

四方　$\dfrac{1}{d_{hkl}^2} = \dfrac{h^2 + k^2}{a^2} + \dfrac{l^2}{c^2}$

三方　$\dfrac{1}{d_{hkl}^2} = \dfrac{(h^2 + k^2 + l^2)\sin^2\alpha + 2(hk + kl + lh)(\cos^2\alpha - \cos\alpha)}{a^2(1 + 2\cos^3\alpha - 3\cos^2\alpha)}$

六方　$\dfrac{1}{d_{hkl}^2} = \dfrac{4}{3}\left(\dfrac{h^2 + hk + k^2}{a^2}\right) + \dfrac{l^2}{c^2}$

立方　$\dfrac{1}{d_{hkl}^2} = \dfrac{h^2 + k^2 + l^2}{a^2}$

(2) 单胞体积

立方晶系　$V = a^3$

四方晶系　$V = a^2 c$

正交晶系　$V = abc$

六方晶系　$V = \dfrac{\sqrt{3}}{2}a^2 c$

三方晶系　$V = a^3(1 - 3\cos^2\alpha + 2\cos^3\alpha)^{1/2}$

单斜晶系　$V = abc\sin\beta$

三斜晶系　$V = abc(1 - \cos^2\alpha - \cos^2\beta - \cos^2\gamma + 2\cos\alpha\cos\beta\cos\gamma)^{1/2}$

IV. C_q^k 张量的表达式

$q = 0$

$C_0^0 = 1$

$C_0^1 = \cos\theta$

$C_0^2 = \dfrac{1}{2}(\cos^2\theta - 1)$

$C_0^3 = \dfrac{1}{2}\cos\theta(5\cos^2\theta - 3)$

$C_0^4 = \dfrac{1}{8}(35\cos^4\theta - 30\cos^2\theta + 3)$

$C_0^5 = \dfrac{1}{8}\cos\theta(63\cos^4\theta - 70\cos^2\theta + 15)$

$C_0^6 = \dfrac{1}{16}(231\cos^6\theta - 315\cos^4\theta + 105\cos^2\theta - 5)$

$q = 1$

$$C_{11} = -\frac{1}{2}\sin\theta \mathrm{e}^{\mathrm{i}\phi}$$

$$C_{21} = -\sqrt{\frac{3}{2}}\sin\theta\cos\theta \mathrm{e}^{\mathrm{i}\phi}$$

$$C_{31} = -\sqrt{\frac{3}{16}}\sin\theta(5\cos^2\theta - 1)\mathrm{e}^{\mathrm{i}\phi}$$

$$C_{41} = -\sqrt{\frac{5}{16}}\sin\theta\cos\theta(7\cos^2\theta - 3)\mathrm{e}^{\mathrm{i}\phi}$$

$$C_{51} = -\sqrt{\frac{15}{128}}\sin\theta(21\cos^4\theta - 14\cos^2\theta + 1)\mathrm{e}^{\mathrm{i}\phi}$$

$$C_{61} = -\sqrt{\frac{21}{128}}\sin\theta\cos\theta(33\cos^4\theta - 30\cos^2\theta + 5)\mathrm{e}^{\mathrm{i}\phi}$$

$q = 2$

$$C_{22} = \sqrt{\frac{3}{8}}\sin^2\theta \mathrm{e}^{\mathrm{i}2\phi}$$

$$C_{32} = \sqrt{\frac{15}{8}}\sin^2\theta\cos\theta \mathrm{e}^{\mathrm{i}2\phi}$$

$$C_{42} = \sqrt{\frac{5}{32}}\sin^2\theta(7\cos^2\theta - 1)\mathrm{e}^{\mathrm{i}2\phi}$$

$$C_{52} = \sqrt{\frac{105}{32}}\sin^2\theta\cos\theta(3\cos^2\theta - 1)\mathrm{e}^{\mathrm{i}2\phi}$$

$$C_{62} = \sqrt{\frac{105}{1024}}\sin^2\theta(33\cos^4\theta - 18\cos^2\theta + 1)\mathrm{e}^{\mathrm{i}2\phi}$$

$q = 3$

$$C_{33} = -\sqrt{\frac{5}{16}}\sin^3\theta \mathrm{e}^{\mathrm{i}3\phi}$$

$$C_{43} = -\sqrt{\frac{35}{16}}\sin^3\theta\cos\theta \mathrm{e}^{\mathrm{i}3\phi}$$

$$C_{53} = -\sqrt{\frac{35}{256}}\sin^3\theta(9\cos^2\theta - 1)\mathrm{e}^{\mathrm{i}3\phi}$$

$$C_{63} = -\sqrt{\frac{105}{256}}\sin^3\theta\cos\theta(11\cos^2\theta - 3)\mathrm{e}^{\mathrm{i}3\phi}$$

$q = 4$

$$C_{44} = \sqrt{\frac{35}{128}}\sin^4\theta \mathrm{e}^{\mathrm{i}4\phi}$$

$$C_{54} = \sqrt{\frac{315}{128}}\sin^4\theta\cos\theta \mathrm{e}^{\mathrm{i}4\phi}$$

$$C_{64} = \sqrt{\frac{63}{512}} \sin^4 \theta (11 \cos^2 \theta - 1) e^{i4\phi}$$

$q = 5$

$$C_{55} = -\sqrt{\frac{63}{256}} \sin^5 \theta e^{i5\phi}$$

$$C_{65} = -\sqrt{\frac{693}{256}} \sin^5 \theta \cos \theta e^{i5\phi}$$

$q = 6$

$$C_{66} = \sqrt{\frac{231}{1024}} \sin^6 \theta c^{i6\phi}$$

V . 32 点群的特征标表

(1) $C_1(1)$ 单、双值群的特征标表

C_1	E	$\overline{E}$
Γ_1	1	1
Γ_2	1	-1

(2) $C_i(\overline{1})$ 单、双值群的特征标表

C_i	E	$\overline{E}$	I	$\overline{I}$	
Γ_1^+	1	1	1	1	S_x 或 S_y 或 S_z
Γ_1^-	1	1	-1	-1	x 或 y 或 z
Γ_2^+	1	-1	1	-1	$\phi(1/2, -1/2)$ 或 $\phi(1/2, 1/2)$
Γ_2^-	1	-1	-1	1	$\Gamma_2^+ \times \Gamma_1^-$

(3) $C_2(2), C_s(m)$ 单、双值群的特征标表

C_2	E	$\overline{E}$	C_2	$\overline{C_2}$	C_2 群的基矢	C_s 群的基矢
C_s	E	$\overline{E}$	σ	$\overline{\sigma}$		
Γ_1	1	1	1	1	S_z 或 z	S_z 或 x 或 y
Γ_2	1	1	-1	-1	S_x 或 x 或 S_y 或 y	S_x 或 S_y 或 z
Γ_3	1	-1	i	$-i$	$\phi(1/2, 1/2)$	$\phi(1/2, 1/2)$
Γ_4	1	-1	$-i$	i	$\phi(1/2, -1/2)$	$\phi(1/2, -1/2)$

(4) $C_{2h}(2/m)$ 单、双值群的特征标表

C_{2h}	E	$\overline{E}$	C_2	$\overline{C_2}$	I	$\overline{I}$	σ_h	$\overline{\sigma_h}$	C_{2h} 群的基矢
Γ_1^+	1	1	1	1	1	1	1	1	S_z
Γ_2^+	1	1	-1	-1	1	1	-1	-1	S_y 或 S_x
Γ_1^-	1	1	1	1	-1	-1	-1	-1	z
Γ_2^-	1	1	-1	-1	-1	-1	1	1	x 或 y
Γ_3^+	1	-1	i	$-$i	1	-1	i	$-$i	$\phi(1/2, 1/2)$
Γ_4^+	1	-1	$-$i	i	1	-1	$-$i	i	$\phi(1/2, -1/2)$
Γ_3^-	1	-1	i	$-$i	-1	1	$-$i	i	$\Gamma_3^+ \times \Gamma_1^-$
Γ_4^-	1	-1	$-$i	i	-1	1	i	$-$i	$\Gamma_4^+ \times \Gamma_1^-$

(5) $D_2(222), C_{2v}(mm)$ 单、双值群的特征标表

D_2	E	$\overline{E}$	$\dfrac{C_2}{C_2}$	$\dfrac{C_2'}{C_2'}$	$\dfrac{C_2''}{C_2''}$		
C_{2v}	E	$\overline{E}$	$\dfrac{C_2}{C_2}$	$\dfrac{\sigma_v}{\sigma_v}$	$\dfrac{\sigma_v'}{\sigma_v'}$	D_2 群的基矢	C_{2v} 群的基矢
Γ_1	1	1	1	1	1	R 或 xyz	z
Γ_2	1	1	-1	1	-1	S_y 或 y	S_y 或 x
Γ_3	1	1	1	-1	-1	S_z 或 z	S_z 或 xy
Γ_4	1	1	-1	-1	1	S_x 或 x	S_x 或 y
Γ_5	2	-2	0	0	0	$\phi(1/2, -1/2),$ $\phi(1/2, 1/2)$	$\phi(1/2, -1/2)$ $\phi(1/2, 1/2)$

(6) $D_{2h}(mmm)$ 单、双值群的特征标表

D_{2h}	E	$\overline{E}$	$\dfrac{C_2}{C_2}$	$\dfrac{C_2'}{C_2'}$	$\dfrac{C_2''}{C_2''}$	I	$\overline{I}$	$\dfrac{C_2}{C_2}$	$\dfrac{\sigma_v}{\sigma_v}$	$\dfrac{\sigma_v'}{\sigma_v'}$	D_{2h} 群的基矢
Γ_1^+	1	1	1	1	1	1	1	1	1	1	R
Γ_2^+	1	1	-1	1	-1	1	1	-1	1	-1	S_y
Γ_3^+	1	1	1	-1	-1	1	1	1	-1	-1	S_z
Γ_4^+	1	1	-1	-1	1	1	1	-1	-1	1	S_x
Γ_1^-	1	1	1	1	1	-1	-1	-1	-1	-1	xyz
Γ_2^-	1	1	-1	1	-1	-1	-1	1	-1	1	y
Γ_3^-	1	1	1	-1	-1	-1	-1	-1	1	1	z
Γ_4^-	1	1	-1	-1	1	-1	-1	1	1	-1	x
Γ_5^+	2	-2	0	0	0	2	-2	0	0	0	$\phi(1/2, -1/2),$ $\phi(1/2, 1/2)$
Γ_5^-	2	-2	0	0	0	-2	2	0	0	0	$\Gamma_5^+ \times \Gamma_1^-$

(7) $C_4(4)S_4(\overline{4})$ 单、双值群的特征标表

C_4	E	$\overline{E}$	C_4	$\overline{C_4}$	C_2	$\overline{C_2}$	C_4^{-1}	$\overline{C_4^{-1}}$	C_4 群的基矢	S_4 群的基矢
S_4	E	$\overline{E}$	S_4^{-1}	$\overline{S_4^{-1}}$	C_2	$\overline{C_2}$	S_4	$\overline{S_4}$		
Γ_1	1	1	1	1	1	1	1	1	Z 或 S_z	S_z
Γ_2	1	1	-1	-1	1	1	-1	-1	xy	Z 或 xy
Γ_3	1	1	i	i	-1	-1	$-$i	$-$i	$-\mathrm{i}(x+\mathrm{i}y)$ 或 $-(S_x+\mathrm{i}S_y)$	$-(S_x+\mathrm{i}S_y)$ 或 $-\mathrm{i}(x-\mathrm{i}y)$
Γ_4	1	1	$-$i	$-$i	-1	-1	i	i	$\mathrm{i}(x-\mathrm{i}y)$ 或 $(S_x-\mathrm{i}S_y)$	$(S_x-\mathrm{i}S_y)$ 或 $-\mathrm{i}(x+\mathrm{i}y)$
Γ_5	1	-1	ω	$-\omega$	i	$-$i	ω^3	ω	$\phi(1/2,1/2)$	$\phi(1/2,1/2)$
Γ_6	1	-1	$-\omega^3$	ω^3	$-$i	i	ω	$-\omega^3$	$\phi(1/2,-1/2)$	$\phi(1/2,-1/2)$
Γ_7	1	-1	$-\omega$	ω	i	$-$i	ω^3	$-\omega$	$\phi(3/2,-3/2)$	$\phi(3/2,-3/2)$
Γ_8	1	-1	ω^3	$-\omega^3$	$-$i	i	$-\omega$	ω^3	$\phi(3/2,3/2)$	$\phi(3/2,3/2)$

$\omega = \exp(\pi\mathrm{i}/4)$

(8) $C_{4h}(4/m)$ 单、双值群的特征标表与基矢

C_{4h}	E	$\overline{E}$	C_4	$\overline{C_4}$	C_2	$\overline{C_2}$	C_4^{-1}	$\overline{C_4^{-1}}$	I	$\overline{I}$	S_4^{-1}	$\overline{S_4^{-1}}$	σ_h	$\overline{\sigma_h}$	S_4	$\overline{S_4}$	C_{4h} 群的基矢
Γ_1^+	1	1	1	1	1	1	1	1	1	1	1	1	1	1	1	1	S_z
Γ_2^+	1	1	-1	-1	1	1	-1	-1	1	1	-1	-1	1	1	-1	-1	xy
Γ_3^+	1	1	i	i	-1	-1	$-$i	$-$i	1	1	i	i	-1	-1	$-$i	$-$i	$-(S_x+\mathrm{i}S_y)$
Γ_4^+	1	1	$-$i	$-$i	-1	-1	i	i	1	1	$-$i	$-$i	-1	-1	i	i	$(S_x-\mathrm{i}S_y)$
Γ_1^-	1	1	1	1	1	1	1	1	-1	-1	-1	-1	-1	-1	-1	-1	z
Γ_2^-	1	1	-1	-1	1	1	-1	-1	-1	-1	1	1	-1	-1	1	1	Xyz
Γ_3^-	1	1	i	i	-1	-1	$-$i	$-$i	-1	-1	$-$i	$-$i	1	1	i	i	$-\mathrm{i}(x+\mathrm{i}y)$
Γ_4^-	1	1	$-$i	$-$i	-1	-1	i	i	-1	-1	i	i	1	1	$-$i	$-$i	$\mathrm{i}(x-\mathrm{i}y)$
Γ_5^+	1	-1	ω	$-\omega$	i	$-$i	$-\omega^3$	ω^3	1	-1	ω	$-\omega$	i	$-$i	$-\omega^3$	ω^3	$\phi(1/2,1/2)$
Γ_6^+	1	-1	$-\omega^3$	ω^3	$-$i	i	ω	$-\omega$	1	-1	$-\omega^3$	ω^3	$-$i	$-$i	ω	$-\omega$	$\phi(1/2,-1/2)$
Γ_7^+	1	-1	$-\omega$	ω	i	$-$i	ω^3	$-\omega^3$	1	-1	$-\omega$	ω	i	$-$i	ω^3	$-\omega^3$	$\phi(3/2,-3/2)$
Γ_8^+	1	-1	ω^3	$-\omega^3$	$-$i	i	$-\omega$	ω	1	-1	ω^3	$-\omega^3$	$-$i	i	$-\omega$	ω	$\phi(3/2,3/2)$
Γ_5^-	1	-1	ω	$-\omega$	i	$-$i	$-\omega^3$	ω^3	-1	1	$-\omega$	ω	$-$i	i	ω^3	$-\omega^3$	$\Gamma_5^+ \times \Gamma_1^-$
Γ_6^-	1	-1	$-\omega^3$	ω^3	$-$i	i	ω	$-\omega$	-1	1	ω^3	$-\omega^3$	$-$i	i	$-\omega$	ω	$\Gamma_6^+ \times \Gamma_1^-$
Γ_7^-	1	-1	$-\omega$	ω	i	$-$i	ω^3	$-\omega^3$	-1	1	ω	$-\omega$	$-$i	i	$-\omega^3$	ω^3	$\Gamma_7^+ \times \Gamma_1^-$
Γ_8^-	1	-1	ω^3	$-\omega^3$	$-$i	i	$-\omega$	ω	-1	1	$-\omega^3$	ω^3	i	$-$i	ω	$-\omega$	$\Gamma_8^+ \times \Gamma_1^-$

$\omega = \exp(\pi\mathrm{i}/4)$

(9) $D_4(422)$, $C_{4v}(4mm)$, $D_{2d}(\overline{4}2m)$ 单、双值群的特征标表

D_4	E	$\overline{E}$	$2C_4$	$2\overline{C_4}$	$\dfrac{C_2}{\overline{C_2}}$	$\dfrac{C_2'}{2\overline{C_2'}}$	$\dfrac{2C_2''}{2\overline{C_2''}}$			
C_{4v}	E	$\overline{E}$	$2C_4$	$2\overline{C_4}$	$\dfrac{C_2}{\overline{C_2}}$	$\dfrac{2\sigma_v}{2\overline{\sigma_v}}$	$\dfrac{2\sigma_d}{2\overline{\sigma_d}}$			
D_{2d}	E	$\overline{E}$	$2S_4$	$2\overline{S_4}$	$\dfrac{C_2\ 2'C_2\ 2\sigma_d}{\overline{C_2}\ 2\overline{C_2'}\ 2\overline{\sigma_d}}$			D_4 群的基矢	C_{4v} 群的基矢	D_{2d} 群的基矢
Γ_1	1	1	1	1	1	1	1	R	R 或 z	R
Γ_2	1	1	1	1	1	-1	-1	Z 或 S_z	S_z	S_z
Γ_3	1	1	-1	-1	1	1	-1	(x^2-y^2)	(x^2-y^2)	(x^2-y^2)
Γ_4	1	1	-1	-1	1	-1	1	xy	xy	xy 或 z
Γ_5	2	2	0	0	-2	0	0	S_x,S_y,xy	S_x,S_y	S_x,S_y,xy
Γ_6	2	-2	$\sqrt{2}$	$-\sqrt{2}$	0	0	0	$\phi(1/2,-1/2)$ $\phi(1/2,1/2)$	$\phi(1/2,-1/2)$ $\phi(1/2,1/2)$	$\phi(1/2,-1/2)$ $\phi(1/2,1/2)$
Γ_7	2	-2	$-\sqrt{2}$	$\sqrt{2}$	0	0	0	$\Gamma_6\times\Gamma_3$	$\Gamma_6\times\Gamma_3$	$\Gamma_6\times\Gamma_3$

(10) $D_{4h}(4/mmm)$ 单、双值群的特征标表

D_{4h}	E	$\overline{E}$	$2C_4$	$2\overline{C_4}$	$\dfrac{C_2}{\overline{C_2}}$	$\dfrac{2C_2'}{2\overline{C_2'}}$	$\dfrac{2C_2''}{2\overline{C_2''}}$	I	$\overline{I}$	$2S_4^{-1}$	$2\overline{S_4^{-1}}$	$\dfrac{\sigma_h}{\overline{\sigma_h}}$	$\dfrac{2\sigma_v}{2\overline{\sigma_v}}$	$\dfrac{2\sigma_d}{2\overline{\sigma_d}}$	D_{4h} 群的基矢
Γ_1^+	1	1	1	1	1	1	1	1	1	1	1	1	1	1	R
Γ_2^+	1	1	1	1	1	-1	-1	1	1	1	1	1	-1	-1	S_z
Γ_3^+	1	1	-1	-1	1	1	-1	1	1	-1	-1	1	1	-1	(x^2-y^2)
Γ_4^+	1	1	-1	-1	1	-1	1	1	1	-1	-1	1	-1	1	xy
Γ_5^+	2	2	0	0	-2	0	0	2	2	0	0	-2	0	0	S_x,S_y
Γ_1^-	1	1	1	1	1	1	1	-1	-1	-1	-1	-1	-1	-1	$(x^2-y^2),xyz$
Γ_2^-	1	1	1	1	1	-1	-1	-1	-1	-1	-1	-1	1	1	z
Γ_3^-	1	1	-1	-1	1	1	-1	-1	-1	1	1	-1	-1	1	xyz
Γ_4^-	1	1	-1	-1	1	-1	1	-1	-1	1	1	-1	1	-1	$(x^2-y^2)z$
Γ_5^-	2	2	0	0	-2	0	0	-2	-2	0	0	2	0	0	x,y
Γ_6^+	2	-2	$\sqrt{2}$	$-\sqrt{2}$	0	0	0	2	-2	$\sqrt{2}$	$-\sqrt{2}$	0	0	0	$\phi(1/2,-1/2),$ $\phi(1/2,1/2)$
Γ_7^+	2	-2	$-\sqrt{2}$	$\sqrt{2}$	0	0	0	2	-2	$-\sqrt{2}$	$\sqrt{2}$	0	0	0	$\Gamma_6^+\times\Gamma_3^+$
Γ_6^-	2	-2	$\sqrt{2}$	$-\sqrt{2}$	0	0	0	-2	2	$\sqrt{2}$	$-\sqrt{2}$	0	0	0	$\Gamma_6^+\times\Gamma_1^-$
Γ_7^-	2	-2	$-\sqrt{2}$	$\sqrt{2}$	0	0	0	-2	2	$-\sqrt{2}$	$\sqrt{2}$	0	0	0	$\Gamma_6^+\times\Gamma_3^-$

(11) $C_3(3)$ 单、双值群的特征标表和基矢

C_3	E	$\overline{E}$	C_3	$\overline{C_3}$	C_3^{-1}	$\overline{C_3^{-1}}$	C_3 群的基矢
Γ_1	1	1	1	1	1	1	z 或 S_z
Γ_2	1	1	ω^2	ω^2	$-\omega$	$-\omega$	$-\mathrm{i}(x+\mathrm{i}y)$ 或 $-(S_x+\mathrm{i}S_y)$
Γ_3	1	1	$-\omega$	$-\omega$	ω^2	ω^2	$\mathrm{i}(x-\mathrm{i}y)$ 或 $(S_x-\mathrm{i}S_y)$
Γ_4	1	-1	ω	$-\omega$	$-\omega^2$	ω^2	$\phi(1/2, 1/2)$
Γ_5	1	-1	$-\omega^2$	ω^2	ω	$-\omega$	$\phi(1/2, -1/2)$,
Γ_6	1	-1	-1	1	-1	1	$\phi(3/2, 3/2)$ or $\phi(3/2, -3/2)$,

$\omega = \exp(\pi\mathrm{i}/3)$

(12) $D_3(32), C_{3v}(3m)$ 单、双值群的特征标表和基矢

D_3	E	$\overline{E}$	C_3	$\overline{C_3}$	C_2'	$\overline{C_2'}$		
C_{3v}	E	$\overline{E}$	C_3	$\overline{C_3}$	σ_v	$\overline{\sigma_v}$	D_3 群的基矢	C_{3v} 群的基矢
Γ_1	1	1	1	1	1	1	R	R 或 z
Γ_2	1	1	1	1	-1	-1	S_z 或 z	S_z
Γ_3	2	2	-1	-1	0	0	$(S_x-\mathrm{i}S_y), -(S_x+\mathrm{i}S_y)$	$(S_x-\mathrm{i}S_y), -(S_x+\mathrm{i}S_y)$
Γ_4	2	-2	1	-1	0	0	$\phi(1/2, 1/2)\phi(1/2, -1/2)$	$\phi(1/2, 1/2)\phi(1/2, -1/2)$
Γ_5	1	-1	-1	1	i	$-\mathrm{i}$	$\phi(3/2, -3/2) - \mathrm{i}\phi(3/2, 3/2)$	$\phi(3/2, -3/2) - \mathrm{i}\phi(3/2, 3/2)$
Γ_6	1	-1	-1	1	$-\mathrm{i}$	i	$-\phi(3/2, -3/2) + \mathrm{i}\phi(3/2, 3/2)$	$-\phi(3/2, -3/2) + \mathrm{i}\phi(3/2, 3/2)$

(13) $C_{3i}(\overline{3})$ 单、双值群的特征标表和基矢

C_{3i}	E	$\overline{E}$	C_3	$\overline{C_3}$	C_3^{-1}	$\overline{C_3^{-1}}$	I	$\overline{I}$	S_6^{-1}	$\overline{S_6^{-1}}$	S_6	$\overline{S_6}$	C_{3i} 群的基矢
Γ_1^+	1	1	1	1	1	1	1	1	1	1	1	1	R 或 S_z
Γ_2^+	1	1	ω^2	ω^2	$-\omega$	$-\omega$	1	1	ω^2	ω^2	$-\omega$	$-\omega$	$-(S_x+\mathrm{i}S_y)$
Γ_3^+	1	1	$-\omega$	$-\omega$	ω^2	ω^2	1	1	$-\omega$	$-\omega$	ω^2	ω^2	$(S_x-\mathrm{i}S_y)$
Γ_1^-	1	1	1	1	1	1	-1	-1	-1	-1	-1	-1	z
Γ_2^-	1	1	ω^2	ω^2	$-\omega$	$-\omega$	-1	-1	$-\omega^2$	$-\omega^2$	ω	ω	$-\mathrm{i}(x+\mathrm{i}y)$
Γ_3^-	1	1	$-\omega$	$-\omega$	ω^2	ω^2	-1	-1	ω	ω	$-\omega^2$	$-\omega^2$	$\mathrm{i}(x-\mathrm{i}y)$
Γ_4^+	1	-1	ω	$-\omega$	$-\omega^2$	ω^2	1	-1	ω	$-\omega$	$-\omega^2$	ω^2	$\phi(1/2, 1/2)$
Γ_5^+	1	-1	$-\omega^2$	ω^2	ω	$-\omega$	1	-1	$-\omega^2$	ω^2	ω	$-\omega$	$\phi(1/2, -1/2)$
Γ_6^+	1	-1	-1	1	-1	1	1	-1	-1	1	-1	1	$\phi(3/2, 3/2)$ 或 $\phi(3/2, -3/2)$
Γ_4^-	1	-1	ω	$-\omega$	$-\omega^2$	ω^2	-1	1	$-\omega$	ω	ω^2	$-\omega^2$	$\Gamma_4^+ \times \Gamma_1^-$
Γ_5^-	1	-1	$-\omega^2$	ω^2	ω	$-\omega$	-1	1	ω^2	$-\omega^2$	$-\omega$	ω	$\Gamma_5^+ \times \Gamma_1^-$
Γ_6^-	1	-1	-1	1	-1	1	-1	1	1	-1	1	-1	$\Gamma_6^+ \times \Gamma_1^-$

$\omega = \exp(\pi\mathrm{i}/3)$

(14) $D_{3d}(\overline{3}m)$ 单、双值群的特征标表和基矢

D_{3d}	E	$\overline{E}$	$2C_3$	$2\overline{C_3}$	$3C_2'$	$3\overline{C_2'}$	I	$\overline{I}$	$2S_6$	$2\overline{S_6}$	$3\sigma_d$	$3\overline{\sigma_d}$	D_{3d} 群的基矢
Γ_1^+	1	1	1	1	1	1	1	1	1	1	1	1	R
Γ_2^+	1	1	1	1	-1	-1	1	1	1	1	-1	-1	S_z
Γ_3^+	2	2	-1	-1	0	0	2	2	-1	-1	0	0	$(S_x - \mathrm{i}S_y)$, $-(S_x + \mathrm{i}S_y)$
Γ_1^-	1	1	1	1	1	1	-1	-1	-1	-1	-1	-1	zS_z
Γ_2^-	1	1	1	1	-1	-1	-1	-1	-1	-1	1	1	z
Γ_3^-	2	2	-1	-1	0	0	-2	-2	1	1	0	0	$\mathrm{i}(x - \mathrm{i}y)$, $-\mathrm{i}(x + \mathrm{i}y)$
Γ_4^+	2	-2	1	-1	0	0	2	-2	1	-1	0	0	$\phi(1/2,1/2)$, $\phi(1/2,-1/2)$
Γ_5^+	1	-1	-1	1	i	$-\mathrm{i}$	1	-1	-1	1	i	$-\mathrm{i}$	$\phi(3/2,-3/2)$ $-\mathrm{i}\phi(3/2,3/2)$
Γ_6^+	1	-1	-1	1	$-\mathrm{i}$	i	1	-1	-1	1	$-\mathrm{i}$	i	$-\phi(3/2,3/2)$ $-\mathrm{i}\phi(3/2,-3/2)$
Γ_4^-	2	-2	1	-1	0	0	-2	2	-1	1	0	0	$\Gamma_4^+ \times \Gamma_1^-$
Γ_5^-	1	-1	-1	1	i	$-\mathrm{i}$	-1	1	1	-1	$-\mathrm{i}$	i	$\Gamma_5^+ \times \Gamma_1^-$
Γ_6^-	1	-1	-1	1	$-\mathrm{i}$	i	-1	1	1	-1	i	$-\mathrm{i}$	$\Gamma_6^+ \times \Gamma_1^-$

(15) $C_6(6)$, $C_{3h}(\overline{6})$ 单、双值群的特征标表和基矢

| C_6 | E | $\overline{E}$ | C_6 | $\overline{C_6}$ | C_3 | $\overline{C_3}$ | C_2 | $\overline{C_2}$ | C_3^{-1} | $\overline{C_3^{-1}}$ | C_6^{-1} | $\overline{C_6^{-1}}$ | C_6 群的基矢 | C_{3h} 群的基矢 |
C_{3h}	E	$\overline{E}$	S_3^{-1}	$\overline{S_3^{-1}}$	C_3	$\overline{C_3}$	σ_h	$\overline{\sigma_h}$	C_3^{-1}	$\overline{C_3^{-1}}$	S_3	$\overline{S_3}$		
Γ_1	1	1	1	1	1	1	1	1	1	1	1	1	R 或 z 或 S_z	R
Γ_2	1	1	$-\omega^2$	$-\omega^2$	ω^4	ω^4	1	1	$-\omega^2$	$-\omega^2$	ω^4	ω^4	$(x-\mathrm{i}y)^2$	$(x-\mathrm{i}y)^2$
Γ_3	1	1	ω^4	ω^4	$-\omega^2$	$-\omega^2$	1	1	ω^4	ω^4	$-\omega^2$	$-\omega^2$	$(x+\mathrm{i}y)^2$	$(x+\mathrm{i}y)^2$
Γ_4	1	1	-1	-1	1	1	-1	-1	1	1	-1	-1	$(x\pm\mathrm{i}y)^3$	z
Γ_5	1	1	ω^2	ω^2	ω^4	ω^4	-1	-1	$-\omega^2$	$-\omega^2$	$-\omega^4$	$-\omega^4$	$-(S_x+\mathrm{i}S_y)$	$-(S_x+\mathrm{i}S_y)$
Γ_6	1	1	$-\omega^4$	$-\omega^4$	$-\omega^2$	$-\omega^2$	-1	-1	ω^4	ω^4	ω^2	ω^2	$(S_x-\mathrm{i}S_y)$	$(S_x-\mathrm{i}S_y)$
Γ_7	1	-1	ω	$-\omega$	ω^2	$-\omega^2$	i	$-\mathrm{i}$	$-\omega^4$	ω^4	$-\omega^5$	ω^5	$\phi(1/2,1/2)$	$\phi(1/2,1/2)$
Γ_8	1	-1	$-\omega^5$	ω^5	$-\omega^4$	ω^4	$-\mathrm{i}$	i	ω^2	$-\omega^2$	ω	$-\omega$	$\phi(1/2,-1/2)$	$\phi(1/2,-1/2)$
Γ_9	1	-1	$-\omega$	ω	ω^2	$-\omega^2$	$-\mathrm{i}$	i	$-\omega^4$	ω^4	ω^5	$-\omega^5$	$\phi(1/2,-5/2)$	$\phi(1/2,-5/2)$
Γ_{10}	1	-1	ω^5	$-\omega^5$	$-\omega^4$	ω^4	i	$-\mathrm{i}$	ω^2	$-\omega^2$	$-\omega$	ω	$\phi(1/2,5/2)$	$\phi(1/2,5/2)$
Γ_{11}	1	-1	$-\mathrm{i}$	i	-1	1	i	$-\mathrm{i}$	-1	1	i	$-\mathrm{i}$	$\phi(1/2,-3/2)$	$\phi(1/2,-3/2)$
Γ_{12}	1	-1	i	$-\mathrm{i}$	-1	1	$-\mathrm{i}$	i	-1	1	$-\mathrm{i}$	i	$\phi(1/2,3/2)$	$\phi(1/2,3/2)$

$\omega = \exp(\pi\mathrm{i}/6)$

(16a) $C_{6h}(6/m)$ 单值群的特征标表和基矢

C_{6h}	E	$\bar{E}$	C_6	$\bar{C}_6$	C_3	$\bar{C}_3$	C_2	$\bar{C}_2$	C_3^{-1}	$\bar{C}_3^{-1}$	C_6^{-1}	$\bar{C}_6^{-1}$	I	$\bar{I}$	S_6^{-1}	$\bar{S}_6^{-1}$	S_3^{-1}	$\bar{S}_3^{-1}$	σ_h	$\bar{\sigma}_h$	S_6	$\bar{S}_6$	S_3	$\bar{S}_3$	群的基矢
Γ_1^+	1	1	1	1	1	1	1	1	1	1	1	1	1	1	1	1	1	1	1	1	1	1	1	1	R
Γ_2^+	1	1	$-\omega^2$	$-\omega^2$	ω^4	ω^4	1	1	$-\omega^2$	$-\omega^2$	ω^4	ω^4	1	1	$-\omega^2$	$-\omega^2$	ω^4	ω^4	1	1	$-\omega^2$	$-\omega^2$	ω^4	ω^4	$(x-\mathrm{i}y)^2$
Γ_3^+	1	1	ω^4	ω^4	$-\omega^2$	$-\omega^2$	1	1	ω^4	ω^4	$-\omega^2$	$-\omega^2$	1	1	ω^4	ω^4	$-\omega^2$	$-\omega^2$	1	1	ω^4	ω^4	$-\omega^2$	$-\omega^2$	$(x+\mathrm{i}y)^2$
Γ_4^+	1	1	-1	-1	1	1	-1	-1	1	1	-1	-1	1	1	-1	-1	1	1	-1	-1	1	1	-1	-1	$\Gamma_1^- \times \Gamma_4^-$
Γ_5^+	1	1	ω^2	ω^2	ω^4	ω^4	-1	-1	$-\omega^2$	$-\omega^2$	$-\omega^4$	$-\omega^4$	1	1	ω^2	ω^2	ω^4	ω^4	-1	-1	$-\omega^2$	$-\omega^2$	$-\omega^4$	$-\omega^4$	$-(S_x+\mathrm{i}S_y)$
Γ_6^+	1	1	$-\omega^4$	$-\omega^4$	$-\omega^2$	$-\omega^2$	-1	-1	ω^4	ω^4	ω^2	ω^2	1	1	$-\omega^4$	$-\omega^4$	$-\omega^2$	$-\omega^2$	-1	-1	ω^4	ω^4	ω^2	ω^2	$(S_x-\mathrm{i}S_y)$
Γ_1^-	1	1	1	1	1	1	1	1	1	1	1	1	-1	-1	-1	-1	-1	-1	-1	-1	-1	-1	-1	-1	Z
Γ_2^-	1	1	$-\omega^2$	$-\omega^2$	ω^4	ω^4	1	1	$-\omega^2$	$-\omega^2$	ω^4	ω^4	-1	-1	ω^2	ω^2	$-\omega^4$	$-\omega^4$	-1	-1	ω^2	ω^2	$-\omega^4$	$-\omega^4$	$\Gamma_1^- \times \Gamma_2^+$
Γ_3^-	1	1	ω^4	ω^4	$-\omega^2$	$-\omega^2$	1	1	ω^4	ω^4	$-\omega^2$	$-\omega^2$	-1	-1	$-\omega^4$	$-\omega^4$	ω^2	ω^2	-1	-1	$-\omega^4$	$-\omega^4$	ω^2	ω^2	$\Gamma_1^- \times \Gamma_3^+$
Γ_4^-	1	1	-1	-1	1	1	-1	-1	1	1	-1	-1	-1	-1	1	1	-1	-1	1	1	-1	-1	1	1	$(x\pm\mathrm{i}y)^3$
Γ_5^-	1	1	ω^2	ω^2	ω^4	ω^4	-1	-1	$-\omega^2$	$-\omega^2$	$-\omega^4$	$-\omega^4$	-1	-1	$-\omega^2$	$-\omega^2$	$-\omega^4$	$-\omega^4$	1	1	ω^2	ω^2	ω^4	ω^4	$-(x+\mathrm{i}y)$
Γ_6^-	1	1	$-\omega^4$	$-\omega^4$	$-\omega^2$	$-\omega^2$	-1	-1	ω^4	ω^4	ω^2	ω^2	-1	-1	ω^4	ω^4	ω^2	ω^2	1	1	$-\omega^4$	$-\omega^4$	$-\omega^2$	$-\omega^2$	$(x-\mathrm{i}y)$

$\omega = \exp(\pi\mathrm{i}/6)$

(16b) $C_{6h}(6/\mathrm{m})$ 双值群的特征标表和基矢

C_{6h}	E	$\bar{E}$	C_6	$\bar{C}_6$	C_3	$\bar{C}_3$	C_2	$\bar{C}_2$	C_3^{-1}	$\overline{C_3^{-1}}$	C_6^{-1}	$\overline{C_6^{-1}}$	I	$\bar{I}$	S_3^{-1}	$\overline{S_3^{-1}}$	S_6^{-1}	$\overline{S_6^{-1}}$	σ_h	$\bar{\sigma}_h$	S_6	$\bar{S}_6$	S_3	$\bar{S}_3$	C_{6h} 群的基矢
Γ_7^+	1	-1	ω	$-\omega$	ω^2	$-\omega^2$	i	$-i$	$-\omega^4$	ω^4	$-\omega^5$	ω^5	1	-1	ω	$-\omega$	ω^2	$-\omega^2$	i	$-i$	$-\omega^4$	ω^4	$-\omega^5$	ω^5	$\phi(1/2,1/2)$
Γ_8^+	1	-1	$-\omega^5$	ω^5	$-\omega^4$	ω^4	$-i$	i	ω^2	$-\omega^2$	ω	$-\omega$	1	-1	$-\omega^5$	ω^5	$-\omega^4$	ω^4	$-i$	i	ω^2	$-\omega^2$	ω	$-\omega$	$\phi(1/2,-1/2)$
Γ_9^+	1	-1	$-\omega$	ω	ω^2	$-\omega^2$	$-i$	i	$-\omega^4$	ω^4	ω^5	$-\omega^5$	1	-1	$-\omega$	ω	ω^2	$-\omega^2$	$-i$	i	$-\omega^4$	ω^4	ω^5	$-\omega^5$	$\phi(5/2,-5/2)$
Γ_{10}^+	1	-1	ω^5	$-\omega^5$	$-\omega^4$	ω^4	i	$-i$	ω^2	$-\omega^2$	$-\omega$	ω	1	-1	ω^5	$-\omega^5$	$-\omega^4$	ω^4	i	$-i$	ω^2	$-\omega^2$	$-\omega$	ω	$\phi(5/2,5/2)$
Γ_{11}^+	1	-1	$-i$	i	-1	1	i	$-i$	-1	1	i	$-i$	1	-1	$-i$	i	-1	1	i	$-i$	-1	1	i	$-i$	$\phi(3/2,-3/2)$
Γ_{12}^+	1	-1	i	$-i$	-1	1	$-i$	i	-1	1	$-i$	i	1	-1	i	$-i$	-1	1	$-i$	i	-1	1	$-i$	i	$\phi(3/2,3/2)$
Γ_7^-	1	-1	ω	$-\omega$	ω^2	$-\omega^2$	i	$-i$	$-\omega^4$	ω^4	$-\omega^5$	ω^5	-1	1	$-\omega$	ω	$-\omega^2$	ω^2	$-i$	i	ω^4	$-\omega^4$	ω^5	$-\omega^5$	$\Gamma_7^+\times\Gamma_1^-$
Γ_8^-	1	-1	$-\omega^5$	ω^5	$-\omega^4$	ω^4	$-i$	i	ω^2	$-\omega^2$	ω	$-\omega$	-1	1	ω^5	$-\omega^5$	ω^4	$-\omega^4$	i	$-i$	$-\omega^2$	ω^2	$-\omega$	ω	$\Gamma_8^+\times\Gamma_1^-$
Γ_9^-	1	-1	$-\omega$	ω	ω^2	$-\omega^2$	$-i$	i	$-\omega^4$	ω^4	ω^5	$-\omega^5$	-1	1	ω	$-\omega$	$-\omega^2$	ω^2	i	$-i$	ω^4	$-\omega^4$	$-\omega^5$	ω^5	$\Gamma_9^+\times\Gamma_1^-$
Γ_{10}^-	1	-1	ω^5	$-\omega^5$	$-\omega^4$	ω^4	i	$-i$	ω^2	$-\omega^2$	$-\omega$	ω	-1	1	$-\omega^5$	ω^5	ω^4	$-\omega^4$	$-i$	i	$-\omega^2$	ω^2	ω	$-\omega$	$\Gamma_{10}^+\times\Gamma_1^-$
Γ_{11}^-	1	-1	$-i$	i	-1	1	i	$-i$	-1	1	i	$-i$	-1	1	i	$-i$	1	-1	$-i$	i	1	-1	$-i$	i	$\Gamma_{11}^+\times\Gamma_1^-$
Γ_{12}^-	1	-1	i	$-i$	-1	1	$-i$	i	-1	1	$-i$	i	-1	1	$-i$	i	1	-1	i	$-i$	1	-1	i	$-i$	$\Gamma_{12}^+\times\Gamma_1^-$

$\omega=\exp(\pi i/6)$

(17) $D_6(622)$, $C_{6v}(6mm)$, $D_{3h}(\bar{6}m2)_v$ 单值和双值群的特征标表和基矢

D_6	E	$\bar{E}$	$\dfrac{C_2}{\bar{C_2}}$	$2C_3$	$2\bar{C_3}$	$2C_6$	$2\bar{C_6}$	$\dfrac{3C_2'}{3\bar{C_2'}}$	$\dfrac{3C_2''}{3\bar{C_2''}}$	D_6 群的基矢	C_{6v} 群的基矢	D_{3h} 群的基矢
C_{6v}	E	$\bar{E}$	$\dfrac{C_2}{\bar{C_2}}$	$2C_3$	$2\bar{C_3}$	$2C_6$	$2\bar{C_6}$	$\dfrac{3\sigma_d}{3\bar{\sigma_d}}$	$\dfrac{3\sigma_v}{3\bar{\sigma_v}}$			
D_{3h}	E	$\bar{E}$	$\dfrac{\sigma_h}{\bar{\sigma_h}}$	$2C_3$	$2\bar{C_3}$	$2S_3$	$2\bar{S_3}$	$\dfrac{3C_2'}{3\bar{C_2'}}$	$\dfrac{3\sigma_v}{3\bar{\sigma_v}}$			
Γ_1	1	1	1	1	1	1	1	1	1	R	R 或 z	R
Γ_2	1	1	1	1	1	1	1	-1	-1	S_z 或 z	S_z	S_z
Γ_3	1	1	-1	1	1	-1	-1	1	-1	y^3-3yx^2	x^3-3xy^2	zS_z
Γ_4	1	1	-1	1	1	-1	-1	-1	1	x^3-3xy^2	y^3-3yx^2	z
Γ_5	2	2	-2	-1	-1	1	1	0	0	$(S_x-\mathrm{i}S_y),$ $-(S_x+\mathrm{i}S_y)$	$(S_x-\mathrm{i}S_y),$ $-(S_x+\mathrm{i}S_y)$	$\Gamma_3\times\Gamma_6$
Γ_6	2	2	2	-1	-1	-1	-1	0	0	$\Gamma_3\times\Gamma_5$	$\Gamma_3\times\Gamma_5$	$(S_x-\mathrm{i}S_y),$ $-(S_x+\mathrm{i}S_y)$
Γ_7	2	-2	0	1	-1	$\sqrt{3}$	$-\sqrt{3}$	0	0	$\phi(1/2,-1/2),$ $\phi(1/2,1/2)$	$\phi(1/2,-1/2),$ $\phi(1/2,1/2)$	$\phi(1/2,-1/2),$ $\phi(1/2,1/2)$
Γ_8	2	-2	0	1	-1	$-\sqrt{3}$	$\sqrt{3}$	0	0	$\Gamma_7\times\Gamma_3$	$\Gamma_7\times\Gamma_3$	$\Gamma_7\times\Gamma_3$
Γ_9	2	-2	0	-2	2	0	0	0	0	$\phi(3/2,-3/2),$ $\phi(3/2,3/2)$	$\phi(3/2,-3/2),$ $\phi(3/2,3/2)$	$\phi(3/2,-3/2),$ $\phi(3/2,3/2)$

(18) $D_{6h}(6/mmm)$ 单值和双值群的特征标表和基矢

D_{6h}	E	$\overline{E}$	$\dfrac{C_2}{\overline{C_2}}$	$2C_3$	$2\overline{C_3}$	$2C_6$	$2\overline{C_6}$	$\dfrac{3C_2'}{3\overline{C_2'}}$	$\dfrac{3C_2''}{3\overline{C_2''}}$	I	$\overline{I}$	$\dfrac{\sigma_h}{\overline{\sigma_h}}$	$2S_6$	$2\overline{S_6}$	$2S_3$	$2\overline{S_3}$	$\dfrac{3\sigma_d}{3\overline{\sigma_d}}$	$\dfrac{3\sigma_v}{3\overline{\sigma_v}}$	D_{6h} 群的基矢
Γ_1^+	1	1	1	1	1	1	1	1	1	1	1	1	1	1	1	1	1	1	R
Γ_2^+	1	1	1	1	1	1	1	-1	-1	1	1	1	1	1	1	1	-1	-1	S_z
Γ_3^+	1	1	-1	1	1	-1	-1	1	-1	1	1	-1	1	1	-1	-1	1	-1	$z(x^3-3xy^2)$
Γ_4^+	1	1	-1	1	1	-1	-1	-1	1	1	1	-1	1	1	-1	-1	-1	1	$z(y^3-3yx^2)$
Γ_5^+	2	2	-2	-1	-1	1	1	0	0	2	2	-2	-1	-1	1	1	0	0	$(S_x-iS_y),\ -(S_x+iS_y)$
Γ_6^+	2	2	2	-1	-1	-1	-1	0	0	2	2	2	-1	-1	-1	-1	0	0	$\Gamma_5^+ \times \Gamma_3^+$
Γ_1^-	1	1	1	1	1	1	1	1	1	-1	-1	-1	-1	-1	-1	-1	-1	-1	zS_z
Γ_2^-	1	1	1	1	1	1	1	-1	-1	-1	-1	-1	-1	-1	-1	-1	1	1	z
Γ_3^-	1	1	-1	1	1	-1	-1	1	-1	-1	-1	1	-1	-1	1	1	-1	1	(y^3-3yx^2)
Γ_4^-	1	1	-1	1	1	-1	-1	-1	1	-1	-1	1	-1	-1	1	1	1	-1	(x^3-3xy^2)
Γ_5^-	2	2	-2	-1	-1	1	1	0	0	-2	-2	2	1	1	-1	-1	0	0	$(x-iy),\ -(x+iy)$
Γ_6^-	2	2	2	-1	-1	-1	-1	0	0	-2	-2	-2	1	1	1	1	0	0	$\Gamma_5^+ \times \Gamma_3^-$
Γ_7^+	2	-2	0	1	-1	$\sqrt{3}$	$-\sqrt{3}$	0	0	2	-2	0	1	-1	$\sqrt{3}$	$-\sqrt{3}$	0	0	$\phi(1/2,-1/2),\ \phi(1/2,1/2)$
Γ_8^+	2	-2	0	1	-1	$-\sqrt{3}$	$\sqrt{3}$	0	0	2	-2	0	1	-1	$-\sqrt{3}$	$\sqrt{3}$	0	0	$\Gamma_7^+ \times \Gamma_3^+$
Γ_9^+	2	-2	0	-2	2	0	0	0	0	2	-2	0	-2	2	0	0	0	0	$\phi(3/2,-3/2),\ \phi(3/2,3/2)$
Γ_7^-	2	-2	0	1	-1	$\sqrt{3}$	$-\sqrt{3}$	0	0	-2	2	0	-1	1	$-\sqrt{3}$	$\sqrt{3}$	0	0	$\Gamma_7^+ \times \Gamma_1^-$
Γ_8^-	2	-2	0	1	-1	$-\sqrt{3}$	$\sqrt{3}$	0	0	-2	2	0	-1	1	$\sqrt{3}$	$-\sqrt{3}$	0	0	$\Gamma_7^+ \times \Gamma_3^-$
Γ_9^-	2	-2	0	-2	2	0	0	0	0	-2	2	0	2	-2	0	0	0	0	$\Gamma_9^+ \times \Gamma_1^-$

(19) $T(23)$ 单值和双值群的特征标表和基矢

T	E	$\overline{E}$	$3C_2$ $3\overline{C_2}$	$4C_3$	$4\overline{C_3}$	$4C_3^{-1}$	$4\overline{C_3^{-1}}$	T 群的基矢
Γ_1	1	1	1	1	1	1	1	R 或 xyz
Γ_2	1	1	1	ω	ω	ω^2	ω^2	$1/\sqrt{2}(u+iv)$
Γ_3	1	1	1	ω^2	ω^2	ω	ω	$1/\sqrt{2}(u-iv)$
Γ_4	3	3	-1	0	0	0	0	S_x,S_y,S_z
Γ_5	2	-2	0	1	-1	1	-1	$\phi(1/2,-1/2),\phi(1/2,1/2)$
Γ_6	2	-2	0	ω	$-\omega$	ω^2	$-\omega^2$	$\psi^6_{-1/2},\psi^6_{1/2}$
Γ_7	2	-2	0	ω^2	$-\omega^2$	ω	$-\omega$	Γ_6^*

$$\omega = \exp(2\pi i/3)$$

$$u = 3z^3 - r^2, \ v = \sqrt{3}(x^2 - y^2)$$

$$\psi^6_{-1/2} = 1/\sqrt{2}\left(\left|-\frac{1}{2}\right\rangle - i\left|\frac{3}{2}\right\rangle\right), \quad \psi^6_{1/2} = -1/\sqrt{2}\left(\left|\frac{1}{2}\right\rangle - i\left|-\frac{3}{2}\right\rangle\right)$$

$$\psi^7_{-1/2} = 1/\sqrt{2}\left(\left|\frac{1}{2}\right\rangle + i\left|-\frac{3}{2}\right\rangle\right) \quad \psi^7_{1/2} = 1/\sqrt{2}\left(\left|-\frac{1}{2}\right\rangle + i\left|\frac{3}{2}\right\rangle\right)$$

(20) $T_h(m\overline{3})$ 单值和双值群的特征标表和基矢

T_h	E	$\overline{E}$	$3C_2$ $3\overline{C_2}$	$4C_3$	$4\overline{C_3}$	$4C_3^{-1}$	$4\overline{C_3^{-1}}$	I	$\overline{I}$	$3\sigma_h$ $3\overline{\sigma_h}$	$4S_6^{-1}$	$4\overline{S_6^{-1}}$	$4S_6$	$4\overline{S_6}$	T_h 群的基矢
Γ_1^+	1	1	1	1	1	1	1	1	1	1	1	1	1	1	R
Γ_2^+	1	1	1	ω	ω	ω^2	ω^2	1	1	1	ω	ω	ω^2	ω^2	$1/\sqrt{2}(u+iv)$
Γ_3^+	1	1	1	ω^2	ω^2	ω	ω	1	1	1	ω^2	ω^2	ω	ω	$1/\sqrt{2}(u-iv)$
Γ_4^+	3	3	-1	0	0	0	0	3	3	-1	0	0	0	0	S_x,S_y,S_z
Γ_1^-	1	1	1	1	1	1	1	-1	-1	-1	-1	-1	-1	-1	xyz
Γ_2^-	1	1	1	ω	ω	ω^2	ω^2	-1	-1	-1	$-\omega$	$-\omega$	$-\omega^2$	$-\omega^2$	$\Gamma_2^+ \times \Gamma_1^-$
Γ_3^-	1	1	1	ω^2	ω^2	ω	ω	-1	-1	-1	$-\omega^2$	$-\omega^2$	$-\omega$	$-\omega$	$\Gamma_3^+ \times \Gamma_1^-$
Γ_4^-	3	3	-1	0	0	0	0	-3	-3	1	0	0	0	0	x,y,z
Γ_5^+	2	-2	0	1	-1	1	-1	2	-2	0	1	-1	1	-1	$\phi(1/2,-1/2),$ $\phi(1/2,1/2)$
Γ_6^+	2	-2	0	ω	$-\omega$	ω^2	$-\omega^2$	2	-2	0	ω	$-\omega$	ω^2	$-\omega^2$	$\Gamma_5^+ \times \Gamma_2^+$
Γ_7^+	2	-2	0	ω^2	$-\omega^2$	ω	$-\omega$	2	-2	0	ω^2	$-\omega^2$	ω	$-\omega$	$(\Gamma_6^+)^*$
Γ_5^-	2	-2	0	1	-1	1	-1	-2	2	0	-1	1	-1	1	$\Gamma_5^+ \times \Gamma_1^-$
Γ_6^-	2	-2	0	ω	$-\omega$	ω^2	$-\omega^2$	-2	2	0	$-\omega$	ω	$-\omega^2$	ω^2	$\Gamma_5^- \times \Gamma_2^-$
Γ_7^-	2	-2	0	ω^2	$-\omega^2$	ω	$-\omega$	-2	2	0	$-\omega^2$	ω^2	$-\omega$	ω	$(\Gamma_6^-)^*$

$$\omega = \exp(2\pi i/3)$$

$$u = 3z^3 - r^2, \ v = \sqrt{3}(x^2 - y^2)$$

(21) $O(432)T_d(\overline{4}3m)$ 单值和双值群的特征标表和基矢

O	E	$\overline{E}$	$8C_3$	$8\overline{C_3}$	$\begin{array}{c}3C_2\\3\overline{C_2}\end{array}$	$6C_4$	$6\overline{C_4}$	$\begin{array}{c}6C_2'\\6\overline{C_2'}\end{array}$		
T_d	E	$\overline{E}$	$8C_3$	$8\overline{C_3}$	$\begin{array}{c}3C_2\\3\overline{C_2}\end{array}$	$6S_4$	$6\overline{S_4}$	$\begin{array}{c}6\sigma_d\\6\overline{\sigma_d}\end{array}$	O 群的基矢	T_d 群的基矢
Γ_1	1	1	1	1	1	1	1	1	R	R 或 xyz
Γ_2	1	1	1	1	1	-1	-1	-1	xyz	$S_xS_yS_z$
Γ_3	2	2	-1	-1	1	0	0	0	$(2z^2-x^2-y^2),$ $\sqrt{3}(x^2-y^2)$	$(2z^2-x^2-y^2),$ $\sqrt{3}(x^2-y^2)$
Γ_4	3	3	0	0	-1	1	1	-1	S_x, S_y, S_z	S_x, S_y, S_z
Γ_5	3	3	0	0	-1	-1	-1	1	yz, xz, xy	z, y, z
Γ_6	2	-2	1	-1	0	$\sqrt{2}$	$-\sqrt{2}$	0	$\phi(1/2,-1/2),$ $\phi(1/2,1/2)$	$\phi(1/2,-1/2),$ $\phi(1/2,1/2)$
Γ_7	2	-2	1	-1	0	$-\sqrt{2}$	$\sqrt{2}$	0	$\Gamma_6 \times \Gamma_2$	$\Gamma_6 \times \Gamma_2$
Γ_8	4	-4	-1	1	0	0	0	0	$\phi(3/2,-3/2), \phi(3/2,-1/2),$ $\phi(3/2,1/2), \phi(3/2,3/2)$	$\phi(3/2,-3/2), \phi(3/2,-1/2),$ $\phi(3/2,1/2), \phi(3/2,3/2)$

(22) $O_h(m\overline{3}m)$ 单值和双值群的特征标表和基矢

O_h	E	$\overline{E}$	$8C_3$	$8\overline{C_3}$	$\begin{array}{c}3C_2\\3\overline{C_2}\end{array}$	$6C_4$	$6\overline{C_4}$	$\begin{array}{c}6C_2'\\6\overline{C_2'}\end{array}$	I	$\overline{I}$	$8S_6$	$8\overline{S_6}$	$\begin{array}{c}3\sigma_h\\3\overline{\sigma_h}\end{array}$	$6S_4$	$6\overline{S_4}$	$\begin{array}{c}6\sigma_d\\6\overline{\sigma_d}\end{array}$	O_h 群的基矢
Γ_1^+	1	1	1	1	1	1	1	1	1	1	1	1	1	1	1	1	R
Γ_2^+	1	1	1	1	1	-1	-1	-1	1	1	1	1	1	-1	-1	-1	$(x^2-y^2)(y^2-z^2)$ (z^2-x^2)
Γ_3^+	2	2	-1	-1	2	0	0	0	2	2	-1	-1	2	0	0	0	$(2z^2-x^2-y^2),$ $\sqrt{3}(x^2-y^2)$
Γ_4^+	3	3	0	0	-1	1	1	-1	3	3	0	0	-1	1	1	-1	S_x, S_y, S_z
Γ_5^+	3	3	0	0	-1	-1	-1	1	3	3	0	0	-1	-1	-1	1	yz, xz, xy
Γ_1^-	1	1	1	1	1	1	1	1	-1	-1	-1	-1	-1	-1	-1	-1	$\Gamma_2^- \times \Gamma_2^+$
Γ_2^-	1	1	1	1	1	-1	-1	-1	-1	-1	-1	-1	-1	1	1	1	xyz
Γ_3^-	2	2	-1	-1	2	0	0	0	-2	-2	1	1	-2	0	0	0	$\Gamma_3^+ \times \Gamma_2^-$
Γ_4^-	3	3	0	0	-1	1	1	-1	-3	-3	0	0	1	-1	-1	1	x, y, z
Γ_5^-	3	3	0	0	-1	-1	-1	1	-3	-3	0	0	1	1	1	-1	$\Gamma_5^+ \times \Gamma_1^-$
Γ_6^+	2	-2	1	-1	0	$\sqrt{2}$	$-\sqrt{2}$	0	2	-2	1	-1	0	$\sqrt{2}$	$-\sqrt{2}$	0	$\phi(1/2,-1/2),$ $\phi(1/2,1/2)$
Γ_7^+	2	-2	1	-1	0	$-\sqrt{2}$	$\sqrt{2}$	0	2	-2	1	-1	0	$-\sqrt{2}$	$\sqrt{2}$	0	$\Gamma_6^+ \times \Gamma_2^+$
Γ_8^+	4	-4	-1	1	0	0	0	0	4	-4	-1	1	0	0	0	0	$\phi(3/2,-3/2),$ $\phi(3/2,-1/2)$ $\phi(3/2,1/2),$ $\phi(3/2,3/2)$
Γ_6^-	2	-2	1	-1	0	$\sqrt{2}$	$-\sqrt{2}$	0	-2	2	-1	1	0	$-\sqrt{2}$	$\sqrt{2}$	0	$\Gamma_6^+ \times \Gamma_1^-$
Γ_7^-	2	-2	1	-1	0	$-\sqrt{2}$	$\sqrt{2}$	0	-2	2	-1	1	0	$\sqrt{2}$	$-\sqrt{2}$	0	$\Gamma_6^+ \times \Gamma_2^-$
Γ_8^-	4	-4	-1	1	0	0	0	0	-4	4	1	-1	0	0	0	0	$\Gamma_8^+ \times \Gamma_1^-$